云边融合系统与应用

毕 敬 苑海涛 著

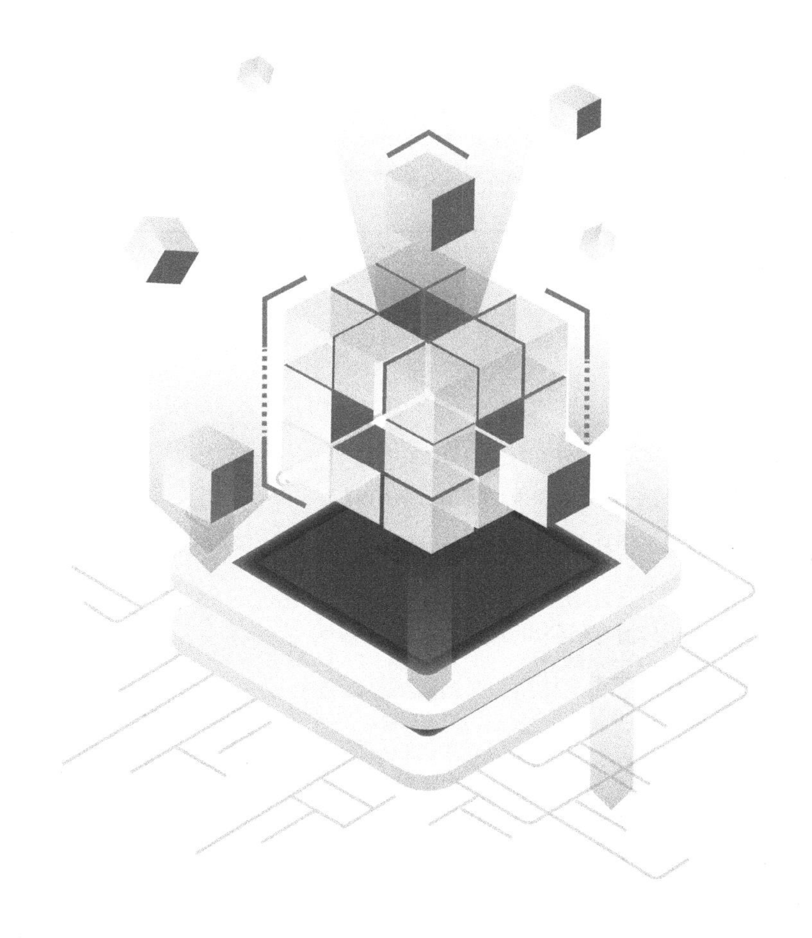

北京工业大学出版社

图书在版编目（CIP）数据

云边融合系统与应用 / 毕敬，苑海涛著. -- 北京：北京工业大学出版社，2024. 9. -- ISBN 978-7-5639-8688-0

Ⅰ. TP393. 02

中国国家版本馆 CIP 数据核字第 20245J7T26 号

云边融合系统与应用

YUNBIAN RONGHE XITONG YU YINGYONG

著　　者：毕　敬　苑海涛

策划编辑：杜一诗

责任编辑：曹　媛

封面设计：红杉林文化

出版发行：北京工业大学出版社

（北京市朝阳区平乐园 100 号　邮编：100124）

010-67391722（传真）bgdcbs@sina.com

经销单位：全国各地新华书店

承印单位：北京虎彩文化传播有限公司

开　　本：787 毫米 ×1092 毫米　1/16

印　　张：22.25

字　　数：474 千字

版　　次：2024 年 9 月第 1 版

印　　次：2024 年 9 月第 1 次印刷

标准书号：ISBN 978-7-5639-8688-0

定　　价：59.00 元

版权所有　翻印必究

（如发现印装质量问题，请寄本社发行部调换 010-67391106）

推荐序

在当今信息科技引领的时代巨变中，全球正经历着一场以云计算、大数据、人工智能为主导的新一轮信息技术革命与产业变革。这一变革深刻地影响着人类社会的经济结构、生活方式和生态环境，并在全球化、知识化、智慧化的趋势下推动着国民经济、国计民生和国家安全步入全新的发展阶段。特别是在“创新、协调、绿色、开放、共享”发展理念的引导下，新一代信息通信技术的广泛应用不断地催生出各类新兴业态，为社会的发展注入强劲新动力。

云计算作为新型计算模式和服务业态的核心载体，以按需获取、弹性扩展的特性，逐渐成为驱动产业革命、经济发展和社会进步的重要基础设施。然而，随着物联网、5G 通信、工业互联网以及智慧城市等领域的迅猛发展，数据流量呈现出指数爆炸式增长态势，预计 2025 年全球数据流量将较 2020 年翻数倍之多。传统集中式的云计算架构在处理如此庞大且实时性强的数据时面临响应延迟、网络带宽瓶颈及数据安全隐私等诸多挑战，边缘计算这一分布式计算范式应运而生。边缘计算凭借其靠近数据源头、实时分析、低延时响应的优势，有效地填补了云计算在解决边缘侧海量数据处理需求方面的难题。云边融合系统在这种背景下孕育而生，成为解决未来智能时代计算需求的关键途径。

《云边融合系统与应用》一书，正是在这一时代背景下对云计算与边缘计算关键技术领域的深入探索与实践成果的高度凝练。本书作者团队基于多年的科研积累与行业实践经验精心编排，在书中不仅详细阐述了云计算与边缘计算各自的产生背景、发展历程、基本原理和核心功能，更聚焦于两者如何有机结合并形成协同优势，通过构建云边融合系统实现计算任务实时迁移、资源优化动态配置、大规模数据智能处理以及系统高效实时决策支持。书中强调动态分配计算资源与数据处理流程，确保满足不同应用场景下的实时性要求的同时，兼顾计算能效、数据安全及隐私保护等问题。

内容编排上，先勾勒出云边融合技术在全球新一轮科技革命与产业转型中的历史脉络和战略地位；再从底层架构到上层服务全面剖析云计算、边缘计算关键技术和云边融合具体实现机制，结合实例深度解读分布式计算、虚拟化技术、云平台构建及边缘计算体系架构等内容；选取涵盖信息业、工业制造、能源管理、智慧建筑、智慧交通、安防监控、现代农业、生态环境、医疗保健、智慧教育等多个重要领域的实际案例，生动展示云边融合技术如何与各行业深度融合，破解复杂场景下的应用难题；最后高瞻远瞩地展望云边融合系统与大数据、人工智能相结合的未来发展蓝图，预测云边融合技术在未来科技发展演进、产业升级及应用的广阔前景。

作为理论与实践紧密结合的教材，本书旨在为计算机、自动化、人工智能、软件工程等相关专业的本科生和研究生提供一部帮助他们全面理解云边融合系统的基础教材，同时本书也可作为相关行业从业者和科研人员的重要参考资料。本书注重知识体系的完整性和先进性，辅以精选的真实案例，以激发读者的创新思维，培养读者解决复杂问题的能力。

李伯虎

中国工程院院士

前　言

当前，一场新技术革命和新产业变革正在加快演进，在“创新、协调、绿色、开放、共享”的新发展理念的引领下，特别是在以飞速发展的互联网、云计算、大数据和人工智能等技术为标志的新信息技术的推动下，国民经济、国计民生和国家安全等领域正在进入以信息技术为主导的新发展时期，人类文明正进入全新的信息时代。

云计算作为一种基于泛在互联网，大众可按需、随时随地获取计算资源与计算能力进行计算的新计算模式、手段和业态，正成为产业革命、经济发展和社会进步的重要基础能力，持续发展中的云计算技术、产业与应用正加速人类社会进入全球化、知识化、智慧化新时代。据统计数据，到 2025 年，全球数据流量将会从 2020 年的 16 ZB 上升至 163 ZB。大数据时代，传统的云计算中心集中式处理数据的方式将无法满足边缘侧产生的海量数据有待处理的需求，所以出现了打破传统集中式处理数据的方式：边缘计算。传统云计算中心虽然有强大的计算资源，但是难以应对工业互联网、5G、智慧城市、物联网等新兴应用场景，边缘计算技术的出现填补了云计算中心的不足，云计算和边缘计算相融合成为必然的发展趋势。

为了充分发挥云计算和边缘计算的优势，云边融合系统与应用逐渐崭露头角。云边融合系统将云计算和边缘计算相结合，以实现资源优化配置、数据智能处理和实时决策。通过将数据处理和计算任务在云端和边缘之间进行动态分配，云边融合系统可在满足实时性需求的同时，兼顾计算能力和数据隐私等问题。本书旨在深入研究云边融合的基本概念、系统架构、关键技术和应用场景。同时，探讨云边融合系统未来可能的发展趋势，以期为构建更加智能、高效和可靠的计算环境提供有益的参考。作者以 10 多年累积的行业科研实践经验以及软件工程专业本科生、研究生教学经验为基础，由浅入深，由表及里，理论联系实际，将云边融合的基本概念及原理系统地呈现给读者。

本书从身边的云计算出发，介绍云计算、边缘计算以及云边融合产生的时代背景、发展历程、系统架构发展过程以及当前面临的风险与挑战。接着介绍了云计算系统的使能技术。从云计算技术的基础开始，结合应用案例深入浅出地阐述分布式技术、虚拟化技术和云平台技术等核心技术；以相同视角介绍了边缘计算的相关技术，包括边缘计算技术基础、网络通信技术、计算技术以及边缘计算系统等；从云边融合技术出发，对云计算与边缘计算各层次之间的融合技术进行详细分析，深入探讨每种融合技术的具体实现方法；围绕大规模复杂数据预测问题，介绍了大规模复杂数据预测问题的标准、难点及预测方法；围绕复杂分布式系统优化问题，从云端和边缘端两个不同的角度对每种优化技术都进行了全面审视，阐明不同优化技术在系统融合过程中的作用以及所采用的方法。针对信息业、工业制造、能源管理、智慧建筑、智慧交通、安防监控、现代农业、生态环境、医疗保健、智慧教育等不同领域的真实案例，引出云边融合技术与应用领域技术深度融合的解决方案。最后基于“云边融合 + 大数据 + 人工智能”三位一体发展战略，展望了云边融合系统在技术、产业与应用方面的未来前景。

本书涉及内容广泛，技术思想凝练，突出核心原理和关键技术的阐述，帮助读者在学习中增强对云边融合系统与应用的了解并掌握相关技术，可作为计算机科学与技术、信息安全、物联网工程、软件工程等专业的本科生和相关专业研究生教材，帮助学生了解云边融合系统与应用的发展过程与基本知识、熟悉产业发展现状与市场需求，提高学生对相关技术的应用能力。本书注重知识结构的完整性，确保技术内容的通用性、普适性与先进性，遵循教育规律，并加强能力培养。同时精选行业真实案例，开阔学生视野，启发创新思维。本书具有较好的可读性，能够为广大学生提供云边融合基础与技术知识，也可作为从事云边融合系统与应用相关工作专业人士的参考读物。本书的先修课程是“计算机组成原理”“物联网工程”和“计算机网络”。“云边融合系统与应用”可以与“计算机体系结构”“操作系统”等课程同时开设，或在“计算机体系结构”“操作系统”等课程之后开设，参考学时为 32 学时，可根据情况调整。

本书由北京工业大学毕敬教授和北京航空航天大学苑海涛副教授共同编著。感谢北京工业大学和北京航空航天大学相关老师及研究生在教材撰写期间对本教材所提出的宝贵修改建议。

本书的工作得到国家自然科学基金项目（61703011、61802015、62073005、62173013）、科技重大专项（2018ZX07111005）、北京市自然科学基金——小米创新联合基金重点研究专题项目（L233005）、北京市自然科学基金项目（4232049）资助，感谢国家自然科学基金委员会、科技部、北京市科委。感谢美国新泽西理工学院周孟初教授。感谢研究生翟嘉晖、王梓奇、李艺博、薛祥东、孙哲、牛司雨、乌日娜等，他们承担了资料查找、公式整理、图形绘制、数值试验等工作。感谢计算机、软件、自动化、电子通信、人工智能领域的国内外学者，你们的思想启迪人们探索求知，你们的成功激励人们继续前行，你们的研究工作无疑使本书的内容得到了进一步升华。由于计算机技术、自动化、人工智能知识体系不断丰富和发展，而作者的知识范围有限，书中不足之处在所难免，敬请广大读者批评指正。

毕　敬

2023年9月于北京平乐园

目　录

第 1 章　绪论

随着移动互联网、物联网、大数据和人工智能等技术的迅猛发展，我们正迈向一个全新的数字化时代。在这个时代中，数据的产生、传输和处理正以前所未有的速度和规模持续扩展，而为了有效地应对这一挑战，计算模式也在不断演进。云计算和边缘计算作为两个重要的计算模式，分别是集中式计算和分布式计算的典型范式，然而，它们各自在面对特定应用场景时存在一些瓶颈和不足。

云计算在过去几年中取得了显著的成就，通过将数据和计算资源集中在云端，为用户提供了高度的可扩展性、弹性和计算能力。然而，随着数据量的迅速增加，传统的云计算模式在一些情况下面临着网络带宽瓶颈、数据隐私保护、实时性要求等挑战。例如，在智能交通系统中，要求对大规模的实时数据进行处理和分析，传统的云计算模式可能无法满足实时性的需求，从而影响交通流量的监测和管理。

边缘计算是为了解决云计算模式中的一些局限性而被提出的新型计算范式。边缘计算将计算和数据处理推向网络的边缘，将计算资源部署在离数据源更近的地方，从而减少了数据传输时延和网络负载。这对于一些对实时性要求较高的应用场景（如工业自动化、智能制造等）具有重要意义。然而，边缘计算也存在一些挑战，如计算资源有限、扩展性受限等问题。

为了充分发挥云计算和边缘计算的优势，云边融合系统与应用崭露头角。云边融合系统将云计算和边缘计算相结合，以实现资源的优化配置、数据的智能处理和实时决策。通过将数据处理和计算任务在云端和边缘之间进行分配，云边融合系统可以在满足实时性需求的同时，兼顾计算能力和数据隐私等问题。

本书旨在深入研究云边融合系统与应用的关键技术、架构设计和应用场景。具体而言，我们将分析云边融合系统在数据处理、资源调度、安全性等方面的实现机制和挑战，通过案例分析展示其在智能城市、健康医疗、环境监测等领域的应用前景。同时，我们也将探讨云边融合系统未来可能的发展趋势，以期为构建更加智能、高效和可靠的计算环境提供有益的参考。

在接下来的章节中，我们将逐步深入探讨云边融合系统与应用的各个方面，希望通过本书的研究，能够为推动数字化时代的发展和应用提供一些新的思路和方法。

1.1 背景介绍及意义

在当今数字化时代，信息技术的快速发展和普及，促使各行各业对数据处理、实时性和智能化的需求不断增加。移动设备、物联网设备以及各种传感器等设备不断产生着大量的数据，这些数据涵盖了从环境信息到用户行为的方方面面。同时，随着人工智能和机器学习等技术的进步，人们对于实时数据分析、智能决策以及对未来趋势的预测能力有了更高期望。

然而，传统的集中式计算模式在处理这些数据时可能面临一系列挑战。云计算虽然在提供高度的计算能力和存储资源方面表现出色，但由于数据传输的时延和网络带宽的限制，对于某些实时性要求较高的应用场景可能显得不太适用。同时，对于涉及大规模数据隐私的场景，将数据集中存储在云端可能会引发一些安全性和隐私性的顾虑。边缘计算模式由于将计算资源部署在网络边缘，可以降低数据传输时延，但在处理大规模数据和复杂计算任务方面可能存在性能瓶颈。

在这样的背景下，云边融合系统与应用应运而生，它融合了云计算和边缘计算的优势，旨在弥补各自的不足，为各行各业提供更加灵活、高效、实时的数据处理和智能决策方式。云边融合系统可以将数据处理任务智能地分配到云端和边缘节点，以实现实时性需求和计算能力的平衡。在网络边缘进行数据处理和分析，不仅可以降低数据传输的时延，还可以减轻云端的计算负担，提高系统的整体性能。

此外，云边融合系统还有助于解决大规模数据隐私和安全性的问题。敏感数据可以在边缘进行本地处理，减少了敏感信息在网络上传输的风险。同时，云边融合系统也为智能化应用的开发和部署提供了更为便捷的平台，开发人员可以充分利用云边融合系统的计算能力和资源，快速构建智能化的应用程序。

在工业制造、智能交通、智能城市、医疗健康等领域，云边融合系统都具有重要的应用价值。它可以实现实时监测、预测分析、智能优化等功能，为各行各业带来更高效、智能的管理和决策支持。因此，研究和探索云边融合系统与应用，对于推动数字化时代的发展，提升产业竞争力，具有深远的意义与价值。

总之，云边融合系统与应用在数据处理、实时性和智能决策方面的优势，将为各行各业带来新的机遇和挑战。通过深入研究云边融合系统的关键技术、架构设计和应用场景，我们有望为构建更加智能、高效和可靠的计算环境，开创全新的发展前景。

1.2 国内外研究现状

目前，国内外针对云边融合系统与应用的研究大多数集中在物联网、工业互联网、智能交通、安全监控等诸多领域的应用场景上。在智能制造领域，研究者致力于将云边融合系统应用于制造过程中的数据采集、实时监测和生产调度。例如，在边缘设备上通过数据处理实现生产线的实时监控，优化生产计划，提高生产效率和产品质量。随着城市化进程的加速，云边融合系统在智能交通和城市管理方面得到广泛应用。研究者通过将交通信号数据、车辆定位等信息进行实时分析，实现智能交通流量控制、拥堵预测以及城市规划。在医疗健康领域，云边融合系统用于实现医疗数据的远程采集和监测。研究者探索如何通过边缘设备对患者生理数据进行实时分析，实现远程医疗诊断和治疗方案的优化。在农业领域，国内外研究关注云边融合系统在农作物生长监测、灌溉管理等方面的应用。此外，云边融合系统可以实现气象数据的实时采集和分析，为农业生产提供数据支持。国内外研究也关注云边融合系统在环境保护和气象学领域的应用，通过实时数据采集和分析，实现气候变化、空气质量等环境指标的监测和预测。

1.2.1 云边融合环境下的服务优化部署

目前，针对云边融合环境下的主要研究目的是对时延、能耗、成本和服务质量等指标的优化。通过对问题本身的优化或者对现有算法的改进从而达到服务部署的优化。

时延指标的优化方面，Ren 等人[1]提出了云边协同中在计算资源约束的条件下建立时延最小化模型，分析了在传统云计算中的网络拥塞和长延迟的特殊场景，该模型中将服务部署的问题转化为一个凸优化函数，并利用凸优化理论得到计算资源分配最佳策略。Chen 等人[2]对特定类型的服务提出部署方案，充分考虑到了不同类型服务对于资源需求是有差异的这一特征，针对云边协同的边缘侧物联网数据传输过程中存在巨大的传输延迟而影响整个系统的性能的问题，以减少传输时延为优化目标，提出了一种混合模拟退火蚁群算法的启发式算法用于在云边协同系统中部署物联网数据密集型服务。除此之外，有研究人员也考虑到了服务类型的多样性，为满足更多用户对不同类型服务部署的需求，将服务部署时延作为最优目标并对其建模，提出了一种基于分布式深度学习的边缘云上服务部署的方案。该研究对服务进行类别划分，将服务部署到提供该资源的边缘云上，从而能使资源利用率最大化。除对服务类别进行划分以外，目前还有一些研究是围绕通过对边缘侧虚拟机和服务器的调度实现服务部署时延最小化的目标。比如，有研究人员研究的是针对边缘节点和云数据中心的服务部署，主要是解决网络高时延和服务低时延高传输速率需求之间的矛盾，通过部署服务器的方式，采用 FFS+IPFS 算法来实现时延最小化的优化目标。Chen 等[2]研究的则是在边缘云服务器放置预算有限的情况下，在全部边缘云的服务器上租用有限的资源，并提出了一种全新的结合上下文内容的多臂赌博机学习算法进行服务部署，通过实验发现这种部署策略有效地降低了时延。在一些新兴应用场景中，有研究人员首先构建了一种云边融合的智能物联网架构，然后建立了关于边缘节点之间的传输数据总处理时间最小的目标模型，并提出了一种稳态分组遗传算法对目标进行优化，最后使用 iFogSim 平台进行实验仿真。该研究使用了更加接近现实情况的模拟仿真器进行实验仿真，在实验平台的选择上有一定的参考意义。

在云边协同过程中对能耗指标的优化也是研究的热点。比如，Dong 等[4]在非正交多址（Non-Orthogonal Multiple Access，NOMA）场景下，提出了一种基于深度强化学习节能高效的算法，该算法能在同时满足多个终端侧用户时延要求的条件下，最大化减少边缘节点的能耗。

在云边协同环境下，服务部署的成本也是一个不可忽视的优化目标，部分研究是通过降低时延和能耗来达到成本最小化的目标。有研究人员提出了一种动态服务部署的策略，该策略在成本和时延条件的约束下，能够最大化服务提供商的收益。但是，该方案通过不断调整阈值参数来不断调整服务部署的方案，虽然在降低时延上有一定的效果，但是带来了时间复杂度过高的问题。有研究人员从用户收益的角度出发，研究了联合服务部署的资源分配问题，其目标是通过最小化服务部署时延和能耗的加权组合，从而最大化用户收益，并采用启发式算法对问题进行求解，以实现用户收益最大化。另外，也可通过对虚拟机的调度、容器的编排、降低服务器个数等方面降低可能产生的成本。李光辉等人[13]考虑到终端侧用户对于服务类型多样化的差异性需求，提出了两种启发式算法来优化云边协同过程中的虚拟机部署问题，即通过合理部署虚拟机降低成本。有研究人员考虑到云边协同过程中边缘节点上资源的限制，让边缘节点上服务器与服务器之间相互协作，通过部署服务器的位置和设置服务器的服务功能来实现所部署服务器数量最小化的目标，从而有效提高服务质量、降低成本。Chen 等人[16]为了降低云边协同服务部署过程中每个用户在能耗和时延方面的平均计算成本，研究了一种基于深度强化学习（DRL）的动态服务部署策略，通过自适应地为每个用户分配计算资源来降低整体的开销成本。这几个研究都是根据服务的具体需求来调整边缘节点上的资源，从而达到对时延、成本等目标的优化。

在云边协同环境下负载均衡的优化方面，有研究人员研究了资源调度过程边缘节点资源负载的情况，通过综合考虑 CPU、内存、网络带宽、磁盘 IO 利用率指标，提出了一种基于遗传算法的 Kubernetes 资源调度算法，该算法在降低边缘节点的集群负载上有显著的效果。有研究人员则是将研究点对准在每个服务的平均完成时间和服务的部署位置上，提出了一种在线随机调度算法 ranTA，通过该算法在保证降低多个服务的平均完成时间的基础上解决边缘节点上负载不均衡问题。有研究人员研究了云边协同中基于负载均衡的资源管理问题，综合考虑云服务提供商的资源粒度和资源收缩可能带来的数据丢失问题，提出了基于服务部署成本的资源扩缩模型，降低了集群负载均衡。

除对单个目标优化以外，云边协同环境下的多目标优化也有一些成果。多目标优化主要是将单个目标组合起来进行优化。比如面向时延和成本、面向时延和能耗、面向时延和资源利用的优化目标等。在资源约束的情况下，着重考虑服务部署过程中时间消耗和成本开销问题等。

在能耗和时延方面，有研究人员提出了一个联合优化问题，其中考虑了传输功率、CPU 频率、传输速率和上传的数据量。将原本的优化问题解耦成两个子问题并使用群组迭代算法来解决这两个子问题，最后实验证明，该算法能有效地降低系统的能耗和时延。在资源和时延方面，有研究人员提出了一种服务部署方案，将服务部署过程定义为整数线性规划问题，通过基于禁忌搜索启发式算法来满足服务在计算资源和时延方面的要求。在实际运用场景中，有研究人员考虑到复杂业务过程中的大型制造企业的生产车间工作流程，针对在云边协同环境下的新型服务模式中负载不均衡的问题，合并云服务器和边缘节点服务器上的无环图，采用分割关键路径的策略原理分配处理器，从而实现负载均衡，并提高计算资源利用率和减少服务处理时间。

在云边协同的联合部署优化方面，可以将多个指标同时作为优化目标。比如针对时延、能耗和成本的优化目标，有研究人员综合考虑到能耗、时延和成本三个方面，建立了多目标优化模型。最后提出了一种基于非支配排序遗传算法的多目标资源的算法，以找到最优部署方案。在多目标优化上，同样也可以通过考虑服务类型的多样化而选择不同的服务部署策略。有研究人员考虑了不同服务的具体需求，综合对服务的通信开销、时延和服务的消耗建立服务部署模型，并根据不同的服务类型实施差异化的部署方案。比如，对于时延敏感型服务，将其部署到合适的边缘节点上；对于计算敏感型服务，将其部署到计算资源充足的云计算中心。

另外，还有一些研究对云边协同环境下的网络进行优化。有研究人员提出了一个联合优化问题，包括将网络、缓存和计算资源作为优化目标，提出了一种改进的深度强化学习的算法，该优化在收敛性上有较好的表现。有研究人员主要研究当多个用户多服务部署并发时的情况，综合考虑能耗、数据传输速率和服务优先级等几个方面，提出了一种多目标优先级粒子群算法的资源调度策略，在满足多用户多资源的需求基础上，还充分利用了边缘节点上的现有资源。有研究人员则是考虑带宽方面的优化，以最小化能耗和延迟方面的整体成本，利用深度 Q 网络（DQN）技术来解决服务部署优化问题。

除了上述对单目标或者多目标的优化以外，在云边协同的过程中，还可以通过研究服务质量（Quality of Service，QoS）在资源调度中的影响，从而调整部署方案。有研究人员考虑到服务之间的 QoS 的相关性提出了一种服务选择方法，即服务相关性感知法，该方法通过管理服务与服务之间的关联性，生成最优的组合服务，从而提高组合服务的 QoS 值。但是在该研究更为复杂的服务部署的场景中，没有考虑到多维的 QoS 属性。有研究人员在考虑服务之间相关性的基础上，又考虑到了用户需求的 QoS 相关性，这意味着服务的 QoS 属性与其他服务也有着关系，而且用户需求的 QoS 属性之间也有着相关性。这些都会影响服务选择的方法。有研究人员综合考虑通信时延、排队、切换的问题，有效地利用可用资源对服务进行部署，从而提高服务的 QoS 值。有研究人员的研究中为每个用户确定 QoS 级别，以便最大限度地提高整体用户体验，通过结合整数线性规划技术，提出了一种启发式算法来处理边缘节点服务部署的问题，但是，最后通过实验证明该方法只能找到次优的解决方案。

1.2.2 云边融合环境下的资源预测研究

以上研究都是以服务需求为出发点，提出不同的优化目标，最后通过对问题的优化或者算法的改进来实现服务优化部署。除此之外，还可以通过对服务需求资源进行提前预测来更好地进行服务部署。

近年来，针对云边融合环境下云端数据中心的工作负载预测问题，国内外相关研究人员提出了多种预测模型和优化方法，大致可以分为三类：基于统计学方法的资源预测算法、采用神经网络方法的资源预测模型以及基于模型融合方法的资源预测模型。

在使用统计学方法的负载预测算法研究中，有研究人员使用了 ARIMA 模型来预测云计算环境下的负载大小，同时分析了工作负载变化对云应用程序 QoS 的影响。有研究人员采用了 Kalman 滤波器，基于最大熵准则对虚拟机中的 CPU 状态进行了预测分析，从而动态调整资源配置。有研究人员将 Bayes 方法应用在负载预测中，来预测长时间间隔内的平均负载。这些方法在预先设定公式的基础上进行负载预测，实现简单且可解释性强，但是其预测效果受限于模型参数的设置，需要丰富的调参经验来人工选择特定的参数数值。另外，因为减少了计算量，未能考虑到负载预测模式的变化特征，也没有深入分析负载变化的影响因素，忽略了系统内部相关资源之间可能存在的联系，所以其预测精度较低。有研究人员通过对边缘节点工作量和租用成本的预测，提出了一种资源管理策略来满足边缘侧的工作负载，使租用节点的成本开销最小化。有研究人员通过对边缘节点的历史负载信息的分析，研究了一种组合指数平滑和灰色预测的组合模型，该模型能够通过节点上的历史信息确定服务部署的优先级，从而能够对相似服务快速部署。

随着神经网络技术的不断发展，越来越多的神经网络方法被应用到负载预测研究中。有研究人员首次将人工神经网络（ANN）技术引入负载预测问题中，但是在大型的云数据中心的负载预测问题中，其预测结果的有效性明显下降。有研究人员将径向基函数（Radial Basis Function，RBF）神经网络应用在数据中心能耗预测问题中，证明了改进后 RBF 模型在短期能耗预测问题中相比于 BP 网络具有更好的拟合度和适应性。有研究人员在反向传播神经网络的基础上，将长短期记忆神经网络（Long-Short Term Memory，LSTM）应用在负载预测问题中，用于挖掘时序数据前后之间的隐藏关系。这些神经网络方法在模型的可解释性和响应速度上不具备优势，却具有更强的表达能力，在处理复杂的负载变化时具有更高的精度，不过，仍然不适用于预测一些负载波动频繁、受到外界不确定因素干扰较多的复杂状态。有研究人员提出了一种基于 IPSO 的 LSTM-RNN 高精度预测模型，对云中心的 CPU 和带宽资源的需求进行预测，从而对边缘节点上的服务部署提供指导。实验证明，该算法能有效地降低能耗和服务违规次数。有研究人员综合考虑边缘节点的位置和资源利用率，利用相邻边缘节点之间历史负载时间序列设计了一种边缘节点位置感知和负载预测的算法，在不违背服务质量情况下使资源利用率最大化。

在模型融合方法中，有研究人员提出了数据组合处理方法（GMDH）和集成小波分解器以减少不同时频尺度的非线性误差，并预测每个连续未来的时间间隔内的实际负载大小。有研究人员分析了支持向量机、Holt-Winters 模型和遗传算法在内的几种不同负载预测模型的有效性，提出了一种可以在不同场景下选择最优的算法的自动决策模型。有研究人员采用哈尔小波变换、Savitzky-Golay 滤波算法与 SCNs 随机配置神经网络相结合，在负载预测问题中实现了有效的噪声过滤与特征提取，增强了对不平稳数据的有效预测效果。相比于前两种研究思路，该模型融合方法吸取了各种算法的优势，而不仅仅局限于负载计算建模与神经网络模型的叠加，在负载预测建模过程中保证了模型具有一定的可解释性，同时增强了模型的预测精度，但是其依旧存在仅对负载序列长期趋势建模而短期各特征数据相关性之间无法获得有效平衡的问题，且仅仅针对单一数据中心进行了实验验证，并未能将模型拓展到多数据中心环境。

除此之外，采用机器学习算法来优化模型的训练效果也是云边协同环境下服务部署研究的热点之一。比如联邦学习是由谷歌公司开发的一种新兴的人工智能技术，通过在边缘侧上分布式训练模型来提高模型的性能。李光辉[13]提出了一种基于联邦学习的视频预测和协作的缓存策略，利用多个边缘节点对视频预测模型进行联邦训练，预测未来视频的请求情况，从而有效降低服务部署的等待时间。

综上所述，国内外研究均表明，云边融合系统与应用在多个领域具有广泛的应用前景。通过充分发挥云计算和边缘计算的优势，云边融合系统有望为实现数据智能处理、实时决策和智能化应用提供创新解决方案。不同国家在不同应用领域的研究经验和成果互相借鉴，有助于共同推动云边融合系统的发展与应用。

1.3　本书组织结构

本书共有 13 章内容，各章节的具体研究内容如下。

第 1 章，绪论。主要阐述了本书的选题背景和选题意义，其中选题意义包括理论研究意义和现实意义。根据本书研究的方向，介绍了国内外的研究现状并对现有的研究内容进行分析。最后介绍了本书组织结构。

第 2 章，云计算基础。本章从 6 个方面具体介绍云计算基础：身边的云计算，云计算的产生与发展，云计算的内涵与特征，云计算的目标、任务与价值，云计算系统的系统架构，云计算的风险与挑战。

第 3 章，边缘计算基础。首先，本章对边缘计算的基础概念进行了阐述。其次，在介绍了边缘计算的产生背景后，详细讲解了边缘计算的发展历史。再次，详细介绍了边缘计算的系统架构。最后，总结了边缘计算目前的优势与挑战。

第 4 章，云边融合系统基础。本章介绍了云边融合系统的基础知识，包括云计算与边缘计算的差异、云边融合基本概念、云边融合系统架构以及云边融合面临的问题等内容。

第 5 章，云计算系统的使能技术。本章首先介绍云计算系统的硬件技术基础与网络技术基础。然后介绍分布式、虚拟化和云平台等云计算系统的关键技术。

第 6 章，边缘计算相关技术。本章内容主要围绕边缘计算技术基础、网络通信技术、计算技术、边缘计算系统 4 个方面展开。

第 7 章，云边融合相关技术。本章从云边融合的角度出发，全面详细地分析资源协同、数据协同、智能协同、应用协同、服务协同 5 种云边融合相关技术，并重点阐述协同技术的实现原理以及目前的研究思路与进展，从而更好地为用户提供服务。

第 8 章，大规模复杂数据预测。本章的核心内容是探讨大规模复杂数据预测的问题。其中，首先介绍了这一领域的标准和难点。然后，详细介绍了 6 种针对大规模复杂数据进行预测的方法，这些方法在应对不同的预测问题上都有一定的应用和优势。接下来提出两种改进的预测方法，一种是基于改进 Transformer 的云数据中心资源预测方法，另一种是基于 ST–LSTM 神经网络的网络流量预测方法。

第 9 章，复杂分布式系统优化。本章主要围绕复杂分布式系统优化的研究现状展开分析，重点阐述每种复杂分布式系统优化技术的原理和研究思路与进展。对于每种优化技术，从边缘端和云端两端分别分析它们在融合过程中所起的作用以及所用到的方法。随后结合两个具体的复杂分布式系统场景进行建模，提出不同的优化算法求解系统成本并和其他算法进行对比，以判断是否达到了预期的结果。

第 10 章，云边融合的创新实践——新型基础设施。本章介绍云边融合技术的创新在新型基础设施方面的具体应用情况。

第 11 章，云边融合的创新实践——典型行业应用。本章将介绍云边融合技术在典型行业中的应用实践，为在线资源。

第 12 章，云边融合的未来发展。将一些新型计算模式应用到云边融合中，能更好地解决某些问题。在这一章，主要对云边融合的未来发展进行介绍。

第 13 章，总结与展望。首先总结了本书的主要工作，概括性介绍主要工作内容。然后提出了本书的创新点和待改进之处，根据提出的问题，对未来的工作提出展望和要求。

第 2 章　云计算基础

云计算是一种通过网络提供计算资源和服务的模式。它利用虚拟化技术将计算、存储和网络等资源进行抽象，使用户可以通过互联网按需获取这些资源。本章将从以下几个方面具体介绍云计算基础：身边的云计算，云计算的产生与发展，云计算的内涵与特征，云计算的目标、任务与价值，云计算系统的系统架构，云计算的风险与挑战。

2.1　身边的云计算

云计算服务在我们日常生活中已经得到了广泛应用，例如线上支付、在线购物、在线存储、社交媒体等。这些应用已经成为我们生活中不可或缺的一部分。身边的云计算已经参与到我们日常生活的各个方面，为我们提供便捷、高效、快速、安全的服务。因此，通过了解云计算技术和应用的原理和特点，我们可以更好地利用这些服务，提高我们的生活和工作效率。

“便捷购票，就在 12306”——中国铁路客户服务中心网站（www.12306.cn），简称 12306，于 2011 年投入使用，是世界上规模最大的实时交易系统。在 2021 年春运期间，12306 网站的日均访问量约为 1 700 万次，最高售票峰值每秒钟售出将近 400 张车票。运行伊始，12306 曾因用户规模过大而发生网站拥堵等问题。当一张火车票销售、改签或退票时，整条路线每个站点的余票量都需要重新计算。这导致 12306 互联网售票系统的业务逻辑复杂性远远高于传统电商系统，而且火车票是刚性需求，不比购物，用户买不到火车票就会不停地刷新——“今天买不到，明天继续刷！”，余票查询占 12306 网站近乎九成流量，成为网站拥堵的最主要原因。2014 年开始，12306 将占比 75% 流量的余票查询业务放在阿里云上，通过基于云计算服务的可扩展性与按量付费的计量方式来支持巨量查询业务，整个系统实现了上百倍的服务能力扩展，高峰时段“云查询”能扛住每天多达 250 亿次的访问。

除了火车，共享单车也极大程度地为我们的生活带来便利。到 2023 年年末，中国投入使用的共享单车数量已经超过 3 亿辆，此外，随着共享出行行业的发展，这个数字还在不断增加。截至 2021 年年底，市场份额最大的共享单车公司是哈啰出行，哈啰出行在全国范围内投放了数百万辆共享单车，拥有超过 1.5 亿注册用户，在中国共享单车市场的市场份额超过 20%，位居行业领先地位。哈啰出行全国用户数量已超过 1.5 亿，日均订单量超过 1 200 万，平均日活跃用户数突破 2 100 万，累计为用户提供的出行服务超过 1 000 亿次。由于共享单车容易在上下班高峰形成潮汐效应，因此需要基于云计算服务，在后台应用智能调度方案即时计算匹配供需缺口，将车辆供需差降至最低，为更多用户提供完善的出行服务。

中国互联网络信息中心（CNNIC）发布的第 51 次《中国互联网络发展状况统计报告》显示，截至 2022 年年底，我国网上外卖用户规模达 5.21 亿，占网民整体的 48.8%。2022 年中国外卖市场规模达到 1.1 万亿元。以外卖为代表的餐饮新电商，已经发展为具有万亿规模的新业态，以抖音、快手等短视频平台为代表的餐饮新营销渠道正在逐渐改变以往的企业组织架构和市场格局。依托于各类本地实体经济主体，美团为更多中国消费者提供了商品和服务。截至 2023 年第三季度，美国年活跃交易用户数、年度活跃商家数和用户购买频率均创下历史新高，即时配送总订单量达到 62 亿单，同比增长 23%。其中，餐饮外卖日订单峰值突破 7 800 万单，美团闪购日订单峰值突破 1 300 万单，均维持了强劲的增长势头。美团在实际业务中广泛地应用了云计算技术。

2.1.1 美团在云计算方面的主要应用

（1）弹性计算。美团通过云计算技术，实现了资源的动态弹性调度。这意味着，当用户交易量增加时，美团可以自动增加其服务器数量，以应对服务器负载增加的情况，从而保证业务的高效稳定运作。

（2）云存储。互联网平台对海量数据的存储和管理是一个巨大的挑战。美团在云存储方面，利用阿里云、腾讯云等云服务商提供的云存储服务，将美团的海量数据（如图片、用户信息等）存储在云端，可以实时查询和管理，从而提高数据存储效率和运营效率。

（3）数据分析。美团在云计算方案中，利用云计算平台提取即时数据、定制数据分析模型，与业务生态互动，推进实时数据采集、分析与应用一体化平台建设，大幅提升了平台的业务洞察性和数据观测度。

（4）安全和稳定性。作为一个线上服务应用程序，美团必须保证其系统的安全和稳定性。基于云计算强大的防护能力和自动化管理能力，美团可以保证其系统的持续稳定运行，并降低系统因外部突发因素（如网络攻击）而受到威胁的风险。

电子商务时代的物流与以往相比有了很明显的不同，要求物流行业做到批量更小、周期更短、品种更繁及批次更多等目标，这对于以往的物流行业而言无疑要付出更高的成本。在服务质量方面，电商时代的用户更具有个性化特点，对于物流服务所提出的要求也更高。传统物流模式的物流服务相对粗糙，其服务的基本内容只是将商品按时送达指定地点，而在电商环境下，物流服务需要做得更加精细，服务质量更高。如京东和淘宝，它们使用云计算主要是为了支持大量用户访问和海量数据处理，为用户提供快速、便捷的购物体验。2023 年“双十一”全网销售额达 11 386 亿元，同比增长 2.1%。其中，综合电商平台总计销售额为 9 235 亿元，天猫依然占据销售额榜榜首；抖音、快手等直播电商销售额为 2 151 亿元；美团、京东到家、饿了么新零售销售额总计达 236 亿元；社区团购销售额为 124 亿元。海量的购物人次以及成交单数对电商的精准营销能力与数据处理能力提出了巨大挑战。电商平台通过对云配送平台之上的信息进行汇总、整合、分析，从而做到对不同客户的配送需求进行组合整理，进而可以得出更为优化的配送组合方案。

美团和其他电商平台这类生活服务平台面对不同的业务场景有不同的业务需求，在对云计算的应用上也存在差异。

2.1.2　美团和其他电商平台云计算应用的差异

（1）业务场景差异。美团主要面向餐饮外卖、打车、旅游等服务领域，它们使用云计算主要是为了支撑高并发访问，快速处理订单、预订等业务；淘宝和京东主要面向电商领域，它们使用云计算主要是为了支持大量用户访问和海量数据处理。

（2）应用架构差异。美团主要采用微服务架构，将服务按业务功能划分成多个小型服务单元，每个服务单元可以独立承担一定功能，并通过应用程序编程接口（Application Programming Interface，API）进行交互调用；淘宝和京东使用的是分布式架构，把系统中的组件分布在多个服务器上，通过负载均衡和数据同步等技术保证系统高性能和高可用性。

（3）技术选型差异。美团偏向于自主开发的技术栈，如美团云、Leaf 等；淘宝和京东在技术选型上偏爱开源技术，如 Hadoop、Spark、HBase 等。

中国已经成为全球移动支付的引领者。借助蓬勃发展的网上购物，中国用户普遍已习惯在线交易的方式，中国用户之间的交易已跳过信用卡阶段并直接进入移动支付时代。目前，中国人平均拥有 1.57 张借记卡，相较 2016 年的人均 3.6 张借记卡呈大幅下降的趋势；2021 年中国手机支付总额达到 376.8 万亿元人民币，中国大部分地区已经跨入“无现金支付时代”，无论是集消费、理财、结算信用体系于一体的第三方支付平台，还是银行为实现支付平台结算业务而开设的大小额支付系统、网银互联系统、票据交换系统、银联公司等，都需要强大的云计算服务做支撑。

云计算重要的应用之一是在线存储服务。我们可以通过云计算提供的在线存储服务轻松地备份和分享我们的数据。基于大数据场景，借助 4 K 资源可以观看高清视频，并实时传送在线信息。通过云存储服务（如 Google Drive、iCloud、Dropbox 等）将数据上传到远程服务器上，并可以从任何设备（如手机、平板电脑、笔记本电脑）上访问这些数据。“全面备份，轻松分享”，每个人都是数据的贡献者，笔记本电脑、数码相机、智能手机、平板电脑、智能冰箱、智能洗衣机、智能电视、游戏机、音乐播放器、智能手环、智能手表、虚拟现实技术头盔、增强现实眼镜、无人机……各种电子设备产生了海量的数据，这些用户数据需要随时随地进行存储获取、实时更新、内容分享、在线浏览、协同工作等操作，因此必须由一个存储和运算能力超强的云计算服务平台来支撑。随着数据资源越来越多，诸多媒体的资源存储压力与日俱增。所以在拓展媒体资源系统的过程中，云存储技术对于拓展信息存储方式有很大的帮助。云存储技术在海量数据方面发挥着重要作用，而且在线处理功能显著，借助云加密和私有云平台等，有助于充分发挥数据深度挖掘的作用。另外，在云存储平台上基于生物识别的核心数据加密方式，用户通过上传数据可以不断提高安全防护的全面性，并且保证提取数据的速度与用户实际需求相符。例如，2022 年第二季度，百度网盘用户数突破 8 亿，存储数据总量超过 1 000 亿 GB，年均增长 60%。2023 年 6 月，全球 MIUI（米柚，小米公司旗下基于 Android 系统的第三方手机操作系统）月活跃用户数达 6.06 亿，同比增长 10.8%。其中，中国大陆 MIUI 月活跃用户数达 1.49 亿，同比增长 6.5%。同时小米以手机为核心连接一切设备，小米物联网平台联网设备超过 3.2 亿台，这些设备包括智能家居设备、智能穿戴设备、智能路由器等，这些设备产生的数据都可以通过手机上传到小米云。

除此之外，社交媒体等互联网应用也广泛地使用了云计算技术。截至 2022 年 12 月，我国网民数已突破 10.67 亿，互联网普及率达 75.6%，其中社交媒体用户人数占全体网民的 95.13%，“全民社交”正在催生社交媒体平台与内容形式的变革。网民人均每周上网时长为 26.7 小时，使用手机上网比例达 99.8%，移动屏时代迅速改变着人们的生活习惯，敏捷迭代的技术令社交媒体营销的玩法百出。截至 2022 年 12 月，我国短视频用户人数已占全体网民的 94.85% 并在快速增长。与图文、长视频相比，短视频因能充分抓住用户碎片化时间以及内容本身的丰富程度而对用户具备持续的吸引力。抖音、快手等以短视频为主要内容形式的社交媒体平台纷纷打造内容电商模式，持续用优质短视频内容推动电商发展。直播内容的优质，直播平台的扶持与推广政策，不断为了优化用户体验而发展的直播技术，都促进了我国网络直播的蓬勃发展和用户的持续增长。截至 2022 年 12 月，我国网络直播用户人数已占全体网民的 70.38%，其中电商直播用户人数占全体网民的 48.27%，越来越多的人通过直播购物、学习和娱乐。多功能的网络直播需要在网上构建一个集音频、视频、桌面共享、文档共享、互动环节为一体的云计算服务平台。

另外，云计算也为我们提供了更多的娱乐方式。云游戏、云音乐等在线娱乐服务都是基于云计算技术实现的。我们可以通过云游戏平台在云端玩最新的游戏，并享受到高品质的游戏体验。云音乐服务则提供了便捷的在线音乐收听和分享功能，用户可以通过云端的音乐库来访问数以百万计的音乐文件。

从公共交通到娱乐，基本都离不开云计算。“云化生活”正成为生活常态，“云化生产”也如火如荼，企业上云、政务上云蔚然成风，其背后蕴涵的是海量的用户、天量的数据以及支撑这些需求的强大计算能力。因此，每个人的生活都与云计算紧密相连，成为“互联网 +”时代的“‘云云’众生”。

2.2　云计算的产生与发展

云计算的产生与发展是一个历经多年的过程，可以追溯到 20 世纪 90 年代末至 21 世纪初，其中涉及技术、社会、经济等多方面的因素。云计算的产生与发展源于网络技术的进步和虚拟化技术的发展，随着云计算概念的提出和云服务提供商的兴起，云计算逐渐成为一种主流的计算模式，并广泛应用于各个领域。

2.2.1　社会与经济发展催生云计算

在传统小农经济社会中，人们为了维持生存而进行生产活动。随着工业社会生产力的提高，人们可追求的物质生活得到极大丰富。无节制地消耗物质和能量的经济增长方式，导致能源紧张、资源枯竭与环境污染等问题，严重影响了人类社会的可持续发展。因此，“高投入、高消耗、高污染、低效率”的粗放型增长方式亟须向“低投入、低消耗、低污染、高效率”的集约型增长方式转变。云计算的广泛应用一方面将更好地满足信息社会中人的高层次需求，另一方面也通过技术进步提高各种生产要素的利用率，促进经济持续健康发展。云计算的产生和发展离不开互联网的普及和信息技术的发展。随着互联网的飞速发展，各种应用和服务在互联网上繁荣起来，这种趋势推动了云计算的发展。同时，信息技术的快速进步也为云计算的实现提供了技术支持。在经济方面，随着全球经济一体化和竞争的加剧，企业和组织需要提高运营效率和降低成本。更多企业和组织选择云计算的信息技术（Information Technology，IT）服务，原因总结为以下 4 点。

（1）互联网的发展刺激了大众对信息的需求。有了信息需求才有信息服务，二者相辅相成。网络技术的进步不断加深着互联网的渗透程度，互联网应用领域不断扩大，应用规模快速增长，影响力持续增强。大众信息需求类型涉及学习、工作、生活与娱乐的方方面面，从最初的电子邮件服务发展到网络新闻、搜索引擎、社交媒体、网上购物、数字图书馆、网络游戏等，互联网已经成为社会系统的一个有机组成部分。互联网已成为人们精神生活的重要源泉，并改变着人们的生产生活方式，“互联网 +”时代已经到来，并渗透到各行各业以及人们的日常生活之中。传统的电话、信件逐渐被电子邮件、微信和QQ等即时通信工具所取代。网络视频、网络游戏、网络阅读等新的互联网服务形式为大众生活增添了新的乐趣。数字化期刊、网上图书馆、搜索引擎成为学术研究的重要资料来源，慕课（Massive Open Online Courses）、微课（Microlecture）等网络教学成为传统教学的重要补充。中国互联网络信息中心2023年8月28日在京发布第52次《中国互联网络发展状况统计报告》（以下简称《报告》）。《报告》显示，截至2023年6月，我国网民规模达10.79亿人，较2022年12月增加1 109万人，互联网普及率达76.4%。互联网使用率排名前三甲的分别是即时通信（93.3%）、网络新闻（83.8%）、搜索引擎（82.8%），同时，网络视频、网络音乐、网上支付、网络购物、网络游戏等应用率均超过50%，而一些在线服务增速均超过20%，如网上订外卖（64.6%）、网约专车或快车（40.6%）、互联网理财（30.2%）、网约出租车（27.5%）、旅行预订（25.6%）、网络直播（22.6%）等。作为一种具有交互性、公开性与平等性的"全媒体"和"超媒体"，互联网已经成为人们表达观点和情感的重要途径之一，对满足公民参与社会政治、进行舆论监督的民主需求，发挥着越来越突出的作用。网络论坛、社交网站等能够"一呼百万应"，充分说明这些应用正是由于适应网络受众新需求才得以迅速发展的。

（2）信息需求的激增刺激了互联网需要更先进的计算。人的物质需求有一个从简单到复杂、从低级到高级的发展过程，人们在不断追求高层次需求的满足中，不断产生新的动机与行为。互联网为人类提供了信息社会的高速公路，各种各样的网络连接方式和越来越快的连接速度使人们能够很好地享受宽带所带来的便利，分享互联网所带来的价值。以太网的发明人鲍勃·麦特卡夫（Bob Metcalfe）有一个"麦特卡夫定律"：网络价值同网络消费者数量的平方成正比，即n个连接能创造n^2的效益。尽管这个论断过于乐观，但也说明在互联网时代，共享程度越高，拥有的消费者群体越大，其价值越可能得到更大限度的体现。互联网开始阶段，网民是稀缺资源，即时通信、网络游戏等交互应用吸引了大量的网民。随着网民的增加，人们对信息消费的需求开始提升，互联网上相对匮乏的信息难以满足巨大的需求，内容成为最大的需求。Web 2.0是一种新的网络服务模式，它将网站变成可读写的服务，互联网网民从上网"冲浪"发展到自己"织网"，从信息消费者变成了信息生产者，以博客（Blog）、标签（Tag）、社交网络服务（Social Networking Services）、简易信息聚合（Really Simple Syndication）为特征的Web 2.0服务方式从各个角度满足着网民这种"自在自为"的信息需求。当互联网上的资源海量化之后，出于对信息内容的检索甄别以及对数据处理能力的需求，需要强劲、高效、经济的计算能力，通过互联网提供这种计算能力的服务——云计算得以应运而生。随着云计算服务商的不断创新以及包括硬件在内的各种成本的不断降低，云计算的基础设施总体拥有成本将远低于企业自建数据中心的成本，而且这个差距还将不断拉大，最终推动企业全面转向云计算。

（3）信息社会的发展需要更高效的信息处理能力。物质和能量守恒定律已经成为现代自然科学的基石，然而信息是否守恒并无定论，现实状况是随着计算机的普及，信息以指数级速度爆炸式增长。截至 2021 年，据国际数据公司（IDC）的报告，全球总共创造出了 82.5 个 ZB（1 个 ZB 等于 10 的 21 次方字节）的数字信息。而预计到 2025 年，这一数字将会增长至 175 个 ZB。图灵奖获得者吉姆·格雷（Jim Gray）认为，“网络环境下每 18 个月产生的数据量等于过去几千年的数据量之和”。随着互联网向移动互联网以及物联网的扩展，网络将连接更多的人和物，信息网络—物理网络—社会网络构成的三元世界将进一步融合，信息剧增趋势会进一步加速。尽管人们所处的信息空间在急剧膨胀，但人们真正需要的只是那些与自己的兴趣、工作、专业、学习等相关的个性化信息，人们已从对简单信息的需求转化为对有用信息和知识的需求。但由于互联网信息的分布没有构成集中统一的组织结构和管理机制，网络信息资源还处于无序、无规范的分散状态，信息需求服务系统质量和服务水平限制了人们对信息需求的提升。通过云计算，人的感知能力和认知能力得到极大的延伸和增强，一方面人挣脱了时间和距离的束缚，另一方面人在从大数据处理到新知识获取的阶梯上迅速跃升。随着互联网应用向社交空间与物理空间延伸，人与人、人与物、物与物之间的沟通质量和沟通效率得到极大的提升，云计算大大加快了人类社会、信息系统和物理世界走向“人—机—物”三元融合的进程。

（4）信息服务走向社会化、集约化和专业化的新形态工业时代。社会化大生产通过集约化方式来优化整个社会的生产资源，同时通过专业化的服务来满足个性化需求。例如，制造业的社会化分工协作、软件业的外包与众包等生产方式都是通过集约化、专业化方式实现随需而变的柔性化生产。云计算正在促进信息技术和信息服务实现社会化、集约化和专业化，从而不再需要家家买计算机、人人当软件工程师、各部门建自己专门的信息系统，而是由专门的信息服务提供商提供专业服务。信息服务成为全社会的公共基础设施，形成“网络丰富、边缘简单、交互智能”的新形态，实现用信息技术精确调控物质和能量，从而降低全社会经济的总体运维成本，推动社会向“资源节约型”和“环境友好型”发展。从 2006 年亚马逊推出亚马逊网络服务（Amazon Web Services，AWS）开始，云计算在十余年的发展过程中，经历了概念探索阶段——从争论到底什么是云计算到探索实践、技术落地阶段——业界形成共识并对云计算进行推广，以及目前的应用繁荣阶段——各个领域各个行业大量搭建云计算平台或应用云计算服务，云计算正成为互联网创新的引擎以及全社会的主要基础设施。各大云厂商利用自身的电商、游戏、社交等方面的运营运维能力构建云平台，提供以基础资源与平台为主的核心服务，借助生态合作伙伴的能力完善应用软件服务，提供从网站、视频等通用方案到游戏、电商、金融、医疗等行业解决方案，从大数据、人工智能到安全支付等各种能力和解决方案。2009 年之前的亚马逊 AWS 只发布了 3 款产品，此后每年都有十来个的新产品和服务推出。目前，AWS 可提供 90 多种大类云服务，并拥有数千家第三方合作伙伴、数百万活跃用户。在国内，阿里云上聚集了 1 200 多家独立软件开发商（Independent Software Vendors）、5 000 多家生态伙伴，联合提供 6 000 余款云上应用和服务。美国市场研究机构报告显示，全球公有云（Public Cloud）市场规模从 2011 年的 208 亿美元增长至 2020 年的 3 710 亿美元；2022 年，全球云计算市场规模为 4 910 亿美元，预计 2026 年全球云计算市场将突破万亿美元。市场研究公司 Canalys（科纳仕咨询）发布的数据显示，2022 年，我国云计算市场规模达 4 550 亿元，较 2021 年增长 40.91%，仍处于快速发展期，预计 2025 年我国云计算整体市场规模有望超万亿元。在中国云计算市场中，基础设施即服务（Infrastructure as a Service，IaaS）占据最大份额，约占市场总体的 62%。而软件即服务（Software as a Service，SaaS）和服务平台即服务（Platform as a Service，PaaS）市场份额分别为 23% 和 15%。值得注意的是，由于新冠疫情的影响，数字化转型、工业互联网、5G 等领域的快速发展，以及政府和企业对数字安全的重视程度日益上升，中国云计算市场迅速增长。

2.2.2 从图灵计算到云计算

早期计算机是由大量电子管组成的，体积庞大，耗能巨大，只能在集中式的计算中心进行计算。这种计算方式存在很多问题，如计算速度慢、成本高、运维困难等。随着半导体技术的发展，计算机的体积越来越小，计算速度越来越快，从而打开了计算机广泛应用的大门。随着计算机技术的不断进步，分布式计算逐渐成为一种流行的计算方式。分布式计算是指将计算任务分割成多个子任务，由多台计算机共同完成。分布式计算具有计算速度快、成本低、可靠性高等优点。同时，分布式计算还可以通过负载均衡和容错等技术实现对计算资源的合理利用和管理，从而提高了计算效率和可靠性。

计算通常分为数值计算和非数值计算，数值计算是指一个具体的应用问题，经过物理学家的物理建模后，由计算学家通过物理模型描述成一组偏微分方程，再转换为线性代数方程组后进行数值求解，通常涉及矩阵运算、线性方程组的求解以及快速傅里叶变换等；非数值计算是相对于数值计算而命名的，它研究计算机中常用的一些操作方法，包括排序、选择、搜索、匹配等。其中，非数值计算中的并行算法基本设计策略包括：串行算法的直接并行化；从问题描述开始设计全新的并行算法；借用已有的算法；利用已求解问题和待求解问题两者之间的内在相似性来求解新问题。

云计算是一种基于互联网的分布式计算和存储服务，可以将计算和存储资源集中起来，为用户提供基于需求的计算、存储和应用服务。并且，云计算可以通过虚拟化技术实现资源的池化和共享，同时也利用了自动化管理、弹性扩展、按需付费等技术，从而提供了更为灵活、可靠和安全的 IT 服务。

云计算的发展可以归结为以下几个原因：随着互联网的普及，越来越多的应用和服务被部署在互联网上，这种趋势推动了云计算的发展；信息技术的快速进步为云计算的实现提供了技术支持，如虚拟化、自动化管理、弹性扩展等技术；由于经济全球化和竞争的加剧，企业和组织需要提高运营效率和降低成本；云计算可以利用虚拟化和分布式计算技术，为企业和组织提供更为高效、灵活和低成本的 IT 服务。从图灵计算到云计算的发展历程是一个漫长而又不断进化的过程，它反映了计算技术的不断进步和人类对计算的不懈追求，同时也反映了社会发展的需求和趋势。计算技术的发展始终是在满足人类需求的基础上不断推进的，而云计算作为计算技术发展的一个里程碑，代表着计算技术在解决计算资源管理、计算效率、成本控制等方面迈出了重要一步。以下将详细介绍不同阶段。

1. 从图灵计算到网格计算

云计算技术的历史可以追溯到早期计算机时代。计算是执行一个算法的过程，简而言之，是实现符号串的转换。在 20 世纪以前，人们普遍认为所有的问题都是有算法的，计算研究就是找出算法来。但是 20 世纪初，数学家发现有许多问题经过长期研究，仍然找不到算法，人们认识到对于计算的本质问题缺乏精确定义。20 世纪三四十年代，由于哥德尔（Godel）、丘奇（Church）、图灵（Turing）等数学家的工作，人们才弄清楚什么问题是可计算的、什么问题是不可计算的和如何判定一个问题是可计算的等关于计算的根本性问题。1936 年，英国数学家、计算机科学家图灵在其传世论文《论可计算数及其在判定问题中的应用》中，将数学证明题的推导过程转变为在一台自动计算机的理论模型（被称作图灵机）上的运行过程后，证明了有些数学问题是不可解的，但同时也证明了只要与图灵机等价的问题都是可以计算的，从而为通用计算机的产生奠定了理论基础。1966 年，美国计算机协会为纪念该文发表 30 周年，设立了“图灵奖”，专门奖励在计算机科学研究中做出创造性贡献、推动计算机技术发展的杰出科学家。计算机的发明是 20 世纪重大的事件之一，它使得人类文明的进步达到了一个全新的高度。进入 21 世纪后，互联网逐渐成为最重要的社会性基础设施。回顾信息技术跨世纪的发展历程，可以看出云计算实际是在电子、通信、计算机与网络技术的共同作用下，从图灵计算逐渐向网络计算发展的计算模式的技术演变，如图 2-1 所示。

在图灵奠定的理论基础上，美国计算机科学家冯·诺依曼确立了计算机的基本结构和工作方式。冯·诺依曼结构的最大特点是以中央处理器（Central Processing Unit，CPU）为中心的一维计算模型和一维存储模型。这种本质上的串行性，一方面使它在数值计算或逻辑运算这类顺序性信息处理中表现出远非人力所能及的运算速度；另一方面，在涉及人类日常的非线性、非数值处理应用领域又成为制约运算性能提高的瓶颈。微电子技术的进步，使作为“图灵机 + 冯·诺依曼结构”基础的 CPU 技术获得了极大的成功。1965 年，Intel 公司创始人之一的戈登·摩尔提出著名的“摩尔定律”：18 ~ 24 个月内每单位面积芯片上的晶体管数量会翻倍。在其后 40 多年里，摩尔定律一直代表着信息技术进步的速度，也带来了一场个人计算机（Personal Computer，PC）的革命。而随着移动设备和云计算技术的快速发展，越来越多的人开始使用智能手机、平板电脑等设备进行日常工作和娱乐活动：全球约 2/3 的人拥有手机，且超过半数为智能型设备，仅 2021 年第一季度，全球智能手机的出货量达到了 3.45 亿台。这一数字同比增长了 25.5%，和 2020 年同期的 2.75 亿台相比，增长显著。在计算机处理速度越来越快、存储器容量越来越大的同时，它们的价格却越来越低。微电子产业快速发展，而通信带宽的增长更快。在光纤通信行业，密集波分复用技术（Dense Wavelength Division Multiplexing）可在一根光纤内传送多路平行的光信号，使带宽成本大幅降低，从而让宽带互联网得以普及。截至 2020 年 7 月，中国 5G 基站数量已经超过了 60 万个，而 4G 基站数量则超过了 200 万个，是 5G 基站数量的 3 倍以上。据预测，5G 时代的基站数量是 4G 基站数量的 2 ~ 3 倍，这些基站之间需要光纤互联，光纤用量将比 4G 时代多 16 倍。美国未来学家与经济学家乔治·吉尔德曾在 20 世纪 90 年代初提出著名的吉尔德定律：在未来 25 年，主干网的带宽将每 6 个月增加一倍。吉尔德的预言在一些先进国家业已实现，总体传输能力 10 年增长千倍。因此，当通信带宽大大超过摩尔速度时，充足的网络带宽就会成为最廉价的资源，通信业务必然从单一的话音业务网络向多媒体数据的互联网演进，信息服务也将从为少数人服务的专业市场向为多数人服务的大众市场转变。人际沟通也将不成问题，人们将习惯于在不同地理区域通过网络来进行分工和协作。软件应用也将越来越多地通过网络达成，而不是通过购买套装光盘来实现。国际互联网智库发布的数据显示，截至 2023 年末，全球互联网用户已增至 54 亿人，比 2022 年增长了 4.7%。受新冠疫情影响，人们对互联网的使用和依赖程度进一步提高，新冠疫情期间，在线学习、在线工作、远程医疗等广泛推广也进一步促进了互联网人口的增长。

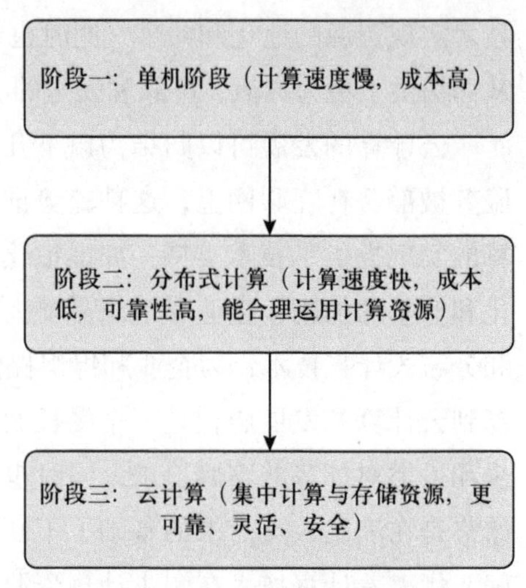

图 2-1　从图灵计算到云计算

图灵机模型没有考虑交互在计算中的作用，而今天网络中的交换、路由设备成为计算不可或缺的重要组成部分。世界上最早的鼠标诞生于 1964 年，它是由美国科学家道格·恩格尔巴特发明的。鼠标的发明为交互式计算奠定了基础，被美国电气和电子工程师协会（Institute of Electrical and Electronics Engineers，IEEE）列为计算机诞生 50 年来重大的事件之一。实际上，恩格尔巴特的贡献远不止小小的鼠标，他曾积极推动和参与了美国国防部的高级研究计划局网络 (Advanced Research Projects Agency Network，ARPAnet）计划。他认为，比交互式技术更为重要的是“建立一种方式，它使我们可以从不同的终端共同研究同一个问题”。英国计算机科学家唐纳德·戴维斯与美国科学家保罗·巴兰在 1964 年开发的分组交换技术奠定了数据通信的基础。1969 年，美国 ARPAnet 计划开始启动，这是现代互联网的雏形。1972 年，ARPAnet 开始走向世界，拉开了互联网革命的序幕。20 世纪 80 年代开始，传输控制协议互联网协议（Transmission Control Protocol/Internet Protocol，TCP/IP）逐渐在互联网上得到广泛应用，20 世纪 90 年代，更是形成了一股“一切基于 IP”的浪潮。2004 年，TCP/IP 和互联网架构的联合设计者文登·瑟夫与罗伯特·卡恩共同获得当年的图灵奖，2005 年 11 月，乔治·布什总统向他们两位颁发了总统自由勋章，这是美国政府授予其公民的最高民事荣誉。1984 年，互联网上有 1 000 多台主机运行，到了 21 世纪 20 年代，连接在互联网上的计算机数以亿计，互联网的用户大约每半年翻一倍，而互联网的通信量大约每 100 天翻一倍。从 20 世纪 60 年代的大型机时代到 70 年代的小型机、80 年代的个人计算机，计算机开始从象牙塔走进千家万户，交互技术的进步使计算机成为大众生活中的寻常事物，而互联网进一步将这些分散的计算能力连起来。1989 年，以超链接、超文本传输协议为代表的万维网，将互联网的应用推广到普通大众用户。1993 年，伊利诺伊大学美国国家超级计算机应用中心的学生马克·安德里森（Marc Andreessen）等人开发出了第一款浏览器“Mosaic”，此后互联网开始得以爆炸性普及。人们可以随时从网上了解当天最新的天气信息、新闻动态和旅游信息，可以看到当天的报纸和最新杂志，可以足不出户在家里聊天、炒股、购物，享受远程医疗和远程教育等。

其后，Web 2.0 则是信息社会发展的一个历史性阶段，即由单向的信息传递发展成一个多向沟通的社会网络体系，交互、分享、参与、群体智能、分众分类、长尾效应等是这一阶段的特点，代表了互联网的社会化和个性化趋向。2009 年 9 月，美国网络科学与工程委员会发表的《网络科学与工程研究纲要》报告中认为：在过去的 40 多年里，计算机网络（尤其是互联网）的研究已经发生了改变，科学家越来越关注网络的基础设施。网络不仅改变了人们的生活、工作、娱乐方式，也改变了人们关于教育、医疗、商业等方方面面的思想观念。互联网强大的技术价值与应用价值日益显现，已经成为技术革新和社会发展强有力的推动力。在计算机科学发展的历史上，曾经出现过一些里程碑式的技术。这些技术产生的时间或远或近，都对云计算的诞生和发展产生了巨大影响。这些技术包括集群计算（也可称作并行计算）、网格计算等。集群计算通常是将一个科学计算问题分解为多个小的计算任务，并将这些小任务在并行计算机上同时执行，利用并行处理的方式达到快速解决复杂运算问题的目的。集群计算一般应用于诸如军事、能源勘探、生物、医疗等对计算性能要求极高的领域，因此也被称为高性能计算（High Performance Computing，HPC）。解决集群计算问题的并行程序往往需要特殊的算法，编写并行程序需要考虑很多问题之外的因素，如各个并发执行的进程之间如何协调运行、任务如何分配到各个进程上运行等。根据组成集群系统的计算机之间体系结构是否相同，集群计算系统可分为同构与异构两种。集群内的同构处理单元通过通信和协作来解决大规模计算问题。异构的集群系统将一组松散的计算机软件或硬件连接起来协作完成计算工作，如办公室中的桌面工作站、普通 PC 等。由于这些节点通常白天都会被正常占用，它们的计算能力只能在晚上和周末的时间被共享出来。为了适应这种环境，在提高整个系统计算能力的同时提高节点的使用效率，产生了网格计算（Grid Computing）技术。网格计算是一种分布式计算模式，它将分散在网络中的空闲服务器、存储系统和网络连接在一起，形成一个整合系统，为用户提供功能强大的计算及存储能力来处理特定的任务。对于使用网格的最终用户或应用程序来说，网格看起来就像是一个拥有超强性能的虚拟计算机。网格计算的本质在于以高效的方式来管理各种加入了该分布式系统的异构松耦合资源，并通过任务调度来协调这些资源，合作完成一项特定的计算任务。可见，网格计算着重于管理通过网络连接起来的异构资源，并保证这些资源能够充分为计算任务服务。通常，用户需要基于某个网格的框架来构建自己的网格系统，并对其进行管理，执行计算任务。

2. 从网格计算到云计算

随着计算机技术的不断进步，分布式计算逐渐演化成了云计算。云计算是一种通过互联网将计算和存储资源集中起来，为用户提供基于需求的计算、存储和应用服务的方式。亚当·斯密在其《国富论》中对生产资源的社会化配置曾有过如下定义：在生产资源配置的初期，由于运输能力的限制，资源配置的方式是“沿河流”，随后的工业革命的财富传递则是建立在铁路、公路连接的物流中。而在现在和未来，“计算力”作为最重要的生产力，必然是“沿互联网”进行配置与实现。因此，依托互联网的计算模式将成为计算技术的主流发展方向。

从图 2–2 中可以看出，计算环境经历了大型主机的集中模式、个人计算机的分散模式、服务器联网模式、移动互联网随时在线模式、云平台 + 智能终端 / 物联网模式，计算变得无处不在。用户从买计算机到买计算、从买服务器到买服务，人机交互方式更加自然、快捷、高效，从人“围着”计算机转，变为计算机“围着”人转。同时，软件

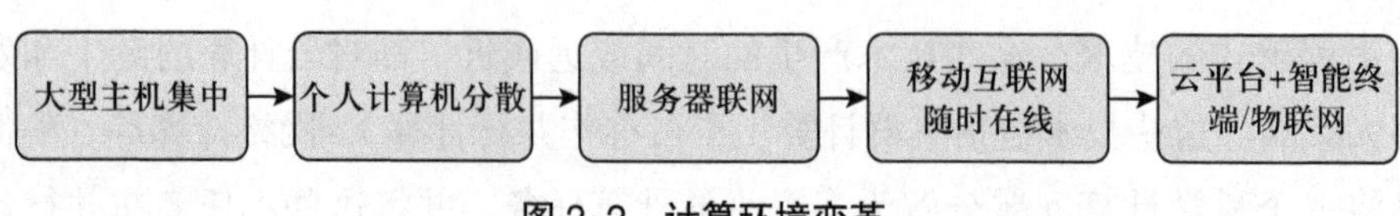

图 2–2　计算环境变革

形态从硬件的附庸变为独立产品，更密切地同网络结合而形成“云化”的网络化与平台化的服务，更易于获得与使用，更好地满足个性化需求，并向生态化与智能化方向发展。这些变迁更有力地支持了机器对人的行为感知与意图理解，帮助人们更好地享受计算力进步的成果。因此，云计算模式意味着用户可以随时随地获得计算力的支持，而且无须自购硬件设施，无须考虑如何配置和维护软件，无须为得到服务进行任何预先投资，甚至无须知道是谁提供的服务，只关注自己真正将获得什么样的资源或服务即可。早期进入云计算领域的企业所关注的云计算的发展方向因各自利益取向而不同，有的强调企业，有的强调终端用户，但综合起来，就是云计算发展到目前最为普遍的几种服务模式。

云计算与网格计算的不同之处在于，云计算的用户只需要使用“云”中的资源，不需要关注系统资源的管理和整合。这一切都将由“云”的提供者进行处理，用户看到的是一个逻辑上单一的整体。因此，在资源的所属关系上存在着较大差异，也可以说，网格计算是多个零散资源为单个任务提供运行环境，而云计算是单个整合资源为多个用户提供服务。打个形象的比喻，在集群、网格和云计算三者中间，集群计算类似于集中制，采用的是统一模式化管理；而网格计算的资源可能因过于分散而难以控制和管理，属于无政府状态的完全民主；只有云计算充分兼顾了分布和控制这两个方面，实现了民主集中制，完成了在实用性上的技术革新和跨越。

中国云计算产业发展可分为起步期、快速发展期和成熟期 3 个阶段。

2007 年至 2010 年为起步期，这一阶段云计算概念从云里雾里到逐渐清晰，硬件支撑技术相对完善，各类云计算的解决方案和商业模式尚在尝试和探索阶段，云计算应用的广度和深度不足，主要依靠政府项目推动。中国移动通信研究院于 2007 年启动“大云”云计算技术研究计划，研究大规模分布式计算技术。2008 年年底，中国移动进一步建设了由 256 台服务器、1 000 个 CPU、256 TB 存储组成的“大云”试验平台，并在与中国科学院计算技术研究所合作开发的并行数据挖掘系统基础上，结合数据挖掘、用户行为分析等需求在上海、江苏等地进行了应用试点，在提高效率、降低成本、节能减排等方面取得了极为显著的效果；2010 年在首届云计算大会上正式发布自主研发的“大云”1.0 云计算和大数据系列产品，同时将自主研发的大云虚拟化等产品用于中国移动 WAP、彩信业务云和公有云系统的建设。

2010 年至 2015 年为快速发展期。2010 年 10 月 18 日，国家发展与改革委员会与工业和信息化部联合下发《关于做好云计算服务创新发展试点示范工作的通知》，确定北京、上海、杭州、深圳、无锡五城市先行开展云计算服务创新发展试点示范工作，以推进我国云计算产业发展和试点应用。2010 年 7 月，北京市经济和信息化委员会公布了北京市“祥云工程”实施方案；2010 年 8 月，上海发布了《上海推进云计算产业发展行动方案（2010—2012 年）》，即“云海计划”；2010 年 11 月，深圳市公布了《关于优化产业结构加快工业经济发展方式转变的若干意见》，首次提出了打造“华南云计算中心”的概念。2015 年，国务院发布了《国务院关于促进云计算创新发展培育信息产业新业态的意见》等文件。

在政府积极引导和企业战略布局的推动下，经过社会各界共同努力，云计算已逐渐被市场认可和接受。“十二五”末期，我国云计算产业规模已达 1 500 亿元，产业发展势头迅猛，创新能力显著增强，服务能力大幅提升，应用范畴不断拓展，已成为提升信息化发展水平、打造数字经济新动能的重要支撑。

2015 年至现在，云计算市场进入成熟期。国内企业逐渐掌握了云计算核心技术以及超大型云平台的工程化与交付能力，云服务模式快速发展，用户对云计算的接受程度显著提升，云计算产业链基本形成。例如，2015 年 1 月，铁路订票系统 12306 将车票查询业务部署在阿里云上，春运高峰分流了 75% 的流量。2015 年，华为在中国区发布了企业云服务，同时在全球市场与电信运营商合作进入公有云。国内云计算的应用正在从游戏、电商、社交等个人消费领域向制造、农业、政务、金融、交通、教育、健康等国民经济重要领域发展，特别是政务和金融领域发展尤为迅速。“十四五”规划中，对政府和城市数字化建设提出了更高要求，要求加强公共数据开放共享，提高政府数字化服务能力，实现政务信息化共建共用。规划还要求改进优化国家电子政务网络，加快政府云建设工作。云计算应用可以极大满足政府职能转变的目标要求，在政府政务信息化建设中具有较大发挥空间。例如，福建省的《福建省数字档案共享管理办法》拟定了云共享体系的规定；2021 年自然资源部数字档案室构建了“自然资源云”基础设施，并将其作为自然资源档案馆的优化措施；海南省则建立琼兰阁海南省档案信息网作为云服务平台等。

具体说明云服务应用过程，云服务应用可分为 4 个部分，分别为应用窗口、服务模块、数据存储、基础设施。以下以科研单位数字档案馆——海南热带的档案馆为例对这 4 个部分的云服务应用结构及运行情况进行具体分析。在此过程中，将结合海南热海所档案馆的云服务应用情况来进行具体研究。

海南热海所档案馆云服务的整体结构如图 2–3 所示，其整个云服务应用分为两部分：一是用户应用部分；二是云服务管理部分。其中，箭头趋势的意思为：云服务管理支撑着用户应用。其具体数据方式为：基础设施为数据存储奠定基础，数据存储为服务模块提供档案内容；服务模块通过应用窗口进行云服务内容展示以及应用；用户通过应用窗口，进入云服务模块。

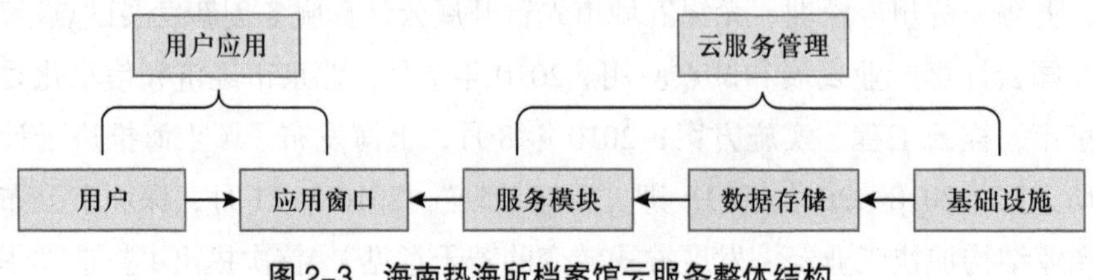

图 2–3　海南热海所档案馆云服务整体结构

为跟踪国内外云计算相关技术的最新发展，加强云计算领域的交流与合作，推动国内云计算技术的研究开发与应用，为政府和行业主管部门提供准确及时的决策建议，2008 年 11 月，来自国内产业、高校、研究单位、用户以及行业管理部门的院士、专家、学者，发起倡议成立中国电子学会云计算专家委员会，以达到推动促进国内云计算技术发展与应用之目的。中国电子学会云计算专家委员会成立以来，通过会议、媒体宣传、技术培训与技能大赛等多种活动方式，引导和宣传云计算相关技术知识，培养云计算人才，为相关政府部门提交决策咨询报告，参与制定云计算技术产业规范，组织撰写了《云计算技术发展报告》等多部云计算相关技术报告与著作，促进了国内外云计算领域的交流与合作，有力地推动了我国云计算事业的发展。

2.3　云计算的内涵与特性

云计算是一种基于网络的计算模式，通过互联网提供 IT 资源和应用服务。其内涵和特性主要包括以下几个方面。

（1）资源池化和共享。云计算通过将计算和存储资源集中管理和分配，实现了资源池化和共享。用户可以按需获取和释放资源，避免了资源的浪费和不必要的成本。

（2）高可用性和弹性。云计算基于虚拟化技术，可以快速实现资源的扩容和缩减，从而保证了系统的高可用性和弹性。用户可以随时根据业务需求进行调整，避免了因资源不足导致的业务中断和因资源浪费导致的成本浪费。

（3）安全性和隐私保护。云计算提供了多层次的安全保护措施，保障了用户数据和应用的安全性和隐私性。用户可以根据自身需求进行安全配置和数据加密，同时云计算提供的多租户和隔离机制可以有效避免信息泄露和数据混淆。

（4）弹性计费和灵活性。云计算提供了按需计费和弹性计费等灵活计费方式，用户只需按照自身需求支付所使用的资源费用，避免了不必要的成本浪费。

（5）高性能和高效率。云计算基于分布式计算和异构计算等技术，可以提供高性能和高效率的计算服务。用户可以通过云计算快速构建和部署应用，同时享受到高效和高性能的计算体验。

云计算具有资源池化和共享、高可用性和弹性、安全性和隐私保护、弹性计费和灵活性、高性能和高效率等特性，能够满足用户在计算资源管理、应用开发和部署等方面的需求。

2.3.1　云计算服务与平台

泛在化的云服务和系统化的云计算平台都是云计算的重要发展形态，但它们有着不同的特点和应用场景。泛在化的云服务是指通过云技术将各种设备和终端连接起来，提供全天候的互联网服务和应用。这些设备包括智能手机、智能家居、智能穿戴、智能车联网等，它们通过互联网连接到云端，可以实现数据的实时共享和交互。泛在化的云服务具有以下特点：第一，基于智能终端。泛在化的云服务基于各种智能终端设备，通过移动互联网和无线网络连接到云端，实现设备间的数据共享和交互。第二，面向个人和家庭。泛在化的云服务主要面向个人和家庭用户，提供各种生活、娱乐和健康等方面的服务和应用。第三，高度个性化和定制化。泛在化的云服务可以根据个人的喜好、习惯和需求，提供高度个性化和定制化的服务和应用。第四，轻量级和低成本。泛在化的云服务通常是轻量级的、简单的应用程序，可以在智能终端上快速运行，成本相对较低。相比之下，系统化的云计算平台则更加注重整体的系统性和规模化的部署。系统化的云计算平台具有以下特点：第一，面向企业和机构。系统化的云计算平台主要面向企业和机构用户，提供各种复杂的业务和应用服务。第二，多租户和共享资源。系统化的云计算平台可以支持多租户和共享资源，实现资源池化和灵活调度。第三，高可用性和稳定性。系统化的云计算平台可以实现高可用性和稳定性的计算环境，满足企业和机构对业务连续性和稳定性的要求。第四，大规模的计算和存储能力。系统化的云计算平台可以支持大规模的计算和存储能力，可以满足企业和机构对数据处理和分析的需求。第五，自动化管理和运维。系统化的云计算平台可以实现自动化管理和运维，减少人工干预，提高资源利用率和系统的稳定性。

系统化的云计算平台在云服务基础上进一步提供了完整的系统架构，包括计算、存储、网络等基础设施，以及操作系统、中间件、应用程序等软件，用户可以在这个平台上构建自己的应用程序，也可以通过平台提供的开发工具和 API 接口进行二次开发。系统化的云计算平台以其高效、可靠、安全、弹性、自动化等特性，为用户提供了全方位的 IT 支持，降低了企业的 IT 成本，提高了 IT 资源的利用率。泛在化的云服务是云计算的基础，系统化的云计算平台则是云计算的进一步发展和完善，两者相辅相成，为用户提供了全方位、高效、可靠、安全的云计算服务。

云计算既代表着计算技术的不断进步，又孕育出了一种全新的共享经济模式，它既包含了各种通过互联网分享给用户的云盘、云杀毒、云视频、云游戏、云社区等可随时随地获取的信息资源服务——云计算服务，也包含了用来支撑这些服务的可靠、高效运营的共享软硬件平台——云计算平台。通过云计算平台，将一个或多个云计算中心中的软硬件资源整合，形成一种虚拟的计算资源池，并提供可动态调配和平滑扩展的计算、存储和通信能力，用以支撑各种应用创新的云计算服务的实现。在“互联网 +”新业态背景下，用户希望通过云计算分享的资源，从以计算资源为重点，向以领域资源为重点快速演进，如云制造、云商贸、云物流、云健康、云金融、云政务等。例如，云计算助力医疗信息化，需要提供全方位的业务支撑，包括预约挂号、远程医疗、医疗档案、健康咨询、健康管理、医保支付等服务。云计算涵盖了服务和平台两个方面，这二者既可相互独立，又可紧密结合，如图 2-4 所示。云服务是以创新服务模式为主要的推动力，底层技术平台的选择可以起到辅助和提升的作用，它仍然可以运行在传统的底层架构（非云计算平台）之上；云计算平台强调的是通过先进技术手段构建全新的基础平台或是改造原有的底层架构，它可以为所有的应用或计算服务提供底层支撑而并不局限于云计算服务。云计算平台支撑的云计算服务不仅可以提高服务效率，还可以充分发挥平台的能力和优势。只有二者完美结合，才能实现在大规模用户聚集情况下以较低的服务成本提供高可用性的服务的目标，从而保持业务的持续发展和在商业竞争中的优势。

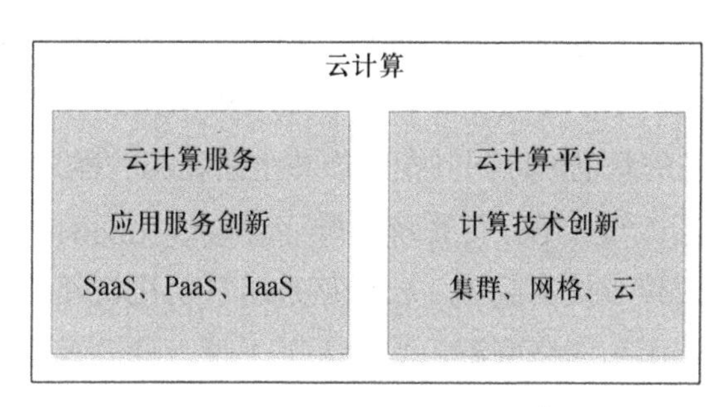

图 2-4　云计算服务与平台

2.3.2　云计算的基本特征

云计算具有虚拟化、服务化、柔性化、个性化、社会化以及高可靠性和安全性等基本特征，这些特征使得云计算成为一种灵活、高效、经济的计算模型，被广泛应用于各个领域。

1. 虚拟化

云计算采用虚拟化技术将物理资源抽象成虚拟资源，使得资源能够更好地共享和利用，从而提高资源的利用率。1959 年，英国计算机科学家克里斯托弗·斯特雷奇（Christopher Strachey）发表了一篇名为“大型高速计算机中的时间共享（Time Sharing in Large Fast Computers）”的学术报告，他在报告中首次提出了虚拟化的基本概念，这被认为是虚拟化技术的最早论述。云计算运用虚拟化技术将 IT 系统的不同层面——硬件、软件、数据、网络、存储等解耦，打破数据中心、服务器、存储、网络、数据和应用中的物理设备障碍，将大量的计算资源组成统一的资源池，即 CPU 池、内存池、存储池等，这些物理资源可以通过分解或整合成为用户需要的粒度，以逻辑上可管理的资源形式供用户使用。虚拟化技术实质是实现软件应用与底层硬件相隔离，不同种类的虚拟化技术致力于从不同的角度解决不同的系统性能问题。这种资源和服务的统一管理，极大地方便了用户对系统的感知、查询和使用。首先，用户只需要关心怎么使用这些资源，而不必关心这些资源的实现细节，包括扩展、升级、故障修复等。比如，用户可以将其云盘当成一个文件夹使用，而不必了解这些存储的物理位置。其次，用于提供上述资源的硬件在地理上可以任意分布，用户不需要关心究竟是放在什么位置的服务器提供了服务。系统给用户提供了透明的信息组织和使用形式，而且使得用户从系统软件、中间件和应用软件的层层应用中直接转向定制的服务，不再需要用户基于裸机进行复杂的软、硬件配置。虚拟化在提高了系统整体灵活性的同时，降低了管理成本和风险。

2. **服务化**

人们经常将云计算与电力系统类比，是因为电力行业的组织形态也经历了从小型化与区域化到集约化再到服务化的发展过程，经历了从出售电力系统设备到经营中央电厂、提供电力服务的转变。事实上，银行、城市供水供气等社会服务系统也都有着类似的发展历程。信息资源也可以同其他生产和生活资源一样，采用服务的方式提供。这种服务需要像水、电、气、银行等系统那样实现集约化基础上的公用化，云计算正是实现这一重要变革的核心技术载体，云计算采用自动化管理技术，能够自动监控和管理计算资源、存储资源和网络资源，减少人工干预，降低管理成本；通过采用互联网技术，将各种服务通过网络提供给用户，实现了服务的任意访问和无缝连接。信息基础设施公用化之后产生的将是以“云”为载体集中供给信息资源功能的云服务。云服务与水、电等服务相比，有着更丰富和复杂的内涵。

3. **柔性化**

云计算平台能够为多个用户提供服务，同时保证用户之间资源的隔离和安全性。云计算提供给用户极大的灵活性，用户可以随时随地使用云中的资源，根据用户的需求动态地分配和调整计算资源，从而实现弹性伸缩，确保系统的高可用性和高性能。例如，云盘采用存储虚拟化技术进行按需分配，用户可以随时上传而不用担心空间不够。又如，“双十一”必须在 10 分钟内实现万台服务器的快速部署。因此，云计算中心必须根据用户需求的变化对计算资源自动地进行分配和管理，体现出一种高度的“柔性”或“适应性”。随着用户或服务自身需求的变化，一个云计算中心也可以自动地提供相应的资源扩展或资源释放功能。同时，云计算中心还可通过网络对松散耦合的各种应用组件进行分布式部署、组合和使用，并按不同的需求提供服务。另外，云计算中心还可以在支撑访问请求和数据处理多元化等多种业务应用的同时运行和资源共享。

4. **个性化**

“我现在想买 10.5 台服务器，而下个月可能只用 4.3 台。”在云计算之前，这种需求无异于痴人说梦，用户要进行信息化建设，需要购买服务器，需要搭建计算环境，需要招聘专人进行运维。而一个云计算中心在对资源和服务进行统一调配的基础上，通过监控管理机制保持对用户状态和资源使用情况的跟踪和记录并实时地反馈到前端的运营系统，以此实现对用户动态使用需求的个性化支持。用户可以在云中随时自由地选择与配置自己的计算环境，而且仅按实际 IT 资源使用量为所用的服务精确付费，无须事先投入大量资金从头到尾地去建设自己的数据中心和 IT 支撑体系，无须自行面对支撑服务的各种复杂 IT 技术问题，更不需要负担日益高涨的数据中心管理成本，从而大量节省设备投资和后期的运维管理费用，而资源的整体利用率也将得到明显的改善。

5. **社会化**

云计算是基于互联网的，云计算下的网络是一片透明的“云”。网络资源形成了一个个虚拟的、丰富的、按需即取的数据存储池、软件下载和维护池、计算能力池、多媒体信息资源池、客户服务池。根据服务目的，这些计算资源形成大规模、高效能、社会分工明确的云服务中心，如数据中心、存储中心、软件中心、计算中心、媒体中心、娱乐中心、安全中心等。与主要服务于特定科学计算问题的高性能计算中心相比，云服务中心更多是为互联网上的广大用户提供按需服务，并且与用户的需求形成良性的互动。互联网上各种信息服务资源的生态循环可用水循环来比喻，通过互联网的生态循环过程来反复地提高云计算服务的质量。整个互联网生态形成了“服务提供方通过云数据中心实现服务的发布，再合作实现资源的柔性汇聚和演化，最终汇聚的资源为用户方便地感知和应用”的过程。云计算让全社会的计算资源得到最有效的利用。在云计算中心，所有计算资源都是通用的、可共享的，用户无须关心这些服务的实现细节，如应用程序在哪些服务器上运行、这些服务器的地理位置，以及有多少用户在使用这个服务等。与此同时，云计算中心还根据实际业务应用特点和需求，通过更专业的安全团队来对整体系统的性能和安全性进行优化，应用高可用、数据冗余、负载均衡、备份和容灾以及严格的权限管理策略等多种手段来保证系统的安全可靠运行和用户数据的安全性。用户不用担心数据丢失、病毒入侵等麻烦，放心地与指定的人共享数据。通过系统监控和调度，可以动态调整系统负载和资源使用率，从而降低整个环境中不必要的电力消耗，实现绿色计算。

6. **高可靠性和安全性**

云计算采用分布式存储和备份技术，保证用户数据的安全性和可靠性。同时，云计算平台还提供各种安全保障措施，包括身份验证、访问控制、加密等，确保用户数据的安全。

2.4　云计算的目标、任务与价值

云计算的目标是为用户提供高效、安全、可靠、灵活的计算和存储资源，并以服务为导向，提供各种基础设施、平台和软件服务，帮助用户快速构建、部署和管理应用程序。云计算的任务是通过云计算技术，提供各种计算、存储、网络、安全等资源，为用户提供更加优质、高效、安全的互联网服务，从而满足用户的各种需求。云计算的价值体现在以下几个方面。

（1）降低 IT 成本。云计算提供了一种按需使用、按量计费的计算和存储资源服务模式，可以降低用户 IT 成本，减少硬件和软件采购、维护和更新费用，同时提高 IT 资源利用率。

（2）提高灵活性。云计算提供了一种弹性伸缩的服务模式，可以根据用户的需求动态分配、调整计算和存储资源，从而提高灵活性，支持用户快速响应市场变化。

（3）提高可靠性。云计算采用分布式存储和备份技术，保证了用户数据的安全性和可靠性，同时提供了多重备份和灾备方案，降低了系统故障风险。

（4）提高安全性。云计算采用多种安全保障措施，包括身份验证、访问控制、加密等，确保用户数据的安全性。云计算还提供了抵抗分布式拒绝服务（Distributed Denial of Service，DDoS）、攻击防护、入侵检测等安全服务，提高了系统的安全性。

（5）改善用户体验。云计算提供了各种基础设施、平台和软件服务，帮助用户快速构建、部署和管理应用程序，从而改善了用户的体验。

2.4.1 云计算的发展目标

云计算的发展目标是更好地满足用户的需求，提高计算和存储资源的利用率和效率，从而推动信息技术的进一步发展和应用。具体来说，云计算的发展目标包括以下几个方面：第一，提供更加高效、安全、可靠、灵活的计算和存储资源服务，降低用户的 IT 成本，提高 IT 资源的利用率和效率。第二，推广云计算的应用和服务，促进云计算技术的进一步创新和发展，为用户提供更加优质、高效、安全的互联网服务。第三，加强云计算技术的标准化和规范化工作，推动云计算技术的普及和应用，降低用户的应用和服务门槛。第四，提高云计算的安全性和可靠性，采用更加先进的安全技术和保障措施，保护用户的隐私和数据安全。第五，加强云计算与其他技术的融合，促进云计算技术的交叉应用和创新，推动云计算技术在各个领域的广泛应用。

云计算是信息技术发展和服务模式创新的集中体现，是信息化发展的重大变革和必然趋势，是信息时代国际竞争的制高点和经济发展新动能的助燃剂。云计算引发了软件开发部署模式的创新，成为承载各类应用的关键基础设施，并为大数据、物联网、人工智能等新兴领域的发展提供基础支撑。云计算能够有效整合各类设计、生产和市场资源，促进产业链上下游的高效对接与协同创新，为“大众创业、万众创新”提供基础平台，已成为推动制造业与互联网融合的关键要素，是推进制造强国、网络强国战略的重要驱动力量。云计算作为一种技术手段和实现模式，使得计算资源成为向大众提供服务的社会基础设施，将对信息技术本身及其应用产生深刻影响。软件工程方法、网络和终端设备的资源配置、获取信息和知识的方式等，无不因云计算而产生重要变化。美国的微软、亚马逊、IBM 等大牌厂商，都将云计算列为自己的核心战略，国内的百度、阿里巴巴、腾讯、华为、浪潮等主流 IT 企业也都已经在云计算领域各显神通。中国云计算市场正在以每年超过 30% 的速度增长，产业发展势头迅猛，创新能力显著增强，服务能力大幅提升，应用范畴不断拓展，已成为提升信息化发展水平、打造数字经济新动能的重要支撑。据业界预测，到 2025 年，80% 的企业应用将运行在云中，100% 的应用将在云中开发，软件的开发、测试、部署、运维都在云中进行，软件研发工具本身也将服务化、云化，并将和企业云平台进行集成，简化软件部署、发布和运维。因此，云计算的未来发展目标，将以云计算平台为基础，灵活运用云模式，引导行业信息化应用向云上迁移，持续提升云计算服务能力，开展创新创业，积极培育新业态、新模式。

2.4.2　云计算的任务与价值

云计算的任务是为用户提供可靠、高效、灵活、安全的计算和存储资源服务，推进 IT 技术的创新和发展，促进数字经济的发展和社会的进步。云计算的价值表现在以下几个方面。

（1）发展新技术，提升处理能力。云计算技术创新的本质是“计算力”的集约化与大规模应用。一方面，针对用户的不同需求，云计算服务模式、云计算平台的架构与技术实现也会有不同的侧重和考虑，不存在统一的解决方案。另一方面，应用问题的解决也推动了云计算技术的创新与进步。云计算的能力常常与大数据联系在一起，PB 级的大数据已无法用单台计算机进行处理，必须采用分布式架构进行处理，因此大数据的处理、分析与管理必须依靠云计算提供计算环境和能力。比如，《纽约时报》用云计算技术转换了从 1851 年到 1922 年超过 40 万张的扫描图片，并把任务分配给几百台计算机，这项工作用 36 个小时就完成了。以搜索引擎为例，采用云计算是为了解决如何让其搜索引擎根据用户的搜索历史和搜索偏好对每一次新发起的搜索进行整合计算，在毫秒级的时间延迟内从分布在全球几十万台服务器上的海量数据中筛选并呈现出用户希望得到的信息，为此，提出了一整套基于分布式并行集群方式的云计算技术。随着云计算资源规模日益庞大、云计算应用的极大丰富，大量服务器分布在不同的地点，同时运行着数百种应用，容器、微内核、超融合等新型虚拟化技术也不断涌现。如何有效管理这些服务器，保证整个系统提供不间断的服务，持续提升管理效率和能效管理水平，也对云计算平台管理技术提出了巨大挑战。

（2）提供新模式，实现按需服务。云计算模式创新的本质是服务创新，云计算的首要任务是实现服务计算，云计算可以通过按需使用、灵活计费等方式，有效降低用户的 IT 成本，尤其对于小企业和个人用户来说更加切实可行。在云计算之前，做机房建设的几乎都是通信运营商或传统互联网数据中心（Internet Data Center，IDC）厂商，而进入云计算时代，参与方开始大规模建设自己的数据中心，实现了数据资源的物理集中，同时实施数据和业务的整合。而最早接受并使用公共云计算服务的行业用户主要来自网络游戏和网站建设运营商，因为主机托管及租用、虚拟专用服务器、租用空间等模式曾经是这些行业的主要运营方式。随着云计算技术的提升与推广，企业将逐步采取租用第三方 IT 资源的方式来实现业务需要。进一步，在云计算服务的支持下，将传统服务业改造为现代服务业。随着云计算的兴起，服务计算被赋予更多的内涵。服务计算的核心理念是将拟分享的资源以服务的方式提供，持续地满足用户需求与服务价值最大化。云计算服务面对的是泛在网络环境下规模庞大的大众用户，需求呈现出极强的个性化和多元化的趋势，具有突发性、不确定性和偏好依附性等特点。被服务的潜在用户往往不是特定和能够预先精确知晓的，因此，各类云服务要求以一种更为柔性、便于重组的方式来满足用户需求。这些可归结为信息资源的服务化和服务的按需即取这两个核心问题，要求一方面快捷、高效地利用 IT 资源构造具有竞争力的服务和应用，另一方面强调以用户为中心，使得用户以更自然的交互方式表达需求，得到个性化服务。优秀的服务让用户不用关注具体技术实现细节，只需关注业务的体验。比如，当前被广泛使用的搜狗拼音输入法，它其实就是一种云服务，输入法能够以快速简单的方式为使用者提供需要的语境、备选的语素，在云端为用户存储个性化词库和语言模型库，便于用户在不同终端上分享。但是用户并不需要关注在后台运行的数千台服务器的工作。云计算服务模式不仅给全球信息产业创造了深刻的变革机会，同时也给传统制造和服务等产业带来了新的发展机遇，将带来工作方式、生活方式和商业模式的根本性改变。云计算可以帮助用户高效利用计算和存储资源，实现 IT 资源共享再利用，提高 IT 资源利用效率，促进工厂资源可持续发展。

（3）促进数字经济发展，推动科技进步，形成新业态，拓宽应用范畴。2021 年 3 月 1 日起，全国首部以促进数字经济发展为主题的地方性法规——《浙江省数字经济促进条例》正式施行。其中，给出了数字经济的定义，以数据资源为关键生产要素，以现代信息网络为主要载体，以信息通信技术融合应用、全要素数字化转型为重要推动力，促进效率提升和经济结构优化的新经济形态。数字经济本身既是规模巨大的新兴产业，也是助推社会经济方方面面转型升级的重要引擎。麦肯锡的研究报告显示，2022 年到 2023 年，全球主要国家数字经济占 GDP 的比重持续提升，预计到 2026 年将达到 54%。云计算是全球新一轮 IT 革命最重要的标志性创新，已经成为引领未来信息产业乃至整个经济社会创新发展的战略性关键技术和基础性创新平台，推动互联网应用由消费领域向生产领域拓展，促进形成“泛在互联、数据驱动、共享服务、跨界融合、自主智慧、万众创新”的新业态。云计算可以为社会提供更加便捷、高效、安全的服务和应用，提高社会的信息化水平和质量，促进社会的进步和发展。目前各地政务上云、企业上云十分活跃。政务云平台通过数据打通，创新社会治理模式，让数据跑腿代替了群众跑路。如浙江省的“最多跑一次”的改革，通过“政务云”使省级部门间数据共享比例从之前的不足 4% 提高到 83%，群众办理的 100 个高频事项所需要提交的证照材料减少七成；在杭州，通过“城市大脑”管理 128 个信号灯路口，试点区域通行时间减少了 15.3%，萧山区 120 救护车到达现场时间缩短了一半。

云计算可以为数字经济提供支撑和动力，推动数字经济的创新和发展，进一步提高我国数字化转型的水平和质量。如果云计算对于大企业的 IT 部门来说有价值，那么，对于中小企业用户来说则会带来更直接的好处。在预算有限、IT 人才有限的情况下，通过云计算，小企业也可以用到那些大企业的先进技术了，而且前期成本较低，非常容易随着业务需求进行扩展。企业上云的关键是对业务的改变和适应，做到“知所云，为所用”，最终还是要落地在“用”上，而云产品也需要建立在对用户的理解上，真正理解企业的业务需求，如供应链问题、信息流问题、安全问题等都有相应的云服务解决方式。在云平台支持下，各大电商企业当前均主推新零售作为电商新业态。新零售是以消费者为核心，以提升效率、降低成本为目的，以技术创新为驱动要素，全面革新商品交易方式。云物流也是新零售的重要支撑。对比历年天猫“双十一”物流效率可以看到，发送 1 亿件包裹的时间，2013 年用了 2 天，2014 年只用了 24 小时，到 2015 年提速到 16 小时。可以说，新零售通过“双十一”这样的压力测试，找准了症结，找到了痛点，打通了物流环节中的梗阻，为我国整体商业流通效率提升起到了巨大推进作用。

（4）云计算是 IT 技术的重要发展方向之一，可以促进 IT 技术的创新和进步，推动信息技术的广泛应用和发展。物联网（Internet of Things，IoT）是互联网的应用拓展，可实现人类社会、信息系统与物理系统三元世界的整合。“万物互联”、“人物互联”、智能可穿戴设备、智能家电、智能网联汽车、智能机器人等数以万亿计的新设备将接入网络。一方面在工业、农业、能源、物流、智慧城市等行业领域，以及家居、健康、养老、娱乐等民生应用上形成发展新动能；另一方面呈现爆发性增长的海量数据，需要云计算提供强大的计算能力。云计算在物联网中的典型应用是智慧城市建设、智慧校园建设和智能家居系统。以智能家居系统为例，智能家居系统旨在将家庭中的各个家用设备，通过网络与智能化管理系统进行通信，从而实现对家用设备设施的智能化监控和管理，为人们的日常生活提供便利，这也是一个在互联网基础上的典型物联网应用。传统的智能家居因为技术成熟度问题，智能化只体现在一些单独系统上，如门禁系统、语音识别系统和安保系统等，这些子系统之间是独立的，没有统一的协议和数据接口，不能实现资源共享，用户需要下载各子系统软件进行管理操作，智能化程度并不是很高。究其原因，对于传统的智能家居模式，各个子系统的数据都存储在各自的控制管理设备中，考虑到资金投入和性价比，数据存储量和计算处理能力是非常受限的。将云计算引入智能家居系统后，家庭中各个智能子系统产生的大量物联网数据将统一存放在云服务器平台上，用户直接通过网络远程调用云计算中心的数据和计算能力完成信息的交换和处理，从而实现对家庭设备设施的统一智能化控制和管理。

云平台整合互联网、物联网的人员、设备和基础设施，处理产生的大数据，实现实时的管理与控制，更好地管理生产和生活，达到“智慧”状态，提高资源利用率和生产力水平，改善人与自然间的关系。例如，智慧城市建设要求云计算、物联网、大数据、人工智能等新一代信息技术应用实现全面感知、互联及融合应用，其中医疗、交通、物流、安保等产业均需要云计算中心的支持，产生云健康、云交管、云物流、云安防等新业态。由此衍生出的一种技术是边缘计算，也被称为“雾计算”。由于传感器端的数据庞大，将一部分数据的分析计算在物联网和传感器上完成，而不是上传到云服务器，这样可以减少网上数据流动，提高网络性能，节省云计算成本，加快分析过程，使决策者能够更快地洞察情况并采取行动。新业态的兴起与发展离不开生态系统的建立和完善。一个全方位的云生态系统包括技术提供商、解决方案提供商、渠道合作伙伴、云平台运营商和客户等。云生态需要建立一套规范和标准，既确保生态系统能为客户提供有品质保障的服务，也能确保平台的开放性，推进生态圈健康快速发展。我们正站在波澜壮阔的云计算时代前沿，云计算与新信息通信技术、大数据技术、人工智能技术等技术的深度融合，正引发国民经济、国计民生、国家安全等领域技术、模式与业态的重大变革，将支持各个领域构成新的数字化、网络化、云化、智能化的技术手段，构成一种“基于泛在网络，用户为中心，人、机、物、环境、信息相融合，互联化、服务化、协同化、个性化、定制化、柔性化、智能化”的新模式，形成“泛在互联、数据驱动、共享服务、跨界融合、自主智慧、万众创新”的新业态，最终实现“创新、协调、绿色、开放、共享”理念，为全面进入信息社会的人类文明书写新的绚烂篇章。

2.5 云计算系统的系统架构

本小节将介绍云计算系统的系统架构，这些组成部分通过相互协作，构成了一个完整的云计算系统，提供了灵活、可扩展并且高效的计算、存储和网络服务。

2.5.1 云计算系统架构的基本概念

云计算系统架构是指由多个计算节点、存储节点、网络节点等组成的分布式计算系统。其基本概念包括以下几个方面。

（1）虚拟化。虚拟化是云计算系统的核心技术之一，它可以将物理资源抽象为虚拟资源，从而实现资源的共享和再利用。虚拟化技术包括服务器虚拟化、存储虚拟化、网络虚拟化等。

（2）分布式存储。云计算系统采用分布式存储技术，将数据分散存储在不同的存储节点上，从而实现数据的备份和共享。分布式存储技术包括分布式文件系统、分布式数据库等。

（3）弹性扩容。云计算系统支持弹性扩容，可以根据实际业务需求动态增加或减少计算节点、存储节点等资源，以满足不同规模和负载的应用需求。

（4）自动化管理。云计算系统采用自动化管理技术，通过自动化部署、自动化监控、自动化维护等手段，提高系统的管理效率和可靠性。

（5）高可用性。云计算系统具备高可用性，可以通过负载均衡、故障转移、容错技术等手段，保证系统的可用性和稳定性。

（6）安全性。云计算系统要求具备高度的安全性，包括数据加密、身份认证、访问控制等安全措施，保护用户的数据和隐私安全。

（7）开放性。云计算系统需要具备开放性，可以支持多种操作系统、编程语言、开发工具等，以便用户灵活选择和使用云计算资源。

2.5.2　云计算系统架构参考模型

经过十几年的快速发展，云计算系统架构不断演进，逐步形成了“四层两域”的系统架构，如图 2–5 所示。“两域”是指以提供资源承载客户应用的业务域，以及用于协调管理整个数据中心的管理域。业务域用来提供资源和服务，逻辑上又可以分为四个层次：基础设施层、平台层、服务层和应用层。业务域的分层体系非常重要，将基础设施、平台、服务、应用完全解耦，实现更高效的资源调度和弹性扩展。基础设施层主要是最底层的数据中心基础设施及服务器、存储、网络、外部设备等硬件设备，以及与硬件最相关的基础软件（如操作系统、系统软件等）。外部设备主要是接入和采集设备，数据管理是将原始数据存储并进行管理，最后提供给 DaaS 来做数据模型处理服务。平台层主要提供虚拟化资源池（计算、存储、网络），以及各类云组件（如云数据库、中间件等）。服务层提供各类标准化的云服务，以及与服务提供相关的定义、发布、集成、容器、流程等。应用层则是客户各类应用系统的展现。管理域主要负责整个云数据中心的协调管理。管理域是云计算系统的“大脑”，为整个系统提供运营、维护、质量、安全、集成等方面的协调，保证云服务的高效可靠运行。

云计算系统承载一切的基础部分就是其基础设施层，这一层包括物理服务器、存储设备、网络设备等物理设备，它们提供计算、存储和网络资源，可以进一步细分为物理资源和操作系统。物理资源主要是基础硬件设备，包括服务器集群，存储集群，以及由交换机、防火墙、路由器等组成的网络设备与信息安全设备，另外还包括数据中心机房配套设施（电力、制冷、安防等）。云操作系统是实现底层物理资源管

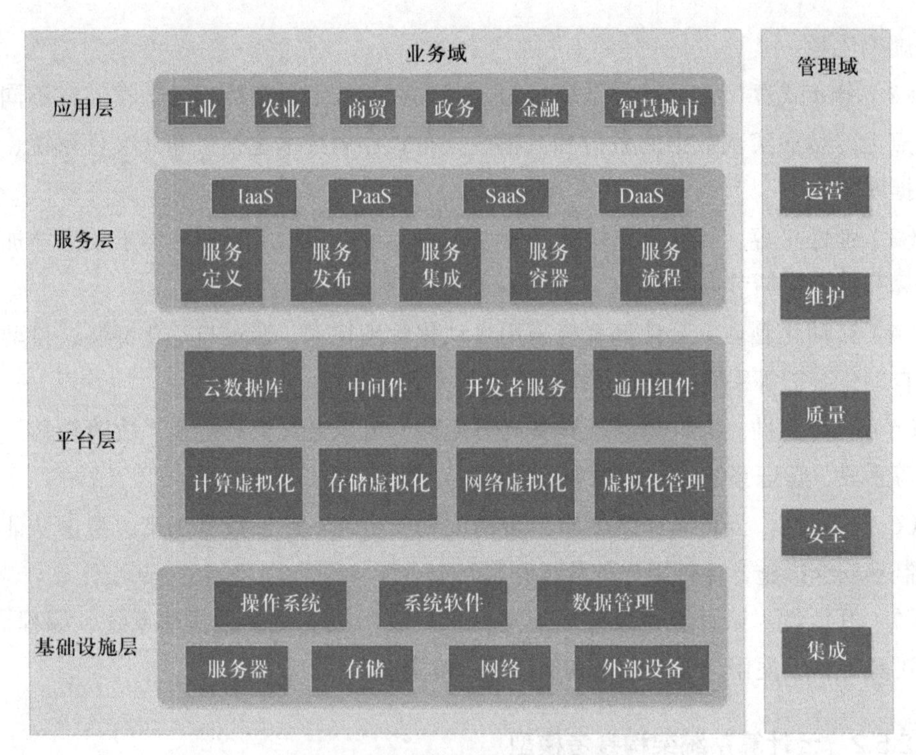

图 2-5 “四层两域”的系统架构

理、池化的关键。如果硬件资源无法实现云化，就无法提升资源利用率和实现资源的弹性使用。部署操作系统后，物理设备就可以灵活实现“小变大”的分布式资源聚合处理，或者“大变小”的虚拟化隔离处理。为了便于高效运营、运维云数据中心，在基础设施层的硬件设备也可以根据需要部署一些运营、运维系统软件，便于对底层硬件的使用情况和健康状况进行监控与调配，并且对从各种途径获取的原始数据进行管理。

在基础设施层，各类硬件资源只是实现了单节点的虚拟化，无法形成统一的集群化管理，这就需要一个云平台进行总体管理，以便实现高效、弹性的资源调度。平台层提供应用程序开发和运行的平台服务，如数据存储、消息队列、身份认证、负载均衡等。在数据库、中间件等领域，传统数据中心是独立使用、分散管理的，效率及可靠性难以保障，在云时代，同样需要对其实现平台化管理。因此，平台层是各类云服务承载的基础，通过统一的云平台可实现对计算、存储、网络资源池的集群化统一管理，可基于底层 IT 资源实现各类数据库、中间件、通用或专用能力组件等各类云组件的统一化管理，同时可以为云服务开发者提供支持。

平台层也叫资源层，指以服务的方式交付包括计算、存储、网络等在内的基础设施环境，这个环境通常是一个虚拟化的平台。物理基础设施通过底层的虚拟化技术抽象后可以形成一个统一的资源池，底层资源都可以被抽象成一系列的可用服务，并可以通过 API 或者 Web 管理控制台进行访问和使用这些服务。用户不需要再像传统环境那样经过规划设计、集成部署等一系列漫长复杂的流程，而是通过简单订购或者申请操作就可以使用基础设施。

服务层用到了一个很重要的计算虚拟化技术，即在物理服务器的宿主机操作系统（Host OS）中加入一个虚拟化层，在虚拟化层之上可以运行多个客户端操作系统（Guest OS）。通过分时及模拟技术，将物理服务器的 CPU、内存等资源抽象成逻辑资源，向 Guest OS 提供一个虚拟且独立的服务器硬件环境，提高资源利用率和灵活性。存储虚拟化通过对存储系统的内部功能进行抽象，使存储或数据的管理与应用的管理分离，对存储服务器和设备进行虚拟化，能够对下一层存储资源进行资源合并，降低实现的复杂度。存储虚拟化可以在不同层面实现：基于主机的虚拟化、基于网络的虚拟化、存储子系统虚拟化、分布式存储。网络虚拟化是对物理网络及其组件（如交换机、路由器等）进行抽象，并从中分离网络业务流量的一种技术。采用网络虚拟化可以将多个物理网络抽象为一个虚拟网络，或者将一个物理网络分割为多个逻辑网络。网络虚拟化可以在不同层面实现：网络设备虚拟化、链路虚拟化、基于软件定义网络（Software Defined Network，SDN）的网络虚拟化。SDN 改变了传统网络架构的控制模式，将网络分为控制层和数据层。网络的管理权限交给了控制层的控制器软件，通过传输通道，统一下达命令给数据层设备，并且数据层设备可以通过硬件和软件两种方式实现，最终帮助云租户构建一个与物理网络完全独立的叠加虚拟网络。无论是哪种虚拟化技术，在进行虚拟化管理的时候都实现了管理平面与数据平面的分离，然后通过管理平面软件对数据平台进行管理。服务器虚拟化管理将大量部署了服务器虚拟化软件的物理服务器统一管理，并形成一个具有完整资源视图的逻辑资源池后，通过管理平面对资源池中的资源进行生命周期管理操作，例如虚拟机的创建、删除、启停等，也可以将资源池中的各种资源组装成不同规格的虚拟机并安装好操作系统后提供给用户使用。

服务层是指集成了企业应用所需的开发、运维、运营及配套的各种工具和能力的平台环境，主要是面向外部用户提供标准化的云计算服务，以便为客户业务提供有效支撑。服务层可以提供 IaaS、PaaS、SaaS、DaaS，并提供相关的自动化服务流程和服务接口。面向服务是一种应用程序架构，在这种架构中，所有功能都经过服务定义，成为独立的服务对外发布。这些服务带有定义明确的可调用的接口，服务之间可通过接口相互调用，并且能够根据业务流程进行服务编排，通常有以下特点。

（1）接口化。服务接口具有稳定性，具有明确的使用方法，对外屏蔽内部数据。通过标准化的接口描述，服务可以提供给其他平台或用户接口使用，服务的访问者无须知道服务在哪里运行、由哪种语言实现等细节。

（2）模块化。服务功能实体是独立的，可以独立进行部署、版本控制、管理等操作。

（3）耦合化。服务之间的调用通过接口进行，服务的具体实现对服务请求者不可见。在云计算这种复杂的环境中，会提供一个公共的、可靠的服务通信总线，以消除服务请求者和服务提供者之间的直接连接，双方进一步解耦，同时可以协助进行业务流程设计，对每个业务流程进行控制、分析和改进。

（4）可操作性。服务需要具备安全性、与业务相关性等特性，以满足不同服务级别的要求。

在服务层中分为以下 4 种服务。

1. 基础设施即服务（IaaS）

云端公司把 IT 环境的基础设施建设好，然后直接对外出租硬件服务器或者虚拟机。消费者可以利用所有计算基础设施，包括处理 CPU、内存、存储、网络和其他基本的计算资源；用户能够部署和运行任意软件，包括操作系统和应用程序。消费者不管理或控制任何云计算基础设施，但能控制操作系统的选择、存储空间、部署的应用，也有可能获得有限制的网络组件（如路由器、防火墙、负载均衡器等）的控制。IaaS 可以提供的服务包含以下几部分。

（1）云主机服务。分为虚拟机和裸金属（Bare Metal）服务器两种，用户通过云平台进行云主机申请，选择云主机的类型（CPU 和内存大小）、虚拟磁盘（容量和数量），虚拟网口（类型和数量）、操作系统镜像。

（2）云存储服务。一方面可以为用户提供廉价或高性能的网络存储服务，另一方面也可以向云平台上的备份类、网盘类应用软件提供存储服务。

（3）云网络服务。云网络服务可以为租户提供完整的虚拟私有云（Virtual Private Cloud，VPC）服务，VPC 中可以包括 2 层网络服务、3 层网络服务、虚拟专网服务、负载均衡服务、虚拟防火墙服务等。

2. 服务平台即服务（PaaS）

PaaS 指把运行用户所需的软件平台作为服务出租，提供的服务主要包括以下几部分。

（1）容器服务。云计算中的容器指的是对计算资源（CPU、内存、磁盘或者网络等）的隔离与划分。比如开源的容器虚拟化平台 Docker 就是在 Linux 系统中划分出了一个不受外界干扰的区域（它有自己的文件系统、CPU 的配额以及内存及网络使用的配额），然后可以在这个容器里干自己想干的事。例如将 App 变成一种标准化的、可移植的、自管理的组件，在任何主流系统中开发、调试和运行，同时又不影响宿主系统和其他容器。容器服务可以整合云主机、云存储、云网络等能力，也是应用持续交付集成架构、微服务架构的基础。

（2）中间件服务。指基于容器实现的 Web 中间件、消息中间件服务，用户可以直接选用所需的中间件产品，即可使用对应的中间件服务。

（3）持续集成和持续交付服务。基于 PaaS 平台实现的应用从代码提交到线上部署的自动化流程，开发人员提交代码到代码仓库中触发应用构建测试和发布流程，将通过测试的代码打包成容器镜像上传到容器仓库，调用应用部署接口发起部署到预生产或生产环境，整个过程无须人工干预。

3. 软件即服务（SaaS）

应用服务提供厂商将应用软件统一部署在平台服务器上，客户可以根据自己的实际需求，通过互联网向平台订购所需的应用软件服务，按订购的服务多少和时间长短向厂商支付费用，并通过互联网获得厂商提供的服务。用户不用再购买软件，而改用向提供商租用基于 Web 的软件来管理企业经营活动，且无须对软件进行维护。服务提供商会全权管理和维护软件，软件厂商在向客户提供互联网应用的同时，也提供软件的离线操作和本地数据存储，让用户随时随地都可以使用其订购的软件和服务。对于许多小型企业来说，SaaS 是采用先进技术的最好途径，企业无须自行购买、构建和维护基础设施和应用程序。

4. 数据即服务（DaaS）

DaaS 包括数据库服务和大数据服务。数据库服务是指基于云平台提供的即开即用、高可靠性、高伸缩性、可管理的结构化数据库服务，提供专业的数据库管理平台，用户可以在云环境中直接使用数据库，无须部署数据库环境。大数据服务是指对大规模的非结构化数据进行数据抽取和汇总存储，并进行分析挖掘有效信息的服务，云平台提供大数据服务的集成并提供给用户使用。

应用层是指基于服务层提供的各种接口，构建适用于各行业的应用环境，提供给软件厂商或开发者、用户的应用平台，这一层提供具体的应用程序，如电子商务应用、大数据分析应用、人工智能应用等。应用层主要以客户应用运行为目标，以友好的用户界面为用户提供所需的各项应用软件和服务。服务的提供者负责处理应用所涉及的所有基础服务、业务逻辑、应用部署交付及运维；服务的使用者通过租赁的方式获取应用服务，免去了应用软件安装实施过程中一系列专业复杂的环节，降低了应用软件的使用难度。应用层直面客户需求，向企业客户提供客户关系管理（Customer Relationship Management，CRM）、企业资源计划（Enterprise Resource Planning，ERP）、办公自动化（Office Automation，OA）等企业应用。应用层也是各类行业云计算应用的充分展现，如工业云、农业云、商贸云、金融云、政务云等。

综上所述，“四层两域”中的“两域”的业务域主要提供资源和服务，而管理域主要提供云服务运营和云服务运维。云服务运营是围绕云服务产品进行的产品定义、销售、运营等工作。首先，以服务目录的形式展现各类云服务产品；其次，对用户产品申请进行受理和交付；最后，对用户使用的产品按实际使用进行计量或计次收费。云服务运维是指围绕云数据中心及云服务产品的运维管理工作，包括资源池监控和故障管理、日志管理、安全管理、部署和补丁管理。

2.5.3 云计算系统的业务模型

业务系统是商业模式的核心，云计算作为一种面向服务的商业模式，高效运营的业务系统是云计算企业非常重要的竞争优势之一。水、电服务是将水、电作为资源提供给用户使用，而云服务提供商则是提供 IT 资源，如云主机、云存储、VPC、网盘等，用户可以根据自己的需要通过自助、付费的方式按需获取这些资源，从而得到服务。随着近几年云计算市场的火热发展，云计算服务已经随处可见，通常将这些服务归为 IaaS、PaaS、SaaS、DaaS 四大类，如图 2-6 所示。除了这四类服务，根据用户的需求，云计算服务也衍生出其他一些服务类型，比如容器即服务（Container as a Service，CaaS）等。借助这些云服务，用户可以像用水用电一样便捷地获取和使用计算、存储、网络、大数据、数据库等 IT 资源。IaaS、PaaS、SaaS、DaaS 可独立向用户提供服务，彼此之间并不存在依赖关系。其中 IaaS 使用起来比较灵活，用户可以建立自己的系统，搭建自己的 PaaS 和 SaaS，用户对数据拥有完全的掌握权，但同时对于用户的 IT 资源驾驭能力要求也比较高。PaaS 比较适合应用开发者类的用户，这类用户可以直接使用 PaaS 提供的数据库、中间件、缓存等服务能力来迅速构建应用，无须从底层建立完整系统。但是使用云平台提供的 PaaS，就必须遵循云平台的框架和 API，会和平台产生一定的耦合。SaaS 则是直接为最终用户提供基于云的应用，如人力资源系统、客户关系管理系统、电子邮箱、网盘等，免去了开发、部署、测试等环节，实现了应用开箱即用。但用户数据留存于平台上，会和平台产生紧耦合，一般情况下再迁移更换平台代价会比较大。DaaS 的精髓在于使数据管理更为集中化，让更多的用户无须去注意底层数据的问题，而将注意力完全放在如何使用这些数据上。

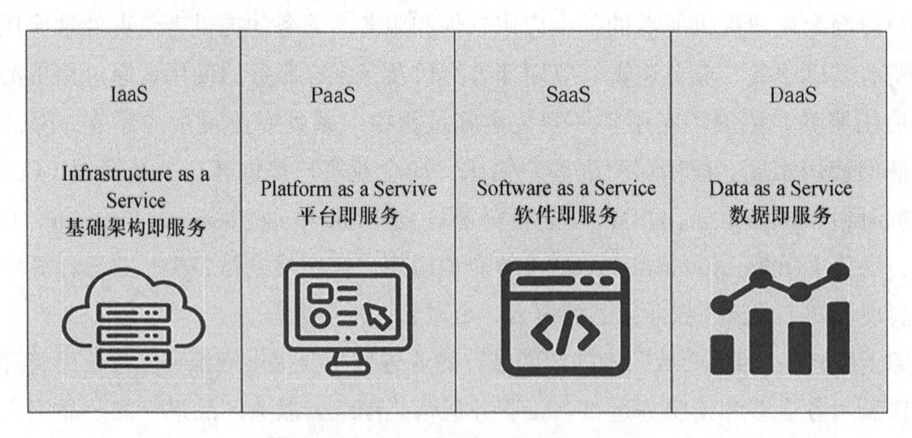

图 2-6 IaaS、PaaS、SaaS、DaaS

1. IaaS

基础设施即服务（IaaS）是指将 IT 基础设施能力（如服务器、存储、计算能力等）通过网络供给用户使用，并根据用户对资源的实际使用量进行计费的一种服务，用户可以根据自己的需求使用这些资源。用户只需要购买基础设施资源，自行部署应用程序。IaaS 服务对服务器、存储、网络等基础设施抽象形成资源池，使用多租户技术以服务的方式提供给用户，用户可根据业务系统的需求选择适合配置的资源和数量，定义资源的使用逻辑，从而实现整体的系统架构。相比于 PaaS 和 SaaS，IaaS 所提供的服务比较底层，但对用户来说使用更灵活，拥有更大的控制权，也最为接近用户自建的 IT 资源。现在的企业可以根据业务系统架构选择所需的服务，在初期可以选择满足容量需求的服务，随着业务量的增长，整体架构可以弹性扩展，引入更多样的服务提升整体系统性能，同时还大大减少了基础设施维护的工作量。各大主流的云服务提供商都提供了丰富的 IaaS 服务，通常包括计算服务、存储服务、网络服务、安全服务等。随着人工智能时代的到来，机器学习、人工智能技术快速发展，IaaS 服务也日新月异，一些云服务平台提供 FPGA 主机、图形处理器（Graphics Processing Unit，GPU）主机、采用智能网卡的网络增强型主机、全闪存主机、SDN 软件定义网络、云专线等来满足用户更强的计算能力、更大的网络吞吐、更小的网络时延、更灵活的网络配置的需求。云服务提供商实现 IaaS 服务的技术多种多样。常见的 IaaS 架构有 3 种，分别是 PowerLinux 架构、HyperFlex 架构以及 OpenStack 架构。PowerLinux 架构适用于中型企业，可靠性和硬件利用率高；HyperFlex 架构提供全面的端到端解决方案，集各种软件定义的功能于一体。在开源领域，OpenStack 作为发展最快的云操作系统也被广大企业用户所采用，OpenStack 社区是开源社区中非常火热的社区之一，OpenStack 由来自 181 个国家和地区的 674 个公司、88 034 名开发者共同构建，代码超过 2 000 万行（截至 2018 年 5 月），几乎 IT 界的主流厂商都参与了 OpenStack 代码的编写。如图 2-7 所示，OpenStack 通过一系列的组件实现数据中心的分散的计算、存储和网络等资源的

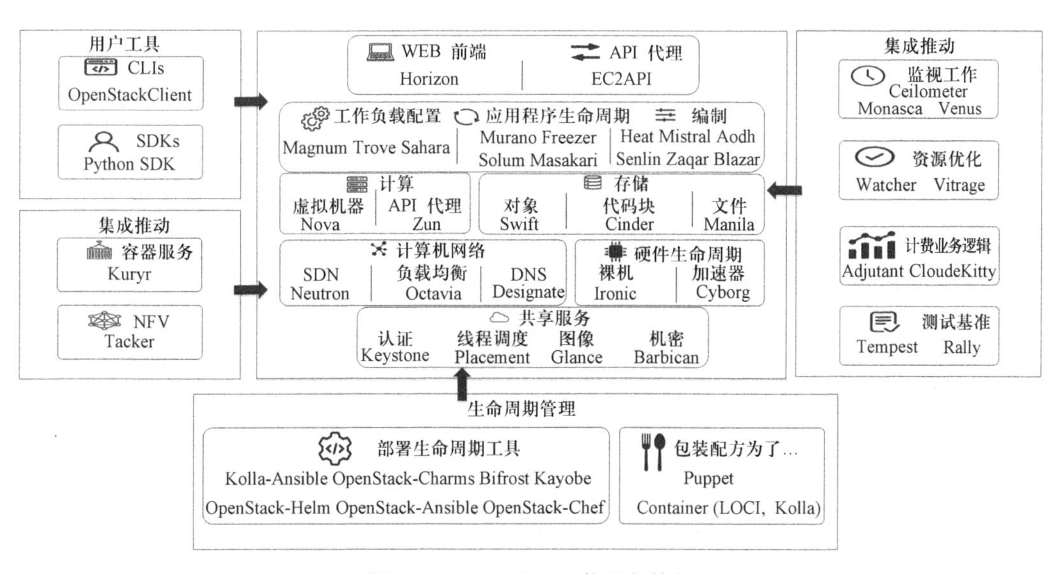

图 2-7　OpenStack 物理架构图

管理、监控，形成一个完整的云计算系统。其不仅提供 Web 界面访问，也提供命令行的界面，还提供了一套 API 支持用户开发自己的软件。OpenStack 是由拉克思贝斯云（Rackspace Cloud）和美国宇航局在 2010 年发起的，从最初 2010 年的 Austin 版本发布至今，已经经历了 17 个版本，OpenStack 的版本早期更新比较快，版本代号是按字母顺序从 A 到 Z，并以开峰会的城市相关的地名命名，由最后投票决定，比如 2018 年版本 Queens 就是悉尼峰会确定的，名字来源于悉尼郊区一个叫 Queens 的公园。以前每半年发布一个版本，如图 2-8 所示。随着需求的增加和技术的进步，OpenStack 也在演进，从最早的 Austin 版本的两个组件（Nova 和 Swift）到 Queens 版本有 40 个组件。相比于之前的版本，Queens 版本中增加了 GPU、容器的扩展功能，可更好地应用于边缘计算、高可用、机器学习、人工智能等应用场景。OpenStack 作为云操作系统，可用于构建 IaaS 服务，向用户提供功能丰富、可按需扩展、简单部署的云服务。中国移动公有云——移动云、华为公有云——华为云、中国铁路私有云——铁信云等都基于 OpenStack 构建二次定制化开发，因其开源开放的特点，很多云计算项目招标中都指定投标人必须采用 OpenStack 架构，以避免对采购人造成“绑架”，保证整体系统未来的升级扩展。随着 OpenStack 的发展，国内外整个生态产业链也越来越成熟，很多公司围绕 OpenStack 打造出差异化的产品和服务，同时又积极地向 OpenStack 社区反馈，促进了 OpenStack 社区的发展。

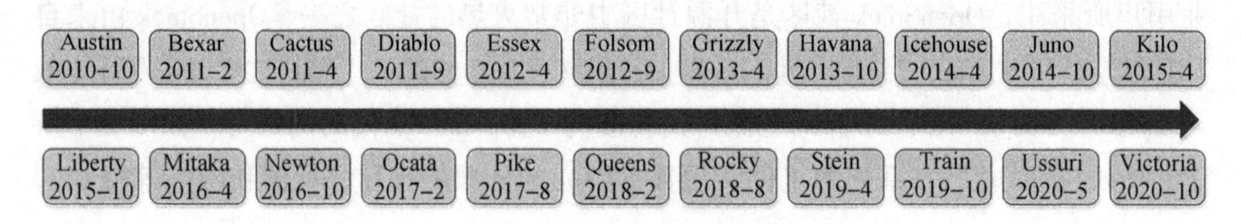

图 2-8　OpenStack 版本图

2. PaaS

平台即服务（PaaS）是指将一个完整的计算机平台，包括应用设计、应用开发、应用测试和应用托管，都作为一种服务提供给用户。云计算服务提供商提供了运行应用程序所需的开发环境、编程语言、数据库、消息队列、身份认证等服务，用户不需要购买硬件和软件，只需要利用 PaaS 平台，就能够创建、测试、部署及运行应用和服务。PaaS 主要面向需要快速开发和部署应用程序的开发者和企业，对开发者屏蔽了底层硬件和操作系统的细节，开发者只需要关注自己的业务逻辑，无须过多地关注底层资源，可以很方便地使用构建应用时必要的服务组件，大大加速了软件开发与部署的过程。如果一家企业面临着把应用系统迁移上云的压力，同时需要满足大容量高并发的访问需求，那么采用云平台提供的 PaaS 进行开发则具有明显的优势，可以缩短开发时间，企业可以更快地向市场提供服务。PaaS 可让企业更专注于它们所开发和交付的应用程序，而不是管理和维护整个平台系统。对于创业型公司和个人开发者来说，PaaS 也相当实用，因为这些公司和个人开发者没有强依赖性的旧应用系统需要迁移，可以基于云平台的 PaaS 迅速开发应用系统。

综上所述，PaaS 必须包含两种关键能力：①应用的部署运行平台以及云化托管基础设施。应用的云化部署运行平台具备支持自动伸缩、弹性扩展提供数据访问、应用集成的能力；②高效的开发运维一体化（DevOps）开发环境。PaaS 提供编程语言库、服务以及工具来构建应用，提升开发效率，依托 PaaS 运维能力，开发者无须管理或控制底层的云基础设施，包括网络、服务器、操作系统以及存储，只需关注自身业务的运维。

IaaS 和 PaaS 的区别是，IaaS 主要提供了计算、存储、网络等基础设施服务，PaaS 则为开发人员提供了构建应用程序的开发测试环境、部署工具、运行平台，包括数据库、中间件、缓存、容器管理等，更便于开发者使用。目前，业界一般认为 PaaS 经历了四代的发展：第一代 PaaS，早期的 Heroku，这种类型的 PaaS，平台与底层基础设施紧耦合，非常适合 Ruby on Rails 这种小型单体应用，开发者可以很快掌握部署工作流程。第二代 PaaS，Cloud Foundry（DEA 版本），这种类型的 PaaS 可以部署在企业的基础设施上，开发者可以简单地自定义环境，包括云端构建，开始支持多服务的应用程序。第三代 PaaS，Cloud Foundry（Diego 版本）以及谷歌 App Engine 和 AWS Elastic Beanstalk，它们都是从之前两代 PaaS 迭代而来的。这个类型的 PaaS 对底层基础架构依赖更低，增加了对容器的支持和更自由的环境配置，同时更好地支持微服务，并鼓励开发者构建自己的持续交付的工作流程。第四代 PaaS，Kubernetes、Mesos、Docker Swarm 等容器编排引擎，这一代的平台面向云原生应用，基于分布式和容器，天然支持微服务。前三代 PaaS 可以称为应用级 PaaS，可以它们关注的是应用程序的部署运行，第四代 PaaS 可以称为容器 PaaS 或者 CaaS，可以向开发者提供 CI/CD（持续开发、持续集成）服务。容器是轻量级的操作系统级虚拟化，可以允许我们在一个资源隔离的进程中运行应用及其依赖项。运行应用程序所必需的组件都将打包成一个镜像并可以复用。执行镜像时，它运行在一个隔离环境中，并且不会共享宿主机的内存、CPU 以及磁盘。第四代 PaaS 技术中，主要采用 Kubernetes（也称为 K8s）作为 PaaS 平台技术，PaaS 平台的功能是比较丰富的，向下集成 IaaS 资源，向上与运营平台、运维平台、自服务平台对接，将 PaaS 平台的能力以服务的方式提供，PaaS 本身提供资料库、开发运维一体化（DevOps）、业务调度、能力服务的功能，开发者可以根据实际需要进行功能裁剪，如图 2-9 所示，PaaS 提供的环境与工具助力开发者实现企业业务快速开发与上线，能够支撑云计算实质落地。随着云计算市场不断成熟，PaaS 势必会发展成云计算主流服务。

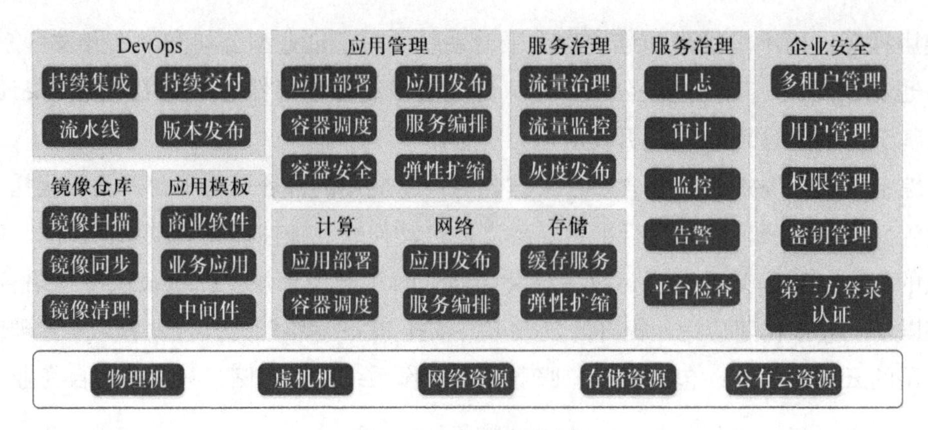

图 2-9　PaaS 架构图

3. SaaS

软件即服务（SaaS）是一种全新的软件使用模式，指云计算服务提供商向用户提供完整的应用程序服务。软件厂商将应用软件部署在自己的服务器或者云服务市场上，通过互联网对外提供服务，用户可以根据自己的实际需求，在 Web 页面上订购所需的应用软件服务，按订购的服务数量和使用时长支付费用，且用户无须对软件进行维护，服务提供商会负责软件的维护升级。SaaS 主要面向需要使用特定应用程序的个人和企业，如在线办公软件、客户关系管理系统等。对许多 IT 能力比较薄弱的中小型企业来说，采用 SaaS 服务是实现信息化、助力企业经营管理的最好方式，它消除了企业购买、构建和维护基础设施和应用程序的需要，大大降低了企业采用先进技术实现信息化的门槛。SaaS 不仅适用于中小型企业，也有很多大型跨国企业自己部署 SaaS 平台，上线企业经营管理中所需的应用，或者直接向可靠的 SaaS 服务提供商采购所需的服务，几乎所有的企业都可以在 SaaS 服务中实现企业信息化的诉求。SaaS 应用软件的价格通常包括了应用软件许可证费、软件维护费以及技术支持费，用户按月度或者年度支付租用费。面向 B2B（Business-to-Business）的 SaaS 可分为两类。

（1）垂直 SaaS。为满足垂直行业需求的 SaaS，如金融、房地产、教育、医疗、电商等。

（2）通用 SaaS。专注于某一个软件类别，例如销售管理、营销管理、人力资源管理、客户管理、协同 OA、ERP、商业智能、云存储等。通用 SaaS 起步较早，发展较成熟，市场规模也比垂直类 SaaS 大得多，其中针对人力资源管理、销售管理、财务管理的 SaaS 市场规模最大。

4. DaaS

数据即服务（DaaS），“谁拥有了大数据，谁就拥有了未来”，这句话形象地解释了数据的重要性。数据即服务技术是指与数据相关的任何服务，如数据聚合、数据质量管理、数据清洗等，都能够在集中处置中实现，只是体现为不同的工程模式、行为模式、组织模式。DaaS 通过各种模型、方法和平台，将数据提供给不同的系统和用户，而无须再考虑这些数据来自哪些数据源。DaaS 技术原理如图 2-10 所示。数据资源是信息化建设的基础，是信息系统的价值所在，数据的采集、处理、共享与开放已经成为数字产业的抓手。对数据资源的利用方式曾历经两个阶段：第一阶段，业务单元数据利用计算机存取，这类电子化的数据通常仅被个人或单一系统使用；第二阶段，互联网和工业物联网在部门或行业逐步整合了各类业务信息系统，数据开始在部门内或行业垂直领域内实现流动共享。目前，第三阶段，即跨领域、跨平台的数据共享、开放、融合的阶段已经来临。

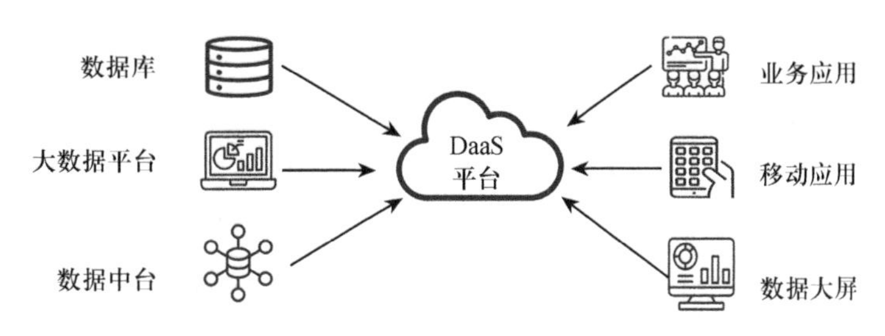

图 2-10　DaaS 技术原理

拥有海量数据的企业可以利用大数据技术来发掘数据的价值，将企业数据转变为企业的金矿。然而，目前企业数据的价值还远未被开发出来，企业数据资源利用率不高，处理大量复杂数据的能力有限，数据变现的手段有限，未形成良性循环的数据利用商业模式等。DaaS 的出现正是为了解决上述问题，帮助企业更好地挖掘大数据的价值。盘活数据资产，使其为业务管理、运营、决策服务，这就是 DaaS 的本质。一个 DaaS 平台，包括的主要元素有以下内容。

（1）数据采集。来自任何数据源，如数据仓库、电子邮件、门户、第三方数据源等。

（2）数据治理与标准化。手动或者自动整理数据标准。

（3）数据聚合。对数据进行抽取、转换、加载（Extract Transform Load，ETL）处理，按照预先定义好的数据仓库模型，将数据加载到数据仓库中去。

（4）数据服务。通过 Web 服务，抽取数据和报表等，让终端用户能够更容易地消费数据。

Hadoop 是由 Apache 基金会开发的分布式系统基础架构，2006 年，MapReduce 和 HDFS 分别被纳入 Hadoop 项目中。Hadoop 是一个开源的生态系统，HDFS 是一个分布式数据处理系统，最初 Hadoop 家族只有 MapReduce 和 HDFS，如今 Hadoop 家族成员已经扩展到了数十个，涵盖了资源管理、数据存储、数据处理、机器学习、服务协调等多个功能。Hadoop 作为 DaaS 平台采用的主要技术之一，经过了十多年的发展，形成了完整的生态圈。Hadoop 的结构如图 2-11 所示。Hadoop 由 HadoopHDFS、

MapReduce、HBase、Hive 等组成，HDFS 是最基础的重要元素，它作为底层分布式文件系统，用于存储集群中的所有存储节点，执行使用的是 MapReduce 引擎。

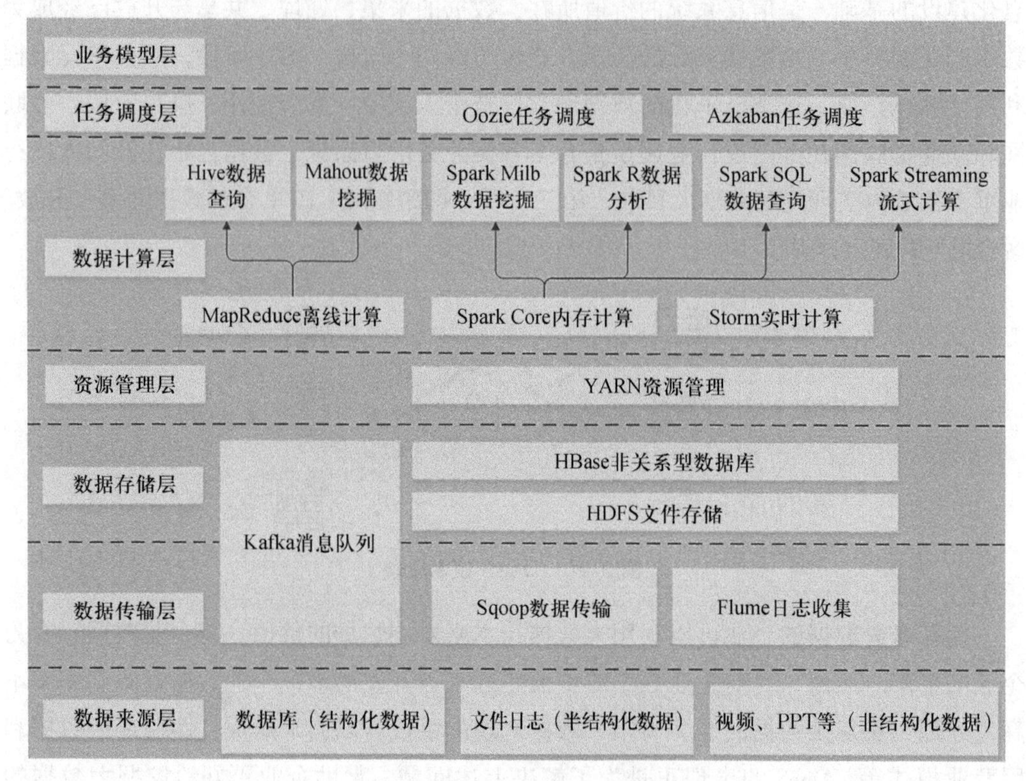

图 2–11　Hadoop 结构示意图

Hadoop 家族成员举例如下：① Pig 可加载数据、表达转换数据以及存储最终结果。Pig 内置的操作使半结构化数据变得有意义（如日志文件）。同时 Pig 可扩展使用 Java 中添加的自定义数据类型并支持数据转换。② Hive 是基于 Hadoop 的一个工具，提供完整的 SQL 查询，可以将 SQL 语句转换为 MapReduce 任务运行。③ ZooKeeper 是一个开放源码的分布式应用程序协调服务，为分布式应用提供一致性服务，提供的功能包括配置维护、域名服务、分布式同步、组服务等。④ HBase 是一个开源的、基于列存储模型的分布式数据库。⑤ HDFS 是一个适合运行在通用硬件上的分布式文件系统，有着高容错性的特点，适合超大数据集的应用程序。⑥ MapReduce 是一种计算框架，用于大规模数据集（大于 1 TB）的并行运算。

2.5.4　云计算系统的部署模型

云计算系统的部署模型指的是云计算服务提供商在构建云计算系统时，将系统的不同组件部署在物理硬件、虚拟化环境或者容器化环境等不同的部署环境中，从而构建出不同的部署模型。常见的云计算系统部署模型包括以下几种。

1. 公有云

公有云（Public Cloud），也称公共云，是指云服务提供商通过互联网提供的计算服务，面向希望使用或购买的任何组织和个人。公有云可以免费或按需出售，允许用户根据 CPU、内存存储、带宽等使用量支付费用。公有云具有如下的特点。

（1）快速获取 IT 资源。用户可以通过互联网获取所需的计算、存储、网络等资源，免去了自建系统漫长的周期与高昂的成本。

（2）按需使用，按量付费。用户根据业务需求订购所需的资源配置与数量，用多少买多少，不需要考虑资源预留，节约了成本。

（3）弹性伸缩。在访问量突发增长的时候，系统可根据策略动态增加相应的资源，以保证业务可用性；当访问量回落之后，系统可释放相应的资源，避免不必要的浪费。

（4）安全可靠。公有云服务提供商通过多个可用区和区域的架构设计，保证了整体系统的健壮性；用户数据也会有多个副本，有严格的访问控制，用户不用担心数据丢失、病毒入侵等问题。

公有云提供高可扩展、高可用、高性能、高可靠及高安全的云服务，可满足政府部门、大中型企业对安全性、稳定性的要求，以及大带宽专线和虚拟专用网络（Virtual Private Net-work，VPN）灵活组网的需求，是政企客户上云的首选。云计算应用可以极大满足政府职能转变的目标要求，在政府政务信息化建设中具有较大发挥空间。政府云平台建设顶层设计如图 2-12 所示。

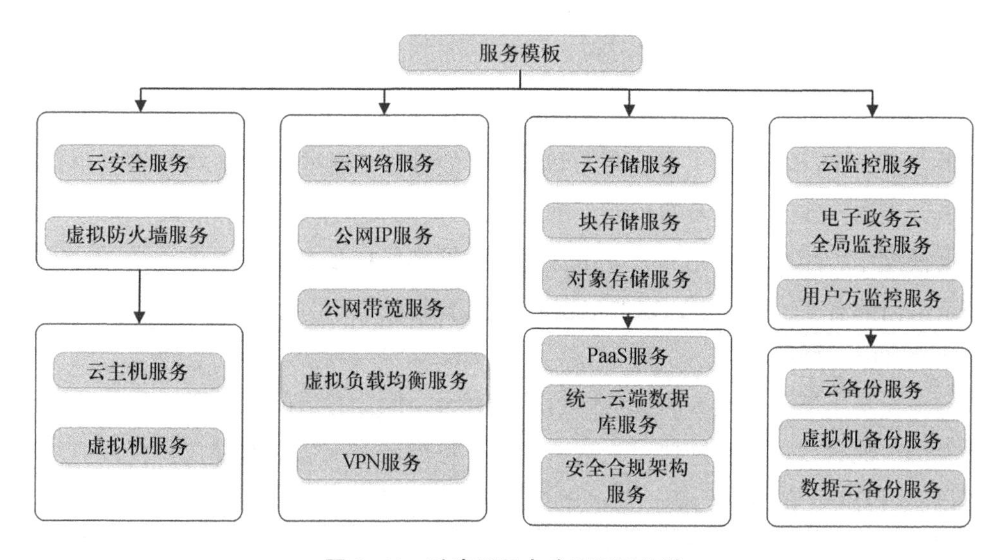

图 2-12　政府云平台建设顶层设计

2. 私有云

私有云（Private Cloud），也称专用云，部署在企业数据中心，或者部署在安全的主机托管场所，是为企业单独使用而构建的专有资源，一般不直接连接外部网络，所以能提供更好的网络安全、数据安全和服务质量。私有云是云计算服务提供商为单个用户或组织构建的云计算系统，部署在用户自己的数据中心或者云数据中心。私有云部署模型由用户自己负责部署、维护和管理，用户可以根据自己的需求构建符合自己业务需求的云计算系统。以下是私有云的特点。

（1）安全可控。私有云一般会在网络出口位置部署防火墙、分布式拒绝服务（Distributed Denial of Service，DDoS）设备，入侵检测系统（Intrusion Detection Systems）、入侵防御系统（Intrusion Prevention System）、Web应用防护系统（Web Application Firewall）等设备保证私有云网络的安全。业务数据是企业的核心资产，所有用户操作行为都会被记录和审计，数据在私有云内部可以得到严格控制。

（2）服务质量保证。部署在企业数据中心的私有云可以提供高速、稳定的业务访问体验，而不会遇到网络不稳定、断网、黑客攻击等造成的服务不可用情况，相比于公有云的服务级别协议（Service Level Agreement，SLA）更高。

（3）良好的兼容性。企业的一些系统，因为架构和性能的要求，并不一定适合部署在公有云上，在私有云环境里可以兼容原有系统，并且对原有IT资源也可以实现统一管理，保护企业投资。行业云是私有云的不同应用场景，是以公开或者半公开的方式，向相关和组织内公众提供服务的云平台，安全性高，政策遵从性好。例如，政务云是一种面向政府机构的行业云，是由政府主导建设运营的综合服务平台。政务云的建设，一方面，可以避免重复建设，节约建设资金；另一方面，通过统一标准可以有效促进政府各部门之间的互联互通、业务协同，避免产生“信息孤岛”，有利于推动政府大数据开发与利用。

3. 混合云

混合云（Hybrid Cloud）是公有云和私有云的融合，通过专线或VPN将企业私有云和公有云连通，实现私有云的延伸，是近年来云计算的主要模式和发展方向。在混合云部署模型中，用户可以将部分应用程序或数据部署在私有云中，将另外一部分应用程序或数据部署在公有云中，以便根据应用程序或数据的需求进行合理的部署和管理。混合云具有以下特点。

（1）安全扩展。私有云的安全性超越公有云，但公有云的海量资源又是私有云无法企及的。混合云可以较好地解决这个问题，将内部重要数据保存在私有云中，同时也可以使用公有云的计算资源，更高效快捷地完成工作。

（2）成本控制。私有云的配置容量一般满足企业业务的近期需求，往往不会预留太多资源，在业务高峰时期会出现资源不足的情况，如果为了短暂的高峰时期而购买大量资源会造成投资回报率较低，采用混合云就可以解决这个难题。在业务高峰时期将访问引导到公有云上，能够缓解私有云上的访问压力。

（3）新技术引入。私有云追求的是整体系统安全稳定、高可靠性，公有云上的产品和服务丰富程度远甚于私有云，同时还在不断更新，上线新产品和服务；混合云突破了私有云的限制，让企业可以迅速体验新产品，在引入私有云之前进行充分测试，降低了企业引入新服务的成本。例如，为应对每年春运的购票高峰，铁路购票网站12306的解决方案就是采用混合云，引入公有云服务，既可以为春运高峰期提供充足的流量空间，避免因为高并发流量冲击导致的服务不可用；在业务量减少时，还可以缩减云计算资源而节省大量成本开支。

4. 社区云

社区云（Community Cloud）是大的"公有云"范畴内的一个组成部分，是指在一定的地域范围内，由云计算服务提供商统一提供计算资源、网络资源、软件和服务能力所形成的云计算形式。社区云是基于社区内的网络互连优势和技术易于整合等特点，通过对区域内各种计算能力进行统一服务形式的整合，结合社区内的用户需求共性，实现面向区域用户需求的云计算服务模式。例如，深圳大学城云计算公共服务平台是国内第一个依照社区云模式建立的云计算服务平台，服务对象为大学城园区内的各高校、研究机构、服务机构等单位以及教师、学生、各单位职工等个人。

5. 混合云 – 社区云

混合云 – 社区云是混合云和社区云的结合，由多个组织共享云计算资源和服务。在混合云 – 社区云部署模型中，不同组织可以根据自己的需求构建自己的云计算系统。

2.5.5　云计算的技术标准

云计算的技术标准是指制定和实施云计算技术的规范、标准和协议。这些技术标准旨在促进云计算的互操作性、可移植性和安全性，并为云计算的应用提供稳定和可靠的技术基础。云计算作为基于互联网共享信息资源的一种创新服务模式，给新一代信息技术和商业模式带来了重大变革。然而在云计算发展初期，云计算业务的开展形式，具体技术实现框架、平台和服务的技术接口不统一，不同公司采用不同的技术方案，可能造成不同厂商之间的接口不互通、厂商与用户之间的接口不互通、不同厂商设备之间不互联互通等方面的问题，导致大量数据和服务无法有效地转移、共享，限制了云计算的应用服务范围。随着云计算的应用不断深入，如何搭建一个互联互通、安全可靠的云计算环境，受到国内外的高度重视。云计算标准化是云计算大范围推广和应用的前提，是推动云计算技术、产业及应用发展，以及行业信息化建设的重要基础性工作之一。起初，各个企业为了自己的云业务发展纷纷推出各自的平台和服务标准，各自为政，使得众多云平台的长期稳定发展和云服务用户的利益得不到保障。云服务没有统一的标准，云计算产业就难以规范、健康地发展，难以形成规模化和产业化集群发展，给云计算产业的发展造成了瓶颈。从长远来看，如果云计算要成为像电信、电力这样的公共服务行业，形成巨大的产业规模，实现标准化是必然的选择。云计算通用和基础标准旨在制定云计算中一些基础共性的标准，包括云计算术语、云计算基本参考模型、云计算标准化指南等。互操作和可移植标准以构建互联互通、高效稳定的云计算环境为目标，对基础架构层、平台层和应用层的核心技术和产品进行规范。服务标准主要针对云服务生命周期管理的各个阶段，覆盖服务交付、服务水平协议、服务计量、服务质量、服务运维和运营、服务管理、服务采购，包括云服务通用要求、云服务级别协议规范、云服务质量评价指南、云运维服务规范、云服务采购规范等。安全标准方面主要关注数据的存储安全和传输安全、跨云的身份鉴别、访问控制、安全审计等方面。近年来，国际标准化组织（International Organization for Standardization，ISO）、国际电工委员会（International Electrotechnical Commission，IEC）、国际电信联盟（International Telecommunication Union，ITU）等国际标准组织纷纷启动云计算标准化工作并取得了实质性进展。我国已经意识到标准化对于产业发展的重要性，积极地参与到云计算的国际标准化进程中，以促进国内云计算标准工作与国际协同发展。国际上已经有 30 多个标准组织和协会加入云计算标准的制定行列，并且这个数字还在不断增加。这些标准组织和协会从各个角度开展云计算标准化工作，大致可分为三种类型。

（1）以 ISO、IEEE、ITU、美国国家标准与技术研究院（National Institute of Standards and Technology，NIST）、欧洲电信标准化协会（European Telecommunications Standards Institute，ETSI）为代表的传统电信或互联网领域的标准组织，这些组织成立了联合工作组共同推进《云计算概述和词汇》和《云计算参考架构》两项国际标准。

（2）分布式管理任务组（Distributed Management Task Force，DMTF）、全球网络存储工业协会（Storage Networking Industry Association，SNIA）、结构化信息标准促进组织（Organization for the Advancement of Structured Information Standards，OASIS）等知名标准化组织和协会，在其已有标准化工作的基础上，开展云计算标准的制定工作。其中，DMTF 提出了虚拟化管理（VMAN）标准，用于解决虚拟环境的管理生命周期；SNIA 发布了“云数据管理接口”（CDMI）文档，迈出了云存储标准化工作重要的一步；在云安全层面，OASIS 专门成立了云身份技术委员会（Integrated Development Cloud Test Center，IDCloud TC），以解决由云计算身份管理带来的安全挑战。

（3）以加拿大标准协会（Canadian Standards Association，CSA）、云标准用户协会（Cloud Standards Customer Council ，CSCC）、开放云联合会（Open Cloud Consortium，OCC）、云原生计算基金会（Cloud Native Computing Foundation，CNCF）等为代表的专门致力于云计算标准化的新兴标准组织。这些组织主要从某一方面入手，开展云计算标准制定。其中，CSA 致力于在云计算环境下为业界提供最佳的安全解决方案，并推出了 CSA STAR 云安全认证；CSCC 发布的《云计算实用指南》涵盖了企业顾问、厂商和最终用户在部署云计算方面的最佳实践；OCC 致力于提升在地理位置上彼此独立的数据中心存储和计算云的性能，加强开放架构，让计算云通过实体的网络实现无缝互操作；CNCF 的成员代表了容器、云计算技术、IT 服务和终端用户，共同营造全球云原生生态系统，维护和集成开源技术，支持容器化编排的微服务架构应用，携手推动现代化企业架构的进程。

除了开展云计算标准化工作，相关组织也积极开展云计算服务能力、可信度、安全资质等测评工作，以相关标准为依托，围绕技术、过程、资源等云计算服务关键环节进行资质测评。对用户来说，资质认证则更像一个标尺，有利于帮助用户进行云服务商的选择。国际上已有的相关资质认证如下。

（1）云安全联盟 - 安全、信任和保证注册（Cloud Security Alliance-STAR Registrant）认证是信息安全管理体系认证（ISO/IEC 27001）的增强版本，旨在应对与云安全相关的特定问题，采用中立性认证技术对云服务供应商安全性开展缜密的第三方独立评估，并充分运用 ISO/IEC 27001：2005 管理体系标准以及 CSA 云控制矩阵，帮助企业满足对安全性有特定要求的客户需求。

（2）ISO 27001 信息安全管理体系标准可有效保护信息资源，保护信息化进程健康、有序、可持续发展。

（3）运行时间研究所（Uptime TIER Uptime Institute）是全球公认的数据中心标准组织和第三方认证机构、全球数据中心国际标准拥有者。该机构提出了基于 4 个不同级别的数据中心分层方案，即被行业所熟知的运行时间等级（Uptime Tier）认证评级体系。该认证评级体系是目前数据中心业界最知名、最权威的认证评级体系，在全球范围得到了高度的认可。

国内云计算相关的标准化工作自 2008 年年底开始被科研机构、行业协会及企业关注，云计算相关的联盟及标准组织在全国范围内迅速发展。总体而言，我国的云计算标准化工作从起步阶段进入了切实推进的快速发展阶段。2015 年，工业和信息化部办公厅发布了《云计算综合标准化体系建设指南》。依据我国云计算生态系统中技术和产品、服务和应用等关键环节，以及贯穿于整个生态系统的云安全，结合国内外云计算发展趋势，该指南提出的云计算综合标准化体系框架包括“云基础”“云资源”“云服务”“云安全”四个部分。工业和信息化部 2011 年发布的《云计算发展三年行动计划（2017—2019 年）》提出，2019 年发布云计算相关标准超过 20 项，形成较为完整的云计算标准体系和第三方测评服务体系。2024 年 1 月 9 日，为充分发挥标准对云计算产业的引领规范作用，持续完善标准体系，工业和信息化部组织有关单位编制完成了《云计算综合标准化体系建设指南》（征求意见稿）。其中明确，到 2025 年，云计算标准体系更加完善。推进修订参考架构、术语等基础标准，优先制定云计算创新技术产品、新型服务应用和重要缺失领域的关键标准。开展云原生、边缘云、混合云、分布式云等重点技术与产品标准研制，制定一批新型云服务标准，面向制造、软件和信息技术服务、信息通信、金融、政务等重点行业领域开展应用标准建设。中国电子技术标准化研究院组织国内行业专家编写了《云计算标准化白皮书》，分析了当前国内外云计算发展的现状及主要问题，梳理了国际标准组织及协会的云计算标准化工作，从云计算概述、云计算支撑技术分析、云计算应用情况分析以及如何实施云计算等几个方面进行了全面详细的论述。此外，国内还有一些相关标准和组织也进行了大量的标准化工作。中国通信标准化协会主要开展通信技术领域标准化活动，跟进并完成了中国云计算标准第一阶段的起草工作。中国云计算技术与产业联盟（CCCTIA）参与云计算国际、国家或行业标准制定，推进云计算技术的应用与实施。中国云产业联盟发布云产业联盟白皮书 1.0 版本。

2015 年 1 月 30 日，国务院在《关于促进云计算创新发展培育信息产业新业态的意见》中提出了“为促进我国云计算创新发展，积极培育信息产业新业态”“支持第三方机构开展云计算服务质量、可信度和网络安全等评估测评工作。引导云计算服务企业加强内部管理，提升服务质量和诚信水平，逐步建立云计算信任体系”。可信云服务认证是我国目前唯一针对云服务的权威认证体系，是由数据中心联盟组织，中国信息通信研究院测试评估的面向云计算服务的评估认证。可信云服务认证顺应国家政策，旨在建立云计算服务的信任体系。可信云服务认证的具体测评内容包括三大类共 16 项，分别是：数据管理类（数据存储的持久性、数据可销毁性、数据可迁移性、数据保密性、数据知情权、数据可审查性）、业务质量类（业务可用性、业务弹性、故障恢复能力、网络接入性能、服务计量准确性）和权益保障类（服务变更、终止条款、服务赔偿条款、用户约束条款和服务商免责条款），基本涵盖了云服务商需要向用户承诺或告知［基于服务级别协议（Service Level Agreement，SLA）］的 90% 的问题。可信云服务认证将系统评估云服务商对这 16 个指标的实现程度，为用户选择云服务商提供基本依据。对于用户来说，安全无疑是决定云计算选型的一大重要考量指标。国内一些大的公有云服务商已经取得了等级保护三级认证。国家等级保护认证是中国最权威的信息产品安全等级资格认证，由公安机关依据国家信息安全保护条例及相关制度规定，按照管理规范和技术标准，对各机构的信息系统安全等级保护状况进行认可和评定。其中三级是国家对非银行机构的最高级认证，属于“监管级别”，由国家信息安全监管部门进行监督、检查，认证需要测评内容涵盖等级保护安全技术要求的 5 个层面和安全管理要求的 5 个层面，主要包含信息保护、安全审计、通信保密等在内的近 300 项要求。

2.6　云计算的风险与挑战

云计算作为一种新兴计算模式，在快速发展的同时也面临着一些风险和挑战。

（1）安全风险。云计算涉及大量的数据传输和存储，这些数据可能包含用户的敏感信息，如身份证号、信用卡信息等，因此云计算安全问题一直备受关注。如何保护云计算系统中的数据安全，防范黑客攻击、数据泄露等安全风险，是云计算面临的主要挑战之一。

（2）可靠性风险。由于云计算系统通常是分布式的，且由多个不同的硬件、软件、网络等组成，因此系统的可靠性和稳定性可能受到多方面的影响，如网络延迟、硬件故障、软件缺陷等，这些因素可能导致系统崩溃或者运行出错，给用户带来不必要的损失。

（3）服务质量风险。云计算服务提供商需要提供高质量的服务，满足用户的需求和期望，但这并不是易事。云计算系统的规模庞大，用户数量众多，如何保证每个用户的服务质量，避免出现性能瓶颈、服务滞后等问题，是云计算系统运营面临的挑战之一。

（4）标准化和监管风险。云计算系统的标准化和监管也是当前云计算面临的挑战之一。目前云计算行业的标准化和监管体系还不完善，缺乏有效的监管机制和标准规范，这可能会给云计算用户带来不确定性和风险。

2.7　本章小结

本章围绕云计算基础及概念展开叙述，首先介绍了我们日常生活中的云计算，而后围绕其产生和发展进行讨论。云计算蓬勃的发展表现出了巨大价值，与此同时，人们也在不断地更新和明确其任务与发展目标。云计算的发展衍生出了不同的架构体系，包括了不同的业务模型与部署模型，二者也有相应的交集。在本章的最后，简单讨论了云计算的风险与挑战。

第 3 章　边缘计算基础

本章将深入探讨边缘计算的相关内容，从基础概念到系统架构，全面介绍边缘计算的发展历史、现状以及在不同领域的应用优势和目前面临的挑战。边缘计算是一种新兴的计算模型，其核心目标是使计算和数据处理功能更接近数据源或最终用户，以降低延迟、减轻网络负担，并提供更快速的响应和数据处理。

3.1　什么是边缘计算

当今，随着越来越多的设备和传感器连接到互联网，并且需要我们对数据进行更深入的分析和处理，云计算的优势就变得越来越明显。但是，在某些情况下，云计算也有其限制，云计算（或者说是中央计算）模式下存在高延迟、网络不稳定和带宽低的问题，导致了边缘计算技术的出现。OpenStack 社区给出了边缘计算的定义："边缘计算是为应用开发者和服务提供商在网络的边缘侧提供云服务和 IT 环境服务；目标是在靠近数据输入或用户的地方提供计算、存储和网络带宽。"具体地说，边缘计算是一种分散式运算的架构，将应用程序、数据资料与服务的运算由网络中心节点移往网络逻辑上的边缘节点来处理。边缘计算将原本完全由中心节点处理的大型服务加以分解，切割成更小与更容易管理的部分，分散到边缘节点去处理。边缘节点更接近于用户终端装置，可以加快资料的处理与传送速度，减少延迟。边缘计算在靠近数据源头的地方提供智能分析处理服务，减少时延，提升效率，提高安全隐私保护。随着越来越多的设备和传感器连接到互联网，边缘计算将变得越来越重要，并将成为未来创新和发展的关键。

边缘计算可以被看作一种分布式计算模型，它旨在使计算资源和服务尽可能地靠近物理位置或直接与使用者相连的位置，以便更快地响应请求和减少网络延迟；同时，相对于云计算，边缘计算有更好的带宽利用率，边缘计算可以减少传输到云端的数据量，从而降低对带宽的需求，因此边缘计算还可以用于实时数据处理、监控、安全策略和基础架构管理等方面，这对于那些带宽有限或成本较高的地区特别有用；边缘计算还具有更好的隐私性和安全性，允许数据在本地进行处理，意味着敏感数据不需要离开本地网络，这样可以提高数据的隐私性和安全性。

随着人们对数字化生活的需求不断增加，边缘计算将成为未来的主流计算模型，特别是在物联网领域。工业机器人和自动驾驶汽车经常出现这种情况，它们需要高速处理，但当数据流增大而产生处理延时就会非常危险。对于这些物联网设备来说，实时响应是必要条件。这就要求设备能够在现场分析和评估图像或数据，而不能依赖云端 AI。边缘计算通过将通常委托给云端的信息处理交给边缘设备，可以实现无传输延迟的实时处理，而物联网设备中通常集成具有一定计算能力的处理器，如图 3-1 所示。

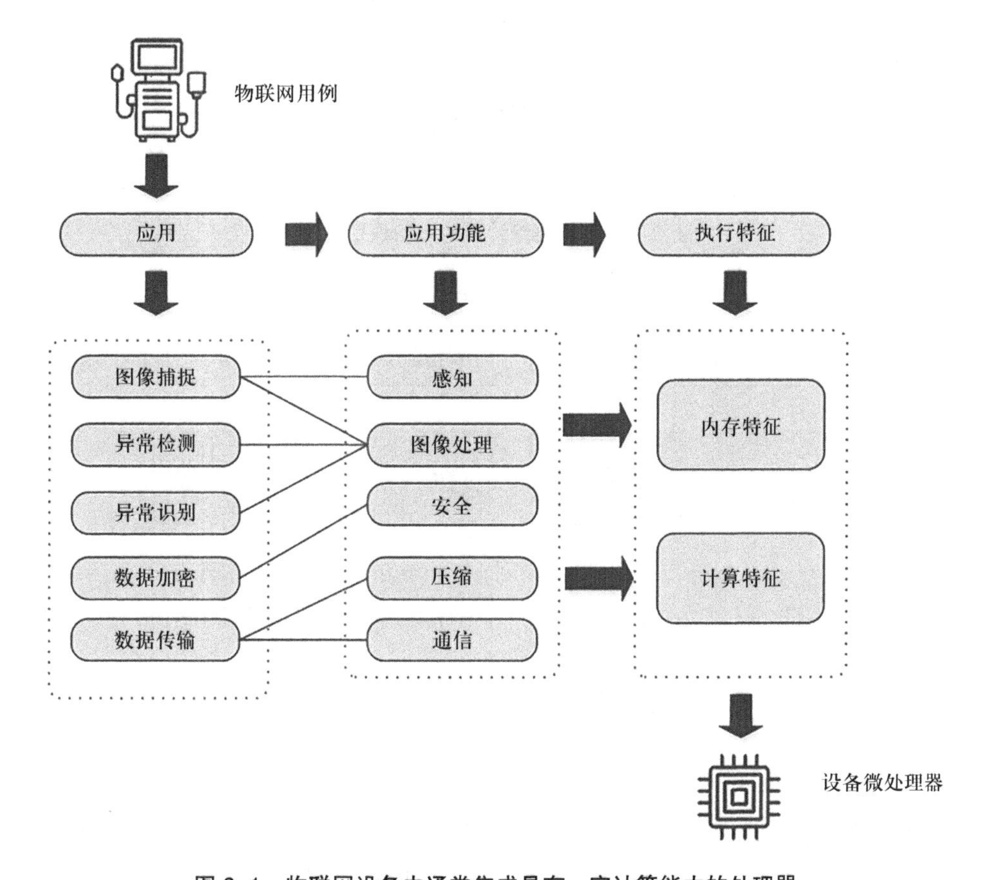

图 3-1　物联网设备中通常集成具有一定计算能力的处理器

此外，如果只传输重要信息到云端，可以减少传输数据量，这能将通信中断的风险降到最低。边缘计算技术可以将数据处理带到离用户最近的位置，从而实现更快的响应和更高的效率。在智能交通系统中，边缘计算可以分析并处理车辆和行人的实时位置、速度和方向等信息，从而提高路口交通流量和减少事故率；在医疗保健领域，边缘计算可以通过使用智能传感器和其他设备来监测患者的健康状况，并将数据即时传输给医生和护士，以便他们更快地诊断病情并采取相应的措施；在人脸识别技术的快速发展中，边缘计算也起到了重要作用，在资源受限的边缘计算设备中，采用基于边缘计算思路实现人脸识别系统（基于边缘计算的人脸识别过程，如图 3–2 所示；人脸识别对比验证流程，如图 3–3 所示），利用深度学习模型 MTCNN 和轻量级人脸识别算法 Mobile Net 相结合的方式，完成人脸提取以及人脸特征向量提取，具有快速识别人脸的能力，可以在室外安防、门禁等多种现实场景中进行应用。

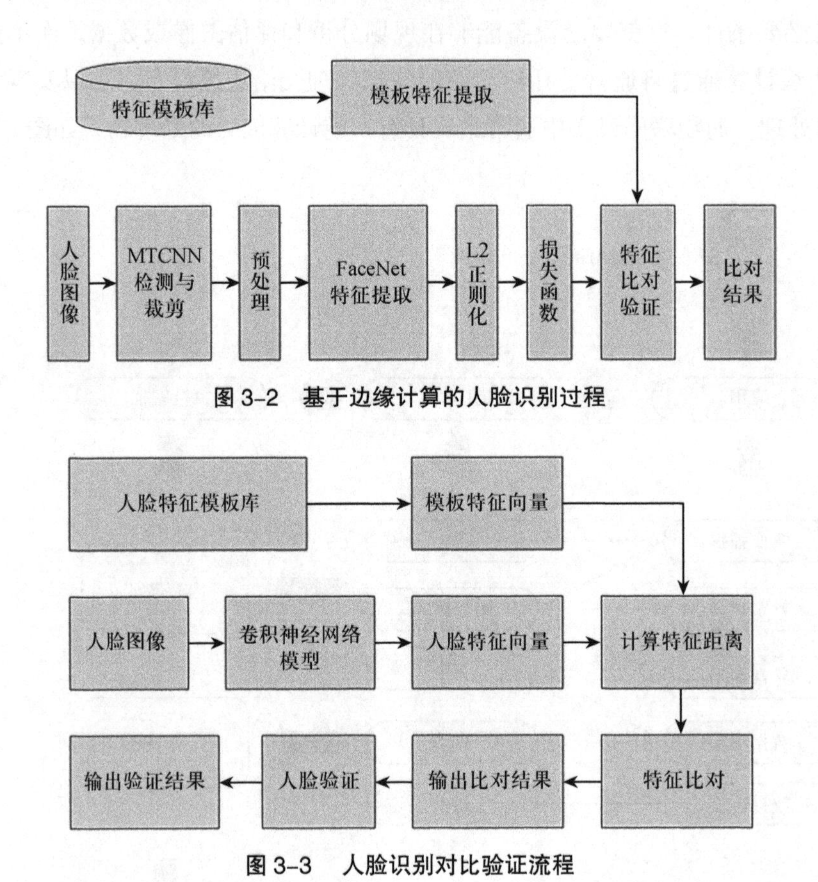

图 3–2　基于边缘计算的人脸识别过程

图 3–3　人脸识别对比验证流程

除了物联网领域，边缘计算还可以应用于无线通信网络中。5G 不仅是第四代通信技术（4G）的增量，其单位面积移动数据量增长了 1 000 倍，传输速率提高到 10 Gbps 之多，比目前的 4G 网络快上几百倍，这项技术为移动自组织网络，特别是汽车互联网创造了巨大的机会。所谓的汽车互联网是一种分布式车辆自组织网络，其中各种类型的车辆使用安装在开放通道中的车载单元与相邻车辆通信。通过车辆间的信息共享，可以实现一些与安全相关的应用。例如，驾驶员可以利用从其他车辆获得的即时信息进行早期响应，以避免交通拥堵，提高交通效率，减少交通事故。研究表明，IEEE 802.11 p 和 LTE 标准在可扩展性、移动性和时延方面都不能有效支持大规模的车载通信，这些网络环境通常需要路侧单元（Road–Side Units，RSU）参与认证，增加了系统时延。此外，一旦 RSU 被攻破，会导致存储在 RSU 中的重要信息泄露，降低整个系统的安全性。相关联的 5G 技术的特点是高速、低延迟，容量增加高达 1 000 倍，可以实现更高效的车对车通信。然而，5G 车载网络在系统性能、网络负载和通信安全方面仍然存在一些挑战，因此需要将边缘计算技术引入支持 5G 的车联网架构中。通过使用边缘计算，车辆不仅提高了整个系统的计算能力，而且由于数据可以在车载终端直接处理，不再需要传输到远程核心网，因此减少了返回压力，为用户提供了更好的服务体验。另外，在 5G 移动通信网络中，边缘计算可以通过将计算任务分配到不同的网络节点上来优化网络负载，从而实现更好的性能和可靠性。同时，在物联网、智能城市等领域，边缘计算可以通过将计算任务分配到离用户最近的位置来提高响应速度和效率，并有效地解决数据处理和储存的问题。

通过边缘计算技术，企业也可以更加高效地管理 IT 资产。例如，在物联网设备上部署边缘计算节点，可以帮助企业实现对设备的远程监控和管理。这些设备可能是分布在全球各地的，因此边缘计算节点可以在本地执行必要的任务，而不需要将所有数据传输到远程服务器进行处理。这样一来，不仅可以提高数据处理的速度，而且可以降低数据传输成本和风险。所以，边缘计算可以优化基础架构、提高工作效率并提供更好的用户体验。随着数字化时代的到来，边缘计算将成为未来的主流计算模型。通过在本地进行数据处理，边缘计算技术可以快速响应用户请求，提高生产力和效率，并降低 IT 成本。

3.2　边缘计算的产生背景

近年来，物联网、大数据、云计算、智能技术的快速发展，给互联网产业带来深刻的变革，也对计算模式提出新的要求。物联网技术利用射频识别技术、无线数据通信技术、全球定位系统等，按物联网约定的通信协议将实物与互联网连接起来，进行信息交换，以实现智能化识别、定位、跟踪、监控和管理互联网资源。随着计算机技术和网络通信技术的发展，物联网实现了实物与实物之间数据信息的实时共享以及智能化的实时数据收集、传递、处理，因此物联网的概念开始逐渐应用到可穿戴医疗、智能家居、环境感知、智能运输、智能制造等领域中。物联网技术涉及的关键技术主要包括以下部分。

（1）传感器技术。即从自然信源获取信息，并对之进行处理（变换）和识别的技术。传感器技术也是计算机应用中的关键技术，通过对被测对象的某一确定的信息进行感受（或响应）与检出，并使之按照一定规律转换成可输出信号。

（2）无线射频识别（Radio Frequency Identification，RFID）标签。RFID 技术是将无线射频技术和嵌入式技术融为一体的综合技术，通过射频信号自动识别目标对象并获取相关数据。RFID 在执行过程中无须人工干预，可工作于各种恶劣环境，在自动识别、物流管理等方面有着广阔的应用前景。

（3）嵌入式系统技术。嵌入式系统技术是综合计算机软硬件、传感器技术、集成电路技术、电子应用技术的复杂技术。经过几十年的演变，以嵌入式系统为特征的智能终端产品随处可见，小到人们身边的MP3，大到航空航天的卫星系统。嵌入式系统正在改变着人们的生活，推动着工业生产以及国防工业的发展。如果把物联网用人体作一个简单比喻，传感器相当于人的眼睛、鼻子、皮肤等感官；网络是神经系统，用来传递信息，嵌入式系统就是人的大脑，在接收到信息后进行分类处理。

如今，随着物联网的快速发展和4G/5G无线网络的普及，万物互联（Internet of Everything，IoE）的时代已经到来。思科（Cisco）于2012年12月提出万物互联的概念。万物互联是未来互联网连接和“物联网”发展的全新网络连接架构，是在物联网基础上的新型互联的构建。万物互联概念增加了网络智能化处理功能和安全功能，通过分布式结构，融合以应用为中心的网络、计算和存储的新型平台，以IP驱动的设备、全球范围内更高的带宽接入和IPv6，可支持高达数亿台连接到互联网上的边缘终端和设备。相比物联网而言，万物互联除了“物”与“物”的互联，还增加了更高级别的“人”与“物”的互联。万物互联的突出特点是任何“物”都将具有语境感知的功能、更强的计算能力和感知能力。万物互联以物理网络为基础，增加网络智能，在互联网的“万物”之间实现融合、协同以及可视化的功能。基于万物互联平台的应用服务需要更短的响应时间，同时也会产生大量涉及个人隐私的数据。以北京市电动汽车监控平台为例，该平台可以对1万辆电动汽车7×24小时不间断实时监控，并以每辆车每10秒一条的速率，向各企业平台实时转发监控数据。接下来再以社会安保为例，美国部署3 000余万个监控摄像头，每周生成超过40亿小时的海量视频数据；中国用于打击犯罪的“天网”监控网络，已在全国各地安装超过2 000万个高清监控摄像头，对行人和车辆实时监控和记录。但是在物联网的应用背景下，数据在地理上分散，并且对响应时间和安全性也有更高的要求。云计算虽然为大数据处理提供了高效的计算平台，但是目前网络带宽的增长速度远远赶不上数据的增长速度；同时，网络带宽成本的下降速度要比CPU、内存这些硬件资源成本的下降速度慢很多，复杂的网络环境让网络延迟很难有突破性提升。因此，传统云计算模式将难以实时高效地支持基于万物互联的应用服务程序，需要解决带宽和延迟这两大瓶颈。随着万物互联的飞速发展及广泛应用，边缘设备正在从以数据消费者为主的单一角色转变为兼职数据生产者及消费者的双重角色，网络边缘设备逐渐具有利用收集的实时数据进行模式识别、执行预测分析或优化、智能处理等功能。在边缘计算模型中，计算资源更加接近数据源，网络边缘设备已经具有足够的计算能力来实现源数据的本地处理，之后将结果发送给云计算中心。边缘计算模型不仅可以降低网络传输中带宽的压力，加快数据分析处理，同时能降低终端敏感数据隐私泄露的风险。

目前，大数据处理正在从以云计算为中心的集中式处理时代跨入以万物互联为核心的边缘计算时代。集中式大数据处理时代更多的是集中式存储和处理大数据，其采取的方式是建造云计算中心，并利用云计算中心超强的计算能力来集中式地解决计算和存储问题。相比之下，在边缘式大数据处理时代，网络边缘设备会产生海量实时数据，这些边缘设备将部署在支持实时数据处理的边缘计算平台，为用户提供大量服务或功能接口，用户可通过调用这些接口来获取所需的边缘计算服务。因此，线性增长的集中式云计算能力已无法匹配爆炸式增长的海量边缘数据，基于云计算模型的单一计算资源已不能满足大数据处理的实时性、安全性和低能耗等需求，在太多场景中需要计算庞大的数据并且得到即时反馈。2020 年，这一数据量增长到了 59 ZB，预计到 2025 年将达到令人难以置信的 175 ZB。随着越来越多的设备连接到互联网并生成数据，以中心服务器为节点的云计算可能会遇到带宽瓶颈。据统计，无人驾驶汽车每秒产生约 1 GB 数据，波音 787 每秒产生的数据超过 5 GB，2020 年我国数据储存量达到约 39 ZB，其中约 30% 的数据来自物联网设备的接入。海量数据的即时处理可能会使云计算力不从心。另外，数据中心的高负载导致的高能耗也是数据中心管理规划的核心问题。

在现有的以云计算模型为核心的集中式大数据处理基础上，亟待需要发展以边缘计算模型为核心、面向海量边缘数据的边缘式数据处理技术。因此，边缘计算应运而生。边缘计算应用于云中心和边缘端大数据处理，能够解决万物互联下云计算服务不足的问题。相比于中心化的云计算模型，边缘计算可以更好地支持移动计算与物联网应用，能够极大缓解从数据中心大量上传与下载导致的带宽压力。根据思科（《可视化网络指数》“*Visual Networking Index*”）报告，随着物联网的发展，全球数据中心的 IP 数据流量在 2020 年达到了 20.6 千亿 GB，但其中只有少量是关键数据，大部分是无须长期存储的临时数据。边缘计算可以充分利用这个特点在网络边缘处理大量临时数据，从而减轻网络带宽与数据中心的压力。边缘计算通过将计算资源尽可能地靠近使用者，从而更快地响应请求并减少网络延迟，成为一种新兴的计算模型。它可以在各种设备上实现，并已经被广泛应用于智能制造、自动驾驶、智慧城市、移动通信等领域。边缘计算还能够增强服务的响应能力。移动设备在计算、存储和电量等资源上的匮乏是其固有的缺陷，云计算可以为移动设备提供服务来弥补这些缺陷。但是，网络传输速度受限于通信技术的发展，复杂网络环境中更存在连接和路由不稳定等问题，这些因素造成的延迟过高、抖动过强、数据传输速度过慢等问题严重影响云服务的响应能力，而边缘计算在用户附近提供服务时，近距离服务可以保证较低的网络延迟，简单的路由也可以减少网络的抖动。同时，5G 时代正在到来，多样化的应用场景和差异化的服务需求对 5G 网络在吞吐量、延迟、连接数量和可靠性等方面提出挑战。边缘计算技术和 5G 技术相辅相成，边缘计算技术正以其本地化、近距离、低时延等特点，助力 5G 架构变革；而 5G 技术将是边缘计算系统降低数据传输延时、增强服务等响应性能的必要解决方案。相比云计算，边缘计算更能够保护隐私数据，提升数据安全性。在物联网应用中，数据的安全性一直是关键问题。调查显示，约有 78% 的用户担心他们的物联网数据在未授权的情况下被第三方使用，因为云计算模式下所有的数据与应用都在数据中心，用户很难对数据的访问与使用进行细粒度的控制；而边缘计算则为关键性隐私数据的存储与使用提供了基础设施，将隐私数据的操作限制在防火墙内，提升了数据的安全性。边缘计算模型的种种优点使其成为未来的主流计算模型之一。

3.3 边缘计算的发展历史

边缘计算的发展可以追溯到 20 世纪 90 年代，当时人们意识到传统的中心化计算模型无法满足日益增长的计算需求。为了能够更快速地响应用户请求并减少网络延迟，他们开始探索一种新的计算模型，即将计算资源尽可能地靠近使用者和设备。随着物联网和互联网技术的快速发展，边缘计算得到了越来越多的关注。2015 年，由国际数据公司（IDC）提出的“第三平台”战略中，边缘计算被认为是未来 IT 发展的主要趋势之一。同年，英特尔宣布推出一款基于边缘计算的处理器，以支持各种边缘计算场景。这表明边缘计算已成为一个重要的研究领域。在过去几年中，边缘计算得到了广泛的应用，例如自动驾驶、智慧城市、医疗保健、工业制造等领域。特别是在自动驾驶领域，边缘计算可以帮助车辆与其他车辆和道路基础设施之间进行更快速、更可靠的通信，提高交通安全性。在智慧城市领域，边缘计算可以通过分析实时数据来优化城市基础设施，并提高生活质量。未来，边缘计算将继续发展壮大。随着越来越多的设备和传感器连接到互联网，边缘计算将成为处理和分析这些数据的主要方式之一。同时，随着 5G 网络的不断推广，边缘计算将更加高效地支持各种应用场景，从而带来更好的用户体验和商业价值。

3.3.1 分布式数据库模型

分布式数据库模型是数据库技术和网络技术两者结合的结果，它将数据分散存储在多个物理位置上（见图 3–4），并通过网络进行协同工作。这种模型不仅可以提高数据存储和处理的效率，而且可以增强系统的可扩展性和容错性。大数据时代，分布式数据库模型是现代数据存储和处理的一种重要方式，数据种类和数量的增长使分布式数据库成为数据存储和处理的核心技术，分布式数据库部署在自组织网络服务器或分散在互联网、企业网或外部网，以及其他自组织网络的独立计算机上。

分布式数据库的数据存储在多台计算机上。分布式数据库的操作不局限于单台机器，允许在多台机器上执行事务交易，以此来提高数据库访问的性能。在分布式数据库模型中，数据可以根据不同的标准进行分区，例如按时间、地理位置或功能等进行划分。每个分区可以存储在不同的物理位置（称为“节点”）上。每个节点都可以独立

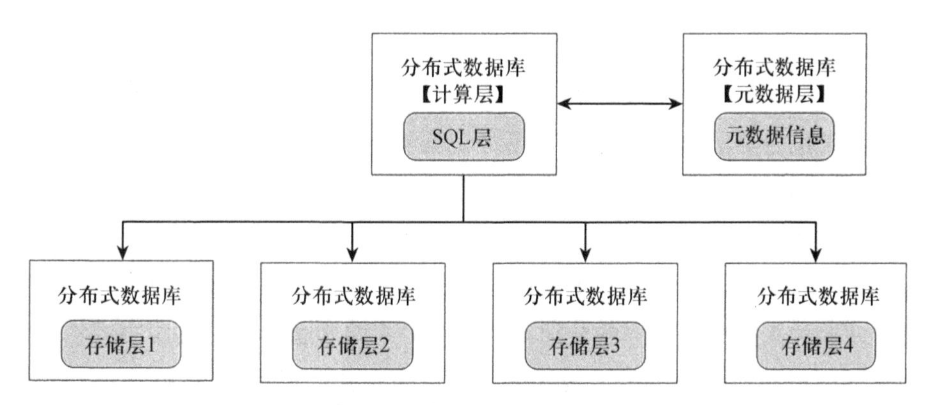

图 3-4　分布式数据库结构

运行，处理所有分配给它的请求。这使得数据库可以更快速、更高效地响应用户请求，并且具有更好的可扩展性，因为可以很容易地向其中添加新节点。此外，分布式数据库模型还具有更好的容错性。如果一个节点发生故障，其他节点可以继续工作并处理请求。这种冗余设计有助于保障系统的可用性，并降低由单点故障引起的风险。因此分布式数据库已成为大数据处理的核心技术。按照数据库的结构，分布式数据库包括同构系统和异构系统，前者数据库实例的运行环境具有相同的软件和硬件，并具有单一的访问接口；后者的运行环境中硬件、操作系统和数据库管理系统以及数据模型等均有所不同。按照处理数据类型，分布式数据库主要包括 SQL（关系型）、NoSQL（非关系型）、基于可扩展标记语言（Extensible Markup Language，XML）以及 NewSQL 分布式数据库。其中，NoSQL 和 NewSQL 分布式数据库使用最为广泛。SQL 分布式数据库是针对表式结构的关系型分布式数据库，典型代表有微软分布式数据库和 Oracle 分布式数据库。NoSQL 分布式数据库主要为满足大数据环境下，海量数据对数据库高并发、高效存储访问、高可靠性和高扩展性的需求，按用途将其分为键值存储类数据库、列存储数据库、文档型数据库、图形数据库等。基于 XML 的分布式数据库主要存储以 XML 为格式的数据，本质上是一种面向文档的类似于 NoSQL 的分布式数据库。NewSQL 分布式数据库是一种具有实时性、复杂分析、快速查询等特征的、面向大数据环境下海量数据存储的关系型分布式数据库，主要包括 Google Spanner、Clustrix、VoltDB 等。相比于边缘计算模型，分布式数据库提供了大数据环境下的数据存储，较少关注其所在设备端的异构计算和存储能力，主要用于实现数据的分布式存储和共享。分布式数据库技术所需的空间较大且数据的隐私性较低。对基于多数据库的分布式事务处理而言，数据的一致性技术是分布式数据库要面临的重要挑战。边缘计算模型中数据位于边缘设备，具有较高的隐私性、可靠性和可用性。万物互联时代，“终端架构具有异构性，并需支持多种应用服务”将成为边缘计算模型应对大数据处理的基本思路。分布式数据库模型是一种重要的数据存储和处理方式，可以提高数据存储和处理的效率，并增强系统的可扩展性和容错性。随着云计算、物联网等技术的快速发展，分布式数据库模型将会越来越广泛地应用于各种场景中。

然而，分布式数据库在系统架构上有两个新的需求。第一，事务处理要能支持多协调器。传统的分布式数据库采用单事务协调器系统架构，事务协调器接收、查询、执行引擎分发的事务处理请求，逻辑上，协调器把该事务拆成若干个子事务，并分发每个子事务到相应的存储节点（每个存储节点都是独立的数据库实例，具有独立的事务管理器，分配给存储节点的子事务由涉及该存储节点数据的操作组成），由存储节点中事务管理器独立完成子事务的处理。最后，由协调器通过 2PC 协议协调各个存储节点完成事务的提交或回滚。在该架构下，所有的事务处理都经由单事务协调器调度，协调器容易成为性能瓶颈，系统可扩展性弱。此外，一旦该协调器发生故障，整个系统的可用性会受到影响，可用性差。为了消除单协调器的性能瓶颈，谷歌于 2010 年提出了 Percolator 系统，该系统采用多协调器架构。在该架构下，每个事务协调器单独接收和处理事务的请求，处理的任务与其在单事务协调器架构下的任务相同。目前，谷歌最新一代的分布式数据库系统 Spanner、阿里的 OceanBase、腾讯的 TDSQL，以及 Spanner 的两个开源实现钛数据库（TiDB）与蟑螂数据库（CockroachDB），都是采用多事务协调器系统架构。

3.3.2 对等网络模型

对等网络模型是一种点对点（Peer-to-Peer，P2P）网络架构，它可以让所有节点在相同的层次上进行通信和交换信息，而不需要中心化的服务器或主机。对等网络模型最初是在 20 世纪 80 年代的文件共享领域中被广泛使用，人们使用本地计算机之间相互通信来共享各种类型的数据文件，例如音频、视频、文档等。这种方式不需要中心化的服务器或主机，因此可以更快速地响应请求，并且更具有鲁棒性。现在这种模型在互联网应用中广泛使用，例如文件共享、在线游戏、实时视频、流媒体等。对等网络模型已经成为各种互联网应用的重要组成部分。例如，在区块链技术中，每个节点都可以看作一个“独立的身份”，并负责存储和验证交易记录。这种去中心化的设计可以使整个系统更加安全和高效。

在对等网络模型中，每个节点都具有相同的地位和职责，并且可以与其他节点直接通信。这意味着每个节点既可以充当数据提供者，也可以充当数据请求者，从而使整个网络更加灵活和高效。由于没有中心化的服务器或主机，即使其中一个节点失效，整个网络依然可以正常工作，且数据可以直接从邻近的节点获取，而不需要经过大量的传输和处理。另外，它更具有可扩展性，因为可以轻松地向其中添加新的节点，以满足不断增长的计算和存储需求。又由于数据可以分散存储在多个节点上，而攻击者无法在单个节点上获得所有数据，因此对等网络模型具有更好的安全性。

在实践中，P2P 计算不仅与边缘计算紧密相关，而且是较早将计算迁移到网络边缘的一种文件传输技术。P2P 的术语于 2000 年首次被提出，并用于实现文件共享系统。此后，P2P 逐渐发展成为分布式系统的重要子领域，分散化、最大化、可扩展性、容忍较高层节点流失以及防止恶意行为已经成为 P2P 主要的研究主题。P2P 的主要成果包括以下三点。

（1）分布式哈希表（Distributed Hash Table）。分布式哈希表如图 3-5 所示。分布式哈希表是分布式计算系统中的一类，用来将一个键（Key）的集合分散到分布式系统中的所有节点上。这里的节点类似哈希表中的存储位置。分布式哈希表通常应用于拥有大量节点的系统，而且系统的节点常常会加入或离开。后来分布式哈希表演变为云计算模型中 Key-Value 分布式存储一般形式。

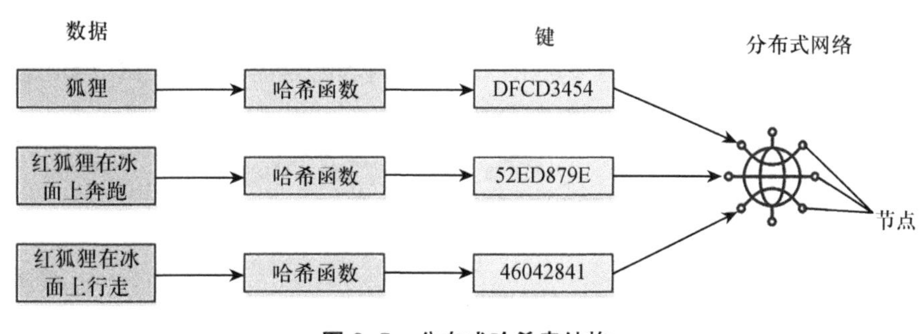

图 3-5　分布式哈希表结构

（2）Gossip 协议（Gossip Protocol）。Gossip 协议又称 Epidemic 协议（Epidemic Protocol），是基于流行病传播方式的节点或者进程之间信息交换的协议。在实践中，Gossip 协议在分布式系统中被广泛使用，比如我们可以使用 Gossip 协议来确保网络中所有节点的数据一样。目前，Gossip 协议已被广泛地用于非简单信息扩散的复杂任务处理类应用中，如数据融合和拓扑管理。Gossip 协议利用一种随机的方式将信息传播到整个网络中，并在一定时间内使得系统内的所有节点数据一致。Gossip 协议其实是一种去中心化思路的分布式协议，用于解决状态在集群中的传播和状态一致性的保证这两个问题。

（3）多媒体流技术。表现形式有视频点播、实时视频、个人通信等。但是，基于 P2P 模式的一些商业技术未得到实际认可。

3.3.3　内容分发网络模型

内容分发网络（Content Distribution Networks，CDN）是 1998 年提出的一种基于互联网的缓存网络。CDN 通过在网络边缘部署缓存服务器来降低远程站点的数据下载延时以加速内容交付，从而提供高速、可靠的内容传输服务。CDN 可以帮助网站和应用程序加快响应速度，并减少网络拥塞和延迟，在许多情况下，用户的请求需要跨越多个国家或大陆才能到达源服务器，这会增加数据传输时间，并可能导致延迟。

如果使用CDN，用户可以从最近的节点获取所需的内容，从而提高响应速度并减少延迟。

CDN模型还具有其他优点。首先，它可以提高系统的可扩展性，因为可以轻松地向其中添加新节点以满足不断增长的计算和存储需求。其次，CDN可以帮助减少网络拥塞和减少带宽消耗，从而降低运营成本并提高用户体验。最后，由于CDN缓存了大量数据，因此对于安全性和隐私保护方面也有一定的帮助。由于CDN节点分布在世界各地，因此可以防止特定地区的服务器遭受攻击或故障而导致的整个系统瘫痪。此外，CDN可以通过基于IP地址或Cookie的认证和授权机制来限制不受欢迎的访问和恶意行为。

如图3-6所示，我们可以看出，在CDN模型中，源服务器通常位于中心位置，而缓存服务器则分布在世界各地的节点上。当用户请求特定内容时，CDN会根据用户的

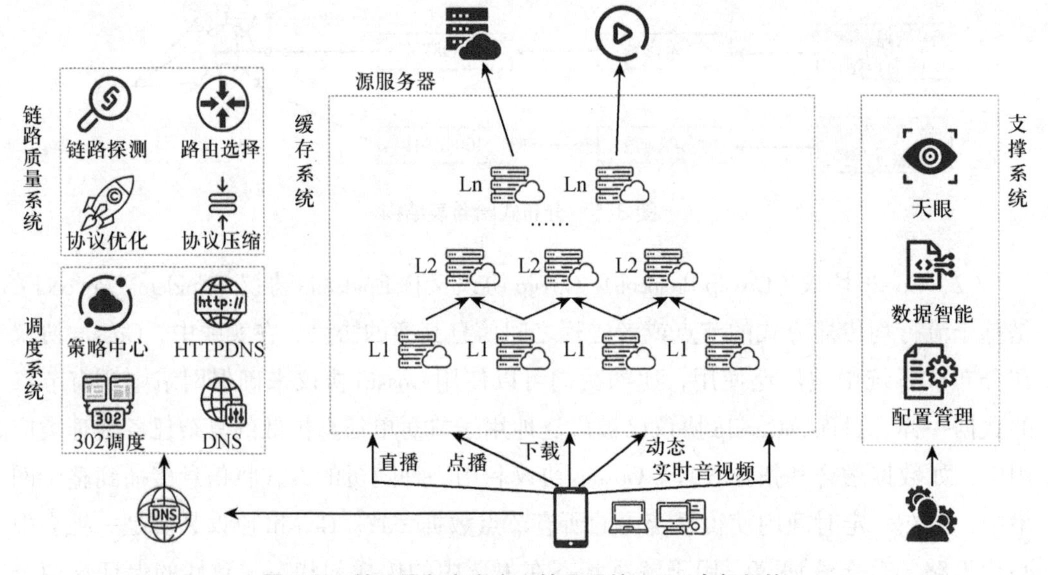

图3-6　某云服务商官方文档呈现的CDN内部架构

位置和网络状况，将请求转发到最近的缓存服务器上，在本地缓存中查找所需的内容。如果该节点没有所需的内容，则它会向源服务器发送请求，并将结果缓存在本地以便下次使用。这种方式可以大大加快内容交付速度，同时降低了原始服务器的负载。调度系统支持DNS、HTTPDNS和302调度模式，当终端用户发起访问请求时，用户的访问请求会先进行域名DNS解析，然后通过CDN的调度系统处理用户的解析请求；链路质量系统的作用是实时监测缓存系统中的所有节点和链路的实时负载以及健康状况，根据用户请求中携带的IP地址解析用户的运营商和区域归属，综合链路质量信息为用户分配一个最佳接入节点；缓存系统的功能是使用户在最佳接入节点访问数据。如果节点已经缓存了资源，则会直接将资源返回给用户；如果L1节点和L2节点都没有缓

存用户请求的资源，此时就会从源服务器获取资源并存储到缓存系统。而支撑服务系统包括数据智能和配置管理系统，实现资源监测和数据分析，例如对 CDN 加速域名的每秒查询率（Queries Per Second，QPS）、带宽、HTTP 状态码等常见指标的监控，用户可以分析 CDN 加速域名的页面访问量（Page Views，PV）、独立访客（Unique Visitors，UV）等数据。

在诸多优势下，CDN 得到学术界和工业界的高度关注，因而发展快速。近年来，研究人员实现了一种新的体系结构模型——主动内容分发网络（Active Content Distribution Networks，ACDN），是对传统 CDN 的一种改进，可帮助内容提供商免于预测预先配置的资源和决定资源的位置。ACDN 允许应用部署在任意一台服务器上，通过设计一些新算法，根据需要进行应用在服务器间的复制和迁移。我国学术界研究 CDN 优化技术，如边缘视频 CDN，利用数据驱动的方法组织边缘内容热点，基于请求预测服务器峰值转移的复制策略，实现把内容从服务器复制到边缘热点上为用户提供服务。

早期的边缘计算，“边缘”仅限于分布在世界各地的 CDN 寄存服务器。但是，今天边缘计算的发展远远超出 CDN 的范畴，边缘计算模型的“边缘”不局限于边缘节点，包括从数据源到云计算中心路径之间的任意计算、存储和网络资源。另外边缘计算更加强调计算功能，而不只是早期 CDN 中的静态内容分发。

3.3.4　移动边缘计算

作为提高网络数据处理性能的重要技术手段之一，移动边缘计算（Mobile Edge Computing，MEC）近年来受到了国内外研究机构的热切关注。万物互联的发展实现了网络中多类型设备（如智能手机、平板、无线传感器及可穿戴的健康设备等）的互联，而大多数网络边缘设备的能量和计算资源有限，这使万物互联的设计变得尤为困难。移动边缘计算是在接近移动用户的无线接入网范围内，提供信息技术服务和云计算能力的一种新的网络结构，并已成为一种标准化、规范化的技术。MEC 是一种新型的互联网架构，它将应用程序和服务推向网络边缘，使它们更加接近终端用户。在 MEC 模型中，网络边缘设备（例如路由器、基站等）可以直接参与应用程序和服务的处理过程，从而成为一种新型的计算资源。通过在移动网络基础设施上部署多个小型数据中心，MEC 可以提高应用程序响应速度，并减少对核心网络的依赖，从而为用户提供更好的体验。在 MEC 模型中，移动网络运营商可以利用网络边缘的计算、存储和网络资源来支持各种应用程序和服务。这种方式有助于提高系统的可扩展性，因为在需要更多计算资源时，可以向网络边缘设备添加更多节点。此外，由于 MEC 可以部署在各种物理环境中，因此可以更好地适应不同应用场景的需求。例如，在智能城市项目中，MEC 可以帮助实现诸如交通管理、环境监测和公共安全等应用服务。在工业自动化领域，MEC 可以支持远程监视和控制系统，以及大规模物联网（IoT）应用程序。

2014 年，欧洲电信标准化协会（ETSI）提出 MEC 术语的标准化，并指出 MEC 能提供一种新的生态系统和价值链，MEC 可将密集型移动计算任务迁移到附近的网络边缘服务器上。由于 MEC 位于无线接入网内，并接近移动用户，因此可以通过较低延时、较高的带宽来提高服务质量和用户体验。移动边缘计算同时也是发展 5G 的一项关键技术，有助于从延时、可编程性、扩展性等方面满足 5G 的高标准要求。MEC 通过在网络边缘部署服务和缓存，不仅可以减少中心网络拥塞，还能高效地响应用户请求。任务迁移是移动计算技术的难点之一，MEC 还能够利用 AI 技术来增强应用程序和服务的处理能力。例如，在智能城市项目中，可以使用机器学习和数据挖掘技术来分析交通流量、预测空气质量等。在医疗保健方面，可以用生物传感器和云计算技术来监测患者的健康状况，并实现远程医疗服务。移动边缘计算已被应用到车联网、物联网网关、辅助计算、智能视频加速、移动大数据分析等多种场景，例如智能城市、工业自动化、5G 无线通信等。特别是在 5G 无线通信领域，MEC 可以帮助提高网络的可靠性和响应速度，并支持一些新兴应用场景，例如增强现实、虚拟现实、自动驾驶等。

与传统的云计算相比，MEC 具有以下优点。MEC 通过为网络边缘配备计算和存储资源，为最终用户提供类似云的功能。为密集部署的接入点配置边缘服务器是 5G 网络中边缘计算部署的主要形式之一。它带来了许多好处，如增强的计算能力、超低的延迟，以及减少回程拥塞。在这种边缘计算网络中，由于有限的计算能力、无线电覆盖范围和不可预测的无线环境，单个边缘节点很难为用户提供有保证的服务质量。随着边缘节点的密集部署，多个边缘节点可以协同为单个用户服务，从而增强用户体验。不过，虽然 MEC 模型带来了许多优点，但也存在一些问题。首先，由于 MEC 涉及大量的设备和系统之间的协调和交互，因此需要更好的标准和协议来确保互操作性和兼容性。其次，由于 MEC 将应用程序和服务放置在网络边缘，因此需要更好的安全性和隐私保护机制，以防止数据泄露和恶意攻击。最后，由于 MEC 涉及大量的物理设备和网络资源，因此需要更好的管理和监控工具来确保系统的稳定性和可靠性。

MEC 架构，如图 3–7 所示，在云计算中心与边缘设备之间建立边缘服务器，在边缘服务器上完成终端数据的计算任务，是一种新型的互联网架构，可以增强应用程序和服务的处理能力，提高响应速度、降低成本并提高安全性。然而，移动边缘终端设备基本被认为不具有计算能力。相比而言，边缘计算模型中的终端设备具有较强的计算能力。因此，MEC 类似一种边缘计算服务器的架构和层次，作为边缘计算模型的一部分。

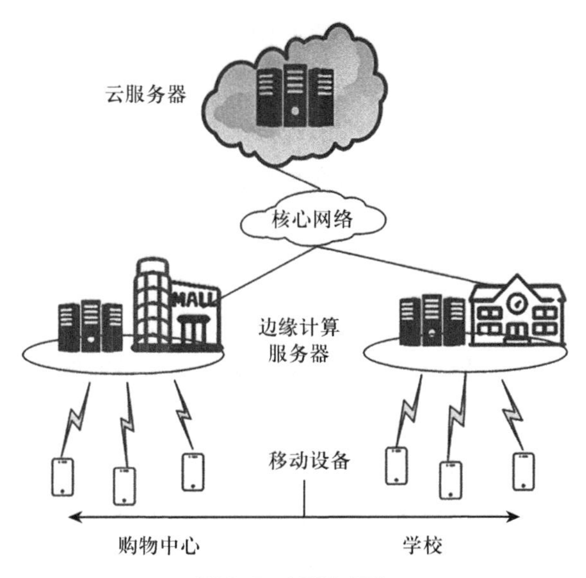

图 3-7 MEC 架构

3.3.5 雾计算

思科于 2012 年提出雾计算（Fog Computing），并将雾计算定义为迁移云计算中心任务到网络边缘设备执行的一种高度虚拟化的计算平台，对雾计算的定义如图 3-8 所示。雾计算在终端和传统云计算中心之间提供计算、存储和网络服务，作为对云计算的补充。L M Vaquero 对雾计算进行了较全面的定义：通过在云与移动设备之间引入中间层，扩展基于云的网络结构，实质是由部署在网络边缘的云服务器组成的雾层。雾计算可避免云计算中心和移动用户之间多次通信。

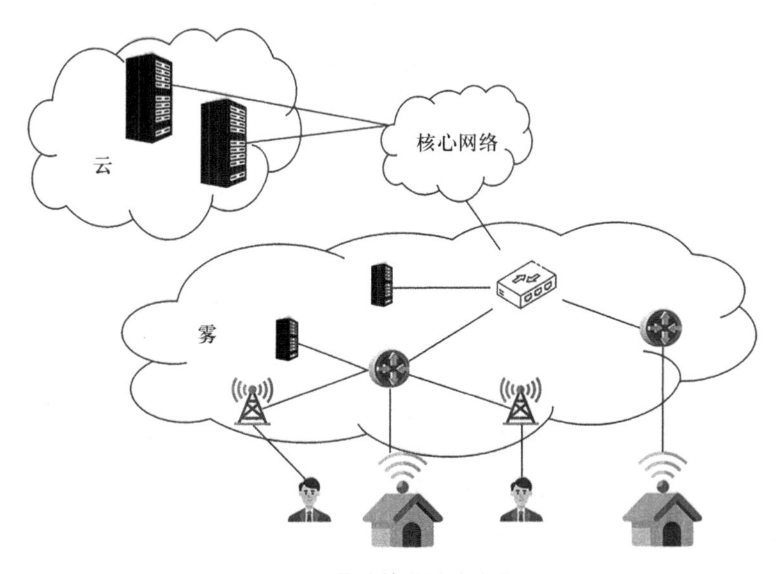

图 3-8 雾计算原始定义图示

雾计算类似于MEC，两者都与云和物联网密切相关，并做出相同的架构假设：第一，离CPU越近，数据传输就越快；第二，像Linux一样，小型专用计算机，可以“做一件事并把它做好”，这是一个强大的优势；第三，离线是不可避免的，但好的设备可以在此期间同样有效地运行，然后在重新连接时同步；第四，本地设备能比大型数据中心更简单、更便宜。

雾计算能提供更高级别的服务和更广泛的支持。雾计算的关键特征包括分布式、自治性和开放性。分布式指的是雾计算模型中各种数据处理设备的分散部署，例如边缘设备、数据中心和云服务器等。自治性是指雾计算设备能够自主感知和适应网络环境的变化，从而提供高质量的服务。开放性是指雾计算设备采用标准化协议和接口，以便更好地与其他设备互操作。与传统的云计算和MEC相比，雾计算具有独特的优点。由于位于网络边缘的设备数量更多，因此雾计算可以提供更高级别的计算和存储资源；由于存在大量的分布式数据中心和云服务器，因此雾计算可以更好地利用网络资源，减少数据传输和处理成本，通过雾计算服务器，可以显著减少主干链路的带宽负载和能耗，在移动用户量巨大时，可以访问雾计算服务器中缓存的内容，请求一些特定的服务；由于在雾计算模型中计算和存储资源分散，因此可以提高安全性和隐私保护，此外，雾计算服务器可以与云计算中心互连，能使用云计算中心强大的计算能力和丰富的资源与服务。在雾计算模型中，数据处理过程不仅发生在终端设备和网络边缘设备上，还包括分布式的数据中心、云服务器等核心网络部件。这种方式可以为用户提供更全面、更高效的服务。

在利用诸如小爱同学等基于云端的服务助手时，用户通常能接受最高几秒钟的响应延迟。然而，在涉及复杂视频与音频处理的应用场景中，如在线游戏及其他互动式服务，即使是几十毫秒级别的延迟也可能导致应用程序性能显著降低，无法适应需要即时反馈的活动情境，因为关键动作可能出现滞后或停滞现象。实际上，对于对延迟高度敏感的应用程序而言，继续沿用传统的云计算模式并将计算任务分发至边缘设备上执行，无疑是一种低效策略。核心问题在于物联网应用（位于网络边缘）与云数据中心（处于网络核心）间的端到端通信链路所引发的网络延迟。而雾计算技术恰好能够有效解决这一问题。它通过引入一种贴近终端设备的云计算服务体系结构，即在网络边缘与核心之间部署小型数据中心（也被称为雾节点），从而减少使用传统云计算资源进行敏感型业务分发出现的延迟问题。雾计算网络的一般模型设想从边缘到核心多层雾节点的分布布局，构成了由不同层级计算节点组成的层次体系。层级越高的雾节点，其计算能力通常更强，因其需满足更广泛下级用户的覆盖需求。因此，对于那些对延迟要求极高的应用而言，雾计算确实具备一定的潜力，能够在不严重损害服务质量的前提下实现高效的任务分发操作。

雾计算模型同样已经被广泛应用于物联网以及嵌入式系统这些关注利用有限资源

计算并要求低功耗的领域。由于最近硬件和软件技术的进步，物联网设备（例如智能手机、智能相机、智能汽车等）的数量显著增加，因此物联网设备及其应用在现代数字社会中已经无处不在。然而，在异构设备可以连接和通信的物联网范式中，产生了大量需要处理和存储的数据。思科预计，到 2030 年，将有大约 5 000 亿个物联网设备连接到互联网。此外，需要大量计算和网络资源的智能交通、智能医疗、增强现实、智能建筑等对实时和延迟敏感的应用也显著增加。执行此类资源密集型应用程序需要消耗大量的能量，由于电池寿命有限，因此极大地影响了移动设备和传感器等物联网设备的性能。同时，云服务器不仅不能有效地满足新兴的资源密集型物联网应用的需求，而且由于其低带宽可能会导致物联网设备消耗更多的能量。为了减少传入云服务器的大量数据，并缓解高延迟和低带宽的问题，雾计算应运而生。它在云服务器和物联网设备之间提供了一个中间计算层，其中分布了多个异构雾服务器。与云服务器相比，这些雾服务器具有更少的资源（例如 CPU、RAM），同时它们为物联网设备提供更高的带宽和更少的延迟。边缘计算只利用边缘资源，而雾计算同时利用边缘和云资源。考虑到雾计算的潜力，物联网设备可以根据其服务质量（QoS）要求将其全部 / 部分应用程序卸载到雾或云服务器上，从而以改进的 QoS 来执行资源密集型和延迟敏感的应用程序。雾计算还可以减少云服务器的拥塞，因为分布式雾服务器可以减轻云服务器处理和存储来自物联网设备的传入数据的负担。

嵌入式系统是在较大的机械或电气系统中具有专用功能的系统。嵌入式设备通常具有有限的计算资源和低功耗。因此，有效地利用有限的计算能力变得势在必行。嵌入式系统通常需要在成功满足应用程序时间约束方面提供实时性能。例如，在发生入室盗窃事件时，需要在指定的期限内激活相关警报。这种系统的另一个挑战是应用程序负载不能总是提前预测，这使得提供实时保证具有挑战性。雾计算将云计算的功能带入本地网络，更贴近用户，并且可以解决实时应用的截止日期约束问题。雾设备被放置在数据生成源（用户）附近，提供的较低网络延迟可以使实时应用程序满足其最后期限要求。

边缘计算和雾计算的概念具有很大的相似性，在很多场合表示同一个意思。如果要区分两者，边缘计算除了关注基础设施，也关注边缘设备，更强调边缘智能的设计和实现；而雾计算更关注后端分布式共享资源的管理。从 2017 年开始，边缘计算受到关注的程度逐渐超过雾计算，而且关注度持续走高。

3.3.6　海云计算（Ocean Computing）

万物互联背景下，待处理数据量将达到 ZB 级，信息系统的感知、传输、存储和处理的能力需相应提高。针对这一挑战，中国科学院于 2012 年启动了 10 年战略优先研究倡议，称之为下一代信息与通信技术倡议，主旨是要开展“海云计算系统项目”的研究。其核心是通过“云计算”系统与“海计算”系统的协同和集成，增强传统云计算能力。其中，“海”指由人类本身、物理世界的设备和子系统组成的终端（客户端）。“海云计算系统项目”目标是实现面向ZB级数据处理的能效要比现有技术提高1 000倍，研究内容主要包括从整体系统结构层、数据中心级服务器及存储系统层、处理器芯片级等角度提出系统级解决方案。

海云计算是一种新型的计算架构，是在海底布设数据中心，利用海洋能源和自然环境来提供更加可靠、高效、节能的数据存储、处理和传输服务。海洋环境具有稳定的温度和湿度，可以为大规模数据存储提供稳定的环境。与传统的云计算相比，海云计算可以更好地适应大规模数据中心的需求，因为它可以利用海洋的水温差、潮汐、气流等能源来为数据中心提供稳定的电力。在海云计算模型中，数据中心通常布设在离岸数十千米的地方，并通过光缆将数据传输到陆地上的接入点，由于海云计算数据中心的位置距离用户较远，因此海云计算还可以为遭受自然灾害的地区提供数据备份和恢复服务。例如，在遭受洪水、地震等自然灾害的地区，可以利用海云计算中心的数据备份进行数据恢复。这种方式可以有效地降低数据传输延迟和带宽消耗，同时提高数据的安全性和隐私保护，由于海洋环境对数据中心的温度、湿度和密度等参数具有很好的调节作用，因此可以减少能源消耗和机器故障率，从而提高系统的可靠性和稳定性；由于海洋能源可以为数据中心提供绿色电力，因此可以减少能源消耗和碳排放，降低环境污染；由于海洋环境中的水温差、潮汐等因素具有很好的稳定性和可预测性，因此可以提高系统的稳定性和可靠性。然而海云计算模型在实践过程中存在一些挑战，由于数据中心在海底布设，因此需要更好的防护措施来保护设备免受自然灾害和人为攻击；由于海洋环境对设备的损耗较大，因此需要更好的维护和修理机制来保持设备的稳定运行；由于海洋环境中存在许多自然因素的影响，例如风浪、海流等，因此需要更好地规划和设计以确保数据中心的安全和稳定。与边缘计算相比而言，海云计算关注“海”的终端设备，而边缘计算关注从“海”到“云”数据路径之间的任意计算、存储和网络资源。

3.3.7 边缘计算的发展现状

随着万物互联的飞速发展及广泛应用，不断扩大的数据规模和数据处理的计算需求，使边缘计算逐渐成为新兴万物互联应用的支撑平台。随着物联网、5G网络等技术的不断发展，边缘计算在智能制造、智慧城市、交通管理、医疗保健、教育培训等领域都有广泛的应用。从结构层面讲，边缘计算的概念囊括分布式数据库模型、P2P模型、内容分发网络模型、移动边缘计算模型、雾计算模型和海云计算模型等。边缘计算因为其突出的优点，满足未来万物联网的需求，引起国内外的密切关注。2015年，开放雾计算联盟（OpenFog）成立，欧洲电信标准化协会（ETSI）于2017年3

月将移动边缘计算行业规范工作组正式更名为多接入边缘计算（Multi-access Edge Computing），致力于更好地满足边缘计算（包括 IoT）的应用需求。2016 年 11 月 30 日，产学研结合的边缘计算产业联盟在北京正式成立，旨在搭建边缘计算产业合作平台，推动运行技术和信息与通信技术产业开放协作，引领边缘计算产业蓬勃发展，深化行业数字化转型。目前，世界各地已经涌现出众多的边缘计算平台和解决方案。例如，“云边端协同”的解决方案，将云计算、边缘计算和终端计算相结合，为客户提供更加完整的服务；开放视觉推理与神经网络优化工具包（OpenVINO）可以实现设备端 AI 推理；Azure IoT Edge 则提供了一套基于容器技术的边缘计算平台，支持跨平台、跨设备、跨云的开发和运行。美国联邦政府，包括美国国家科学基金会和美国国家标准局，在 2016 年分别把边缘计算列入项目申请指南。目前，多所大学和企业展开关于边缘计算的研究，边缘计算领域的相关国际会议已经开始兴起，ACM 和 IEEE 从 2016 年开始联合举办边缘计算的顶级年会也都开始增加边缘计算的分会或专题研讨会。

3.4　边缘计算的系统架构

边缘计算是一种利用离数据源最近的位置进行处理的计算模型。如图 3-9 所示，边缘计算系统架构可以分为三层，包括边缘设备层、边缘网关层和云端层。边缘设备层是指连接物理世界和数字世界的设备层。这些设备通常具有低功耗、低成本、小体积等特点，例如传感器、摄像头、智能家居设备等。边缘设备层的主要任务是将采集到的数据传输到边缘网关层进行处理和存储。边缘网关层是指连接边缘设备和云端的中间件层。它通常由高性能的计算节点组成，可以对传入的数据进行预处理和筛选，然后将有效信息传输到云端或其他边缘设备。边缘网关层的主要任务是管理边缘设备并协调其之间的通信。云端层是指云计算资源和服务的提供方，通常由云服务器、云存储、云数据库等组成，可以为用户提供大规模的计算和存储能力，同时还可以对边缘设备和边缘网关层进行管理和监控。云端层的主要任务是处理大规模的数据、提供高性能的计算和存储服务，并为用户提供各种应用和服务。

在实际应用中，边缘计算系统架构可以根据具体场景进行定制化设计。例如，在智慧城市领域，边缘设备层可以包括传感器、路灯、摄像头等，边缘网关层可以由智能路由器、交换机等组成，云端层则可以提供城市管理和公共服务等应用服务。在智能工厂领域，边缘设备层可以包括可穿戴设备、传感器等，边缘网关层可以由 PLC、智能传感器等组成，云端层则可以提供生产调度、质量管理等服务。在不同的应用场景下，边缘计算系统架构可以根据具体需求进行设计和定制。

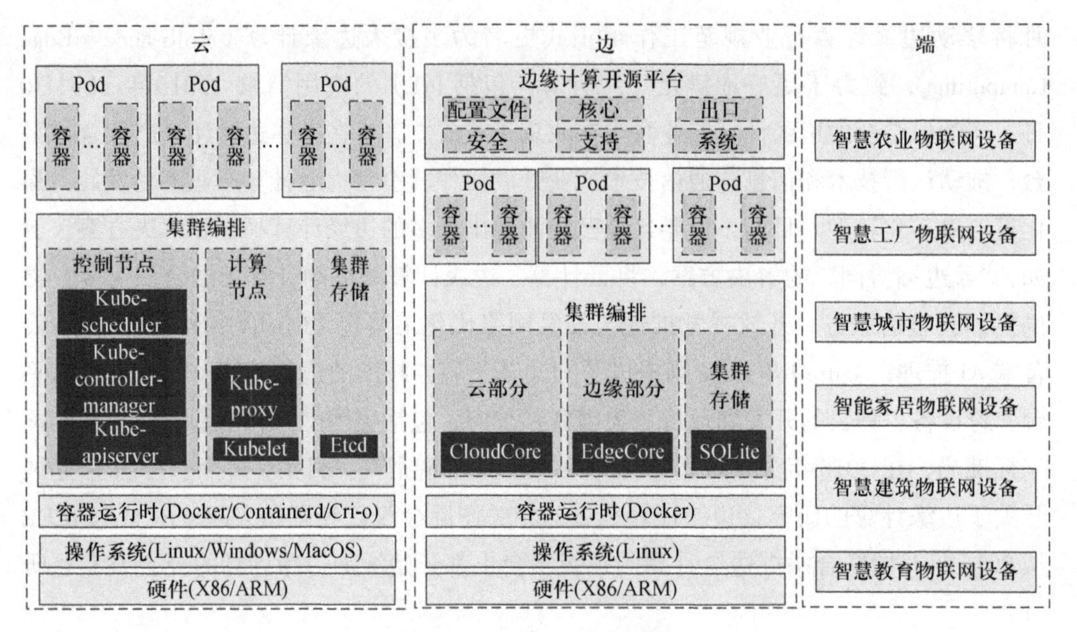

图 3-9　边缘计算系统架构

3.4.1　边缘计算模型及基本架构

边缘计算是一种分布式计算模型，它可以将计算、存储和网络资源放置在离数据源最近的位置进行处理，以提高数据传输效率和响应速度。边缘计算模型可以分为四个主要部分：感知层、网关层、核心层和应用层。

（1）感知层是指物联网设备、传感器等采集设备。这些智能终端通过有线连接（如工业以太网、现场总线和光导纤维等）或无线连接（如 4G、5G、蓝牙、Wi-Fi、射频识别（Radio Frequency Identification，RFID）和窄带物联网（Narrow Band Internet of Things，NB-IoT）等）的方式与边缘层中的边缘控制器、网关相连，主要完成原始数据采集与上传任务，实现感知层与网关层的信息、数据互通。感知层包括了各种类型的传感器、智能终端设备等。

（2）网关层是指连接边缘设备和云端的中间件层。网关层是云边协同架构的核心，由大量的边缘节点（如边缘网关、边缘控制器、路由器和基站等）组成。它既接收来自现场终端层发送的数据信息，进行计算与存储任务，又与云层进行任务、数据、管理、安全协同。网关层通常由 3 个部分组成：IaaS、PaaS 和 SaaS。IaaS 层提供系统运行所必需的基础设施资源，如计算、存储与网络资源等，通过容器化与虚拟化技术为系统提供硬件层面优化。PaaS 平台层提供系统程序的运行环境，可以完成分布式推理，运行 AI 算法、数据可视化、大数据平台构建等任务。SaaS 应用层屏蔽底层技术细节，对外提供平台管理、创新型应用、工业预测性维护、自动化控制等功能服务。企业可以结合自身需求定制、开发相应的创新型软件与平台。

（3）核心层是指边缘计算网络的核心处理单元。它通常由高性能的计算节点组成。在边缘计算中，核心层可以通过分布式计算和协同处理技术，实现对大规模数据的处理和分析工作。

（4）应用层是指基于边缘计算平台提供的各种应用和服务。应用层可以根据具体需求，开发出各种不同的应用程序，如智慧城市管理、智能制造、医疗保健等。

边缘计算模型的基本架构包括分布式计算、协同处理、数据缓存和安全防护 4 个部分。具体来说，边缘计算通过将计算任务分配到多个节点上进行处理，以提高计算效率和性能，同时还可以减少数据传输延迟和带宽成本；边缘设备之间可以互相交流和协同处理数据，以实现更加复杂的计算任务。这种方式可以提高数据的处理速度和精度，也有助于节省计算资源和能源。边缘计算平台通常会在边缘设备中缓存部分数据，以便快速响应用户请求。这种方式还可以避免频繁的网络传输和数据读取，提高系统的可靠性和稳定性。另外，边缘计算平台需要采取一系列安全措施来保障节点之间的通信和数据传输的安全性，同时也要注意隐私保护和降低数据泄露的风险。

3.4.2 多层级边缘计算架构

多层级边缘计算架构是一种将云端、边缘网关和多个级别的边缘设备相结合的分层架构。这种架构可以减少数据传输延迟、提高系统的稳定性，并在各个层次上实现数据处理和分析。

多层级边缘计算架构通常包括云端、边缘网关、边缘设备、边缘节点 4 个部分。云端是整个边缘计算体系结构的顶层，它提供了强大的计算和存储能力。在这一层次中，可以进行数据挖掘、机器学习等高级分析和处理任务。同时，云端也可以用于监控和管理边缘设备、网关等组件。边缘网关是连接边缘设备和云端之间的桥梁，负责协调节点之间的通信和数据传输。它通常采用高性能的计算节点，并提供一些基础服务，例如安全认证、数据压缩等。边缘设备是最靠近数据源的一层，通常由低功耗的设备组成，例如传感器、智能家居设备等。这些设备可以收集环境信息、产生数据等，并将数据发送到边缘网关或云端进行分析和处理。在某些场景下，还可以将边缘设备进一步分层，例如将智能家居中的各个设备分为灯具、空调、电视等不同节点，可以使得边缘计算更加精细化和个性化。

多层级边缘计算架构能减少数据传输延迟、提高系统的稳定性。由于数据处理和分析是在离数据源最近的位置进行，因此数据传输的延迟可以被大大减少，提高了数据处理的时效性。多层级边缘计算架构将计算任务分配到多个节点上进行处理，即使某些节点出现故障也不会影响整个系统的运行。

3.4.3 边缘协作架构

边缘协作架构是一种将多个边缘计算设备相互协作的分布式架构。它可以将计算任务和数据分配到不同的边缘节点上，以提高整个系统的性能和效率。边缘协作架构主要包括协同运行、数据交换、灵活应用、安全保障这4个环节。边缘设备之间可以协同工作，实现分布式计算和任务处理。在边缘协作架构中，云资源被按需使用，以处理边缘节点外包的过多任务，因此可以认为，边缘协作架构具有资源敏捷性的潜力。因此，每个边缘节点的过载任务可以通过核心网外包给云，也可以通过局域网或有线P2P连接迁移到附近的轻负载边缘节点。由于任务到达边缘节点的异构动态特性和系统的分布式特性，边缘节点的工作负载容易出现不平衡，导致任务响应时间和资源成本较高。

根据以上分析，将移动任务动态调度到合适的边缘节点（或云），从而平衡系统工作负载，对于以低资源成本提高系统性能至关重要。在云辅助移动边缘计算中动态调度移动任务是一个双重问题。第一，需要自适应地调整云资源的使用以适应时变的移动任务；第二，在边缘节点和云之间适当地调度移动任务。以最佳方式解决这一问题面临着严峻的挑战。首先，边缘节点的计算能力是固定和有限的，而由于移动用户的移动性和无线环境的波动，移动任务到达的时间变化很大。动态任务调度是解决移动任务处理延迟和资源消耗问题的有效途径。其次，边缘节点在计算能力和移动任务到达方面是异构的。适当的任务调度要求异构边缘节点和云之间的工作负载均衡，导致计算复杂度呈指数级增长。最后，适当的任务调度需要在计算和通信延迟之间进行权衡。在附近的边缘节点之间迁移任务或将过多的任务外包到云端，有利于减少计算延迟。然而，在局域网或核心网上会引起额外的传输请求，造成额外的通信延迟。在边缘节点和云之间调度移动任务需要协调计算和引入的通信延迟，以优化任务的平均响应时间，而这是边缘协作架构能做到的。

在智慧城市中，多台摄像头可以共同监控某个区域，实现对人流、车流等的实时分析。边缘设备之间进行数据交换，可以避免大量的数据传输和存储开销，从而减少系统的成本和延迟。例如，在智能制造中，多台机器人可以分享生产数据，互相协同工作。由于边缘计算具有较高的灵活性，因此可以根据需求和场景进行定制化设计。边缘设备可以动态地加入或离开网络，根据需要动态分配计算和存储资源。边缘协作架构需要采取一系列安全措施来保护节点之间的通信和数据传输的安全性。例如，通过加密技术、认证和授权等方式，确保数据不被非法获取或篡改。

边缘协作架构能提高系统的性能和效率，边缘设备之间可以互相协同处理数据和计算任务，从而提高了整个系统的性能和效率；由于边缘设备之间可以进行数据交换和共享，因此边缘协作架构可以降低大量的数据传输和存储开销，从而降低了系统的成本；边缘协作架构增强了应用的灵活性，可以根据需要和场景进行定制化设计，从而满足各种不同应用的需求。边缘协作架构是一种十分灵活和可扩展的模型，可以根据场景和需求进行定制化设计。

3.4.4　资源管理

边缘计算中的资源管理是指对计算、存储和网络等各种资源进行管理和优化，以提高系统的性能和效率。边缘计算中的资源管理主要管理五种资源：计算资源、存储资源、网络资源、能源资源、负载均衡资源。

（1）计算资源管理。在边缘设备和云端之间分配和管理计算资源，根据不同的应用场景动态调整计算资源的使用率。例如，在智能制造中，可以根据生产情况动态分配机器人的计算资源。

（2）存储资源管理。在边缘设备和云端之间管理存储资源，根据需要动态分配存储空间和带宽。例如，在智慧城市中，可以将摄像头产生的数据存储在边缘设备上，减少数据传输和存储开销。

（3）网络资源管理。对网络带宽进行管理和优化，根据实际需求进行动态分配。例如，在医疗保健中，可以优先分配急救车的网络带宽，确保紧急情况下的数据传输和处理速度。

（4）能源资源管理。对边缘设备的能源进行管理和优化，尽量减少能源浪费和损耗。例如，在智能家居中，可以通过人体感应等技术来控制灯具等设备的开关，减少能源的浪费。

（5）负载均衡管理。通过负载均衡技术，动态调整和分配计算、存储和网络等资源，从而提高系统的性能和效率。例如，在智慧农业中，可以根据灌溉需求调整传感器节点的数据采集频率，减少能源消耗和数据传输延迟。

边缘计算中的资源管理综合考虑了各种因素，如设备性能、应用场景、用户需求等，并进行动态优化和调整。它可以提高系统的可靠性和稳定性，降低运营成本和能源消耗，为各个领域带来更加优秀的解决方案和服务体验。

3.4.5　安全与隐私保护

在边缘计算中，由于数据和计算都分散在多个设备和节点上，因此安全与隐私保护非常重要。边缘计算主要从数据加密、安全认证、隐私保护、威胁检测、安全更新和漏洞修复角度复合性地保障数据和系统的安全性和隐私保护。在提高网络性能、改善用户体验的同时，MEC 由于自身固有的特性也面临诸多安全威胁。MEC 开放一系列接口与用户终端应用通信，但目前关于接口和 API 的管理并不完善，攻击者可以借此控制一部分网络，边缘设备之间也可以进行信息交换而不通过中央系统，在这种情况下，边缘设备间的网络也容易被攻击者劫持，攻击者通过控制网络发动攻击以拦截数据通信，成功操纵从MEC服务器到用户或边缘设备之间的数据。与中心服务器相比，MEC服务器的计算资源、存储资源等都比较受限，服务器性能较差，海量的终端设备可能会被攻击者操控向MEC服务器发动拒绝服务攻击，导致用户无法正常请求主机资源。MEC服务器也可能被第三方App侵入，面临非法接入等安全威胁。MEC依赖虚拟化，如果一个虚拟机受到破坏，可能会影响整个虚拟化基础架构。此外，终端设备和边缘节点之间以及分布式边缘节点和云中心之间的身份认证仍不够完善，攻击者可以把恶意的终端或边缘节点伪装成合法节点，由于终端设备和边缘节点泛在分布，定位恶意节点十分困难。终端设备或MEC服务器如果连接到恶意节点，可能会面临机密数据泄露、恶意代码植入等风险，如终端设备被注入错误数据或恶意代码后，可以被重新配置并向网络发送虚假信息甚至在集群环境中更改和控制集群中的服务。随着MEC应用场景的扩展，MEC网络面临的风险挑战不断升级，而安全是网络服务的底线，如何应对隐蔽的安全威胁已经成为边缘计算的重要研究方向。MEC通过身份认证技术、入侵检测技术和隐私保护技术3个方面来实现安全防护。例如，在智慧城市中，可以对实时视频流进行加密，确保不被黑客监听和窃取，通过身份验证、访问控制等方式，确保边缘设备和用户的身份合法性和安全性；在医疗保健中，可以对医护人员的身份进行认证和授权，确保数据安全和隐私保护，通过数据匿名化和隐私保护技术，尽可能减少敏感数据的泄露风险；在智能家居中，可以通过模糊化技术隐藏用户的个人信息，确保隐私安全，通过网络监控和数据分析等方式，及时发现和应对潜在的安全威胁和攻击；在智慧农业中，可以通过监控系统检测到异常行为，并采取相应的应对措施，及时升级设备和软件，修复已知漏洞和安全问题，提高系统的安全性和稳定性；在智慧物流中，可以定期检查传感器节点的安全漏洞，并及时修复。

3.5 边缘计算的优势与挑战

大数据的3V特点，即数据量（Volume）、时效性（Velocity）和多样性（Variety）。集中式大数据处理时代，数据的类型以文本、音视频、图片以及结构化数据库等为主，数据量维持在PB级别，云计算模型下的数据处理对实时性要求不高。万物互联背景下的边缘式大数据处理时代，数据类型变得更加复杂多样，其中万物互联设备的感知数据急剧增加，原有作为数据消费者的用户终端已变成可产生数据的生产者，并且在边缘式大数据处理时代，数据处理的实时性要求较高，这个时期的数据量已超过ZB级。因此，由于数据量的增加以及对实时性的需求，边缘式大数据处理时代需将原有云中心的计算任务部分迁移到网络边缘设备上以提高数据传输性能，保证处理的实时性、高效性和灵活性。然而，边缘计算模型与云计算模型并不是非此即彼的关系，而是相辅相成的关系。边缘式大数据处理时代是边缘计算模型与云计算模型相互结合的时代，二者的有机结合将更大提升边缘计算在边缘式大数据处理过程中的优势，并为万物互联时代的信息处理提供较为完美的软硬件支持。

但是边缘计算模式在万物互联时代下还面临着来自多个领域的挑战。第六届全球边缘计算大会于 2023 年 3 月 31 日在北京国家会议中心举行，旨在推动边缘计算技术的创新与发展，将其应用于更多的领域，以解决实际生活中的问题，共同探讨边缘计算的未来。2023 年 7 月 15 日，第七届全球边缘计算大会在深圳隆重举行，大会旨在探讨边缘计算的前沿技术和应用趋势，促进粤港澳大湾区边缘计算技术生态交流。由于边缘计算涉及多个设备和节点之间的数据传输和共享，因此需要采取一系列安全措施来保护数据的安全性，实现隐私保护；边缘计算中需要对多个设备和节点进行管理和协调，包括计算、存储、网络等资源的分配和优化，需要采用一些管理技术和工具来支持；边缘计算涉及多个设备和节点之间的协作和数据共享，因此系统的复杂性很高，需要采用一些复杂性管理技术来处理；由于边缘计算涉及多种不同类型的设备和节点，因此需要考虑系统和设备的兼容性问题，确保各个组件的正常运行和协作；边缘计算需要在多个设备和节点上进行计算和存储任务，因此会消耗大量的能源，需要采取一些能源管理技术来降低能源消耗。报告指出，在数据安全方面，要确保海量数据中心的安全水平不受运营商控制程度的影响，通过对大规模数据的来源、使用过程、涉及的用户等因素进行跟踪，保持数据本身的完整性；要确保计算资源在使用过程中的端到端服务质量，并通过新机制来激励供应商之间的协作，明确责任分配、利润分配以及保障资源的有效利用；要确保边缘计算提供具有适当标准和安全 API 的跨域应用程序开发环境。在服务方面的挑战主要包括资源的命名、标识与发现标准化 API、智能边缘服务，以及边缘服务生态系统。能否高效地使用边缘计算的资源，在很大程度上取决于是否有一个很好的编程模型或编程接口。便于程序开发者设计和实现面向边缘计算模型的应用，是支撑该领域进步的核心要素之一。具体来说，好的编程模型运行时，系统对上提供编程模型的支持，对下提供对本地边缘计算资源的有效管理，可以动态实现对上层任务的任务分割和子任务的部署，保证边缘节点上每个子任务的顺利执行，并返回正确结果。在边缘计算模型中，虽然源数据的存储和计算发生在终端，但是数据的安全和隐私需要采用有效的隐私保护技术，既需要保证边缘计算终端上的应用不能访问其他应用的数据，同时还需保证外部应用不能在没有授权的情况下访问本地数据。电信运营商、设备提供商等边缘设备数据生产者是边缘计算商业模式中的主要组成部分。边缘计算行业商业价值涉及边缘计算服务提供商、数据提供者、基础设施构建者等。数据提供者在商业模式中能够充分发挥本地的数据价值，这样会促进更多的边缘终端加入边缘计算模型中。边缘计算理论在技术层面暂时无法完全弥补现有云计算技术的不足。但是，完善边缘计算的理论基础和框架将为万物互联下的数据处理提供更好的边缘计算支撑技术，推动边缘计算技术在各个关键领域的应用。

3.6 本章小结

本章首先介绍了边缘计算的相关基础概念，给出了其产生背景的相关介绍。然后以分布式数据库模型、对等网络模型、内容分发网络模型、移动边缘计算、雾计算、海云计算的顺序介绍了边缘计算的发展历史，并指出了边缘计算目前的发展现状。在此之后详细介绍了边缘计算的系统架构，包括边缘计算模型及基本架构、多层级边缘计算架构、边缘协作架构、资源管理、安全与隐私保护。在本章的最后总结了边缘计算目前的优势与挑战。

第 4 章　云边融合系统基础

云边融合系统是指将云计算与边缘计算相结合，实现资源、数据和服务的融合，以提高系统的性能和效率。在当前快速发展的信息化时代，云边融合系统已经成为一个热门的研究领域，在各个领域得到了广泛的应用。本章将介绍云边融合系统的基础知识，包括云计算与边缘计算的差异，云边融合基本概念，云边融合系统架构，以及云边融合面临的问题等方面的内容。

4.1　云计算与边缘计算的差异

云计算和边缘计算是两种不同的计算模式，它们的差异主要体现在计算资源的位置、处理能力、数据传输和安全性等方面。在本文中，我们将从这些方面详细介绍云计算和边缘计算的差异。

4.1.1　架构

云计算是基于 NIST（美国国家标准及技术研究所）的定义，类比于我们日常生活中使用的水、电、煤气等资源。它允许用户按需获取计算能力，实现计算资源的合理分配，即时满足用户需求。虚拟化是云计算的基础，包括应用程序虚拟化和服务器虚拟化两种类型。应用程序虚拟化将一台主机上的应用程序共享给多个用户使用。虽然这些应用程序需要高端虚拟机在云端运行，但由于用户数量众多，成本可以得到分摊。服务器虚拟化利用物理硬件（网络、存储或计算设备）托管虚拟机。一台物理主机可以运行多台虚拟机，每个虚拟机都可以安装独立的操作系统和不同的应用程序。这种配置实现了快速资源分配的弹性机制，大大降低了部署的经济成本，并提高了运营效率。

云服务是通过一系列相关的功能组件和资源来实施业务流程，为使用者提供商业价值。常见的云计算架构如图 4–1 所示，数据生产者将数据即时传送到云端，个人用户通过向云端提交服务需求来获取平台、软件等服务。云端对数据进行计算，并将结果反馈给用户以满足其需求。云计算必须具备以下五个特征：随机访问、按需自助、

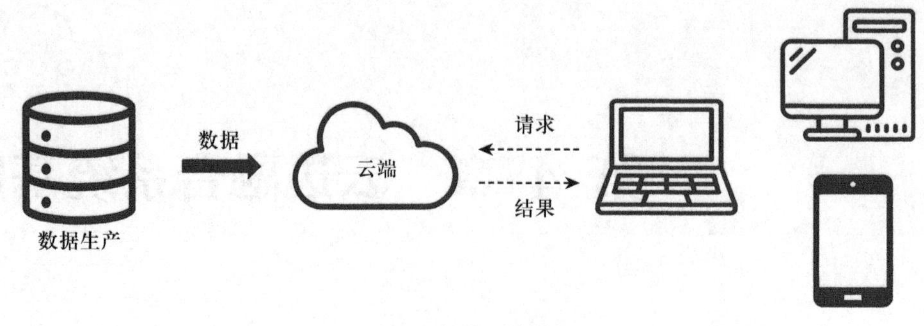

图 4-1　云计算架构

资源集中、快速弹性和用量可测。这些特征通过不同抽象层的部署实现，包括基础设施即服务、平台即服务、软件即服务、数据即服务和业务流程即服务。公有云和私有云的部署方式用于实现云计算，这是集中计算的典型方式。边缘计算是一种与云计算共生的计算模型，它在云计算基础上进行延伸和拓展。边缘计算将原有的数据产生设备（称为边缘设备）从仅充当数据生产者的角色转变为同时充当数据处理者的角色。这样可以充分利用边缘设备的存储和计算能力，从而大大减轻云端设备在传输、存储和计算方面的负担，并解决云计算所面临的各种瓶颈问题。边缘计算的概念表明它是云计算的延伸和拓展，其具体应用因场景而异，但都可以归结为以“终端设备—边缘设备—云端”为核心的体系架构。

（1）终端设备。包括各种传感器等设备，位于计算体系的前端，用于数据采集。它们本身具有较弱的存储和计算能力，在边缘计算中可以进一步发挥其能力。

（2）边缘设备。指各种个人电脑、手机、平板等设备，它们在传统云计算中扮演数据生产者和服务接收者的角色。而在边缘计算中，它们不仅提供数据，还具备数据处理、存储和隐私保护等功能。

（3）云端。仍然是指云计算中心，负责基础设施即服务、平台即服务、软件即服务等大数据处理工作。在边缘计算中，云端的工作分工保持不变，只是将边缘设备和终端设备的计算能力释放出来，从而减轻数据传输和云端数据处理的压力。

在 2017 年和 2018 年，边缘计算产业联盟（ECC）相继发布了边缘计算参考架构 2.0 版和 3.0 版。如图 4-2 所示，它展示了边缘计算 3.0 版的参考架构，采用基于模型驱动的方式实现。该架构分为三层：云层对应前文提到的云端，包括面向用户的应用和云服务；中间层对应边缘设备，包括协调分配边缘计算的服务和机制；最底层对应终端设备，也称为现场设备，包括接口和设备。边缘计算近年来发展迅速，作为云计算的辅助计算模型，得到了广泛的关注和应用。然而，边缘计算模型仍在不断迭代和发展中，随着新的计算范式和方法的融入，边缘计算将带来更广阔的应用前景。

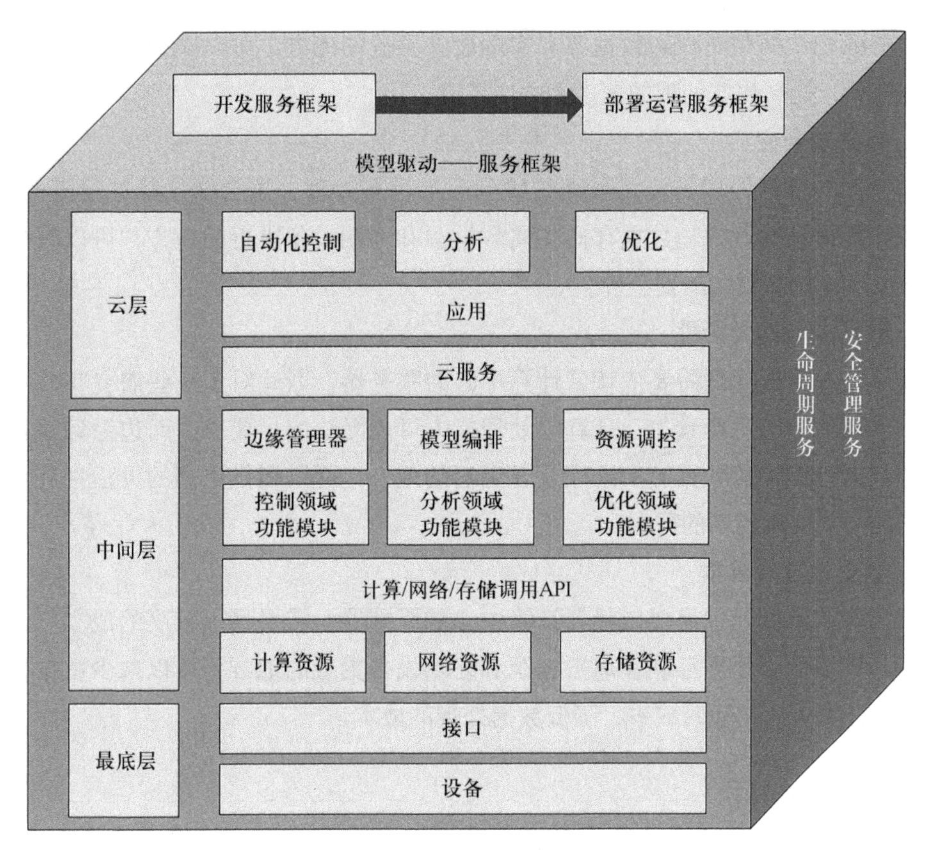

图 4-2　边缘计算 3.0 架构

4.1.2　数据处理

云计算和边缘计算是两种不同的计算模型，它们在数据处理上有着不同的特点和应用场景。云计算是一种基于互联网的计算模型，它通过云计算中心的服务器处理数据和运行应用程序。而边缘计算则是一种分布式计算模型，它将计算资源和数据存储在离数据源和终端设备更近的地方，以提高数据处理的效率和响应速度。下面将从数据处理的角度来探讨云计算和边缘计算的差异。

1. 数据处理的位置

云计算的数据处理是集中在云计算中心的服务器上进行的，数据需要通过网络传输到云端进行处理。而边缘计算则将数据处理放在离数据源和终端设备更近的地方，例如设备本身或者边缘服务器。这种方式可以避免数据传输的延迟和带宽瓶颈，提高数据处理的效率和响应速度。

2. 数据处理的速度

由于云计算的数据处理是集中在云计算中心的服务器上进行的，因此数据需要通过网络传输到云端进行处理，这会导致数据处理的延迟和响应速度较慢。而边缘计算将计算资源和数据存储在离数据源和终端设备更近的地方，可以减少数据传输的延迟和带宽瓶颈，提高数据处理的速度和响应速度。

3. 数据安全性

云计算的数据处理需要将数据传输到云端进行处理，这会增加数据泄露的风险。而边缘计算将计算资源和数据存储在离数据源和终端设备更近的地方，可以减少数据传输的风险，提高数据的安全性。

4. 数据处理的灵活性

云计算的数据处理需要依赖云计算中心的服务器，因此对于一些需要实时响应和大量数据处理的应用场景，云计算的处理能力可能无法满足要求。而边缘计算将计算资源和数据存储在离数据源和终端设备更近的地方，可以提供更高的灵活性和可扩展性，满足不同应用场景的需求。

5. 数据处理的成本

云计算的数据处理需要依赖云计算中心的服务器，需要付出较高的成本。而边缘计算将计算资源和数据存储在离数据源和终端设备更近的地方，可以减少数据传输的成本和云计算中心的运营成本，降低数据处理的成本。

4.1.3 应用场景

云计算和边缘计算都是计算模型，但它们在应用场景上有一些明显的差异。云计算适用于大规模数据处理和存储的业务，以及对于延迟要求相对较低的场景。而边缘计算则适用于对延迟和实时性要求非常严格的场景，将数据处理推向网络边缘，提供更快速的响应和实时数据处理能力。两者在不同领域发挥着重要的作用，可以相互补充，为用户提供更全面和高效的计算服务。以下是云计算和边缘计算应用场景的主要差异。

1. 云计算应用场景

云计算是一种通过网络提供计算资源和服务的模式。它的主要应用场景包括以下几个方面。

（1）大数据处理。云计算可以处理大量的数据，包括数据存储、处理和分析等。它可以提供高效的数据处理和分析服务，帮助企业快速处理大量数据。大数据处理是云计算的重要应用场景之一。随着信息技术的迅速发展，大量数据被生成和收集，这些数据需要进行存储、分析和处理，以获取有价值的洞察和决策支持。云计算提供了强大的计算和存储资源，能够满足大规模数据处理的需求，云计算平台可以根据实际需求进行弹性扩展，无论是处理几百个还是几百万个数据点，都可以根据需要调整计算资源。云计算提供了高性能计算实例，能够以并行方式处理大量数据，并在较短的时间内提供结果。这对于需要在有限时间内分析大规模数据的场景非常重要。云计算平台提供了可扩展的存储解决方案，可以容纳大量的数据，并提供高速访问和数据管理功能，例如数据备份、复制和恢复等。云计算平台配备了强大的数据分析和挖掘工具，可以对大规模数据进行统计分析、机器学习和深度学习等复杂的数据处理任务。

例如，某家电商公司需要处理其用户的购买记录和浏览行为数据，以改进个性化推荐系统。该公司的数据量非常庞大，超过了传统数据处理方案的能力。通过利用云计算平台，该公司可以将数据存储在云存储服务中，并使用云计算提供的分布式计算资源，对数据进行高效的处理和分析。利用云计算平台的弹性扩展性，公司可以根据业务需要增加或减少计算资源，以适应数据量的变化。在这个例子中，云计算帮助该公司实现了大规模数据的快速处理和分析，提升了个性化推荐系统的准确性和用户体验。

（2）应用程序开发和测试。计算可以提供虚拟机和容器等环境，帮助开发人员快速构建和测试应用程序。它可以提供灵活的开发环境，降低开发成本和风险。应用程序开发和测试是云计算的另一个重要应用场景。在传统的软件开发过程中，开发团队通常需要自行配置和管理开发环境、测试环境和部署环境等资源，这会带来一些挑战，如高成本、复杂性和资源限制。云计算为应用程序开发和测试提供了一种更灵活、高效和可扩展的解决方案，云计算平台提供了按需分配和释放资源的能力，开发团队可以根据需要临时扩展计算和存储资源，并在完成开发和测试任务后进行释放，从而避免了不必要的资源浪费。云计算平台提供了快速部署应用程序和环境的功能，可以通过几个简单的步骤在云中创建开发和测试环境。这种环境可以轻松地复制和共享给团队成员，加快了应用程序开发和测试的速度。云计算平台提供了丰富的开发工具和服务，如集成开发环境（IDE）、版本控制、持续集成 / 持续交付（CI/CD）工具等，这些工具和服务能够提升开发团队的协作效率和开发质量。云计算平台提供了各种测试工具和服务，例如自动化测试、负载测试和性能分析工具，这些工具能够帮助开发团队更好地评估应用程序的性能和稳定性。

例如，某家创业公司正在开发一款新的移动应用程序。他们使用云计算平台来创建开发和测试环境，通过虚拟机实例和容器服务来部署应用程序。开发团队可以快速地在云中配置和复制开发环境，每个开发人员都可以拥有自己的独立环境进行代码编写和测试。在应用程序开发的过程中，团队使用云上的持续集成 / 持续交付工具来自动化构建、测试和部署过程，以确保代码质量和可靠性。同时，他们还可使用云计算平台提供的性能分析工具来评估应用程序的性能，并进行必要的优化。通过云计算的应用程序开发和测试场景，该创业公司能够更快速、高效地开发和测试自己的移动应用程序。

（3）虚拟化和云基础设施。云计算可以提供虚拟化和云基础设施服务，帮助企业快速构建和管理 IT 基础设施。它可以提供高效的资源利用率和灵活的资源管理。虚拟化和云基础设施服务是云计算的重要应用场景之一。在传统的计算环境中，硬件资源（如服务器、存储和网络设备）通常以物理形式存在，并且每个应用程序独占一套硬件资源。而虚拟化和云基础设施服务通过将物理资源进行抽象和池化，从而为用户提供灵活、可扩展的虚拟化资源，通过虚拟化，物理资源可以被划分为多个虚拟实例，每个实例可以被不同的用户或应用程序使用。这样可以实现资源的共享和多租户的支持，提高资源利用率和成本效益。云基础设施服务提供了按需分配和释放资源的能力，用户可以根据需求快速扩展或缩减计算、存储和网络资源。这使得应用程序的部署和调整变得更加灵活和高效。虚拟化技术可以将物理服务器划分为多个虚拟机，每个虚拟机可以运行独立的操作系统和应用程序。而容器化技术则将应用程序及其依赖项封装为可移植的容器，实现更高的资源利用率和更快的应用程序部署速度。云基础设施服务提供了自动化的资源管理和监控功能，例如自动伸缩、负载均衡和故障恢复等。这些功能可以提高系统的可靠性、可用性和性能。

例如，某家中小型企业需要建立一个内部的文件共享和协作平台，以便员工之间可以共享和协作文档。通过使用云计算提供的虚拟化和云基础设施服务，该企业可以创建一个虚拟服务器集群，并在每个虚拟机上运行文件共享和协作软件。虚拟化技术使得该企业可以根据需要增加或减少服务器实例，以适应用户数量的变化。此外，容器化技术可以将文件共享和协作软件封装为容器，实现更快速的部署和扩展。云计算平台还提供自动化的资源管理和监控功能，例如自动备份数据、负载均衡和故障恢复等，确保文件共享和协作。

（4）备份和恢复。云计算可以提供备份和恢复服务，帮助企业保护数据和应用程序。它可以提供高可靠性和灵活性的备份和恢复服务，降低数据丢失和应用程序故障的风险。备份与恢复是云计算的重要应用场景之一。在传统的备份与恢复过程中，通常需要自行管理和维护备份设备和存储介质，面临着备份不及时、存储成本高、恢复困难等挑战。云计算提供了可靠、高效和可扩展的备份与恢复解决方案，云计算平台提供了弹性存储服务，允许企业根据需求扩展或缩减存储容量。这意味着可以根据数据增长的情况灵活地调整备份存储的规模，避免了传统备份过程中的存储限制和额外成本。云计算平台支持自动化备份，可以根据预定计划自动执行备份任务，无须人工干预。这确保了备份的及时性和一致性，并减少了人为错误的风险。云计算平台通常提供数据冗余和容灾功能，即数据备份和存储在多个地理位置和设备中，以防止单点故障和数据丢失。即使某个地区或设备发生故障，备份数据仍然可用。云计算平台提供了快速恢复的能力，可以将备份数据快速还原到原始环境中。这对于灾难恢复、业务连续性和快速恢复关键数据的需求非常重要。

例如，某家医疗机构需要备份和保护其重要的患者数据。通过利用云计算的备份与恢复场景，该医疗机构可以将患者数据备份到云存储服务中。备份过程可以根据预定计划自动执行，确保备份数据的及时性和准确性。云存储服务提供了数据冗余和容灾功能，确保备份数据的可靠性和持久性。如果医疗机构的数据中心发生故障，人们可以利用云计算平台快速恢复备份数据，并将其还原到新的环境中，确保患者数据的安全性和可用性。通过云计算的备份与恢复场景，医疗机构能够有效保护患者数据，并在必要时快速恢复数据以确保业务的连续性。

（5）云安全。云计算可以提供云安全服务，帮助企业保护数据和应用程序。它可以提供高效的安全措施和灵活的安全管理，降低安全风险。云安全是云计算的关键应用场景之一。随着越来越多的企业将敏感数据和业务迁移到云平台，安全性成为一个重要的关注点。云安全旨在保护云环境中的数据和应用程序免受各种安全威胁和攻击，提供安全的访问控制、数据保护和事件监测等功能。云安全提供了身份验证和访问控制的机制，确保只有授权的用户能够访问云资源和数据。这可以通过多因素身份验证、角色基础访问控制（Role-Based Access Control，RBAC）和身份管理服务等来实现。云安全提供了数据保护和加密的功能，确保数据在存储和传输过程中的机密性和完整性。这包括数据加密、密钥管理、数据备份和灾难恢复等。云安全提供漏洞管理和安全审计的功能，帮助组织及时发现和修复云环境中的安全漏洞。这包括漏洞扫描、漏洞修复、安全日志分析和事件响应等。云安全提供了威胁检测和事件响应的能力，及时发现并应对威胁和攻击事件。这包括入侵检测系统（IDS）、入侵防御系统（IPS）、威胁情报和自动化响应等。

例如，某家金融机构决定将其核心业务应用程序迁移到云平台。在云安全的应用场景下，该金融机构可以实施强大的身份验证和访问控制机制，例如，使用双因素身份验证和基于角色的访问控制，确保只有经过授权的用户能够访问敏感金融数据；对敏感数据进行加密，包括数据在传输和存储过程中的加密；使用安全的密钥管理机制，确保只有授权的用户能够解密数据；定期进行漏洞扫描和安全审计，及时发现和修复云环境中的安全漏洞，确保应用程序和基础设施的安全性；部署入侵检测和入侵防御系统，实时监测云环境中的异常活动和威胁；使用威胁情报和自动化响应机制，快速应对安全事件并采取必要的措施。

通过云安全的应用场景，该金融机构能够保护其核心业务应用程序和敏感数据，防止威胁和攻击，并满足合规性要求。可以看出，云计算适合处理大量的数据和应用程序，主要应用于企业内部的 IT 基础设施。相比于边缘计算，云计算通常将数据和计算任务集中在远程的数据中心进行处理，云计算更适用于对实时性要求不高的应用场景，如大规模数据分析和批处理任务。云计算需要将数据传输到云端进行处理，需要更多的安全保护措施。

2. 边缘计算应用场景

边缘计算是一种通过在网络边缘设备上处理数据和应用程序的模式。它的主要应用场景包括以下几个方面。

（1）物联网。边缘计算可以提供物联网服务，帮助企业实现物联网应用。它可以在设备端处理数据和应用程序，减少数据传输和延迟。物联网是指通过互联网连接和交互各种物理设备、传感器、车辆和其他对象的网络。边缘计算是指在物联网中将计算和数据处理功能推向网络边缘的一种架构模式。在边缘计算中，数据和计算任务在物联网设备或边缘节点上进行处理，而不是传输到云服务器或数据中心进行处理。边缘计算能够处理物联网设备生成的大量实时数据。这些设备可以是传感器、监控摄像头、智能家居设备等。通过在边缘节点上进行数据处理和分析，可以减少数据传输的延迟和带宽消耗。边缘计算能够支持对低延迟应用的需求，例如自动驾驶车辆、智能工厂中的机器人控制等。在这些场景中，数据需要快速地进行处理和响应，以确保及时性和安全性。边缘计算可以在本地边缘设备上进行数据处理和存储，减少了将敏感数据传输到云服务器的风险。这有助于提高数据隐私和安全性，并且在一些行业（如医疗保健和金融领域）具有重要意义。边缘计算使得物联网设备在断网或网络不稳定的情况下仍然能够进行本地数据处理和操作。这对于一些需要离线操作的场景，如海洋勘探、远程地区和极端环境中的设备控制非常有用。边缘计算可以应用于智能城市和建筑中，以提高能源管理、交通优化、垃圾处理等方面的效率。通过在边缘节点上处理传感器数据并进行智能决策，可以实现更智能、更可持续的城市环境。

例如，在智能家居系统中，各种设备（如智能灯泡、智能插座、智能家电等）通过物联网连接在一起，并与用户的手机或智能音箱等设备进行交互。边缘计算可以在智能家居网关设备上进行数据处理和控制决策，而不需要将所有数据传输到云服务器。当用户通过手机应用程序打开智能家居系统中的灯光时，边缘计算可以在智能家居网关设备上接收到该命令，并将命令传递给对应的智能灯泡进行控制。这种本地处理和控制能够实现低延迟的响应，并减少对云服务器的依赖。同时，边缘计算也可以对传感器数据进行实时监测和分析，例如通过温度传感器自动调节室内温度，或通过门窗传感器检测到用户离开时自动关闭灯光，从而提高智能家居系统的智能化和能效。

（2）工业自动化。边缘计算可以提供工业自动化服务，帮助企业实现智能制造和自动化生产。它可以在设备端处理数据和应用程序，减少延迟和故障风险。工业自动化是指利用自动化技术和系统来实现工业生产过程的自动化控制和操作。边缘计算可以在工业生产线的边缘设备或节点上进行实时的控制和监测，即通过在边缘节点上部署控制算法和逻辑，能够实现对生产过程的实时响应和监控，以确保生产线的稳定性和高效性。边缘计算能够处理和分析工业设备和传感器产生的大量数据，即通过在边缘节点上进行数据采集和分析，可以减少数据传输的延迟和带宽消耗，并提供即时的数据分析结果，用于实时决策和优化生产过程。边缘计算可以应用于预测性维护的场景，即通过在边缘设备上监测和分析设备传感器数据，及时检测设备的异常行为和故障风险，并提前采取维护措施，以避免生产线的停机和损失。边缘计算可以在生产现场提供增强现实（AR）和虚拟现实（VR）等技术应用，用于培训操作员、辅助设备维修和故障排除，提高操作员的工作效率和准确性。边缘计算可以使得工业自动化系统能够在网络断连或不稳定的情况下继续运行，即通过在边缘设备上部署本地控制和决策能力，可以确保生产线的连续运行和稳定性，降低网络故障对生产效率的影响。

例如，在某个智能制造工厂中，有多个机器人协同工作，完成产品的组装。边缘计算可以在每个机器人所连接的边缘节点上进行实时的控制和监测。通过在边缘节点上部署机器人控制算法和逻辑，可以实时调整机器人的动作和协作方式，确保产品的准确组装和生产线的高效运行。此外，边缘计算还可以采集和分析机器人传感器的数据，例如位置、速度、力传感器数据等。通过在边缘节点上进行实时的数据分析，可以检测机器人的异常行为和故障风险，并提前采取维护措施，避免生产线的停机和损失。同时，边缘计算还可以应用增强现实技术，辅助操作员进行机器人的操作和维修。例如，通过智能眼镜或头戴式显示器，操作员可以实时获取机器人的状态、操作指导和维修手册等信息，提高操作员的效率和准确性。通过边缘计算在智能制造工厂中的应用，能够实现生产线的实时控制和监测、数据的采集和分析、预测性维护、增强现场操作等功能，从而提高生产效率、质量和可靠性，实现智能化的工业自动化。

（3）智能城市。边缘计算可以提供智能城市服务，帮助城市实现智能化和可持续发展。它可以在设备端处理数据和应用程序，降低数据传输和延迟。智能城市是指利用信息技术和物联网等技术手段来提升城市管理和服务水平，实现城市的智能化和可持续发展。边缘计算在智能城市场景中有着广泛的应用。例如，边缘计算应用于智慧交通系统中，通过在交通信号灯、摄像头、车辆传感器等设备上部署边缘节点，可以实时监测交通状况，进行交通流优化，提供实时的交通导航和预警服务，从而减少交通拥堵和提高交通效率。边缘计算用于环境监测和资源管理，通过在环境传感器、水表、电表等设备上部署边缘节点，可以实时监测空气质量、水资源利用情况、能源消耗等数据，并进行智能调控和资源优化，实现城市的可持续发展。边缘计算在智能城市安保系统中也发挥着重要作用，通过在监控摄像头、消防报警器、紧急求助装置等设备上部署边缘节点，可以实时监测公共安全状况，提供实时的安全预警和应急响应，从而保障城市的安全和居民的生命财产安全。在智慧停车系统中，通过在停车位上部署边缘节点，人们可以实时监测停车位的空余情况。当车辆进入停车场时，边缘节点会收集车辆传感器的数据，分析车位的空闲状态，并通过边缘计算快速决策，指引车辆找到可用的停车位。这样可以提高停车场的利用率，减少寻找停车位的时间，缓解城市交通压力，提升居民的出行体验。总之，通过边缘计算在智能城市中的应用，能够实现实时监测和管理、数据采集和分析、智慧交通、环境监测和资源管理、公共安全和应急管理等功能，推动城市的智能化和可持续发展。

边缘计算适合处理实时的数据和应用程序，主要应用于物联网、工业自动化、智能城市等领域。边缘计算更注重将计算任务和数据推送到离数据源更近的边缘设备上进行处理，以减少数据传输延迟和带宽需求。边缘计算适用于需要实时响应的应用场景，如智能城市中的交通监控系统或工业自动化中的实时控制系统。边缘计算可以提供更高的数据安全性，因为数据可以在边缘设备上进行本地处理，不需要将敏感数据传输到云端。边缘计算可以更好地利用边缘设备的计算资源，将计算任务分布在多个边缘设备上进行并行处理。

4.2 云边融合基本概念

近年来，随着互联网、物联网和智能设备的迅猛发展，计算架构也在不断演化，云计算应运而生。2006 年推出的“弹性计算云”服务，标志着云计算开始商业化。云计算把计算作为一种基础设施，并通过不同的服务模型（软件即服务、平台即服务、基础设施即服务）提供按需计算服务。这推动了数据和计算向云数据中心的迁移，改变了企业的 IT 部署方式和应用程序开发运行方式。

移动智能设备（如智能手机、可穿戴设备等）的普及创造了许多新的应用场景，例如增强现实、人脸识别和群智感知，构建了无处不在、随时发生的移动计算形态。这些移动设备不断产生数据，并将数据流向云计算中心，形成了以云为核心的计算、存储和大数据分析模式。然而，终端设备数量的不断增加导致感知和计算数据急剧增长，据估算，现在每天终端设备产生的数据约为 2.5 艾（1 艾等于 10 的 18 次方）。这些庞大的数据传输和处理需求使得传统的集中式云计算模型面临严重的供需挑战。

为了应对这一挑战，学术界和工业界提出了“云边融合”的概念。云边融合将云计算的集中化计算和移动计算的泛在化计算结合起来，充分利用云数据中心强大的计算能力和终端设备的数据感知能力，实现任务在终端和云之间的计算、数据迁移和资源协同。云边融合符合当前硬件、技术和数据发展的趋势，解决了云计算面临的网络带宽瓶颈问题。高德纳（Gartner）连续两年（2014 年、2015 年）将云边融合技术列为十大战略技术趋势之一，同时，我国《“十三五”国家科技创新规划》明确将云边融合作为要发展的新一代信息技术。“十四五”提出构建云网融合的新型算力设施，推进云网一体化建设发展，实现云计算资源和网络设施有机融合。

云边融合是指将云计算和边缘计算相结合，形成一种新的计算模式。如图 4-3 所示，在云边融合中，云计算提供了强大的计算和存储能力，边缘计算则提供了更近距离的数据处理和分析能力。通过云边融合，可以实现数据的快速处理和分析，提高数据的实时性和准确性，同时也可以减少数据传输的延迟和成本。边缘计算的 CROSS（Connectivity 连接、Realtime 实时、Optimization 数据优化、Smart 智能、Security 安全）价值推动计算模型从集中式的云计算走向更加分布式的边缘计算，边缘计算正在快速兴起，未来几年将迎来爆炸式增长。边缘计算与云计算各有所长，云计算擅长全局性、非实时、长周期的大数据处理与分析，能够在长周期维护、业务决策支撑等领域发挥优势；边缘计算更适用局部性、实时、短周期数据的处理与分析，能更好地支撑本地业务的实时智能化决策与执行。

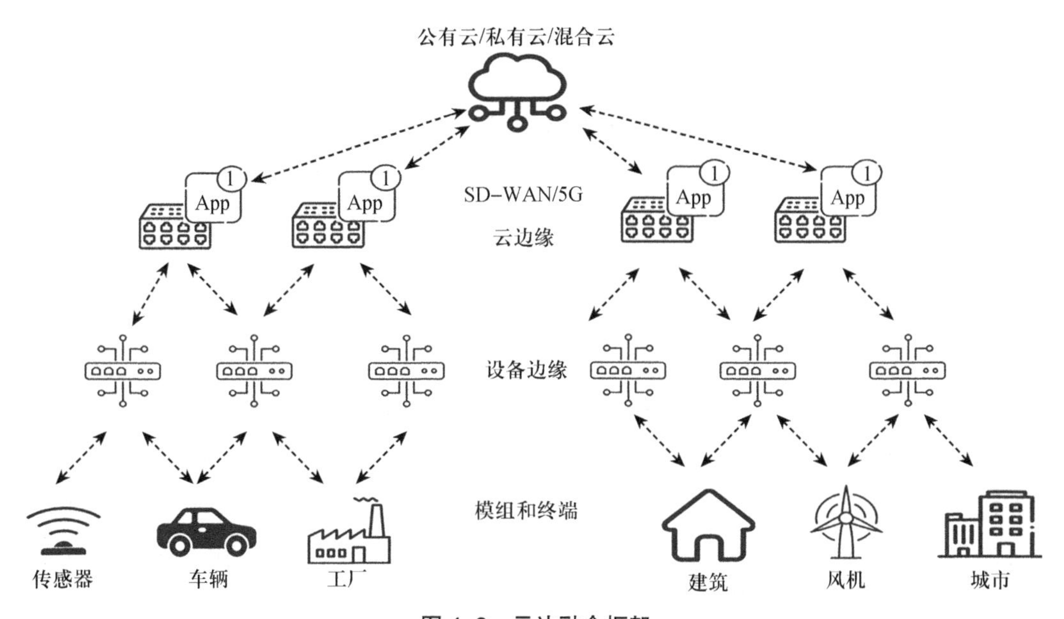

图 4-3　云边融合框架

因此，边缘计算与云计算之间不是替代关系，而是互补融合关系。边缘计算与云计算需要通过紧密融合才能更好地满足各种需求场景的匹配，从而放大边缘计算和云计算的应用价值。边缘计算既靠近执行单元，又是云端所需高价值数据的采集和初步处理单元，可以更好地支撑云端应用；反之，云计算通过大数据分析优化输出的业务规则或模型可以下发到边缘侧，边缘计算基于新的业务规则或模型运行。

4.3　云边融合系统架构

云边融合技术被广泛应用于物联网、智能制造、智慧城市等领域。为了实现云边融合的目标，需要建立一个完整的系统架构。云边融合系统架构包括应用融合架构、服务融合架构和资源融合架构三个部分。应用融合架构主要关注应用程序的开发和部署，服务融合架构则关注服务的管理和调度，资源融合架构则关注资源的管理和调度。三者相互配合，共同构成了云边融合系统的完整架构。应用融合架构是云边融合系统中的第一个重要组成部分，它主要关注应用程序的开发和部署。应用融合架构需要考虑应用程序的可扩展性、可靠性和安全性等方面，同时也需要考虑应用程序与云端和边缘端的交互方式和数据传输方式。服务融合架构则是云边融合系统中的第二个重要组成部分，它主要关注服务的管理和调度。服务融合架构需要考虑服务的质量、可用性和可靠性等方面，同时也需要考虑服务的部署和调度方式。资源融合架构则是云边融合系统中的第三个重要组成部分，它主要关注资源的管理和调度。资源融合架构需要考虑资源的分配和调度方式，以及资源的可用性和可靠性等方面。

4.3.1 应用融合架构

应用融合在边缘计算中扮演着重要的角色。它通过边缘计算平台上的管理界面，允许用户将开发的应用远程部署到边缘节点上，并在云端进行边缘应用的生命周期管理。这种融合方式提供了一种灵活的部署选择，使得边缘应用能够更高效地为终端设备提供服务，并降低了部署和管理的成本。对于边缘计算的实践而言，应用融合是整个系统的核心，它涉及云、边、管、端等各个方面。与集中在数据中心的云计算相比，边缘计算的边缘节点分布更为分散。在智能巡检、智慧交通、智能安防、智能煤矿等许多边缘场景中，边缘节点通常采用现场人工的方式进行应用部署和运维，这种方式非常不方便且效率低下。而应用融合的能力可以让用户通过云端对边缘应用进行灵活部署，极大地提高了部署效率，并降低了运维管理成本。这为用户实现边缘场景的数字化和智能化提供了基础，也是应用融合在边缘计算场景中的价值所在。传统边缘应用部署的物理节点通常分布较为分散，部署过程中需要大量人工现场操作，导致部署方式缺乏灵活性和便利性，效率低下。此外，边缘应用缺乏云边融合的管理方案，边缘计算平台也缺乏统一的应用管理北向接口，这使得边缘计算复杂场景下的应用分发变得困难。当用户将应用部署到大量边缘节点上时，需要进行海量应用镜像的分发。然而，边缘节点与中心云之间的网络连接通常不太稳定，这给中心镜像仓库的高并发下载带来了巨大的带宽成本和稳定性问题。另外，随着用户应用的复杂化和跨云边分布式应用场景的增加，跨云边应用分发机制也面临一定的挑战。在云边计算场景下，边缘应用管理变得困难。边缘节点与云端之间的长链路网络连接不稳定，容易受到各种不确定因素的影响而导致整个边缘节点失联。一旦失联，边缘节点及其上的应用实例将处于离线状态，缺乏及时的 IT 维护人员管理和恢复。这样一来，边缘应用可能会变得不可用，边缘侧的业务连续性和可靠性也会面临巨大挑战。

为了应对上述挑战，边缘计算应用融合系统将边缘节点资源整合起来，通过边缘管理模块与云端控制模块合作，共同完成应用融合的过程。目前，边缘计算领域存在多种技术架构，其中基于云原生技术的边缘计算架构发展迅速，并逐渐成为主流。

下面以基于云原生技术的边缘计算为例，提供一个系统参考架构，该架构对于其他边缘计算技术也具有一定的参考价值。云边系统应用融合参考架构如图 4–4 所示，系统分为云上和边缘两个部分。云上部分包括云上控制面和云端镜像仓库，云上控制面主要用于接收用户提交的应用部署请求信息，并对边缘应用进行生命周期管理。云端镜像仓库主要用于对用户提交的应用镜像进行分级转发缓存。边缘部分主要由边缘节点和边缘镜像仓库组成，边缘节点为边缘应用提供运行环境和资源，边缘镜像仓库为边缘应用提供具体的镜像加载服务。用户通过边缘计算平台将开发的应用下发到边缘节点上运行，因此需要边缘计算平台提供清晰明确的应用部署接口。这个接口定义了用户与边缘计算平台之间的交互方式和功能边界。

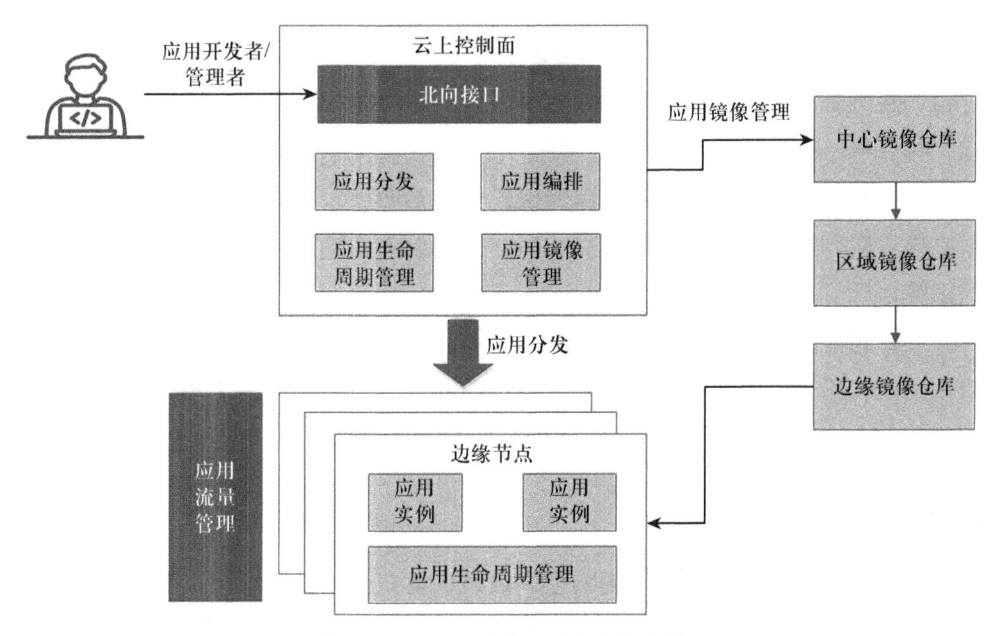

图 4–4　云边系统应用融合参考架构

边缘计算平台提供标准化的北向接口，以便用户能够以服务请求的方式提交其应用部署需求。该平台开放各种应用部署和调度能力，通过服务响应的形式将执行结果返回给用户。用户使用边缘计算平台进行应用部署时，需要提出对应用目标形态的需求，将其以部署配置文件的形式描述并提交给平台。根据用户提交的需求和既定的调度策略，边缘计算平台会选择最符合用户需求的节点进行调度，并获取相关节点资源。然后，平台将创建应用实例以及中间件、网络和消息路由等相关资源，并在边缘节点上完成应用的下发部署。用户通过北向接口提交的应用部署需求通常涉及以下方面。

（1）工作负载信息。包括应用的镜像地址、应用实例数量、应用标签信息和应用环境变量配置。

（2）调度策略。调度策略是边缘计算平台调度能力的外在呈现方式。用户在平台既定框架下选择并制定符合自身需求的调度策略。更精细、高效和灵活的调度策略需要边缘计算平台具备更强大的调度能力作为内在支持。从用户角度来看，应用调度策略可能涵盖以下类型：将应用自动部署到指定的边缘节点或边缘区域；将应用自动部署到用户访问最密集的地区；确保一定百分比的应用实例所在地区的网络延迟低于给定值；在给定的节点组上部署应用并保持负载均衡；在达到指定服务效果的前提下，尽量降低资源费用。

（3）资源需求。资源需求表示每个应用实例在边缘节点上运行所需的资源数量的下限和上限。当节点无法提供满足下限值的资源时，表示边缘节点资源不足，平台不会将应用实例调度到该节点上执行。当应用实例所占用的资源超过上限值时，可能意味着应用程序出现异常，需要紧急停止。常见的资源类型包括 CPU、内存、存储、网络带宽、GPU 和国产嵌入式神经网络处理器等。

（4）网络需求。应用对于网络的服务质量和用户体验质量有一定需求，包括网络抖动、网络时延和吞吐率等。

（5）部署模式。应用在边缘的部署模式可分为两类。一类是根据部署策略和调度结果直接将应用实例部署到相应节点；另一类在接收到客户端访问请求后触发应用实例的部署。

（6）中间件需求。未来的中间件（如数据库、5G 等能力）将以中间件的形式提供给应用使用。用户可以向平台提出对中间件的需求，平台将实例化相关中间件为用户应用提供服务，从而避免用户自行管理中间件所带来的风险。

4.3.2 服务融合架构

服务融合架构是针对边缘应用构建的设计，旨在提供必要的关键能力组件和灵活的对接机制，以加快边缘应用的开发速度。该架构由两个核心模块组成：服务开发框架和服务市场。服务开发框架提供了灵活的接入机制，使用户能够快速将服务接入边缘计算平台，并提供一套完整的流程，覆盖服务的接入、发现、使用和运维等方面。服务市场作为一个接口，与生态系统合作伙伴进行对接，将各种智能类、数据类和应用使能类服务集成到市场中，使得构建边缘服务变得更加迅速和便捷。

服务融合架构解决了边缘计算场景下的几个重要挑战。首先，数据存储方面存在困难，因为数据量庞大且实时性要求高。为此，边缘场景引入了边缘数据库的概念，将数据库部署在边缘侧，使得数据能够快速采集并实时响应用户的请求。其次，在服务接入方面存在不规范性和难以统一管理的问题。服务融合架构通过提供标准的接入规范和开发框架，帮助不同形态的服务快速集成和部署到边缘计算环境中，并提供统一的运维规范和通信规范，使得服务能够在边缘网络中进行全生命周期的管理。此外，服务融合架构还将应对服务运维困难的挑战，通过提供微服务注册、发现和访问机制，实现不同设备和边缘云设施之间的快速无缝融合，从而提高服务融合能力，降低用户使用、部署和运维的难度。服务融合架构是为边缘应用构建而设计的，旨在提供关键能力组件和灵活对接机制，以加快边缘应用的开发速度。通过服务开发框架和服务市场的支持，用户能够快速接入边缘计算平台，并使用各类服务能力，满足边缘计算场景下的需求。该架构解决了数据存储、服务接入规范性和运维困难等挑战，有助于提高服务融合能力，降低用户的部署和运维难度。

如图 4–5 所示，服务融合涉及两个关键参与者：服务开发者和服务使用者。作为服务提供者，服务开发者根据业务需求进行代码开发，并利用服务接入规范和服务融合框架中提供的开发框架进行集成打包，以封装可在边缘计算平台部署的服务。这些服务随后在服务市场上提供给外部用户订购。服务使用者通过在服务市场订购服务，并根据使用场景发送部署请求。为实现服务融合，服务融合框架利用应用融合框架的功能，将服务分发到相应的云端或边缘节点。边缘节点按照云端策略实现相应服务，通过边缘与云端的融合，按需提供面向客户的边缘服务。云端负责其自身所需的服务能力和对边缘节点分布策略的控制。服务开发框架主要包括两个方面。一是统一标准的接入规范确保兼容不同服务开发框架、编程语言等，以统一服务的部署、运行和维护能力，实现服务与边缘计算平台的无缝接入。二是接入提供符合行业标准的开发框架，为边缘服务的接入、发现、使用和运维提供完整流程，帮助用户将关注重点放在业务开发上。此外，服务市场充当不同生态服务的接口，包括智能类、数据类应用和使能类服务，并与开源 Operator 框架对接，以将状态中间件服务提供给用户使用，从而帮助用户快速构建和接入边缘服务。

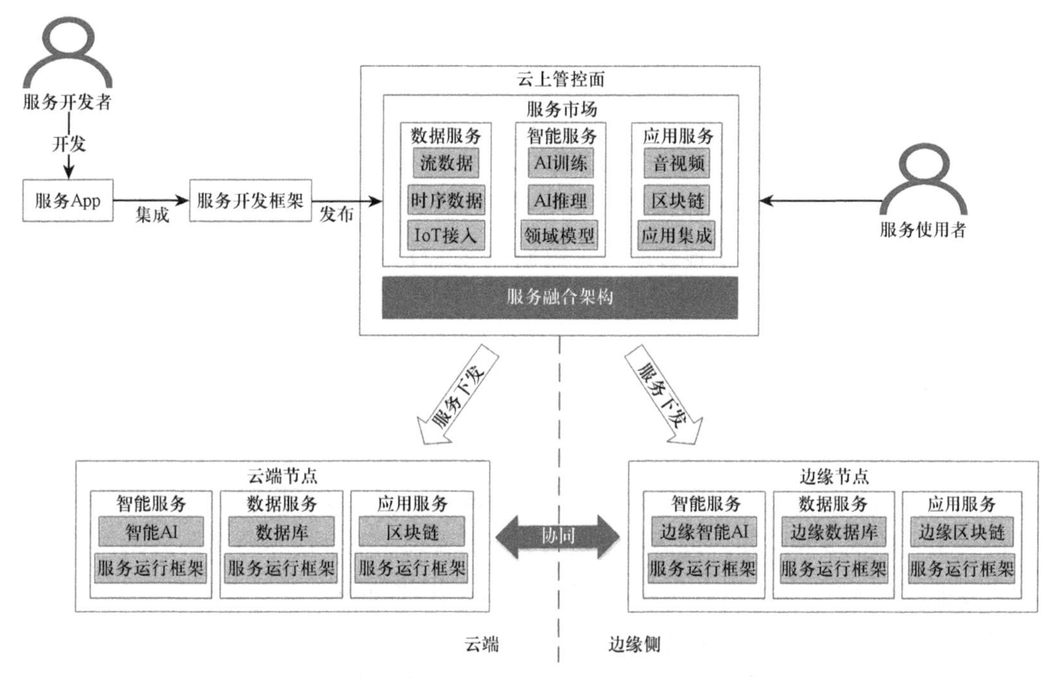

图 4–5　服务融合系统架构

4.3.3 资源融合架构

边缘基础设施由多个边缘节点设备组成，例如近场边缘云、5G移动边缘计算（Mobile Edge Computing，MEC）、工厂的现场边缘节点和智能设备（如机器人）。这些设备提供了边缘计算所需的算力、存储和网络资源，部署在城域网络的侧面。为了简化上层应用对底层硬件的适配困难，需要通过中间层对底层硬件进行抽象。这样，上层应用就能以一种简单、统一的方式接入和使用边缘资源，只需进行一次适配，并获得一致的体验。从单个节点的角度来看，资源融合通过提供底层硬件的抽象，降低了上层应用的开发难度。而从全局的角度来看，资源融合还实现了全局视角下的资源调度和全域的覆盖网络（Overlay network）动态加速能力，确保边缘资源的有效和高效利用，以及实时的边缘与边缘、边缘与中心的互动。资源融合主要包括三个方面的内容。第一，硬件抽象，通过插件框架，对边缘硬件的计算、存储和网络等资源进行模型抽象。这种抽象使得不同硬件厂商能够为其产品提供插件化的定义和描述，为应用开发者和运维人员提供统一的资源能力描述、部署和管理方式。第二，全局调度，对于需要在广域范围内、多个节点部署的边缘业务，资源融合实现了基于策略的全局资源调度。这使得应用能够按照自定义的策略灵活地实现应用实例的多节点部署和动态切换。第三，全域加速，资源融合实现了从中心云到边缘、边缘到边缘的高效互联和消息路由。此外，它还构建了全局的Overlay网络，优化了节点的寻址和动态加速。这为基于服务质量和确定性时延的策略调度奠定了坚实的基础。

4.4 云边融合面临的问题

云边融合是指将云计算与边缘计算相结合，以实现更高效、更灵活的计算和数据处理能力。然而，在云边融合的实践过程中，也会面临一些问题和挑战。本节将综述云边融合面临的问题，包括连接融合、数据融合、任务融合、管理融合、安全融合和多方融合等方面问题。

4.4.1 连接融合

连接融合是云边融合领域中的一个关键，涉及将云计算和边缘计算环境有机地结合起来，实现数据、应用和服务的无缝连接和协同工作。在连接融合的过程中，需要解决一系列的挑战和问题，包括网络架构、数据管理、安全性和隐私保护等方面。下面将详细讨论这些问题，并提出相应的解决方案，具体如下。

（1）连接融合需要考虑网络架构的问题。云计算和边缘计算的网络拓扑结构和传输技术有所不同，因此如何设计一个适应两者融合的网络架构是一个重要的挑战。其中，关键问题之一是如何实现低延迟和高带宽的数据传输。解决这个问题的方法之一是引入边缘缓存和边缘节点，将数据和应用尽可能地靠近用户，从而减少数据传输的延迟。此外，还可以采用 SDN（软件定义网络）和 NFV（网络功能虚拟化）等技术，对网络进行灵活的管理和配置，以满足不同场景下的需求。

（2）连接融合还需要解决数据管理的问题。在云边融合环境中，数据分布在云端和边缘设备上，因此如何实现数据的统一管理和访问是一个重要的挑战。一方面，需要解决数据一致性和同步的问题，确保云端和边缘设备上的数据保持一致。另一方面，还需要考虑数据存储和查询的效率，以及数据的备份和恢复策略。为了解决这些问题，可以采用分布式数据库和数据缓存等技术，将数据分布在不同的节点上，并实现数据的自动迁移和同步。

（3）连接融合还需要关注安全性和隐私保护的问题。在云边融合环境中，数据和应用的分布性和边缘节点的开放性使得系统面临更多的安全威胁和隐私风险。为了保护系统的安全和用户的隐私，需要采取多层次的安全防护措施。首先，可以采用身份认证和访问控制等机制，确保只有合法用户可以访问和操作数据及应用。其次，可以使用加密技术对数据进行保护，确保数据在传输和存储过程中的机密性和完整性。最后，还可以采用安全监测和漏洞修补等手段，及时发现和修复潜在的安全漏洞。

（4）连接融合还需要解决边缘设备和物联网的集成问题。边缘设备通常是资源有限的，如何有效地利用这些设备的计算、存储和通信资源，对云端的服务进行补充和增强是一个关键问题。此外，还需要考虑如何与物联网中的各种设备进行集成，实现数据的采集、处理和传输。为了解决这些问题，可以采用容器化和虚拟化等技术，将应用和服务打包成轻量级的模块，并在边缘设备上进行部署和执行。同时，还可以利用物联网网关和协议转换器等设备，实现边缘设备和物联网之间的连接和通信。

4.4.2　数据融合

数据融合是云边融合领域中一个重要方面，涉及将云计算和边缘计算环境中的数据进行整合和协同处理，以提供更强大的数据分析、挖掘和应用服务。在数据融合的过程中，需要解决数据整合、数据一致性、数据安全和隐私等方面的问题。下面将详细讨论这些问题，并提出相应的解决方案，具体如下。

（1）数据整合是数据融合的核心要点之一。在云边融合环境中，数据分布在云端和边缘设备上，具有多样化的来源和格式。因此，如何将这些分散的数据进行整合，建立起统一的数据模型和数据访问接口，是一个重要的问题。解决这个问题的方法之一是采用数据集成和数据中介的技术，通过建立数据中间层或者数据总线，将分布在不同节点上的数据进行汇聚和转换，以实现数据的一致性和可访问性。

（2）数据一致性是数据融合过程中的另一个关键点。在云边融合环境中，由于数据的复制和传输可能存在延迟和不确定性，不同节点上的数据可能存在不一致的问题。为了确保数据的一致性，可以采用数据复制和数据同步等技术，将数据从源节点复制到目标节点，并实现数据的自动更新和同步。此外，还可以利用分布式事务和数据版本控制等机制，实现对数据的并发访问和修改的一致性控制。

（3）数据安全和隐私是数据融合中不可忽视的问题。在云边融合环境中，数据的分布性和边缘节点的开放性使得系统面临更多的安全威胁和隐私风险。为了保护数据的安全和隐私，需要采取多层次的安全防护措施。首先，可以采用加密技术对数据进行保护，确保数据在传输和存储过程中的机密性和完整性。其次，可以采用访问控制和身份认证等机制，限制数据的访问权限，并确保只有合法用户可以访问和操作数据。此外，还可以采用数据脱敏和数据匿名化等技术，保护用户的隐私信息。

（4）数据融合还需要考虑数据治理和数据质量的问题。在云边融合环境中，数据的来源和质量可能存在差异，因此如何对数据进行治理和质量控制是一个重要的挑战。数据治理包括数据分类、数据标准化和数据质量评估等方面的工作，旨在提高数据的一致性、准确性和可信度。为了实现数据治理，可以建立数据质量管理体系，制定数据质量标准和规范，并采用数据清洗、数据校验和数据纠错等技术手段，提高数据的质量和可用性。

4.4.3 任务融合

任务融合作为云边融合的一个重要方面，涉及将云计算和边缘计算环境中的任务进行整合和协同，以提供更高效、灵活和智能的任务处理能力。在任务融合的过程中，面临着一系列挑战，如任务分配、任务协同、任务调度和任务管理等方面的问题。下面将详细讨论这些问题，并提出相应的解决方案，具体如下。

（1）任务分配是任务融合中的核心要点之一。在云边融合环境中，不同的任务可能需要在云端和边缘设备之间进行分配和执行。任务分配需要考虑任务的特性、资源的可用性和网络的状况，以实现任务的动态分配和平衡。解决这个问题的方法之一是采用任务分析和资源评估技术，通过对任务的复杂度、执行时间和资源需求进行分析，以及对云端和边缘设备的计算、存储和网络资源进行评估，来确定任务的最佳分配策略。同时，还可以利用机器学习和优化算法等技术，根据历史数据和实时监测，动态调整任务的分配策略，以提高任务的执行效率和系统的整体性能。

（2）任务协同是任务融合中的另一个关键点。在云边融合环境中，不同的任务可能需要相互协作和交互，以完成复杂的业务流程或实现更高级别的功能。任务协同需要解决任务之间的依赖关系、数据传输和通信等问题。为了实现任务的协同，可以采用消息队列和事件驱动等机制，实现任务之间的消息传递和异步通信。同时，还可以利用分布式计算和分布式数据库等技术，将任务分解为子任务，并在云端和边缘设备之间进行分布式协同处理，以提高任务的并行性和响应速度。

（3）任务调度是任务融合中的一个重要方面。在云边融合环境中，任务调度需要考虑任务的优先级、资源的可用性和系统的负载等因素，以实现任务的合理调度和优化执行。任务调度涉及资源分配、任务优先级排序、任务依赖关系的管理等方面的问题。为了解决这些问题，可以采用调度算法和策略，如最短作业优先、最小剩余时间优先、遗传算法等，根据任务的特性和系统的状态，动态地调整任务的执行顺序和资源的分配，以最大限度地提高任务的完成效率和系统的整体性能。

（4）任务管理是任务融合中的关键环节。任务管理涉及任务的提交、监控、控制和状态管理等方面的问题。在云边融合环境中，需要建立任务管理系统，提供任务的提交接口、任务的监控和控制功能，以及任务状态的实时更新和查询。任务管理系统可以采用分布式架构和面向服务的设计，实现任务的跟踪和调度，提供用户界面和 API 接口，方便用户提交任务并获取任务的执行结果。

4.4.4　管理融合

在云边融合的过程中，管理融合是一个至关重要的方面。云边融合的出现使得企业面临着许多新的管理挑战和问题。下面将探讨管理融合的内容，包括资源分配、安全性管理、人员培训以及组织文化的转变。

（1）资源分配是管理融合中的一个重要方面。云边融合涉及各种资源的整合，包括计算资源、存储资源、网络资源等。如何合理分配这些资源，以满足不同业务需求和应对不断变化的环境，是管理者面临的挑战之一。在资源分配中，需要考虑到不同部门、不同应用的需求，并进行适当的决策。同时，需要建立有效的监控机制，以便及时调整资源分配策略。

（2）安全性管理是管理融合中的另一个重要方面。云边融合带来了更加复杂的安全风险和威胁。由于涉及云端和边缘设备连接，企业面临着更大范围和更多层次的安全挑战。管理者需要制定全面的安全策略，确保云边融合系统的安全性。这包括对数据的加密、身份验证和访问控制等措施的实施。同时，还需要建立监测和响应机制，及时发现并应对安全事件。

（3）人员培训是管理融合中不可忽视的一环。云边融合技术的引入需要员工具备相应的技术能力和知识。管理者需要制订培训计划，确保员工熟悉并掌握云边融合的相关技术和工具。此外，还需要培养员工的跨部门合作和问题解决能力，以应对云边融合带来的变化和挑战。

（4）管理融合还涉及组织文化的转变。云边融合引入了新的工作方式和思维模式，需要组织内部的文化适应和转型。管理者需要积极引导组织成员接受变革，培养创新和适应变化的能力。同时，还需要建立积极的沟通机制，加强组织内部的协作和合作，以推动管理融合的实施。

4.4.5 安全融合

随着云边融合技术的不断发展，企业和组织越来越意识到将云计算和边缘计算相结合的重要性。然而，在实现云边融合的过程中，安全问题是需要面临和解决的一个关键问题。下面将探讨安全融合所面临的问题，并提供相应的解决方案，具体如下。

（1）数据安全性。在云边融合中，数据是关键资源，数据的安全性成为非常重要的关注点之一。由于数据在传输和存储过程中的漏洞，可能导致数据泄露、篡改或未经授权的访问。因此，确保数据的机密性、完整性和可用性是安全融合的首要任务。解决这个问题的一个方案是采用加密技术，对数据进行端到端的加密，确保数据在传输和存储过程中的安全性。

（2）边缘设备的安全性。在云边融合中，边缘设备起到了收集和处理数据的关键作用。然而，边缘设备通常受限于资源和计算能力，安全性方面可能存在一些隐患。例如，边缘设备可能易受恶意软件的攻击，从而导致整个系统的崩溃或数据的泄露。为了解决这个问题，可以定期更新和升级设备的软件和固件，使用安全认证和访问控制机制，以加强边缘设备的安全配置。

（3）网络安全。云边融合技术要求数据在云端和边缘之间进行快速而安全的传输。网络安全问题涉及云边连接的可信性和数据传输的保护。攻击者可能通过网络入侵、中间人攻击等方式，窃取或篡改数据。为了确保网络的安全性，可以采用防火墙、入侵检测系统和加密通信等措施。此外，定期进行网络安全审计和漏洞扫描也是必要的。

（4）用户身份验证与访问控制。在云边融合中，用户身份验证和访问控制是确保系统安全的重要手段。只有合法的用户才能够访问和操作数据。因此，建立严格的用户身份验证机制和访问控制策略是必不可少的，可以采用多因素身份验证、单一登录和基于角色的访问控制（Role-Based Access Control，RBAC）等技术来增强系统的安全性。

（5）安全监控与响应。及时的安全监控和响应是保障云边融合系统安全的关键环节。通过实时监测系统中的安全事件和异常行为，可以及早发现潜在的安全威胁并采取相应的措施进行应对。建立完善的安全事件响应机制和紧急预案，并配备专业的安全团队，可以有效提高系统的安全性。

4.4.6 多方融合

随着云边融合的发展，多方融合成为这一领域的重要内容。多方融合指的是将来自不同方面的数据、资源和服务进行整合和协同，以实现更高效、更灵活、更可靠的云边融合应用。多方融合带来了一系列的挑战和问题，下面将重点讨论这些问题并提出相应的解决方案。

（1）数据隐私和安全性。在多方融合中，涉及的数据来自不同的来源和所有者，涉及的隐私和安全性问题也更加复杂。例如，在云边融合应用中，可能需要共享敏感数据，如个人健康信息或商业机密数据。如何确保这些数据在传输和处理过程中的安全性成为一个亟待解决的问题。针对这个问题，一种解决方案是采用加密技术来保护数据的隐私。通过对数据进行加密，可以确保在数据传输和处理的过程中，只有授权的用户才能够解密和访问数据。此外，还可以采用安全多方计算等技术来实现在不泄露敏感信息的前提下，对数据进行联合计算和分析。

（2）数据标准化和集成。在多方融合中，涉及的数据可能具有不同的格式、结构和标准，这使得数据的集成和融合变得更加困难。例如，不同的数据源可能使用不同的数据模型和命名规范，导致数据无法直接进行交互和协同处理。为了解决这个问题，需要制定一套统一的数据标准和集成方案。可以通过确定数据格式规范、元数据定义和数据交换协议来实现数据的互操作性。此外，还可以采用数据映射和转换技术，将不同格式和结构的数据转换为统一的格式，以便于进行集成和分析。

（3）服务协同和管理。在多方融合中，不同的服务提供商和资源所有者需要协同工作，以实现更高效的服务交付和资源利用。然而，由于服务提供商之间的差异和竞争，以及资源所有者的不同目标和要求，服务协同和管理成了一个复杂的问题。为了实现服务协同和管理，可以采用服务组合和编排技术，通过定义服务的接口和依赖关系，将不同的服务组合成一个整体，并协调它们的运行和交互。此外，还可以引入服务级别协议来管理服务的质量和性能，确保各方的需求得到满足。

（4）跨组织合作和治理。在多方融合中，涉及的各方可能来自不同的组织和利益相关者，所以跨组织的合作和治理成为一个重要方面。例如，在跨边缘设备和云端的协同处理中，可能涉及多个组织的设备、网络和服务，如何确保各方的权益得到平衡和保护是一个挑战。为了实现跨组织的合作和治理，可以建立统一的治理机制和规则，签订合作协议和合同，明确各方的权益和责任，以及数据的共享和使用规则。此外，还可以建立独立的第三方机构来监督和管理多方融合的实施过程，确保各方权益得到平等和公正的对待。

4.5　本章小结

本章主要介绍了云边融合系统的基本概念、架构以及面临的问题。首先比较了云计算和边缘计算之间的差异，包括架构、数据处理和应用场景等方面，并具体列举了云计算和边缘计算的应用场景。接下来，介绍了云边融合的基本概念，即将云计算和边缘计算相结合，充分利用它们各自的优势，提供更灵活、高效的服务。然后探讨了云边融合系统的架构，包括应用融合架构、服务融合架构和资源融合架构。这些架构的设计旨在实现云边融合系统的高效运行和资源管理。最后讨论了云边融合系统面临的问题。这些问题包括连接融合、数据融合、任务融合、管理融合、安全融合和多方融合等方面的问题。连接融合涉及将云端和边缘设备进行有效连接；数据融合关注如何实现数据的共享和协同处理；任务融合指的是将任务分配和协同执行在云端和边缘之间；管理融合关注整个系统的资源管理和调度；安全融合关注系统的安全性和隐私保护；多方融合关注不同参与方之间的合作与协同。通过本章的学习，读者可以了解到云边融合系统的基础知识，包括其架构和应用场景，同时也可以了解到云边融合系统所面临的挑战和问题。这些知识为后续章节对于云边融合系统的深入探讨提供了基础。

第 5 章　云计算系统的使能技术

本章首先介绍云计算系统的硬件技术基础与网络技术基础，然后介绍分布式、虚拟化和云平台等云计算系统的关键技术。具体而言，从分布式系统、分布式计算、分布式存储等分布式技术的 3 个方面进行介绍；从计算虚拟化、存储虚拟化、网络虚拟化和桌面虚拟化 4 个方面分析虚拟化的技术细节；围绕“通过定制技术形成服务封装”的思想，重点介绍了服务计算、多租户以及容器等核心云平台技术。

5.1　云计算技术基础

云计算技术是一种基于互联网的计算模式，将计算资源、存储空间和服务提供给用户，使用户能够按需访问和使用这些资源。云计算基于分布式系统和虚拟化技术，利用网络连接和大规模数据中心，为用户提供高度灵活、可扩展和经济高效的计算能力。本节介绍了两种基础技术：云计算硬件技术基础和云计算网络技术基础。

5.1.1　云计算硬件技术基础

对于用户而言，云计算是一朵飘在天上的云，它呈现给用户的是统一的面貌，而用户对于自己的资源和数据却是“云深不知处”。事实上，云计算建立在大量坚实的物理硬件上。无论个人计算机系统还是云计算系统，都可以分为计算、通信和存储 3 个子系统。下面介绍云计算涉及的主要硬件设备。

1. 计算设备

在云计算系统中，计算设备也常常被笼统称为主机，是支撑系统运行的最基础的设施。主要包括服务器、大型机、服务器群集、笔记本电脑、台式机、平板电脑、智能手机、虚拟计算机等各种类型。主机一般由中央处理器（CPU）、内存、I/O 接口和 I/O 设备构成。作为计算设备，主机的体系结构设计一直以来是以“算得快”（低延迟）为目标，针对此目标，人们研制了高性能计算机。然而，随着云计算与大数据的发展，“算得多”（高通量）与“算得好”（高服务质量）成为主机系统体系结构设计的新标准，所以高通量计算机应运而生。高通量计算机计划利用低成本、高拓展、集中的硬件和软件系统栈处理高并发和独立的数据密集型负载，为了达到高通量，它需要解决3个方面的问题。

（1）多核超大规模并行、内核任务的动态调度。高通量计算机作为专门设计用于高效处理大量并发小任务的高性能计算平台，其核心特征是拥有超大规模的多核架构。在这样的系统中，内核任务的动态调度扮演着至关重要的角色，它不仅是提升整体性能、确保资源充分利用的关键手段，也是应对复杂并行计算挑战的核心技术。在面对多核超大规模并行时，动态调度系统需具备精细化和智能化的任务分配能力。为了实现最佳负载均衡，调度器需要实时监控各个内核的工作状态和任务队列情况，并据此进行快速且精确的调度决策，以避免出现部分内核过载而其他内核闲置的现象。这要求调度算法能够灵活适应不断变化的计算需求，确保所有内核保持相对均匀的工作负荷，从而使硬件资源的使用效率最大化。在数据密集型运算场景下，动态调度策略必须考虑到内存访问的局部性原理，尽可能将处理同一数据集的任务调度至相邻或相同的内核上，利用现代处理器缓存系统的特性来减少内存延迟，提高计算速度。同时，对于存在依赖关系的任务链，调度机制还应能有效识别并管理这些依赖关系，确保上游任务完成后再调度下游任务执行，防止死锁或资源浪费。

（2）专用计算处理器。针对不同类型的任务，可以选择不同类型的处理器进行计算加速，从而获取更高的计算性能和更低的功耗。专用计算处理器最常见的是图形处理器（Graphics Processing Unit，GPU）芯片，人们发现在浮点运算、并行计算等部分计算方面，GPU可以提供优于CPU性能数十倍乃至上百倍的性能，GPU慢慢变成大数据计算不可或缺的设备。现在，除了传统的显卡生产商在并行计算领域提供高性能的GPU产品外，一些互联网公司或芯片企业也针对深度学习、人工智能等需求开发了专门的计算芯片。

（3）算存一体的内存计算技术。当对应用程序进行数据处理或分析时，如果从基于磁盘的数据库进行读写，即便使用固态硬盘，也会出现明显延迟。为了解决数据搬迁效率的瓶颈，需要研制超大吞吐量和容量的新型内存系统。内存计算正是建立在主机超大容量内存系统的基础之上，最大限度利用内存的容量，结合多核并行计算优势，将数据分批地放入内存，实现数据容错和重用、中间数据不落地，从而实现海量数据的快速运算。

2. 通信设备

云计算是互联网计算，因此除了主机作为云计算节点外，还必须有各式各样的通信设备来实现网络的互联，网络通信设备及部件都是连接到网络中的物理实体，主要包含中继器、集线器、交换机、网桥、路由器、网关、防火墙等。

（1）中继器（Repeater）。工作在开放式系统互联（Open System Interconnection，OSI）体系结构中的物理层，它接收并识别网络信号，然后生成新的信号并将其发送到网络的其他分支上。集线器是有多个端口的中继器，简称 HUB。

（2）网桥（Bridge）。工作于 OSI 体系结构中的数据链路层。网桥的典型应用是将局域网分段成子网，从而降低数据传输的瓶颈。交换机就是多网口网桥。

（3）路由器（Router）。工作在 OSI 体系结构中的网络层，路由表包含网络地址、连接信息、路径信息和发送代价等。路由器主要用于广域网或广域网与局域网的互联。

（4）网关（Gateway）。把信息重新包装的目的是适应目标环境的要求。网关能互联异类的网络。网关的典型应用是网络专用服务器。

（5）防火墙（Firewall）。一般是指硬件防火墙。硬件防火墙是指把防火墙程序做到芯片里面，由硬件执行这些功能，从而减少 CPU 的负担，使路由更稳定。硬件防火墙是保障内部网络安全的一道重要屏障，它的安全和稳定直接关系到整个内部网络的安全。

3. **存储设备**

当云计算系统的基本任务是大量数据的存储、处理与管理时，云计算系统中就需要配置大量的存储设备，云计算系统也就转变成为一个云存储系统。存储需要大量各种不同类型的存储设备集合起来协同工作。常见的存储系统结构如图 5-1 所示。

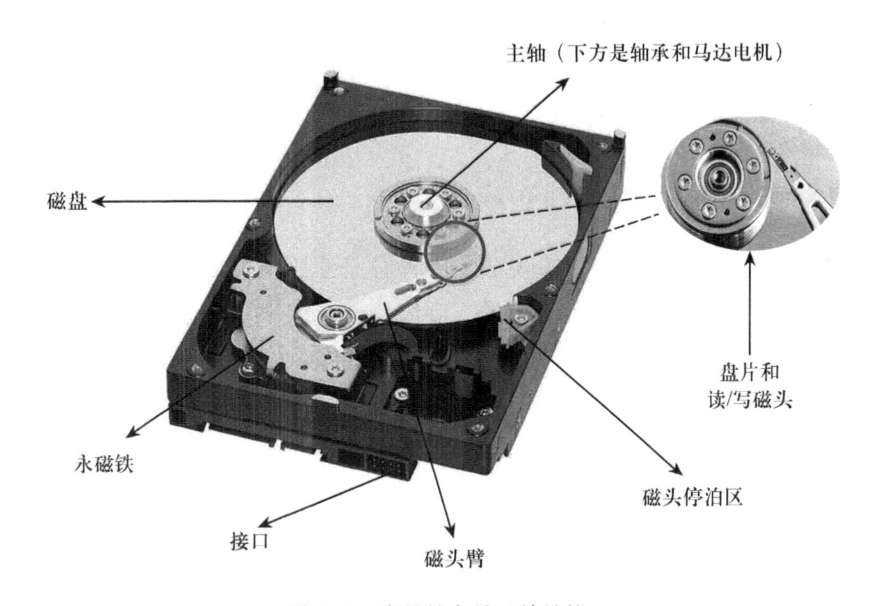

图 5-1　常见的存储系统结构

常见存储介质。磁带：按顺序进行数据访问，一次进行一项应用程序访问，存储 / 检索开销大；光盘：在小型的单用户计算环境中广泛用作分发介质，在容量和速度方面有限；磁盘驱动器：一般称为硬盘，是最为流行的存储介质，可随机读 / 写访问，被选为云存储首选存储设备；闪存驱动器：使用半导体介质，低功耗，速度快，可用于分级存储快速缓存部分。

常用存储接口协议，串行高级技术附件存储互联成本低廉，通常用于内部连接，提供的数据传输速度高达 6 Gbit/s（标准 3.0）。

小型计算机系统接口（Small Computer System Interface，SCSI）是连接主机与外围设备的并行接口标准，用于计算机主机与硬盘和打印机等外设的连接，也可用于与其他计算机和局域网的连接，一条总线上最多支持 16 个设备。串行连接 SCSI（Serial SCSI，SAS）现已逐步取代并行 SCSI，支持的最大数据传输速度为 6 Gbit/s（SAS 2.0）。

硬盘存储器机械上由碟盘、电机、磁头构成，电子机械设备的运行速度会影响存储系统的总体性能。

磁盘阵列（Redundant Arrays of Independent Disks，RAID），指独立磁盘构成的具有冗余能力的阵列。RAID 是一项将多个磁盘驱动器合并到一个逻辑单元中并提供保护和提高性能的技术。RAID 的三项关键技术是分条、镜像和奇偶校验。分条连续以位或字节为单位分割数据，并行读 / 写于多个磁盘上，具有很高的数据传输率；镜像通过磁盘数据镜像实现数据冗余，在成对的独立磁盘上产生互为备份的数据；奇偶校验兼顾数据读写性能和安全性，设置校验盘或校验区域，利用校验值来恢复受损的磁盘。

网络存储技术服务器和存储节点自身携带的存储器容量远远不能满足业务应用的需求，外置存储成为数据存储的主要存储区域。为了更好地与主机直接进行数据交换，业界发展出了不同的网络存储技术。

5.1.2 云计算网络技术基础

云是网络、互联网的一种比喻说法，云计算是互联网发展的结果，因此，云计算的物理基础之一是互联网中各种设备的互联互通。互联网自身的发展一般来说已经经历了 3 个阶段。第一阶段是传统网络，传统门户网站是其主要代表，特点是内容为主、服务为辅，信息单向传播。第二阶段是新型互联网网站和内容流型社交网络并存，特点是内容服务出现信息交互。第三阶段是移动应用程序（Application，App）与消息流型社交网络并存的阶段，特点是网站弱化，消息流为主，内容流为辅。第四阶段即将来临，主要表现形式是超级 App，它将以用户为基础，承载一切的内容与服务，特点是全面整合、智能服务。正是互联网应用带来海量数据的爆炸性增长促成了云计算技术的诞生和发展。在互联网发展的过程中，网络技术从原来的拨号上网、窄带接入的综合业务数字网（Integrated Services Digital Network）、宽带接入的非对称数字用户线（Asymmetric Digital Subscriber Line）、光纤接入到移动互联网的 3G/4G/5G 技术，为互联网丰富多彩的应用提供了数据通信支持。

云计算网络技术基础是指构建和运营云计算平台所需的关键技术要素。它涵盖了许多重要的概念、协议和工具，用于支持云计算环境中的网络通信、数据传输、安全性、可伸缩性等方面。以下是云计算网络技术基础的一些主要内容。

1. 虚拟化

虚拟化是云计算的核心概念之一。它通过软件技术将硬件资源（如服务器、存储和网络）进行抽象，创建虚拟资源实例，使其可以在物理设备之间共享和动态分配。在云计算网络中，虚拟化技术用于创建虚拟网络、虚拟机和虚拟化存储（如图 5–2 所示）等，以实现资源的弹性调度和高效利用。

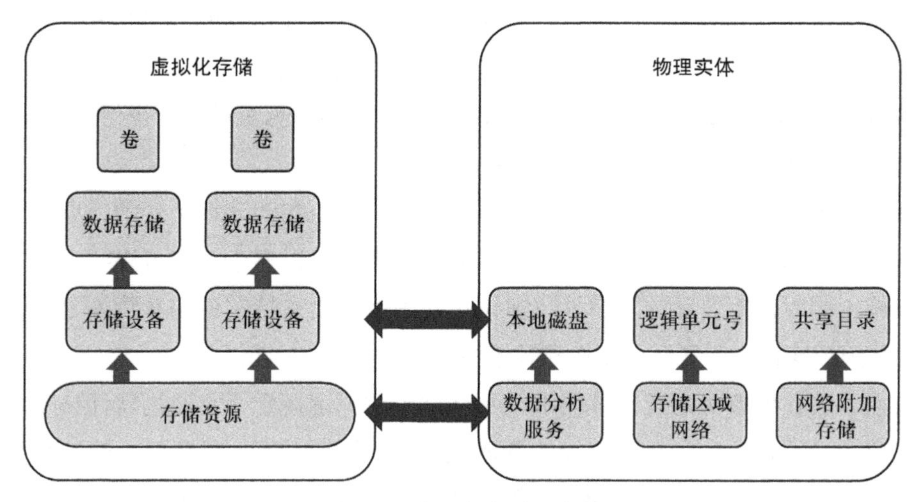

图 5–2 虚拟化存储示意图

虚拟化技术的核心思想是将底层的物理资源（如服务器、存储和网络）抽象为逻辑上的虚拟资源，使上层的应用程序和服务可以独立于底层硬件进行操作。虚拟化技术允许多个虚拟实例共享物理资源，如多个虚拟机可以在同一台物理服务器上运行。这种资源共享和利用率提升使得硬件资源得到更充分的利用，节约成本并提高效率。通过虚拟化技术，可以将虚拟资源实例根据实际需求进行动态分配和调度。例如，根据负载情况可以自动将虚拟机从一个物理服务器迁移到另一个物理服务器，以实现资源的平衡和优化。虚拟化技术使得创建和部署虚拟实例变得更加快速和灵活。例如，可以使用虚拟机模板或容器镜像来快速复制和部署相同配置的虚拟机或容器，以满足快速扩展的需求。虚拟化技术提供了逻辑隔离的环境，使不同的虚拟实例之间相互隔离，防止彼此干扰或影响。这样可以提高安全性，防止恶意软件的传播或数据的泄露。在云计算环境中，有几种常见的虚拟化技术，包括虚拟机（Virtual Machine，VM）虚拟化、容器化虚拟化、网络虚拟化、存储虚拟化。

VM 虚拟化通过在物理服务器上创建虚拟机管理程序（Virtual Machine Manager，VMM 或称为 Hypervisor），实现将物理服务器划分为多个虚拟机的能力。每个虚拟机都可以运行独立的操作系统和应用程序，就像独立的物理服务器一样。常见的虚拟机虚拟化软件包括 VMware、基于内核的虚拟机（Kernel-based Virtual Machine，KVM）和 Hyper-V 等。容器化虚拟化是一种轻量级的虚拟化技术，它通过在操作系统层面进行虚拟化，实现将应用程序及其依赖打包为容器，并在容器内运行。容器共享主机操作系统的内核，因此更加轻巧和高效。容器化虚拟化技术的代表是 Docker 和 Kubernetes 等。网络虚拟化技术将物理网络设备进行虚拟化，创造出逻辑上的虚拟网络实例。通过网络虚拟化，可以实现逻辑隔离、虚拟专用网络（Virtual Private Network，VPN）、虚拟局域网（Virtual Local Area Network，VLAN）和虚拟路由器等功能。这样可以将多个虚拟机或容器连接到不同的虚拟网络中，实现灵活的网络配置和管理。存储虚拟化技术将物理存储设备进行抽象和虚拟化，创造出逻辑上的虚拟存储实例。通过存储虚拟化，可以将多个物理存储设备汇聚为一个逻辑存储池，并为虚拟机或容器提供虚拟存储卷。这样可以实现存储资源的弹性分配和管理。

虚拟化技术在实际应用中具有广泛的用途。例如，在云计算平台中，虚拟化技术可以帮助提供商实现多租户环境的资源隔离和管理，使得多个用户可以共享同一物理基础设施，同时保持彼此的隔离性。虚拟化技术还可以支持灾备和故障恢复，通过备份和迁移虚拟实例来实现高可用性和容错性。

总而言之，虚拟化是云计算网络技术基础中的关键概念，它通过软件技术将底层的物理资源进行抽象和隔离，为云计算环境提供了资源共享、灵活性、快速部署和安全性等优势。虚拟化技术的每种形式都有其适用的场景和优势。通过虚拟化技术，云计算平台可以实现高效的资源管理和服务交付，提供可靠的云服务。

2. 软件定义网络（Software-Defined Networking，SDN）

SDN 是一种网络架构范式，如图 5-3 所示，它将网络控制平面与数据平面分离，通过集中的控制器对网络进行编程和管理。在云计算环境中，SDN 技术提供了更灵活的网络配置和管理能力，使网络可以根据应用需求进行动态调整和优化，提高网络性能和可扩展性。SDN 是一种网络架构范式，它将网络控制平面与数据转发平面进行分离，并通过集中的控制器（Controller）对网络进行编程和管理。SDN 的核心思想是将网络的控制逻辑从传统的网络设备中抽离出来，以软件方式实现集中式的网络控制，从而提供更灵活、可编程和可扩展的网络环境。

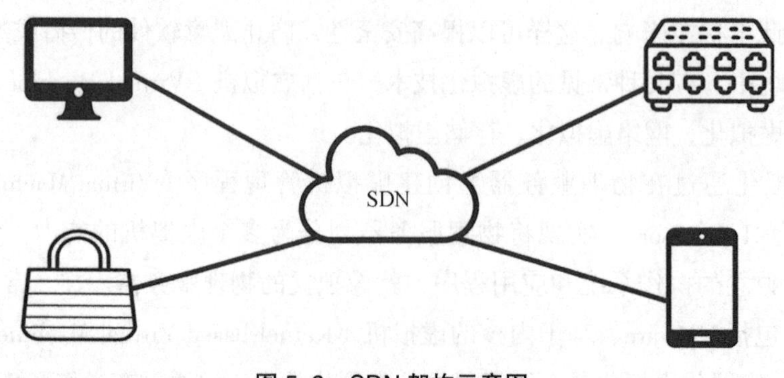

图 5-3　SDN 架构示意图

在传统的网络架构中，网络设备（如交换机和路由器）通常包含了控制平面和数据平面的功能，网络设备之间通过协议进行通信和交互。这种分布式的控制方式限制了网络的可编程性和灵活性，使得网络管理和配置变得复杂和烦琐。而 SDN 通过将网络控制集中到一个或多个控制器中，实现了对网络的集中式管理和编程，从而带来了许多优势。SDN 架构主要包含控制器、数据平面设备、SDN 应用。其中控制器是 SDN 架构中的核心组件，负责网络的全局控制和管理。它提供了集中的网络控制逻辑，通过与数据平面设备通信来配置和管理网络的转发行为。控制器可以根据网络需求动态地配置网络设备，如路径选择、流量调度和安全策略等。数据平面设备是实际进行数据转发的网络设备，如交换机和路由器。在 SDN 架构中，数据平面设备被解耦为仅负责基本的数据转发功能，而具体的控制逻辑由控制器负责。数据平面设备与控制器之间通过开放的接口进行通信。SDN 应用是构建在 SDN 架构之上的网络应用程序，通过控制器的编程接口与控制器交互。SDN 应用可以利用控制器的全局视图和灵活编程能力，实现各种网络功能和服务，如负载均衡、防火墙、流量工程、虚拟化网络等。

SDN 架构提供了对网络的灵活编程和控制能力，使网络管理员能够根据应用需求自定义网络行为。通过控制器的集中管理，可以快速、动态地配置和调整网络策略，实现灵活的网络服务交付。SDN 架构将网络控制逻辑从数据平面设备中分离出来，简化了网络设备的配置和管理。通过集中的控制器，网络管理员可以对整个网络进行统一管理和监控，提高网络的可扩展性和可管理性；SDN 架构提供了开放的接口和编程能力，使得网络创新和应用开发变得更加容易。开发人员可以利用控制器的编程接口和开发工具，开发自定义的 SDN 应用，实现各种网络功能和服务的定制化；SDN 架构使得实现高级网络功能变得更加简单和灵活。例如，通过 SDN 可以实现基于应用需求的动态负载均衡和流量工程，提高网络性能和资源利用率，还可以实现虚拟化网络，将物理网络划分为多个逻辑网络，为多租户环境提供隔离和安全性。

一些常见的 SDN 实际应用包括数据中心网络、软件定义广域网、企业网络、无线网络等。其中，SDN 可应用于数据中心网络，通过集中的控制器管理和配置网络设备，实现灵活的资源调度和服务交付。例如，可以基于应用需求进行流量调度和负载均衡，提高数据中心网络的性能和可靠性。SDN 技术可以应用于广域网，通过集中的控制器对广域网中的各个站点进行管理和配置，实现对网络流量的优化和控制。软件定义广域网（Software-Defined Wide Area Network，SD-WAN）可以提供更灵活、安全和可靠的广域网连接，支持多种链路传输和智能路由选择。SDN 可以用于企业网络中，通过集中的控制器对网络进行管理和安全策略的配置。例如，可以根据企业的安全需求实时调整网络访问控制策略，提供更精细的网络安全保护。SDN 可以应用于无线网络中，通过集中的控制器对无线接入点进行管理和配置，实现对无线网络的优化和控制。SDN 可以根据无线设备的位置、负载等信息进行智能的无线资源管理，提供更好的用户体验和网络性能。

3. 软件定义存储（Software-Defined Storage，SDS）

SDS 是一种通过软件来管理存储资源的技术。它将存储控制器和存储设备进行解耦，提供了更灵活的存储管理和数据访问方式。在云计算环境中，SDS 技术可以提供高可用性、可扩展性和数据冗余等特性，支持云存储服务的实现。SDS 是一种存储架构范式，如图 5-4 所示，它将存储控制层与物理存储设备进行解耦，通过软件来实现对存储资源的管理和控制。SDS 的核心思想是将存储管理功能从硬件中抽象出来，以软件方式实现集中式的存储控制，从而提供更灵活、可扩展和可管理的存储环境。

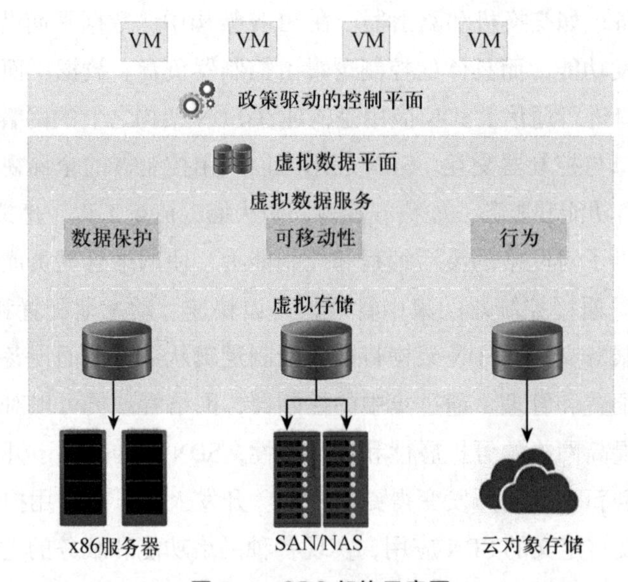

图 5-4 SDS 架构示意图

在传统的存储架构中，存储设备通常包含了存储控制层和存储介质（如硬盘或闪存）。存储设备之间通常通过专用的存储网络进行连接，形成一个存储区域网络（Storage Area Network，SAN）或网络附加存储（Network Attached Storage，NAS）。这种分布式的存储架构在管理和扩展方面存在局限性，例如硬件依赖性、资源利用率低下和难以统一管理。而 SDS 通过将存储控制层从物理存储设备中解耦，使其形成独立的软件层，与底层的存储硬件进行交互和管理。SDS 的核心组件是存储控制器，它负责存储资源的分配、配置和管理，以及提供高级存储功能和服务。SDS 的优势体现在以下几个方面。

（1）灵活性和可编程性。SDS 架构可对存储资源灵活编程并提供了控制能力，使存储管理员能够根据应用需求自定义存储行为。通过集中的存储控制器，可以快速、动态地配置和调整存储策略，实现灵活的存储服务交付。

（2）可扩展性和弹性。SDS 架构使得存储资源的扩展变得更加简单和可扩展。通过集中的存储控制器，可以对不同的存储设备进行统一管理和配置，实现存储资源的汇聚和共享。同时，SDS 还支持动态的存储资源分配和扩展，根据需求增加或减少存储容量，实现存储资源的弹性调整。

（3）资源利用率和成本效益。SDS 架构可以提高存储资源的利用率和成本效益。通过存储池的概念，SDS 可以将不同的存储设备汇聚为一个逻辑存储池，并根据需求动态分配存储容量。这种灵活的存储资源管理方式可以提高存储资源的利用率，减少不必要的资源浪费。

（4）数据管理和保护。SDS 架构提供了更丰富和高级的数据管理和保护功能。例如，可以实现快照、克隆、数据复制和迁移等高级数据管理功能，提供数据备份、恢复和灾难恢复能力。通过集中的存储控制器，可以统一管理和监控存储资源，提供更好数据保护和管理。

一些常见的 SDS 实际应用包括以下部分。

一是虚拟化环境。SDS 可以应用于虚拟化环境中，通过集中的存储控制器管理和配置虚拟化存储资源。SDS 可以提供虚拟机的存储管理和分配，实现高效的存储资源利用和灵活的存储策略配置。

二是对象存储。SDS 可以用于对象存储环境，通过集中的存储控制器管理和控制对象存储集群。SDS 可以提供强大的对象存储功能，如数据分布、冗余和故障恢复等，支持大规模的数据存储和访问。

三是软件定义存储阵列（Software-Defined Storage Arrays，SDSA）。SDS 可以应用于存储阵列中，通过集中的存储控制器管理和控制存储阵列的存储资源。SDSA 可以实现存储资源的虚拟化和集中管理，提供灵活的存储配置和高级存储功能。

四是分布式存储系统。SDS 可以用于构建分布式存储系统，通过集中的存储控制器管理和控制分布式存储节点。SDS 可以提供数据分布、故障恢复和数据一致性等分布式存储功能，支持大规模的数据存储和处理。

4. 虚拟专用网络（VPN）

VPN 是一种通过公共网络（如互联网）创建安全的、私密的通信通道的技术。VPN 利用加密和隧道技术，将用户或组织的本地网络连接扩展到远程位置，实现远程用户和分支机构的安全访问。VPN 在保护数据的隐私性和完整性方面发挥着重要作用，成为保护数据通信的一种重要工具。VPN 的基本原理是通过加密和隧道技术在公共网络上建立私密的通信通道。当用户或组织需要访问远程网络时，VPN 客户端会与 VPN 服务器建立连接。在建立连接之前，客户端和服务器之间会进行身份验证，以确保连接的安全性。一旦连接建立成功，用户或组织就可以通过这个虚拟通道安全地传输数据。VPN 的加密技术可以保护数据的隐私性和完整性。通过使用加密算法，将原始数据转换为密文，在公共网络上传输。只有具有正确解密密钥的接收方能够解密和还原数据。这样，即使在公共网络上截获了数据包，攻击者也无法理解其中的内容。VPN的隧道技术则允许数据通过公共网络上的隧道进行传输。隧道是一种将数据包封装在另一个协议中的技术。在VPN中，原始数据包被封装在VPN协议的数据包中，然后通过公共网络进行传输。在目的地，接收方将接收到的数据包解封，并将原始数据包传递给目标网络。虚拟专用网络的应用非常广泛，以下是一些常见的VPN应用场景。

（1）远程访问VPN。远程访问VPN允许远程用户通过公共网络安全地访问其本地网络资源。员工可以在家中、旅行中或其他地方连接到VPN服务器，通过VPN通道安全地访问公司内部资源，如文件、应用程序和内部网站。员工可以实现远程办公，提高工作效率。

（2）分支机构互连VPN。对于跨越多个分支机构的组织，分支机构互连VPN可以将各个分支机构的本地网络连接起来，形成一个统一的企业网络。通过VPN通道，各个分支机构之间可以安全地共享数据和资源，实现高效的分支机构协作和数据交换。

（3）供应商/合作伙伴访问VPN。供应商/合作伙伴访问VPN允许外部用户安全地访问组织的网络资源。这种VPN场景常见于企业与供应商、合作伙伴或客户之间的合作关系。通过VPN通道，外部用户可以安全地连接到组织的网络，共享数据和资源，实现合作和业务交互。

（4）移动用户VPN。移动用户VPN允许移动设备用户通过移动网络连接到VPN服务器，安全地访问其本地网络资源。这种VPN场景常见于移动办公、移动业务和移动工作人员。通过VPN通道，移动用户可以在不安全的公共网络上安全地传输数据，保护敏感信息的隐私性。

（5）入口VPN。入口VPN是一种用于保护远程连接用户的特殊类型的VPN。它通过加密和隧道技术保护远程连接用户与组织网络之间的通信。入口VPN通常用于远程连接用户与组织的内部资源进行安全的远程访问。

5. 负载均衡

负载均衡是一种在计算机网络中分配工作负载的技术，旨在平衡网络资源的利用，提高系统的性能、可靠性和可扩展性。通过将请求分发到多个服务器或网络设备上，负载均衡确保每个设备都能够处理适量的负载，避免单一设备过载，提高整体系统的效率和可用性。负载均衡的基本原理是将请求从客户端分发到多个后端服务器，以确保负载在系统中均匀分布。负载均衡器是负责接收和分发请求的关键组件。它使用一些算法和策略来决定将请求发送到哪个服务器，以实现负载均衡。以下是一些常见的负载均衡算法和策略。

（1）轮询。负载均衡器按照事先定义的顺序将请求依次发送到后端服务器。每个服务器按照顺序接收请求，均衡地分配负载。轮询算法简单且公平，适用于服务器性能相近的场景。

（2）最小连接。负载均衡器根据服务器当前的连接数，将请求发送到连接数最少的服务器上。这种算法确保将负载分发给负载较少的服务器，从而提高系统的响应能力。

（3）最短响应时间。负载均衡器根据服务器的响应时间，将请求发送到响应时间最短的服务器上。这种算法可确保将负载分发给响应速度较快的服务器，从而提高系统的性能和用户体验。

（4）带权重。负载均衡器根据服务器的处理能力和配置的权重值，分配不同比例的请求给各个服务器。具有更高权重值的服务器将获得更多的请求，适用于服务器性能不均衡的情况。

负载均衡可以应用于各种网络和应用场景。以下是一些常见的负载均衡应用。

一是网络负载均衡。在企业网络中，负载均衡可用于分发流量和请求到多个网络设备，如路由器、防火墙和交换机。通过均衡流量分布，网络负载均衡提高了网络的吞吐量、带宽利用率和响应时间。

二是服务器负载均衡。在 Web 应用和云环境中，负载均衡可用于分发用户请求到多个服务器集群，确保每个服务器都能够处理适量的请求。通过水平扩展服务器集群，服务器负载均衡提高了应用程序的性能、容量和可伸缩性。

三是数据中心负载均衡。在大型数据中心中，负载均衡可用于管理和分发数据中心内的网络和计算资源。通过智能路由和负载分发，数据中心负载均衡实现了对资源的均衡利用，提高了整体数据中心的效率和稳定性。

四是域名解析系统（DNS）负载均衡。在 DNS 中，负载均衡可用于分发域名解析请求到多个服务器，以提高域名解析的性能和可靠性。通过将请求分发到就近的服务器或根据服务器的负载情况进行选择，DNS 负载均衡提供了快速的域名解析服务。

五是应用负载均衡。在应用层面，负载均衡可用于分发应用程序的请求到多个应用服务器。通过将请求合理地分配给可用的服务器，应用负载均衡确保每个服务器都能够处理适量的请求，提高了应用程序的性能和可用性。

6. 弹性网络

弹性网络是一种网络架构和技术，旨在提供可伸缩、灵活和高度可用的网络解决方案。它通过动态调整网络资源，自动适应不断变化的网络需求，使网络能够应对流量波动、负载增加和故障恢复等情况，从而提高网络的性能和可靠性。弹性网络的重要特性包括以下部分。

（1）可伸缩性。弹性网络能够根据需求自动调整网络资源，包括带宽、吞吐量、连接数等。它可以根据流量增减自动扩展或缩减网络容量，以适应不同规模和需求的应用。

（2）弹性负载均衡。弹性网络使用负载均衡技术，将流量均匀地分发到多个节点或实例上。当网络负载增加时，它可以自动添加新节点来处理额外的负载，实现负载平衡和分流。

（3）高可用性。弹性网络通过冗余和故障恢复机制提供高可用性。当一个节点或实例发生故障时，它可以自动将流量重新路由到其他可用节点，确保服务的连续性和可靠性。

（4）自动化管理。弹性网络使用自动化和编程接口，简化了网络管理和配置的过程。它支持自动化的资源分配、配置和监控，减少了手动干预和管理的工作量。

弹性网络的应用场景多样，以下是一些常见的例子。

一是云计算和虚拟化环境。弹性网络在云计算和虚拟化环境中发挥着重要作用。它可以自动适应虚拟机实例的创建、销毁和迁移，实现网络资源的动态调整和分配。例如，当新的虚拟机实例加入或离开网络时，弹性网络可以自动重新配置网络连接，确保网络的连通性和可靠性。

二是容器化应用。弹性网络在容器化应用中也非常有用。容器化应用常常需要根据负载情况自动扩展或收缩容器实例。弹性网络可以自动为新的容器实例分配网络地址，并确保容器之间的网络通信。它还可以根据容器实例的变化，自动调整负载均衡策略和网络配置。

三是大规模分布式系统。弹性网络对于大规模分布式系统非常重要。这些系统可能包含数千甚至数百万个节点，需要高度可扩展和高可用的网络架构。弹性网络可以根据系统负载自动添加或删除节点，保持网络的平衡和稳定性。它还可以通过故障检测和故障恢复机制，自动将流量重新路由到可用的节点，避免服务中断和数据丢失。

四是流媒体和实时通信。弹性网络在流媒体和实时通信应用中也起到关键作用。这些应用对网络延迟和带宽要求较高，需要弹性网络来适应不断变化的网络状况。弹性网络可以根据网络负载和带宽需求，自动调整数据传输的路径和优先级，确保流媒体和实时通信的质量和稳定性。

7. 容器化网络

容器化网络是指将应用程序和其依赖的组件打包到独立的容器中，并通过容器编排工具进行管理和调度的技术。在云计算环境中，容器化网络可以提供灵活的应用部署和可移植性，简化应用程序的管理和扩展，使容器之间可以进行可靠的通信，并与外部网络进行连接。在传统的物理服务器环境中，网络是基于物理设备和物理接口进行管理的。但在容器化环境中，每个容器都是一个独立的运行实例，需要与其他容器或外部网络进行通信。容器化网络技术解决了以下几个关键问题。

（1）容器间通信。容器化网络允许容器之间通过虚拟网络进行通信，就像它们在同一台物理主机上一样。每个容器都有自己的 IP 地址和网络接口，可以直接进行通信，而无须依赖物理网络设备。

（2）外部网络连接。容器化网络允许容器与外部网络进行连接，例如访问 Internet 或连接到企业网络。这需要提供网络地址转换、防火墙和路由等功能，以确保容器与外部网络的安全和可访问性。

（3）网络隔离。容器化网络提供了网络隔离的机制，确保不同容器之间的通信是安全和独立的。每个容器都有自己的网络命名空间和网络栈，使容器之间的通信在逻辑上相互隔离，防止潜在的安全漏洞和冲突。

（4）动态调整。容器化网络可以根据需求动态调整网络配置和连接。当容器创建、销毁或迁移时，容器化网络能够自动调整网络配置和路由，以适应容器的变化，保持网络的连通性和可靠性。

下面是一些常见的容器化网络技术和工具。

一是 Docker 网络。Docker 是非常流行的容器化平台之一，它提供了内置的网络功能。Docker 网络可以创建虚拟网络，容器可以连接到该网络并进行通信。Docker 还支持多种网络驱动程序，包括桥接网络、覆盖网络和主机网络，以满足不同的网络需求。

二是 Kubernetes 网络。Kubernetes 是一个用于容器编排和管理的开源平台，它也提供了丰富的网络功能。Kubernetes 网络使用网络插件来实现容器之间的通信和网络连接。常用的 Kubernetes 网络插件包括 Calico、Flannel、Weave 和 Cilium 等。

三是容器网络接口（Container Networking Interface，CNI）。CNI 是一个定义了容器网络接口标准的项目，它提供了一套规范和插件接口，用于容器运行时与网络插件之间的通信。CNI 允许不同的容器运行时使用不同的网络插件，并实现容器之间通信和网络配置。

四是 Istio。Istio 是一个用于服务网格的开源项目，它提供了一种方式来管理和保护容器化应用程序的流量。Istio 通过在容器之间注入代理，实现了流量管理、故障恢复和安全控制等功能，提供了可观察性和流量控制的能力。

五是 Open vSwitch。Open vSwitch 是一个开源的虚拟交换机，可以用于创建和管理虚拟网络。它支持灵活的网络配置和隔离，可以与容器化平台集成，提供高性能和可扩展的网络解决方案。

8. **虚拟专用云**（Virtual Private Cloud，VPC）

VPC 是一种云计算网络服务模型，它提供了一种逻辑上隔离的、虚拟化的云计算网络环境，使用户能够在云中创建自己的虚拟网络，并在该网络中托管和运行应用程序、服务和资源。VPC 结合了虚拟化和云计算的概念，为用户提供了一种安全、可靠和高度可定制的网络解决方案。用户可以根据自己的需求，在云服务提供商的基础设施上创建自己的私有网络，并在该网络中定义子网、路由、安全组等网络配置。VPC

将多个用户隔离开来，使每个用户的网络环境独立于其他用户，从而提供了更高的安全性和更好的隐私保护。以下是 VPC 的一些关键特性和优势。

（1）逻辑隔离。VPC 通过逻辑隔离机制，将用户之间的网络环境隔离开来。每个用户都有自己的虚拟网络，可以自定义网络配置，如 IP 地址范围、子网划分、路由策略等。这种逻辑隔离使得不同用户的网络互不干扰，提高了安全性和其他性能。

（2）安全性。VPC 提供了一系列安全控制措施，用户可以通过网络访问控制列表、安全组、防火墙等方式来保护和控制网络访问。这样用户可以根据自己的需求定义网络的安全策略，确保数据和应用程序的安全。

（3）灵活性和可扩展性。VPC 允许用户根据需要动态调整网络资源，如增加或减少子网、调整带宽、扩展路由等。用户可以根据业务需求灵活配置和管理网络，而无须担心基础设施的复杂性。

（4）高可用性。VPC 通常提供多可用区域和跨区域冗余功能，以确保应用程序和数据的高可用性。用户可以将应用程序和服务部署在不同的可用区域或地理位置，通过网络配置实现跨区域的冗余和故障转移，以提供更高的可靠性。

（5）混合云连接。VPC 提供了与公共云和私有云的连接能力。用户可以通过专用的连接方式将 VPC 与本地数据中心或其他云服务提供商的网络进行连接，实现混合云环境的扩展和互通。

9. 网络安全

网络安全是云计算网络技术中至关重要的方面。它包括身份认证、访问控制、数据加密、防火墙、入侵检测和防御等一系列措施，用于保护云计算环境中的网络并使数据免受恶意攻击和未经授权的访问。

10. 监控和管理

监控和管理是云计算网络运营的关键环节。它涉及对网络设备、服务和应用程序进行实时监测、性能评估、故障诊断和配置管理等活动。通过有效的监控和管理，可以提高云计算网络的可用性、可靠性和效率。

5.2 分布式技术

加强云计算服务平台建设、构建下一代信息基础设施是 IT 演进的重要方向。如何在云中对大规模数据进行高效的计算和存储成为发展中的关键问题，前者是在前端对外部应用进行计算，后者是在后台对应用数据进行存储。分布式是计算机系统、特别是云化的计算机系统的核心思想之一，分布式系统也是分布式计算和分布式存储数据的支撑主体。

5.2.1　分布式系统

1. 分布式系统的概念

理解分布式系统的概念，首先要了解集中式系统。集中式系统是指一个主机带多个终端的系统，整个系统的数据的存储、控制与处理完全交由主机来完成；每个终端没有数据处理能力，仅仅负责数据的输入和输出。集中式系统最大的特点就是部署结构简单，但是，由于采用单节点部署，很可能带来系统过大而难以维护、发生单点故障（所谓单点故障，即单个点发生故障的时候会波及整个系统或者网络，从而导致整个系统或者网络的瘫痪）等问题。比如在大学选课的那一段时间，如果学校的选课系统是部署在基于集中式系统的单机服务器上，那么即便大家不停刷新页面，也可能挤不进服务器，导致选不了课。而基于互联网的应用每天可能会面临百万、千万级的用户需求，无论使用什么样的服务器硬件，都不可能只用一台机器承载。更重要的是，有些应用场景根本无法采用集中式系统解决问题，例如迅雷等基于点对点的下载软件，用户只能从多个分布在各地的其他用户处获取数据，无法从中心节点得到数据。

为解决以上集中式系统所面临的挑战，产生了分布式系统的概念，如图 5-5 所示。所谓分布式，就是一件事分给多台机器干，所有机器一起合作完成任务。分布式意味着可以采用更多的普通计算机组成分布式集群对外提供服务。计算机越多，计算机的资源也就越多，能够处理的并发访问量与数据量也就越大。分布式系统通常定义为一组通过网络进行通信、为了完成共同的任务而协调工作的计算机节点组成的系统。那么分布式系统中的任务是如何分发到这些计算机节点的呢？一般采用以下经典的分片思想。

（1）对于计算任务，系统将其进行分割，每个节点计算其中的一部分内容，然后将所有的计算结果进行汇总。

（2）对于存储任务，每个节点存储其中的一部分数据。当数据规模越来越大，分片是唯一的选择，其优点在于：

①提升系统的性能和并发度，操作被分发到相互独立的不同分片上。

②提升系统的可用性，即使其中的部分分片不能用，其他的分片也不会受到影响。

仅仅进行分片仍然不能满足现实情况中的复杂需求。原因在于，分布式系统中有大量的节点，节点通过网络进行通信，尽管单个节点出现故障（进程崩溃、断电、磁盘损坏）是小概率事件，但随着节点数的增加，整个系统的故障率会呈指数级上升，网络通信也可能频繁出现中断、高延迟等情况。在这种故障频出的情况下，分布式系统仍需稳定地对外提供服务，因此需要较高的容错性，即发生故障时，系统仍能正常运行。一般使用冗余技术来提供保障，也就是多个节点负责同一任务。最常见的情况是在分布式存储中，一份数据的多个副本存储在不同的节点上，这样，即使某个节点出现问题，系统仍能从其他节点的副本中读取数据来提供服务。

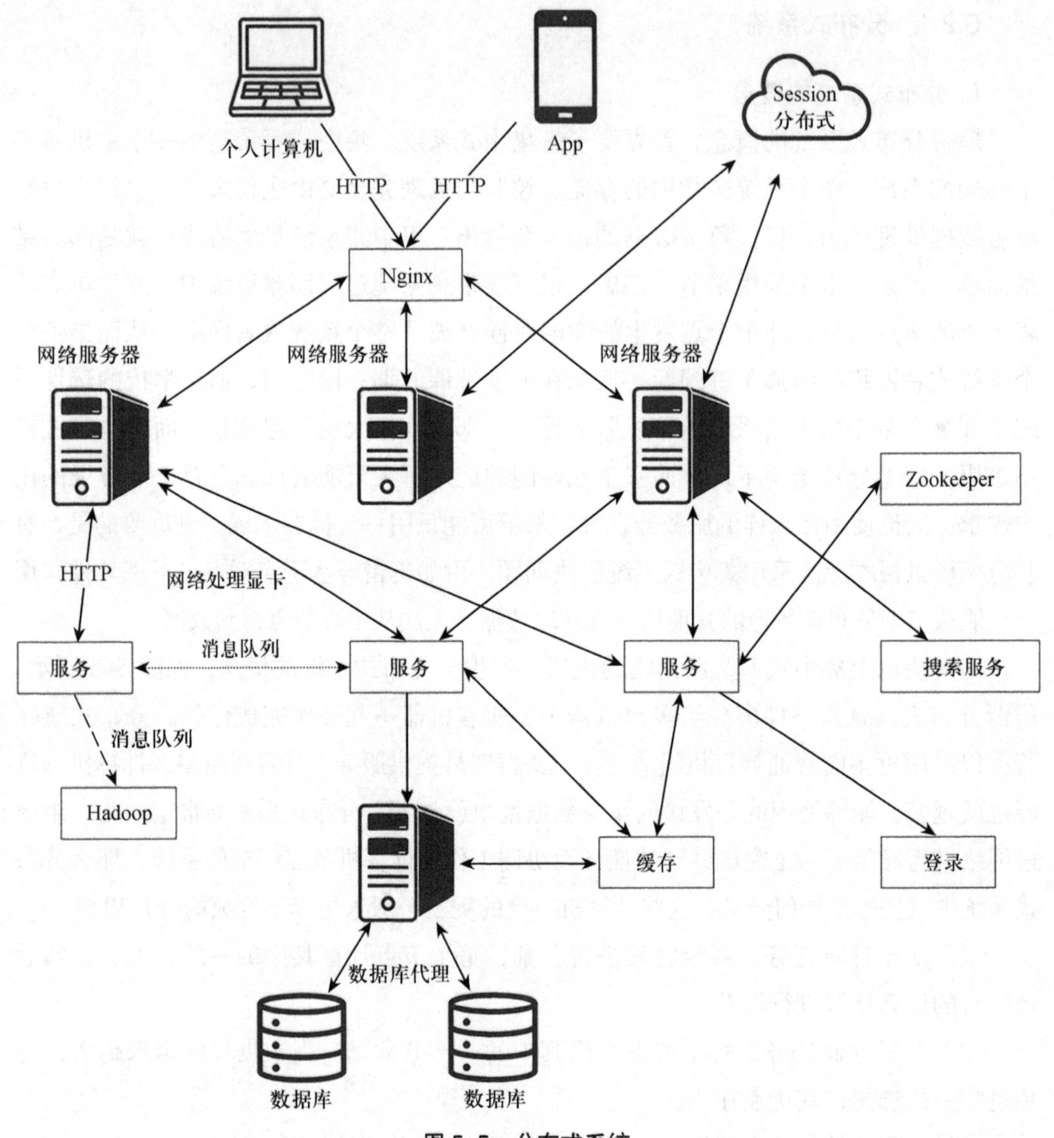

图 5-5　分布式系统

2. 分布式系统的特点

分布式系统的特点可以归纳如下。

（1）低成本。1965 年，计算机科学家赫布·格罗施（Herb Grosch）曾提出了格罗施定理，即计算机的性能与它的价格的二次方成正比。付出两倍的价格，可以获得拥有四倍性能的计算机。这也可以解释为计算机呈现规模经济，即计算机的成本越高，性价比就越高。因此低成本的计算机无法在市场上竞争，众多机构都尽其所能地购买最大的单个大型机。然而，随着微处理机技术的发展，格罗施定理不再适用。满足需求的单一大型机的价格往往高昂，令人难以承受，同时人们发现使用多台普通甚至廉价的计算机组成的分布式系统也可以完成同样的任务。借助分布式计算、存储，人们大量地使用廉价的 CPU、硬盘等组成分布式系统来达到目标。分布式系统的性价比远远高于单个大型集中式系统，即分布式系统通过低廉的价格来实现与昂贵的单个大型集中式系统相似的性能。

（2）高性能。分布式系统不仅有相对于单个大型集中式系统更好的性价比，而且还能拥有单个大型集中式系统所不能达到的性能。比如某电商平台每天有千万甚至上亿的用户同时访问，此时单一大型机远远无法承载如此多的访问量。而分布式系统采用大量机器协作，获得了高吞吐量、高并发和低延迟，从而满足了用户的需求，达到很好的效果。

（3）多用户。分布式系统不仅可以面向单一用户进行服务，将任务分解并行完成任务，而且可以面向多用户同时工作。分布式系统是由大量的机器组成的，这些机器不仅可以共同用来完成一个任务，也可以分解开来完成多个用户的多个任务，随着系统中机器的增多，系统可以承载的用户数及任务数也会增多。同时分布式系统可以根据不同的任务提供不同数量的资源，不会造成大量的资源浪费。而在单个大型集中式系统中，不同任务之间的切换以及资源的分配往往会造成大量的开销，以及资源利用率不高会带来资源的浪费。

（4）分布式。分布式系统中的计算机在地理空间上的分布几乎没有任何限制，这些计算机可能放在不同的机柜、机房中，也可能部署在不同的城市、国家甚至大洲。另外，由于一些应用本身是分布式的，因此它们更适合运行于分布式系统上。比如一个公司有多个分公司，每个分公司又有自己的一些服务器与设备等。每个分公司每天都会产生大量的数据以及业务等，它们将其存储在本地以及在本地处理会比较方便和快速。而如果将其所有业务及数据均放在总公司，那么不仅数据的读写以及业务流程的速度会受到网络的波动而产生巨大的延迟，而且总公司的系统需要提供很高的存储以及处理能力来应对多个分公司的海量数据请求与业务请求，极大地增加了复杂度和经济开销。

（5）协同工作。即一组相互之间在物理上距离较远的人员可以一起进行工作，例如，写出同一份报告。火热的网络游戏也是这样的一类系统。位于全国各地的多个游戏玩家使用自己的计算机在网络上进行实时游戏，大家一起协同完成任务，或者相互对抗，这些也都是分布式系统协同工作的例子。

（6）高可靠性。相对于集中式系统来说，分布式系统拥有更高的可靠性。分布式系统把工作负载分散到众多的机器上，当出现单台机器故障时，其他机器不会受任何影响。也就是说，当一部分机器出现故障时，系统只是损失了一部分的性能，但仍然可以继续工作。

（7）高可扩展性。高可扩展性是分布式系统近年来获得快速发展的一个潜在的重要原因。以前，一般公司都会购买一台大型主机来完成公司的所有工作。公司规模不断扩大，业务、数据以及任务也会不断增多，一台主机将会渐渐不能满足需求。此时公司只能重新购买更大型的机器来进行更换，并且有大量的数据业务要从老的机器迁移至新的机器上，该过程往往耗时很久，严重影响公司的正常运行。同时随着海量的数据以及业务的来临，单一机器无法满足公司内部的需求。如果采用分布式系统，在需求增多的时候，公司仅仅需要在系统中增加一些机器就可以了，而且该系统可以扩展到几千甚至上万个节点，能更好地满足公司的需求。

5.2.2 分布式计算

利用分布式系统来解决计算问题就是分布式计算。设想一个对某航空公司的网页广告精准投送的场景，首先对某航空公司进行需求分析，通过技术平台实现区域定位，然后通过数据筛选，找到目标人群，最后为某航空公司进行精准广告投放。当目标用户在网站浏览时，网站广告位通过快速向某网络广告交易平台发送广告售卖请求，让其可以对用户属性进行快速判断分析，根据某航空公司的品牌需求，对平台所管理的广告位进行匹配，从而决定广告的投放位置，并通过网络竞价，激活这些网页广告位，将动态信息直接定向送到可能有购买机票需求的用户面前。那么，在网页广告投送中如何对大量数据进行实时分析，从而对用户进行精准投送，来大大提高广告的投送效率呢？假设广告精准投送至少需要分析 100 亿个大小为 20 KB 的网页，总共 200 TB，按照目前磁盘的读取速度约为 150 MB/s，需要大约 16 天才能读完所有的数据，而存储这些数据需要 200 块普通磁盘。即便是解决了这些问题，想要对这些数据进行分析并从中获取有用的价值，也是难上加难。显然传统的计算模式已经不能适应大数据时代的要求了。

通过分析发现，包含上述例子在内的很多应用的数据量虽然很大，但是数据都很有规则，所以一个很直观的解决方案就是用并行分布的方式来对这些数据进行处理，也就是通过以太网或者交换机将大量计算机连接成集群来进行大规模的计算，但是这需要解决以下问题。

如何将计算任务分布到计算的节点计算机上？怎样更简单、高效地进行分布式编程？

这些问题正是分布式计算需要解决的主要问题。分布式计算系统在两个或多个软件之间互相共享信息，这些软件既可以在同一台计算机上运行，也可以在通过网络连接起来的多台计算机上运行。而分布式计算技术是研究如何把一个需要海量计算能力的任务分成许多小的任务，然后把这些小的任务分配给大量的计算机进行处理，最后通过综合这些计算结果来得到最终结果。

目前，分布式计算经典的商业应用解决方案是采用 Hadoop 和 MapReduce。Hadoop 是一个开源软件工具集，利用通过网络所连接的多台计算机组成的集群来解决大量的数据和计算问题。它为分布式存储和计算提供了软件框架，用户可以在不了解分布式底层细节的情况下，开发分布式程序，并充分利用分布式集群来进行高速运算和存储。MapReduce 是 Hadoop 中用来在集群上使用并行、分布式计算处理和生成大数据集的软件框架。MapReduce 程序由映射函数和归约函数组成。映射函数执行过滤和排序，比如对学生按姓名顺序进行排序；归约函数则执行一个汇总操作，比如计算每个队列中的学生数，以及姓名出现的频率。在具体的使用中，MapReduce 由包含许多实例（含映射函数和归约函数）的操作组成。映射函数接收一组数据并将其转换为一个键 / 值对列表，输入域中的每个元素对应一个键值对。归约函数接收映射函数生成的列表，然后根据它们的键为每个键生成一个键值对，从而缩小键或值对列表。MapReduce 的具体执行过程如下。

（1）映射。用户自定义一定数量的映射任务，每个任务都会被分配一个或者多个来自分布式文件系统的块。这些映射任务将块中的数据转换成键值对作为输入，处理完成并输出用户在映射函数中定义的类型的键值对。

（2）洗牌。上一步任务所输出的键值对会被控制器收集，然后根据键进行排序、分组，并被划分给归约任务。系统默认采用哈希划分，将键相同的键值对划分给同一个归约任务。

（3）归约。每个工作节点并行地对每个键进行处理，通过一定的方式将同一个键的值结合到一起。具体的结合方式由用户在归约函数里面定义。

例如，对 3 000 万个英文文档中的词频进行统计。常用的英文单词可能只有 4 000 个。于是，可以使用 5 000 个节点做映射器、200 个节点做归约器。每个映射器做 6 000 个文档的词频统计，统计之后把同一个单词的统计中间结果传送给同一个归约器进行汇总。比如某个归约器负责词表中前 20 个词的词频统计，遍历 5 000 个节点，这 5 000 个映射器把各自处理后和词表中前 20 个词汇相关的中间结果都传给这个归约器来进行最终的处理分析。可以发现，MapReduce 的核心处理理念就是分治法，把一个复杂的任务划分为若干个简单的任务分别来做。另外，MapReduce 还需要认真考虑的一个问题就是程序的调度，哪些任务应该分配给哪些映射器来处理。MapReduce 的根本原则是信息处理的本地化，将要处理的数据在其所存放的机器上进行处理，可以极大地减少网络通信的负担。

5.2.3　分布式存储 / 数据管理

云计算的核心技术之一是分布式文件系统和数据库，用于云计算中大型的、分布式的、对大量数据进行访问的应用。随着信息技术的发展，存储技术的发展经历了下面几个发展阶段。

第一阶段是存储和计算部署在一起：存储作为计算主机的一部分，开始装载着操作系统的个人计算机用文件系统管理本地存储资源，即数据以文件为单位由操作系统统一管理。人们在信息处理中关注的中心问题是系统功能的设计，因此程序设计占主导地位；随着大型工作站的出现，人们对数据管理技术提出了更高的要求，希望以数据为中心组织数据，数据的结构设计成为存储系统首先关注的问题。单机数据库技术正是在这样一个应用需求的基础上发展起来的，它按照数据结构来组织、存储和管理数据。

第二阶段是存储和计算分离，或称为网络存储系统：存储设备通过存储网络与物理主机相连，包括SAN、NAS等。

第三阶段是分布式存储：将数据分散存储在多台独立的设备上。单机数据库或网络存储系统采用集中的存储服务器存放所有数据，而分布式存储系统利用多台服务器分担存储负荷，提高了系统的可靠性、存取效率和可扩展性。分布式存储系统发展到现在，对数据进行管理的技术主要包括分布式文件系统和分布式数据库系统两部分。

1. 分布式文件系统（Distributed File System，DFS）

分布式文件系统主要针对非结构化数据，比如文本文件、图片、视频等，是为满足分布式应用对文件管理的需求而设计的，相对于集中式系统，它面临着一些技术难题。其中最关键的问题是如何保证多个分布式存储节点之间的信息一致性、工作步调一致性和节点状态一致性，以及如何协调节点之间的有序工作。举个例子来说，考虑银行转账操作。转账操作涉及扣减转出账户余额并增加转入账户余额。如果扣减操作成功但增加操作失败，转出账户将会损失资金；反过来，如果扣减操作失败但增加操作成功，银行将会损失资金。在分布式文件系统中，如何保证这两个操作的信息是一致的呢？为了解决这个问题，需要采取一些机制来保证数据的一致性。一种常用的方法是使用事务来执行这两个操作，以保证它们要么同时成功，要么同时失败。在这种情况下，如果扣减操作失败，增加操作也会被回滚，以确保两者的一致性。另外，还可以使用分布式锁来协调多个节点之间的操作顺序，以防止冲突和数据不一致。除了保证数据一致性，分布式文件系统还需要考虑容错性和读写性能方面的挑战。例如，如何处理节点故障或网络分区的情况，以及如何实现高效的数据复制和访问策略等。

一种经典的存储系统设计方法是基于ACID特性，其中ACID代表原子性（Atomicity）、一致性（Consistency）、隔离性（Isolation）和持久性（Durability）。具有ACID特性的存储系统确保每个操作事务都是原子性的，即要么完全成功，要么完全失败。事务之间是隔离的，彼此之间没有任何影响，并且系统保证最终状态持久地写入硬盘。因此，这种存储系统可以从一个明确定义的状态过渡到另一个明确定义的状态，中间不会出现临时状态，如果出现问题，系统会及时自动修复，从而实现强一致性。在实践中，单机环境下的集中式存储系统相对容易实现ACID事务特性，而分布式存储系统则需要根据CAP原理来处理数据一致性和读写性能等问题。CAP原理包括以下三个方面。

一致性（Consistency）：在分布式系统中，所有数据备份在同一时间具有相同的值，所有节点在同一时间读取的数据都是最新的副本。

可用性（Availability）：系统能够在合理的时间内响应并完成服务，具有良好的响应性能。

分区容忍性（Partition Tolerance）：即使在网络中的部分节点之间发生通信故障或丢失数据，系统仍然能够继续正常工作。

CAP 原理指出，在分布式系统中，无法同时满足 C/A/P 三个方面的需求，即要想避免单点故障，就需要复制数据；而数据的复制可能导致一致性问题；解决一致性问题又可能引发读写性能问题。

Hadoop 分布式文件系统（Hadoop Distributed File System，HDFS）是为了在拥有大量机器的集群中跨机器地对大量文件进行可靠存储而设计的，其被设计成适合运行在通用硬件上的分布式文件系统中。相对于大量现有的文件系统来说，HDFS 有着独特的优势：①高度容错性，适合部署在大量廉价的机器上；②非常高的吞吐量，非常适合那些在大规模数据集上的应用；③可以流式读取文件系统数据。HDFS 的这些优势使其非常适合那些有着超大数据集的应用程序。HDFS 的设计特点如下。

（1）元数据和数据的分离。元数据是描述数据的数据。在传统的文件系统里，因为文件系统不会跨多台机器，所以元数据和数据存储在同一台机器上。在分布式的文件系统中，为了让客户端简单易操作，并且使得多客户端之间的操作不可见，元数据需要与数据分别进行维护。HDFS 的设计理念是拿出一台或多台机器来保存元数据，并让剩下的机器保存文件的内容。名字节点和数据节点是 HDFS 的两个主要组成部分。其中，名字节点对元数据进行存储，而数据节点的集群对文件数据进行存储。名字节点相当于系统的管理者，不仅要管理存储在 HDFS 上内容的元数据，而且要记录一些日志与信息，比如哪些节点是集群的一部分，某个文件有几份副本等，还要在当集群中的节点发生故障或者数据副本发生丢失的时候决定系统需要做的事情，比如修复或者降级读等。存储在 HDFS 上的每份数据有多份副本，并保存在不同的服务器上。

（2）切分文件并均匀分布到多个数据节点上。在 HDFS 中，文件会被切分成大小相同的数据块（通常为 64 MB），然后这些块被写入文件系统中。同一个文件的不同数据块一般会保存在不同的数据节点上。当客户端准备写文件到 HDFS 并向名字节点询问文件的写入地址时，名字节点会将一批可以写入数据块的数据节点告诉客户端。当写完这批数据块后，客户端会从名字节点获取新的数据节点列表，然后把下一批数据块写到新列表中的数据节点上。这样做可以带来以下好处：一是当对这些文件执行运算时，能够通过并行方式读取和处理文件的不同部分；二是可以并行地写入来提升写的效率。

（3）检测硬件故障并恢复所造成的丢失数据。数据节点会周期性发送心跳信息给名字节点（默认是每 3 s 1 次）。如果名字节点在预定的时间（默认是 10 min）没有收到数据节点的心跳信息，它就会认为数据节点出现问题了，名字节点会把该数据节点从集群中移除，并且启动一个进程去恢复数据。HDFS 默认采用三副本冗余策略，这意味着所有数据块均有三个部分保持在三个节点上。对于 HDFS 来说，丢失一个数据节点意味着丢失了存储在其上的数据块的副本。此时，HDFS 会把其他数据节点的数据块副本复制到一个新的数据节点上，从而恢复丢失的数据块。

2. 分布式数据库系统

分布式数据库系统主要针对结构化数据，支持五类数据库存储模型，即行、列、键值、文档和图。很多电商应用中，在其网页上单击任何一个买过的商品，进去后第一个页面就是交易快照，即当时购买时的商品详情页。当电商规模发展到一定程度时，快照信息存储问题成为非常严峻的问题。这是因为单条信息数据小，条数多，不能丢，需要持久化保存，还要满足高可靠性要求。那么，在电商平台内，如何构建高效的数据管理平台，以适应快照的高速读取和可靠存储呢？解决方案是采用分布式数据库系统技术支撑该业务的需求。分布式数据库系统通常使用较小的计算机系统，每台计算机可单独放在一个地方，每台计算机中都可能有数据库管理系统的一份完整拷贝副本，或者部分拷贝副本，并具有自己的局部数据库，位于不同地点的许多计算机通过网络互相连接，共同组成一个完整的、全局的逻辑上集中、物理上分布的大型数据库。

分布式数据库系统是一种用于管理大规模结构化数据的技术。它旨在解决传统单机数据库面临的容量、读写性能和可用性方面的限制。通过将数据划分成多个分片，并在多台计算机上存储和处理这些分片，分布式数据库系统能够提供更高的存储容量、更好的读写性能和更高的可用性。这些计算机可以是物理服务器或虚拟机，数据通常被划分成多个分片，并复制到多个计算机上，数据的划分和复制策略可以基于哈希函数、范围划分或一致性哈希算法等来决定，这样可以实现数据的并行查询和在某台计算机发生故障时保持数据的可用性。分布式数据库系统需要具备分布式事务管理的能力，以保证数据的一致性和隔离性。分布式事务管理涉及多个计算机节点之间的协调和通信，确保事务在分布式环境中的正确执行。分布式数据库系统使用元数据来管理分片和数据的位置信息，元数据包括分片的位置、复制因子等信息。通常，元数据被存储在一个或多个专用的元数据服务器上，这些服务器负责跟踪分片的位置和状态，并处理数据库操作，如数据的插入、更新和查询等。分布式数据库系统需要具备良好的可扩展性，以应对数据量的增长和用户访问负载的增加。通过添加更多的计算机节点，分布式数据库系统能够扩展存储容量和处理能力，以满足不断增长的需求。常见的分布式数据库系统包括 Apache Cassandra、MongoDB、HBase 等。它们支持不同的数据存储模型，如行存储、列存储、键值存储、文档存储和图存储，以满足各种应用场景和数据访问需求。

5.3　虚拟化技术

云计算的核心技术之一是虚拟化技术。所谓虚拟化，是指通过虚拟化技术将一台计算机虚拟为多台逻辑计算机。在一台计算机上同时运行多个逻辑计算机，每个逻辑计算机可运行不同的操作系统，并且应用程序可以在相互独立的空间内运行而互不影响，从而显著提高计算机的工作效率。

虚拟化技术源于大型机的虚拟分区技术。早在 20 世纪 60 年代，IBM 公司就发明了一种操作系统虚拟机技术，使其能在一台主机上运行多个操作系统，从而让用户尽可能地充分利用昂贵的大型机资源。随着技术的发展，大型机上的技术开始向小型机上移植，但真正使用大型机和小型机的用户毕竟还是少数。随着 X86 处理器的应用普及，虚拟化技术开始进入应用更广泛的 X86 平台。许多 IT 人员也开始在个人机或工作站上运用这种虚拟化技术。21 世纪以来，随着多核 X86 处理器的出现，单台 X86 服务器的性能越来越强大，同时大量服务器的资源利用率很低，因此人们开始越来越多地将虚拟化技术引入服务器以整合服务器资源。

如果说分布式技术实现了云计算资源“形散实不散”，那么虚拟化技术则解决了云计算资源“聚散随人意”的问题。云计算对于资源的关键要求包括两个方面：一是资源的整合，即通过整合多个数据中心的服务器的资源，使这些资源连在一起成为一个巨大的系统资源池；二是统一资源的汇聚，即将同类的服务资源通过汇聚的方式集合起来，实现对外的统一入口。虚拟化正是一种解决上述要求的核心技术。虚拟化作为一种资源管理技术，将计算机的各种实体资源，如服务器、网络、内存及存储等，予以抽象、转换后呈现出来，打破实体结构间的不可切割的障碍，使用户可以采用比原本的组态更好的方式来应用这些资源。用户可以构建出最适应需求的应用环境，从而节省成本，并使得这些资源达到最大利用率。这些资源的新虚拟部分不受现有资源的放置方式、地域及物理形态所限制。虚拟化技术还可以用来解决高性能的物理硬件产能过剩或者老旧硬件产能过低的重组重用问题，透明化底层物理硬件，从而最大化地利用物理硬件。

设想一个平台虚拟化管理的场景，如某公司的平台上一台 16 核 32 G 内存的虚拟机，需要跑 500 个以上用户的应用，每个应用的功能可以当作一个网站 + 一系列的 RESTful 应用程序编程接口（Application Programming Interface，API）。有两个事情很重要：一是资源隔离。比如限制应用最大内存使用量，或者资源加载隔离等。二是低消耗。虚拟化本身带来的损耗需要尽量低。不可能在一台机器上开 500 个虚拟机，虽然可以在资源隔离方面做得很好，但这种虚拟化本身带来的资源消耗太严重。那么，如何在平台上进行虚拟化的有效管理呢？在这里，容器技术可以支撑该业务的需求。

虚拟化技术已经成为一种被大家广泛认可的服务器资源共享方式，而虚拟化技术会在本地操作系统之上多加一个虚拟层（Hypervisor），即一种运行在物理服务器和操作系统之间的中间软件层，可以虚拟化硬件资源，并在虚拟化资源之上安装操作系统，这也就是所谓的虚拟机。然而，Hypervisor 虚拟化技术仍然存在一些性能和资源使用效率方面的局限性。首先，每一个虚拟机都是一个完整的操作系统，所以需要给其分配物理资源，当虚拟机数量增多时，操作系统本身消耗的资源势必增多；其次，开发环境和线上环境通常存在区别，所以开发环境与线上环境之间无法达到很好的桥接，在部署上线应用时，依旧需要花时间去处理环境不兼容的问题。因此出现了一种称为容器的新型虚拟化技术来帮助解决这些问题。容器可以把开发环境及应用整个打包带走，打包好的容器可以在任何环境下运行，这样就可以解决开发与线上环境不一致的问题了。可以说，容器是轻量级的操作系统级虚拟化，可以在一个资源隔离的进程中运行应用及其依赖项。容器技术可以在按需构建容器技术操作系统实例的过程中为系统管理员提供极大的灵活性，其主要代表技术就是 Docker。Docker 是一个开源的应用容器引擎，让开发者可以打包 Docker 的应用以及应用的依赖包，然后放到一个可移植的容器中，发布到任意机器上以实现虚拟化。容器完全使用沙箱机制，相互之间不会有任何接口。简单地说，Docker 容器类似于集装箱。如果一艘船可以把货物规整地摆放起来，并且各种各样货物可以在集装箱里封装好，以及集装箱和集装箱之间不会互相影响，那么就无须区分专门运送水果的船和专门运送化学品的船了。

5.3.1 计算虚拟化

观察一个公有云计算的深度学习平台：某大型 IT 公司最近发布了一个公有云上基于虚拟化的托管集群的云深度学习平台，旨在让 ABC（人工智能 AI、大数据 Big Data、云计算 Cloud Computing）时代下企业和开发者快速获取 AI 能力。在这里，AI 深度学习的能力主要指的是在当前 AI 常用的模型之一——深度神经网络上对海量数据进行深度学习训练。

当前，人们常利用 GPU 来训练这些深度神经网络。与单纯使用 CPU 的做法相比，GPU 具有数以千计的计算核心、可实现 10 ~ 100 倍应用吞吐量，因此 GPU 所能使用的训练集也更大，所耗费的时间大幅缩短，占用的数据中心基础设施也少得多。但是，GPU 的价格通常比较昂贵。因此，一个公有云计算的深度学习平台就可以为大量深度学习的用例提供 AI 的计算服务，那么，在该云深度学习平台上，如何让 GPU 的计算资源能够被不同用户共享和独立使用？计算虚拟化技术可以支撑该业务的需求，如图 5-6 所示。计算虚拟化是指在物理服务器的宿主机操作系统中加入一个虚拟层，在虚拟层之上可以运行多个客户端操作系统（Guest OS）。通过分时及模拟技术，将物理服务器的 CPU、内存等资源抽象成逻辑资源，向 Guest OS 提供一个虚拟且独立的服务器硬

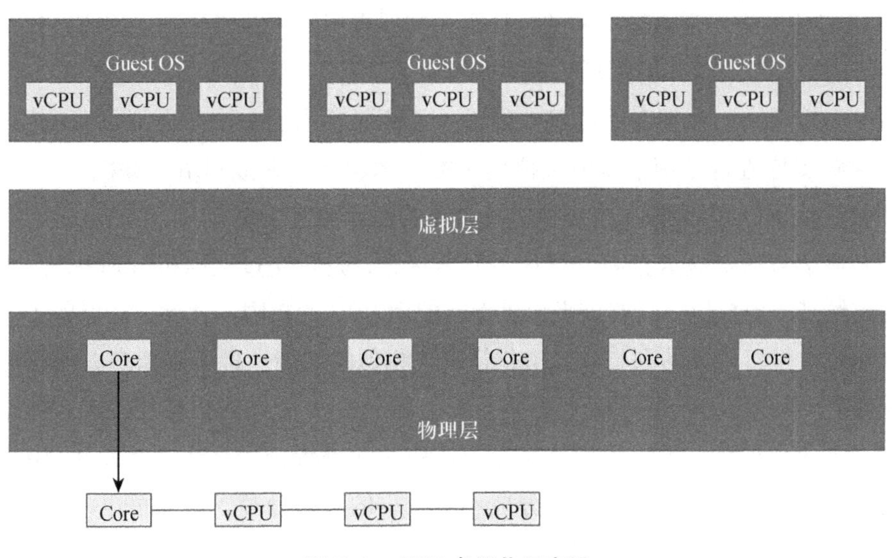

图 5-6　CPU 虚拟化示意图

件环境，以提高资源利用率和灵活性。目前数据中心商用的虚拟化软件主要是 ESXI，但是开源的、KVM 虚拟化也成为 Linux 内核默认的组件，可以运行在各种主流的服务器架构上。KVM 虚拟化主要包括 CPU、内存和 GPU 的虚拟化，其他设备的虚拟化和虚拟机的管理则需要依赖软件实现的虚拟化来完成。下面重点介绍 KVM 虚拟化。

一个虚拟机本质上就是一个进程，在硬件辅助虚拟化的环境中，CPU 具有根模式和非根模式，每种模式下又有零环（Ring 0）和三环（Ring 3）两个级别。宿主机运行在根模式下，宿主机的内核处于 Ring 0，而用户态程序处于 Ring 3，Guest OS 运行在非根模式，Guest OS 的内核运行在 Ring 0，用户态程序运行在 Ring 3。当处于非根模式的 Guest OS 需要执行“特权代码”时会主动调用 Hypervisor，硬件自动挂起 Guest OS，CPU 会从非根模式切换到根模式，整个过程称为虚拟机退出（vm_exit）。相反地，Hypervisor 通过调用相关指令让硬件自动加载 Guest OS 的上下文，于是 Guest OS 获得运行。

除了 CPU 虚拟化，计算虚拟化的另一个关键是内存虚拟化，通过内存虚拟化来对物理系统内存进行共享，并将其动态分配给虚拟机，操作系统保持着虚拟页到物理页的映射。这里简单介绍物理页和虚拟页，为便于管理，物理内存被分页，就像一本书里面有好多页纸，每张纸上记录了不同的信息。对于 32 位的 CPU 来说，每个物理页大小是 4 KB。与之对应的虚拟页指的是虚拟内存中的分页。为了实现内存虚拟化，让客户机使用一个隔离的、从零开始且具有连续的内存空间，KVM 引入一层新的地址空间，即客户机物理地址空间，这个地址空间并不是真正的物理地址空间，它只是宿主机虚拟地址空间在客户机地址空间的一个映射。对于客户机，客户机物理地址空间都是从零开始的连续地址空间；但对于宿主机，客户机的物理地址空间并不一定是连续的，客户机物理地址空间有可能映射在若干个不连续的宿主机地址区间。计算机图形处理器 GPU 主要进行浮点运算和并行计算，其浮点运算和并行计算速度可以比 CPU 强百倍。目前虚拟机系统中的图形处理方式有以下 3 种。

（1）虚拟显卡。由于专业的显卡硬件价格高昂，当前主流的虚拟化系统往往采用虚拟显卡对图像进行处理。目前虚拟显卡的技术包括：虚拟网络计算机，Xen 虚拟帧缓存，VMware GPU 以及独立于虚拟机管理器的图形加速系统。

（2）显卡直通。显卡直通也被称为显卡穿透，是指绕过虚拟机管理系统，将 GPU 单独分配给某一虚拟机，只有该虚拟机拥有使用 GPU 的权限。这种方法保留了 GPU 的完整性和独立性，可以达到与非虚拟化情况下相似的性能，且可以用来进行通用计算。显卡直通需要利用显卡的一些特性，并且仅有部分 GPU 设备可以使用，兼容性差。

（3）显卡虚拟化。显卡虚拟化将显卡使用时间进行分片，将这些分片分配给虚拟机进行使用。一般可以根据需求切分成不同大小的时间分片，因此可以将这些分片分配给多台虚拟机进行使用，其实现原理其实就是利用应用层接口虚拟化，对 API 进行重定向，在应用层进行拦截与 GPU 相关的 API 接口，通过重定向（仍使用 GPU）的方式完成相应功能，再将执行结果返回到相应的应用程序。

5.3.2 存储虚拟化

由于采用新的医疗工具导致数据量的膨胀，医疗行业成为存储市场新的快速增长点。医院以及其他医疗机构都需要快速增加存储容量，才能够满足新的医学技术的应用需要，这些新的应用包括对医患记录和数码化医疗影像进行存档、传输、诊断及管理。对医疗保健专业人士来说，医疗数据的调取速度、可用性和可靠性都可能对患者的病情和生命产生重大影响。某医疗保健集团下属多家医院、专业中心和联合诊所，管理着几百万患者，多达几百 TB 的医疗记录。那么，在该医疗集团里，如何让存储资源的高读写速度、高可用性和可靠性都能得到满足呢？在这里，存储虚拟化技术可以支撑该业务的需求。存储虚拟化就是对硬件存储资源进行抽象化，通过对存储系统或存储服务内部的功能进行隐藏、隔离及抽象，使存储与网络、应用等管理分离，存储资源得以合并，从而提升资源利用率。典型的存储虚拟化包括以下的一些情况，增加或集成新的功能、屏蔽系统的复杂性、仿真、整合或分解现有的功能等。

根据全球网络存储工业协会（Storage Networking Industry Association，SNIA）的分类方法，如图 5–7 所示，可将存储虚拟化技术从不同角度进行分类。按照虚拟化的对象分类，可以分为块虚拟化、磁盘虚拟化、磁带虚拟化、文件系统虚拟化和文件记录虚拟化；按照虚拟化的实现方式分类，可以分为基于主机 / 服务器的虚拟化、基于网络的虚拟化和基于存储设备 / 子系统的虚拟化；按照数据流和控制流是否同路分类，可以分为带内虚拟化和带外虚拟化。存储虚拟化技术目前主要面临低成本、易实现、灵活性、可扩展性等几方面的挑战。

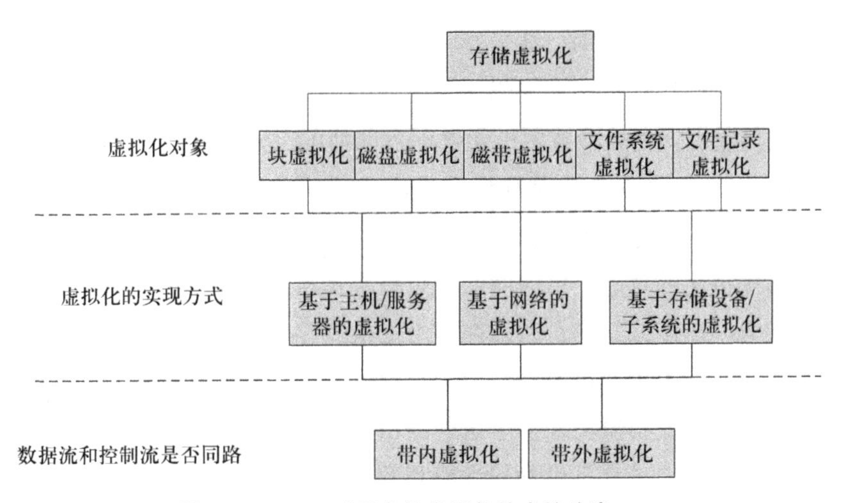

图 5-7　SNIA 对于存储虚拟化技术的分类

基于主机的虚拟存储主要是利用安装在一个或多个主机上的控制软件来实现存储虚拟化的控制和管理。因为运行在主机上的控制软件会占用主机的处理时间，所以该方法的扩展性较差，实际运行的性能不佳。基于主机的虚拟存储方法也有可能影响到系统的稳定性和安全性，比如有时会越权访问受保护的数据。同时，该方法的控制软件安装在主机上，因此一个主机的故障可能会影响到整个存储系统中数据的完整性。另外，基于主机的存储虚拟化还可能由于不同存储厂商软硬件的差异而带来不必要的互操作性开销，所以这种方法的灵活性也会受到影响。但是，基于主机的虚拟化方法最易于实现且其设备成本最低，因为不需要增加任何附加的硬件。使用这种方法的供应商一般趋向于成为存储管理领域的软件厂商，而且目前已经有成熟的软件产品。这些软件可以提供图形化接口来方便地对存储系统进行管理和虚拟化，在主机存储和小型存储网络结构中有着良好的负载平衡机制。从这个角度看，基于主机的存储虚拟化是一种高性价比的方法。

基于网络的存储虚拟化方法是在网络设备之间实现存储的虚拟化功能，具体有以下几种方式。

（1）基于互联设备的存储虚拟化。基于互联设备的存储虚拟化方法有两种方式，即对称和不对称。如果是对称的方式，那么数据信息和控制信息在同一条通道上进行传输。如果是不对称的方式，数据信息和控制信息在不同的通道上进行传输，所以非对称结构比对称结构具有更好的可扩展性，但安全性不高。对称结构中，虚拟存储控制设备可能成为瓶颈，并易出现单点故障。基于互联设备的存储虚拟化方法能够运行于使用标准操作系统的专用服务器上。该方法相对于基于主机的虚拟化方法具有易使用、设备低廉等优势。许多基于互联设备的存储虚拟化供应商也提供一些附加的功能模块来改善系统的整体性能，从而能够获得比标准操作系统更好的性能和更完善的功能，但这需要额外的硬件成本。基于互联设备的存储虚拟化方法也存在基于主机的存储虚拟化方法的一些缺陷，因为它仍然需要一个运行在主机上的代理软件或基于主机的适配器，任何主机发生故障或主机配置不合理都可能会导致访问到不被保护的数据。同时，在异构的操作系统间的互操作性仍然是一个问题。

（2）基于路由器的存储虚拟化。基于路由器的存储虚拟化方法是利用路由器的固件来实现存储虚拟化的功能，供应商通常也提供运行在主机上的附加软件来进一步增强存储管理能力。在该方式中，通过在每个主机到存储网络的数据通道中放置路由器的方式来截取任何从主机通过网络传输到存储系统的命令。由于路由器可以服务于每一台主机，且大多数控制模块存在于这些路由器中，因此该方式相对于基于主机和大多数基于互联设备的方法具有更好的性能和效果。同时，由于不依赖于在每个主机上运行的代理服务器，这种方法比基于主机或基于互联设备的存储虚拟化方法具有更高的安全性。当连接主机到存储网络的路由器出现故障时，可能会导致主机上的数据不能被访问。但是只有与故障路由器相连的主机才会受到影响，其他主机仍然可以通过其他路由器继续访问存储系统。同时，路由器的冗余可以支持动态多路径，这也为上述故障问题提供了一个解决方法。另外，由于路由器经常作为协议转换的桥梁，基于路由器的方法也可以在异构操作系统和多供应商存储环境之间提供互操作性。

（3）基于交换机的存储虚拟化。交换机的虚拟化是通过在交换机中嵌入虚拟化模块来实现的，但由于在交换机中集成有虚拟化功能，交换机易成为系统的瓶颈，并可能产生单点故障问题。不过该结构不需要在服务器上安装额外的虚拟化软件，减少了服务器的负载，同时也没有基于存储设备或者主机环境的安全性问题，具有较好的互操作性。

（4）基于存储设备的存储虚拟化。该方法利用可以提供相关功能的存储模块来进行虚拟化。如果不使用第三方的虚拟软件，基于存储设备的存储虚拟化往往只能提供不完全的存储虚拟化解决方案。对于包含多厂商存储设备的存储区域网络存储系统，这种方法的效果并不是很好。同时，这些提供虚拟化功能的存储块将会对系统中没有提供存储虚拟化功能的简单硬盘组和简单存储设备进行排斥。因此，使用这种方法来提供虚拟化意味着最终将锁定某一家特定的存储供应商，容易造成供应商垄断。不过，基于存储设备的存储虚拟化方法也有一些优势，在存储系统中这种方法较容易实现，容易与某个特定存储供应商的设备相协调，同时由于它对用户或管理人员都是透明的，更易于管理。但是，必须注意到，因为缺乏足够的软件进行支持，这就使得解决方案难以依据客户需求量身定制和进行监控。

5.3.3 网络虚拟化

设想一个大型网络公司跨地域数据中心的网络管理的场景，如某大型IT公司的网络架构有大量的互联网业务产品，为了给广大互联网用户提供更好的接入体验，数十万服务器分布在全球 10 多个城市的数十个数据中心，主要存在以下挑战。

首先，业务类型多样且流量需求规模大，数据中心间网络链路带宽资源有限，难以满足业务临时性的大容量传输需求，通常需要业务部门自行搭建 VPN 平台并通过公网传输，缺乏灵活性，响应速度慢。其次，从网络管理的角度分析，由于地域分布较广和业务类型众多等，一个管理域中设备数量往往接近 1 000 台，面对如此大型的网络公司，完全通过人工方式管理这些分布式的系统需要一个非常复杂的管理体系和风险控制流程。那么，如何对大型网络公司跨地域数据中心进行有效的网络管理？网络虚拟化技术可以支撑该业务的需求。

网络虚拟化的具体定义在业界还存在较多争议。目前，通常认为网络虚拟化是对物理网络及其组件（比如交换机、端口以及路由器）进行抽象，并从中分离网络业务流量的一种方式。采用网络虚拟化可以将多个物理网络抽象为一个虚拟网络，或者将一个物理网络分割为多个逻辑网络。以虚拟局域网（Virtual Local Area Network，VLAN）为例，VLAN 是一组逻辑上的设备和用户，这些设备和用户并不受物理位置的限制，相互之间的通信就好像它们在同一个网段中一样。可以说，网络虚拟化是一种类似通道机制的覆盖结构。网络虚拟化会在网络中两个逻辑区之间的物理连接通路之外架设新的连通方式。网络虚拟化可以帮助管理者免于为每一个新接入的域布设物理连线，特别是那些刚刚创建完成的虚拟机系统。因此，管理者不必对已完成的工作进行频繁变更。在网络虚拟化方案的帮助下，软件定义网络（SDN）能够以全新的方式实现基础设施虚拟化并对现有的基础设施进行调整。网络虚拟化通过网络来创建通道并利用每一条传输流进行服务，那么接下来需要考虑的就是使这条新的通道可以承载相应的服务。

网络功能虚拟化旨在对网络通信互联模型的四到七层功能进行虚拟化处理，包括防火墙、入侵检测与防御系统，甚至包括负载平衡机制（应用程序交付控制器）。网络功能虚拟化是由欧洲电信标准组织（Europen Telecommunications Standards Institute，ETSI）从网络运营商的角度提出的一种软件和硬件分离的架构，主要是希望通过标准化的 IT 虚拟化技术，采用业界标准的大容量服务器、存储和交换机承载各种各样的网络软件功能，实现软件的灵活加载，从而可以在数据中心、网络节点和用户端等不同位置灵活地部署配置。网络功能虚拟化可以帮助人们为虚拟机或者传输流创建一套服务配置方案，并在网络上建立起抽象结构，最终在特定逻辑环境下构建起虚拟服务。只要这一切部署到位，网络功能虚拟化就能够节省大量的手动配置的时间。网络功能虚拟化也能有效地减少配置浪费的情况：客户现在只对需要这部分功能的网络通道进行采购，而不是像以往那样购买整套网络环境，可以节约大量的前期成本投入，同时也能带来切实可见的运作收益。

SDN 和虚拟化相辅相成，SDN 提供的灵活的网络控制与虚拟化技术共同构建了高度可编程的网络基础设施。SDN 利用封闭式的流程实现网络配置。用户可以利用 SDN 来对网络进行编程，从而构建新的连接方式，而不是像以前那样通过设备来建立网络连接。SDN 将控制平台与数据平台区分开来，从而实现网络的可编程化。要实现网络的可编程化，交换机本身需要具备可编程特性，软件定义网络控制器也需要采用业界的标准控制协议［如开放流（OpenFlow）］。OpenFlow 尽管不是专门为网络虚拟化而生，但是它带来的标准化和灵活性却给网络虚拟化的发展带来无限可能。基于 OpenFlow 的软件定义网络，可实现控制层和转发层分离，极大地提升了网络的交换速度，满足云计算中高速数据交换和传输的要求。

总体而言，网络虚拟化与网络功能虚拟化负责在物理网络基础上建立虚拟通道并添加虚拟功能，而软件定义网络则用于调整物理网络。软件定义网络不像前两者那样依赖于 X86 服务器来进行实现，而是以网络交换机作为实现载体。软件定义网络对于网络体系的配置及管理来说是真正全新的方式。举例来说，可以将“大传输流”由千兆网络端口迁移至万兆网络端口，或者将大量的“小传输流”汇聚在同一个千兆端口处。随着云计算的到来，网络作为互联互通的基础设施，一个迫切需要解决的问题是如何实现网络的虚拟化，从而可以支持 IT 工作负载的快速变化和物理基础设施的调配，为工作负载提供端到端的网络资源响应。网络虚拟化的本质是在底层的物理网络上进行抽象，然后在逻辑上对网络资源进行分片或者整合，从而满足各种应用对于网络的不同需求。

5.3.4 桌面虚拟化

设想一个云办公的场景，如某银行已经建立起多个办公系统，包括邮件系统、内部财务系统、工作审批电子流以及内部通信系统。但这些办公系统都部署在银行内网，在外出差的领导和外勤人员无法正常使用，经常会因为某关键人员在外出差而导致涉及多人共同处理的工作无法按时进行，工作效率不高。而企业内部的办公系统涉及太多的插件、控件，很大部分还是微软公司开发的。平板电脑，特别是 IOS 操作系统的平板电脑无法使用，客户曾经尝试用二次开发的方式去实现移动办公都不成功。为此，急需一种能快速部署、平滑平移到平板电脑和手机上的移动办公产品。那么，在该银行外部，如何让移动设备可以像在银行内部一样，对内部系统的软件进行直接操作？在这里，桌面虚拟化技术可以支撑该业务的需求。

桌面虚拟化将用户的桌面环境与其他的终端设备解耦合。服务器上面存放的是每个用户的完整桌面，用户可以通过任意的终端设备（如个人电脑、智能手机、平板电脑等），在任意时间、任意地点通过网络访问该桌面环境。随着社会的飞速发展，基于云计算的应用已成为网络信息化发展的必然趋势。将来的终端各种各样，但只要前端采用了桌面虚拟化技术，用户就能够在任何时间、任何地点，以各种方式对后端的云进行信息的处理与管理。桌面虚拟化技术的优点主要有以下三个。

（1）降低运维成本。系统管理与维护集中在后台数据中心，而虚拟桌面使用者可分布到各地。

（2）安全性高。终端的资源集中在后台数据中心，管理员可对终端进行统一认证，终端用户接收到的只是通过桌面传输协议传输的照片，而虚拟化和企业数据始终存放在后台数据中心。

（3）易进行数据备份和恢复。由于桌面环境被保存为一个个虚拟机，通过对虚拟机进行快照、备份，就可以实现全备份，出现故障时，也能够快速恢复。

桌面虚拟化的实现方式有以下几种。

一是通过远程登录的方式对服务器上的桌面进行使用。典型的有基于 Windows 的远程桌面（Re-moteDesktop）、基于 Linux 的 X 服务器（XServer）等方式。这种方式的特点是在服务器端运行的是完整的操作系统，所有的应用都运行在服务器端；客户端只需要通过远程的登录界面登录到服务器，就能够看到桌面，并运行程序。

二是通过网络服务器运行改写过的桌面。典型的有在线 Office、软件或者浏览器里面的桌面。这是通过对原来的桌面软件进行重写，使其能在浏览器里运行完整的桌面或者程序。由于软件是重写的，通常会造成部分功能的缺失。实际上，通过这种方式是可以运行桌面软件的大部分功能的，因此，随着 SaaS 的发展，相应的应用场景也会越来越广。

通过应用层虚拟化的方式来提供桌面虚拟化。也就是说通过软件打包的方式，在用户需要的时候将软件推送到用户的桌面，在用户不需要的时候将其收回。

5.4　云平台技术

云计算的本质是将计算能力作为一种较小粒度的服务提供给用户，按需使用和付费，体现了经济、快捷、柔性等特性。云平台技术是支撑云计算的基础技术，本节介绍了 2 种主要技术，即服务计算技术、多租户技术。

5.4.1　服务计算技术

设想一个基于云服务的手机游戏开发的场景，游戏创业团队最大的优势可能就是内容上的创新，但是技术能力上的不足却会严重拖累他们的创新，比如自主部署服务器的运行环境至少需要 3 个月的时间。本来自己拥有一个好的创意，却因为开发周期过长，可能导致这个创意被别人抢先一步发布，这对创业者的打击是十分沉重的。那么，如何大大缩短游戏创业团队的开发周期？答案是利用服务计算技术支撑该业务要求。互联网的迅猛发展使其成为全球信息传递与共享的巨大资源库。越来越多的网络环境下的 Web 应用系统被建立起来，利用 HTML、通用网关接口等 Web 技术可以在因特网环境下实现电子商务、电子政务等多种应用。然而，这些应用可能分布在不同的地理位置，使用不同的数据组织形式和操作系统平台，再加上应用不同造成数据不一致，因此如何将这些高度分布的数据集成起来并得以充分利用成为急需解决的问题。

随着网络技术的发展，出现了一种利用网络进行应用集成的解决方案——Web 服务。Web 服务是一个使用统一资源标识的软件实体，其接口和绑定可以用可扩展标记语言（XML）协议定义、描述和发现。Web 服务具有以下优点。

（1）良好的封装性。Web 服务是一种部署在 Web 上的对象，自然具备对象的良好封装性。对于使用者而言，其能且仅能看到该对象提供的功能列表。

（2）标准协议性。Web 服务利用标准的因特网协议（如 HTTP、SMTP 等），解决了面向 Web 的分布式计算的通信问题，接口更加规范化和易于机器理解。

（3）松散耦合性。当一个 Web 服务的实现发生变更时，其调用者不会感到这一点，即只要服务的调用接口不变，Web 服务的任何变更对调用者而言都是透明的。

（4）高度集成性。由于 Web 服务采取简单的、易理解的标准 Web 协议作为组件接口描述和协同描述规范，完全屏蔽了不同软件平台的差异，实现了在当前环境下最好的可集成性。Web 服务技术的发展进一步推动了服务计算在工业界中的应用，下面介绍目前服务计算的面向服务的架构（Service-Oriented Architecture，SOA）的前沿技术。

SOA 指为了解决在互联网环境下业务集成的需要，通过连接能完成特定任务的独立功能实体来实现的一种软件系统架构。SOA 是一个组件模型，它将应用程序的不同功能单元（称为服务）通过这些服务之间定义良好的接口和契约联系起来。接口是采用中立的方式进行定义的，它独立于实现服务的硬件平台、操作系统和编程语言，这使得构建在各种各样的系统中的服务可以以一种统一和通用的方式进行交互。SOA 是一种粗粒度、松耦合的服务架构，服务之间通过简单、精确定义接口进行通信，不涉及 SOA 底层编程接口和通信模型。SOA 可以看作浏览器 / 服务器（Browser/Server，B/S）模式、XML 等技术之后的自然延伸。SOA 可以根据需求通过网络对松散耦合的粗粒度应用组件进行分布式部署、组合和使用。SOA 能够帮助工程师站在一个新的高度来对企业级架构中的各种组件的开发、部署形式进行理解，能够帮助企业的系统架构者以更迅速、更可靠、更具重用性的方式来架构整个业务系统。较之以往，以 SOA 架构的系统可以更加从容地面对业务的急剧变化。SOA 更加注重通过服务的理念来设计架构；而云计算则通过 IaaS、PaaS 和 SaaS 将各种资源（服务）提供给用户。所以在实际的部署使用中，使用基于云计算的 SOA 这样的架构设计可以进一步节约成本并将遗留信息进行整合，这样可以更好地提高企业信息化建设的实际效率。

5.4.2 多租户技术

设想一个政务云办公权限分配的场景。近两年政务云的发展非常迅速，从许多地方政府披露的信息来看，电子政务上云已拓展延伸到乡镇一级，这为提高电子政务效率、最终惠及人民打下了坚实的基础。政务云迅猛发展的同时，也出现了新的问题，那就是不少地方的政务云只追求快速上线，而忽视数据安全保障体系的构建，特别是权限设置。比如，如果允许中央领导查看全中国的数据，但限定各省份的领导只能查看本省的数据。那么，如何在政务云中做好不同权限的人员获取不同级别的数据呢？在这里，多租户技术可以支撑该业务的需求。

多租户技术实际是一种软件架构技术，它是在探讨如何在多用户的环境下共用相同的系统或程序组件，并且仍可以确保各用户的数据隔离且业务不互相影响，即主要研究在共用的数据中心内如何以单一系统架构与服务提供多数客户端相同甚至可定制化的服务，并且仍然可以保障客户的数据隔离。

为什么要用多租户呢？开发者开发出一个服务，最好是能够同时提供给多个人/企业使用，而且这些客户可以共享同一套服务，因为这样能够大大降低服务维护成本。另外，这样还提高了数据安全性，因为在云计算环境下，很多应用都放到了云端，导致在应用入口易出现敏感数据泄露、数据访问无详细记录、冒名访问开放接口等问题，在运维入口易出现开发人员账号混用、操作无详细记录、高危险误操作无法控制、敏感数据泄露等问题。通过多租户数据资源隔离机制，就可以保证数据的安全性。

例如，甲、乙、丙三人合租了一套三室两厅的房子，三人各占一间独立卧室，每间房各配一把钥匙，从而保证每个人都有自己的独立私密空间，如果别人要进入，必须通过权限验证（也就是配套的开门钥匙）才行，但厨房、餐厅、客厅这些资源是共用的。这里的甲、乙、丙就是多租户，别的租户要访问必须通过权限验证的独立卧室就是数据隔离，共用的资源（厨房、餐厅、客厅）就是多租户环境下的系统和应用程序、组件。在多租户技术中，租户包含在系统中可识别为指定用户的一切数据，包括账户与统计信息，用户在系统中构建的各种数据，以及用户本身的自定义应用程序环境等。租户所使用的是基于供应商所开发或构建的应用系统或运算资源等，基于多租户技术的系统会容纳数个用户在同一个环境下使用。另外，为了让多个用户可以在同样的运算环境中运行并同时运行同一个应用程序，多租户技术对应用程序与运算环境进行了特别的设计，让系统平台允许多份相同的应用程序同时运行，并保护租户数据的隐私与安全。

5.5 本章小结

第5章主要介绍了云计算系统的使能技术。本章从云计算技术基础开始，分别讨论了云计算硬件技术基础和云计算网络技术基础。在云计算硬件技术基础方面，探讨了云计算所需的基础设施，包括服务器、存储设备和网络设备等。在云计算网络技术基础方面，介绍了云计算系统所依赖的网络架构和通信协议。本章还介绍了分布式技术，包括分布式系统、分布式计算和分布式存储/数据管理。分布式系统涉及计算机程序的集合，这些程序利用跨多个独立计算节点的计算资源来实现共同的目标。分布式计算涉及将计算任务分解为多个子任务，并在多个计算节点上并行执行，以提高计算效率和可靠性。分布式存储/数据管理则涉及将数据存储在多个节点上，以实现数据的冗余备份和高可用性。随后，本章介绍了虚拟化技术，包括计算虚拟化、存储虚拟化、网络虚拟化和桌面虚拟化。计算虚拟化通过将物理服务器划分为多个虚拟机实例，从而实现多租户共享物理资源的目的。存储虚拟化将多个物理存储设备抽象为一个统一的存储资源池，提供灵活的存储管理功能。网络虚拟化则将物理网络划分为多个虚拟网络，实现多租户之间的逻辑隔离和灵活配置。桌面虚拟化允许用户通过虚拟桌面接口访问远程的虚拟机桌面环境。最后，本章介绍了云平台技术，包括服务计算技术和多租户技术。服务计算技术通过将软件应用划分为多个独立的服务单元，并通过网络进行通信和协作，提供灵活、可扩展的应用开发和部署方式。多租户技术则实现了在同一云平台上运行多个租户的能力，保证租户之间的资源隔离和安全性。

第 6 章　边缘计算相关技术

边缘计算相关技术主要围绕边缘计算技术基础、网络通信技术、计算技术、边缘计算系统四个方面展开。首先，针对边缘计算技术基础，介绍硬件技术基础、软件技术基础以及存储技术基础；其次，针对网络通信技术，介绍 5G 通信技术、软件定义网络技术、内容交互 / 分发网络技术以及网络切片技术；再次，针对计算技术，介绍任务单元和微数据中心、计算迁移、轻量级函数库和内核以及边缘计算编程模型；最后，针对边缘计算系统，介绍四个边缘计算的框架，分别为 Apache Edgent、EdgeX Foundry、Azure IoT Edge、AWS Greengrass。

6.1　边缘计算技术基础

提及边缘计算技术，就要涉及三个基础技术，分别是边缘计算硬件技术基础、边缘计算软件技术基础、边缘计算存储技术基础。接下来的内容，将针对这三个基础技术进行详细的介绍。

6.1.1　边缘计算硬件技术基础

边缘计算硬件技术是支撑边缘计算的关键。边缘计算硬件技术涵盖了多个方面，以下是一些常见的边缘计算硬件技术。

（1）边缘服务器。边缘服务器是位于边缘网络的计算节点，通常具备高性能的处理器、内存和存储设备，能够执行复杂的计算任务，并提供较低的延迟和高带宽的数据处理能力。

（2）边缘设备。边缘设备包括智能手机、物联网设备、传感器等，具备一定的计算和存储能力，能够在本地对数据进行处理和分析。边缘设备通常采用嵌入式系统或者小型化的计算平台。

（3）网络设备。边缘计算依赖于稳定和高效的网络连接。网络设备包括交换机、路由器和网关等，用于建立可靠的边缘网络，连接边缘设备和边缘服务器。

（4）加速卡和加速器。为了提升边缘计算的性能，一些硬件加速技术被广泛采用。

例如，图形处理器和张量处理器（Tensor Processing Unit，TPU）等加速器能够高效地执行特定类型的计算任务，如机器学习和人工智能推理。

（5）存储设备。边缘计算中的数据存储也是重要的硬件需求。边缘设备和边缘服务器需要可靠、高性能的存储设备，如固态硬盘（Solid State Drives，SSD）或者分布式存储系统。

（6）传感器和执行器。一些边缘设备需要与物理世界进行交互，因此传感器和执行器也是边缘计算硬件的一部分。例如，温度传感器、摄像头、声音传感器等可以收集环境数据，而执行器是如电机或者其他可以对物理设备进行控制的执行单位。

边缘计算作为一种新兴的计算模式，与传统的云计算相比，在硬件方面有着更高的要求，其体系架构如图 6-1 所示。这主要归因于边缘计算的分布式部署特性，边缘节点可以部署在各种各样的地方，如街道、车间、校园和小区等。这种多样性给边缘节点的硬件设计和维护带来了巨大的挑战。为了尽可能地降低故障率并减少设备的维护，我们必须使用高标准的硬件设备。只有这样，我们才能确保边缘计算节点的稳定性和可靠性。

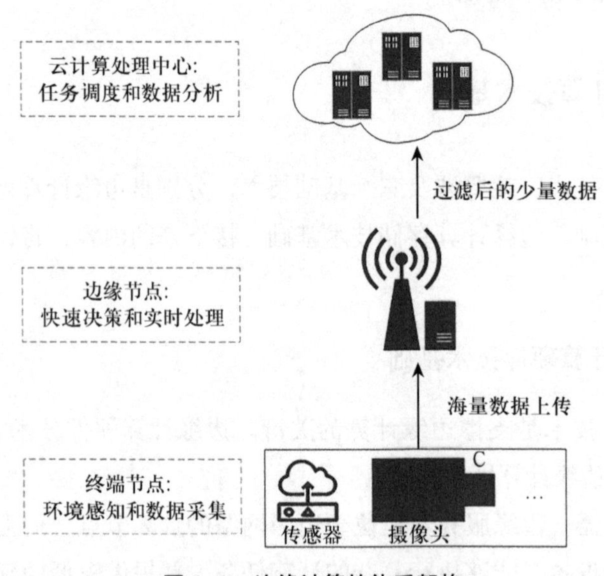

图 6-1　边缘计算的体系架构

然而，目前工业界尚未形成统一的标准，这导致了各大厂商所生产的硬件设备之间缺乏互联互通和互操作性。这也意味着在选择和集成硬件设备时需要特别谨慎，以确保它们能够良好地协同工作。

6.1.2　边缘计算软件技术基础

软件技术在边缘计算中扮演着关键的角色，它们为移动边缘计算提供了基础设施、管理工具和开发框架，支持实现低延迟、高带宽的计算服务，并加速了边缘应用程序的开发和部署过程。以下是移动边缘计算中常用的软件技术。

（1）软件定义网络（Software-Defined Networking，SDN）。SDN 是一种网络架构，通过将网络控制平面与数据转发平面分离，提供了灵活的网络管理和控制。在移动边缘计算中，SDN 可用于动态管理和配置边缘网络，以满足不同应用的需求。

（2）网络功能虚拟化（Network Function Virtualization，NFV）。NFV 是一种将网络功能（如路由器、防火墙等）虚拟化的技术，其架构如图 6-2 所示。在移动边缘计算中，NFV 可用于将边缘计算节点中的网络功能部署为虚拟机或容器，以提供灵活的网络服务。

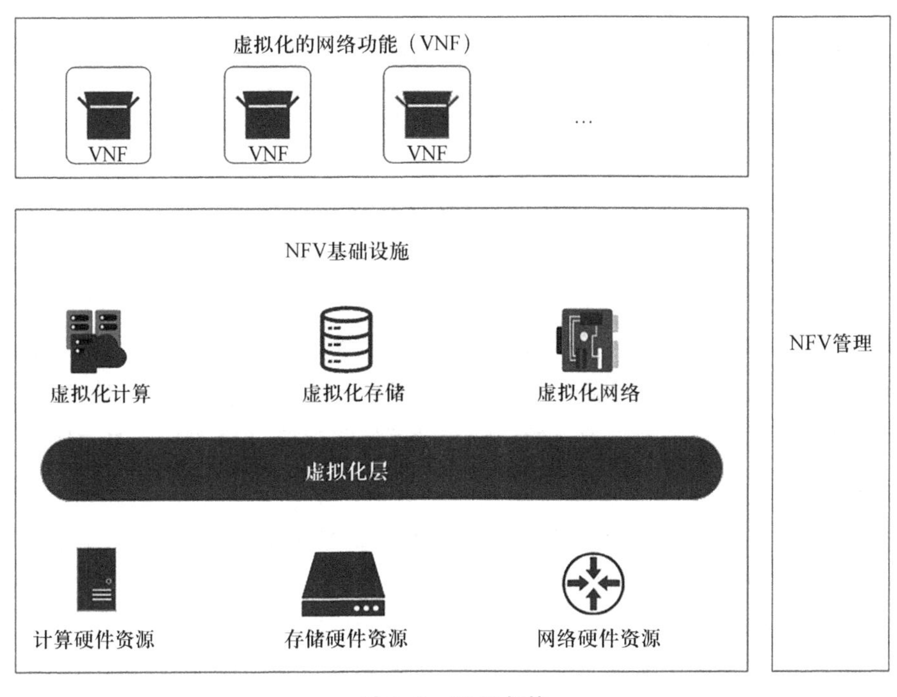

图 6-2　NFV 架构

（3）容器化技术。容器化技术可用于将应用程序和服务封装为独立的容器，实现应用程序的快速部署和管理。在移动边缘计算中，容器化技术可用于在边缘节点上部署和运行应用程序，提供更高效的资源利用率和可扩展性。

（4）边缘计算平台。边缘计算平台是一种提供边缘计算服务和管理的软件平台。它可以管理边缘节点的资源，实现任务调度和负载均衡，并提供边缘应用程序开发和管理的工具。一些常见的边缘计算平台包括开放基础设施服务（OpenStack）和 Azure 物联网边缘（Azure IoT Edge）等。

（5）边缘应用程序开发框架。边缘应用程序开发框架提供了在边缘节点上开发和部署应用程序的工具和 API。这些框架通常包括用于访问边缘资源的 API、数据管理和同步工具，以及与云端服务集成的能力。一些常见的边缘应用程序开发框架包括开放式边缘云软件栈（Open Network Edge Services Software Stack，OpenNESS）、边缘X框架（EdgeX Foundry）、AWS Greengrass等。

边缘计算环境下的应用软件需要具有很多重要特性，以满足未来万物互联所产生的海量数据和各种应用场景对时延和带宽的苛刻要求。在边缘计算环境中，应用软件必须具备可重配置性、可移植性和各种应用领域中的互操作功能。举例来说，在工业物联网和智能交通等领域部署的边缘计算节点上的软件，需要根据生产需求的变化和实时路况的更新进行及时调整，这就要求软件能够基于实时数据进行计算和分析，从而对系统进行优化。此外，边缘计算应用软件还需要加强远程管理功能。这意味着我们需要能够对边缘计算应用软件进行远程管理，以便及时监控和维护边缘计算节点上的软件。这对于确保系统的稳定性和可靠性非常重要。

6.1.3 边缘计算存储技术基础

存储系统是边缘计算的关键技术，边缘计算在许多应用场景中对延迟极为敏感，尤其是网络和嵌入式应用程序。虽然用闪存驱动器替代机械磁盘已成为存储设备发展的趋势，但现有的存储系统设计在很大程度上依赖于磁盘的特性，而不是闪存驱动器的特性。随着边缘计算技术的不断发展，高速、节能的小型闪存驱动器将大量应用在边缘节点上。这就意味着系统需要相应匹配的存储软件，即面向闪存的软件存储系统，以满足边缘计算的需求。面向闪存的软件存储系统是边缘计算的一项关键技术。它能够更好地利用闪存驱动器的特性，提供高速的数据读写能力，从而满足边缘计算中对低延迟的要求。这样的存储系统能够提升边缘节点的性能，并提供更好的用户体验。边缘计算的存储技术基础涉及各种方法和技术，旨在支持在边缘节点上进行有效的数据存储和管理。以下是边缘计算中常见的存储技术基础。

（1）边缘存储节点。边缘计算架构中的边缘节点通常配备了本地存储设备，如硬盘驱动器或SSD。这些本地存储设备可用于存储边缘节点上需要处理或需要分析的数据。边缘存储节点可以提供较低的访问延迟，并使数据在边缘网络中更快速地可用。

（2）分布式存储系统。为了更好地管理和共享边缘网络中的数据，分布式存储系统被广泛应用于边缘计算环境。这些系统将数据分布存储在多个边缘节点上，并提供数据冗余和备份功能，以提高数据的可靠性和可用性。

（3）对象存储。对象存储是一种存储和管理大规模数据的方式，将数据存储为可扩展的对象。边缘计算环境中的对象存储可用于存储各种类型的数据，如图像、视频、日志等。对象存储提供了高可用性、可扩展性和数据访问性能，并可通过API进行访问。

（4）缓存技术。缓存技术可用于在边缘节点上存储和管理经常访问的数据。边缘计算环境中的缓存可以降低数据访问延迟并提高数据的可用性。常见的缓存技术包括内容分发网络（Content Delivery Network，CDN）和边缘缓存服务器。

（5）数据复制和同步。为了保证数据的可靠性和一致性，边缘计算中的存储技术通常包括数据复制和同步机制。数据复制可以将数据从一个边缘节点复制到另一个边缘节点，以实现数据冗余和容错性。数据同步确保在多个边缘节点之间保持数据的一致性和同步更新。

6.2　网络通信技术

网络通信是边缘计算中重要的一环，因此，在涉及边缘计算技术时，网络通信技术也成为人们重点关注的内容。随着移动通信技术的不断发展，对时延、带宽和容量等方面有更高的要求，这促进了边缘计算和 5G 网络的发展。而软件定义网络技术，作为一种创新的网络架构范式，为边缘计算提供了关键的支持和优化。内容交互 / 分发网络技术利用边缘节点的计算和存储能力，减少了网络延迟，并降低了中心化数据中心的负载，进一步提高了边缘计算的能力。在边缘计算不断发展的过程中，网络切片技术也得到了广泛的应用，使得网络资源可以被灵活地分配和管理。

6.2.1　5G 通信技术

5G 是第五代移动通信技术，它是对前几代移动通信技术的进一步发展和升级。5G 致力于提供更高的数据传输速率、更低的延迟、更大的连接密度和更可靠的网络连接。它采用了新的无线通信技术和网络架构，以满足日益增长的移动通信需求，为各种行业应用提供支持。5G 可以提供更高的数据传输速率，理论上可达到 20 Gbps 的峰值速率，比前一代技术快数十倍。这使得用户可以更快地下载和上传大容量的数据，支持高清视频流、虚拟现实和增强现实等应用。5G 具有更低的通信延迟，可以实现毫秒级的延迟，对实时互动应用和物联网设备的响应速度更快。低延迟对于自动驾驶、远程医疗、工业自动化等关键应用至关重要。5G 支持更多设备同时连接，具备更高的连接密度。这对于大规模物联网应用非常重要，可以支持智能家居、智能城市、智能交通等场景中大量设备的连接和通信。5G 提供更可靠的网络连接，具备较低的信号丢失率和较高的稳定性。这对于关键通信应用、工业控制系统等对网络可靠性要求较高的场景非常重要。

5G 网络对超低时延、高带宽和大容量等需求的支持性，使得边缘计算成为 5G 的核心技术之一。边缘计算技术的优势在很大程度上解决了带宽不足的问题，并弥补了网络的时延和抖动等性能缺陷，从而极大地改善了用户的体验。边缘计算技术的发展与 5G 网络的推进相互促进。5G 网络提供了边缘计算所需的高速连接和低时延的传输能力，而边缘计算则为 5G 网络提供了更好的数据处理和计算能力，从而增强了网络的性能和效率。图 6-3 是一种基于 5G 的移动边缘计算场景，即智能汽车基础设施协同系统架构。该系统由四个单元组成，第一个是智能路边单元（Road Side Unit，RSU），第二个是车载单元（On Board Unit，OBU），第三个是移动边缘计算设备，最后一个是中央云平台。5G-V2X（Vehicle To Everything）的基本数据流如图 6-3 所示，5G 为系统中设备提供了低延迟、高可靠的数据连接服务。

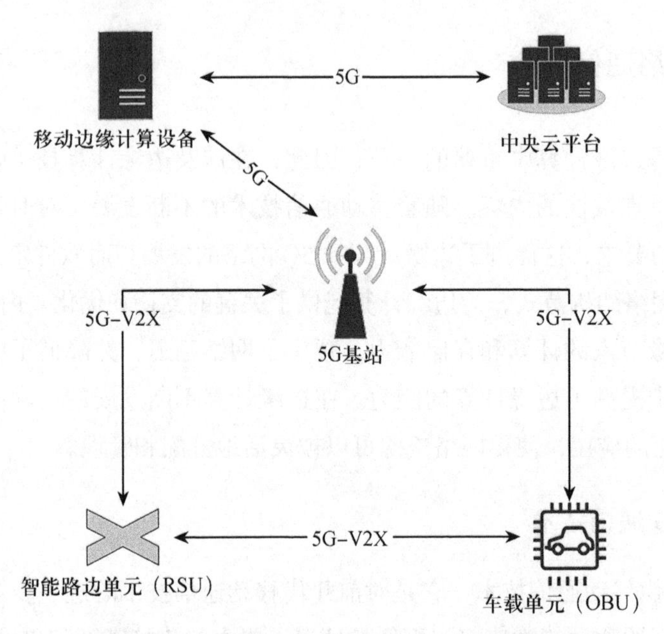

图 6-3　一种基于 5G 的移动边缘计算场景

6.2.2　软件定义网络技术

SDN 技术作为一种创新的网络架构范式，为边缘计算提供了关键的支持和优化。如图 6-4 所示，SDN 通过将网络控制平面与数据转发平面分离，实现了网络的集中管理和动态控制。这种架构使得网络的配置、管理和优化更加灵活和高效。在边缘计算环境中，SDN 技术能够针对特定的应用需求和实时变化的网络条件，提供动态的网络资源分配和优化。

SDN 的核心概念是通过控制器与交换机之间的逻辑接口实现网络管理和控制。控制器可以根据应用需求对网络进行动态调整和优化，例如路径选择、负载均衡和服务质量保障。这种灵活性和可编程性使得 SDN 在边缘计算中具有重要的作用。SDN 在边缘计算环境中的应用非常广泛。首先，SDN 可以帮助实现边缘节点之间的通信和协同工作。如图 6-4 所示，通过 SDN 控制器的集中管理，可以对边缘节点之间的数据流进行灵活的路由和调度，以满足不同应用的需求。这种动态的网络资源管理使得边缘计算环境更加高效和可靠。其次，SDN 可以增强边缘节点的安全性和隐私保护。通过

SDN 控制器对网络流量进行实时监控和安全策略的实施，可以快速检测和应对潜在的网络威胁。此外，SDN 可以支持网络切片技术，将边缘网络划分为多个逻辑网络，从而实现不同应用或用户的安全隔离。在边缘计算环境中，SDN 技术可以通过以下方式带来显著的优势。

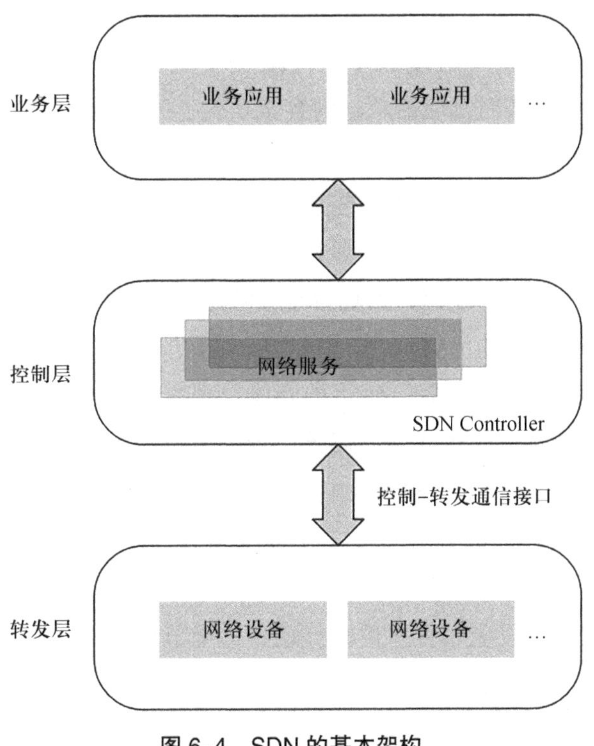

图 6-4　SDN 的基本架构

（1）网络灵活性和可编程性。SDN 架构通过将网络控制与数据转发平面分离，使得网络管理和配置更加灵活和可编程。在边缘计算中，这种灵活性可以满足不同应用场景和需求的动态变化。例如，当边缘节点的任务负载增加时，SDN 可以自动分配更多的带宽和计算资源，以满足实时性要求。

（2）高效的网络资源管理。SDN 的集中控制和管理可以提供对边缘网络的全局视图和优化。通过智能的网络流量管理和路由策略，SDN 可以实现带宽的最优分配和负载均衡，从而提高整体网络性能和资源利用率。

（3）安全性和隐私保护。SDN 技术提供了对网络流量的细粒度控制和监测能力，可以帮助检测和阻止潜在的网络攻击和安全漏洞。此外，SDN 的网络切片功能可以实现边缘网络的隔离，确保不同应用或用户之间的数据安全性和隐私保护。

（4）简化的网络管理和运维。SDN 架构简化了边缘网络的管理和运维。通过集中控制器的统一管理，管理员可以对整个网络进行集中配置和监控，而无须逐个操作每个网络设备。这样可以降低网络管理的复杂性和成本。

需要注意的是，SDN在边缘计算中的应用还存在一些挑战和问题，例如网络延迟、可扩展性和安全性等方面的问题。但是，随着SDN技术的不断发展和完善，它在边缘计算中的应用前景仍然非常广阔。

6.2.3 内容交互 / 分发网络技术

内容交互 / 分发网络（CDN）技术旨在提供高效、可靠的内容交付机制，以满足用户对数据和应用程序的实时响应需求。内容交互 / 分发网络技术利用边缘节点的计算和存储能力，使得内容可以更接近用户，减少网络延迟，并降低中心化数据中心的负载。CDN是一种分布式的网络架构，通过将内容缓存到靠近用户的边缘节点上，以提供更快的内容交付。CDN借助内容缓存、负载均衡和就近路由等技术，将用户请求路由到最近的边缘节点，从而降低延迟并减轻后端服务器的负载。内容交互 / 分发网络技术可以通过以下方式带来显著的优势。

（1）边缘缓存。边缘缓存是一种将内容缓存到边缘节点的技术。边缘节点可以是位于边缘设备、边缘网关或边缘服务器等位置的节点。当用户请求特定内容时，边缘缓存可以直接从最近的边缘节点提供内容，减少了从远程服务器获取内容的需求。边缘缓存可以根据访问模式和用户行为进行智能调整，提高缓存命中率和用户体验。

（2）边缘计算平台。边缘计算平台提供了在边缘节点上运行应用程序的环境。这些平台使开发人员能够将应用程序逻辑移动到边缘节点，从而更接近终端用户。通过在边缘节点上执行计算任务，可以降低网络延迟，并更好地处理实时数据。

（3）边缘路由和流量管理。边缘计算环境中的边缘路由和流量管理技术用于智能地将请求路由到最适合处理的边缘节点。这些技术可以根据网络状况、负载和应用程序需求等因素进行动态路由和负载均衡。通过将请求分发到最佳的边缘节点，可以提高可靠性和扩展性和其他性能。

（4）容器化和虚拟化。容器化和虚拟化是内容交互 / 分发网络技术中常用的手段。它们允许将应用程序和服务封装到独立的容器或虚拟机中，使其能够在边缘节点上独立运行。容器化技术可以提供轻量级、可移植和可扩展的应用程序环境，简化了应用程序部署和管理。虚拟化技术允许在边缘节点上运行多个虚拟实例，使得不同应用程序可以独立运行，并提供资源隔离的特性和管理的灵活性。

（5）安全性和隐私保护。内容交互 / 分发网络技术需要重视安全性和隐私保护。由于边缘计算环境中涉及多个边缘节点和数据传输路径，确保内容的安全性和用户隐私是至关重要的。加密通信、身份认证和访问控制等技术可用于保护数据在传输和存储过程中的安全性。此外，数据匿名化、数据分区和用户授权等隐私保护措施可以确保用户个人信息的保密性。

（6）弹性和可扩展性。内容交互 / 分发网络技术应具备弹性和可扩展性。弹性意味着系统能够适应不断变化的网络负载和数据量，并具备自动缩放和资源分配的能力。可扩展性则涉及系统能够根据需求增加或减少边缘节点的能力，以应对用户规模的变化。通过实现弹性和可扩展性，内容交互 / 分发网络技术能够提供高性能和可靠的服务。

6.2.4 网络切片技术

随着边缘计算的兴起，网络切片技术成为实现灵活资源管理和定制化网络服务的关键技术之一。网络切片通过将网络资源划分为独立的虚拟切片，使得每个切片可以根据应用程序或用户的需求进行个性化配置。切片可以基于多种因素进行划分，如基于带宽、延迟、安全策略等因素。通过网络切片技术，网络资源可以被灵活地分配和管理，以满足不同应用和用户的需求。网络切片技术可以通过以下方式带来显著的优势。

（1）定制化配置。每个切片可以根据具体需求进行个性化配置，包括带宽、延迟、服务质量等参数的设置。这使得网络能够提供符合特定应用场景需求的定制化服务。

（2）资源隔离。不同切片之间具有资源隔离的特性，即每个切片只能使用自己被分配的资源，确保资源的安全性和可靠性。

（3）动态调整。网络切片技术支持动态调整切片资源和参数，可以根据需求实时分配和调整资源，实现弹性的资源管理。

（4）互操作性。网络切片技术需要遵循标准化的接口和协议，以实现不同网络设备和服务之间的互操作性和兼容性。

假设有一个边缘计算场景，它需要处理来自不同传感器的数据，并根据数据进行实时分析和决策。使用网络切片技术，可以将边缘计算资源划分为多个切片，每个切片具有独立的计算和存储能力，以满足不同传感器的需求。例如，考虑一个智能城市的交通管理系统。该系统使用各种传感器（如交通摄像头、车辆传感器等）来收集实时的交通数据，如车辆流量、拥堵情况等。这些数据需要进行实时处理和分析，以优化交通信号灯控制、提供导航建议等功能。通过网络切片技术，可以将边缘计算资源划分为多个切片，每个切片专门处理一个特定区域或一组传感器的数据。例如，一个切片可以负责处理某个城市区域的交通数据，另一个切片可以负责处理高速公路上的数据。每个切片可以具有独立的计算节点和存储资源，以执行实时的数据处理和分析任务。

6.3 计算技术

计算能力、数据处理能力、资源管理能力等是衡量一项服务的重要标准。在边缘计算中，为了提高这些能力，使用了一些计算技术。在接下来的内容中，将对这些技术进行较为详细的介绍。

6.3.1 任务单元和微数据中心

在边缘计算中，任务单元和微数据中心是两个重要的概念。任务单元是指在边缘计算环境中执行的任务或应用程序的最小单位。它可以是一个独立的任务、一个应用程序的组成部分或一个服务的执行实例。任务单元通常需要计算资源、存储资源和网络资源来完成特定的计算任务。任务单元可以根据需求在边缘网络中进行分配和调度，以实现资源的高效利用和任务的快速响应。任务单元的目标是在边缘节点上进行本地化的计算和数据处理，以降低延迟并提高用户体验。

微数据中心是边缘计算环境中的一个小型数据中心，通常位于接近用户或设备的边缘节点附近。它可以提供存储、计算和网络资源，以支持边缘计算应用和服务。微数据中心可以是物理设备，如服务器机柜或机箱，也可以是虚拟化的实体，如容器或虚拟机。微数据中心通常具有较小的规模和较低的能耗，并且具备较强的灵活性和可扩展性，以适应不同规模和需求的边缘计算场景。微数据中心通常与边缘节点紧密集成，以实现本地化的计算和数据处理。它可以存储和处理边缘节点上产生的大量数据，并通过高速网络连接与其他微数据中心或云数据中心进行数据交互。微数据中心在边缘计算中扮演着重要的角色，可以提供低延迟、高带宽和高可用性的计算服务，满足移动应用、物联网和人工智能等场景的需求。

6.3.2 计算迁移

在边缘计算中，计算迁移是指将计算任务从一个边缘节点迁移到另一个边缘节点的过程。计算迁移可以根据不同的条件和策略，将计算任务从一个节点转移到另一个节点，以实现资源的优化利用、负载均衡和性能优化。计算迁移可以通过以下方式带来显著的优势。

（1）资源优化利用。通过计算迁移，可以将计算任务从负载较高的边缘节点迁移到负载较低的节点上，实现资源的均衡利用。这有助于提高整个边缘计算环境中计算资源的利用率，避免节点负载过高导致的性能下降或资源浪费。

（2）延迟和带宽优化。计算迁移可以根据任务的位置和网络条件，将计算任务迁移到距离用户或数据源更近的边缘节点上。这样可以减少计算任务与用户或数据之间的网络延迟，提高数据传输的效率，从而提升应用性能和用户体验。

（3）节能降耗。通过计算迁移将负载较低的边缘节点休眠或关闭，从而减少能源消耗和碳排放。这有助于提高边缘计算环境的能效，降低运行成本，并对环境产生较小的影响。

（4）弹性和灵活性。计算迁移使得边缘计算环境具备弹性和灵活性，能够根据实际需求和变化的条件，自动或手动地调整和迁移计算任务。这样可以应对不同应用场景的需求变化，提供更加可靠和灵活的计算服务。

在实际应用中，计算迁移可以基于多种策略和算法进行，如负载均衡算法、预测算法、优化算法等。这些算法会考虑节点负载、网络延迟、能源消耗等因素，最终找到最优的迁移方案。

6.3.3 轻量级函数库和内核

在边缘计算中，轻量级函数库和内核是用于支持边缘设备和边缘节点的软件组件。它们旨在提供高效的计算和资源管理能力，以满足边缘计算环境中的需求。轻量级函数库是一组针对边缘设备和边缘节点的小型、高效的函数和 API 集合。它们通常针对边缘计算的特定需求进行优化，提供了轻量级的计算和通信功能。轻量级函数库可以包括各种功能，如数据处理、加密解密、压缩解压缩、网络通信等，旨在资源受限的边缘设备上实现高性能和低功耗的计算操作。内核是操作系统的核心组件，负责管理和控制边缘设备和边缘节点上的硬件资源和软件服务。边缘计算环境中的内核通常被设计为轻量级的、高效的，以适应边缘设备和边缘节点的资源限制和实时性要求。内核提供了操作系统的基本功能，如进程管理、内存管理、设备驱动程序、文件系统等。

轻量级函数库和内核在边缘计算中的作用是提供基础的软件支持，使得边缘设备和边缘节点能够高效地执行计算任务、管理资源、进行通信和提供服务。它们通过精简和优化的设计，尽可能地减少计算和通信的开销，以适应边缘计算的特殊需求，如低功耗、实时性和资源限制。这样可以提高边缘计算系统的效率、可靠性和可扩展性，满足不同边缘计算场景的需求。

6.3.4 边缘计算编程模型

边缘计算编程模型是一种用于开发和部署边缘计算应用程序的框架或方法论。它提供了一套规范、工具和技术，帮助开发人员在边缘环境中编写和执行应用程序。边缘计算编程模型旨在简化边缘计算应用程序的开发过程，提高开发效率，并充分利用边缘设备和边缘节点的资源。以下是几种常见的边缘计算编程模型。

（1）事件驱动模型。该模型基于事件的触发和处理机制。边缘设备和边缘节点通过感知事件（如传感器数据、网络请求等），并根据事件触发相应的处理逻辑。事件驱动模型适用于需要实时响应和异步处理的边缘计算场景。

（2）函数计算模型。该模型基于函数的概念，将应用程序拆分为独立的函数单元。每个函数单元负责执行特定的任务或逻辑。函数计算模型提供了弹性和灵活的计算能力，开发人员可以根据需要定义和部署函数，并根据触发条件自动执行。

（3）容器化模型。该模型使用容器技术将应用程序和其依赖项封装为独立的容器。

容器化模型提供了更好的应用程序隔离性、可移植性和可扩展性。开发人员可以将应用程序以容器的形式部署到边缘设备和边缘节点上，实现统一的部署和管理。

（4）流模型。该模型将边缘计算应用程序建模为数据流的处理过程，数据以流的形式在边缘设备和边缘节点之间流动，并可以经过一系列的处理和转换操作。基于流模型的编程允许实时数据处理和流式分析，适用于大规模数据流和实时应用场景。

（5）边缘云协同模型。该模型将边缘设备和边缘节点与云端资源进行协同。应用程序可以在边缘设备上执行一部分计算，而将剩余的计算任务发送到云端进行处理。边缘云协同模型提高了资源的灵活分配能力和协同计算能力，以满足边缘计算中资源限制和实时性要求。

6.4 边缘计算系统

在边缘计算中，通过使用一些框架，不仅能进一步提高边缘计算应用在数据分析处理方面的能力，还能提高对路由器、交换机等边缘设备的利用率，也能加速对边缘环境中事件的响应。在接下来的内容中，将对这些框架进行一些介绍。

6.4.1 阿帕奇边缘流（Apache Edgent）

Apache Edgent 是一个开源的边缘计算框架，它提供了一种简单和灵活的方式来开发和执行在边缘设备上的实时分析和决策应用程序。它旨在处理来自各种传感器、设备和其他数据源的数据，并允许在边缘设备上进行实时处理和响应。Apache Edgent 提供了一个开发模型和一套 API，旨在加速边缘计算应用在数据分析处理方面的开发过程，使开发人员能够轻松实现数据的完整分析处理流程。该模型如图 6-5 所示，由提供者、拓扑、过滤、分裂、转化等组件组成。关键点包括以下五方面。

（1）提供者。包含了关于 Apache Edgent 应用程序的运行方式和位置信息，同时具备创建和执行拓扑的功能。

（2）拓扑。是一个容器，用于描述数据流的来源以及如何对数据流的数据进行更改。

（3）数据流。Apache Edgent 提供了多种连接器，可以多种方式接入数据源。例如，Apache Edgent 支持使用消息队列遥测传输（Message Queuing Telemetry Transport，MQTT）、超文本传输协议（Hyper Text Transfer Protocol，HTTP）和串口协议等方式连接数据源。用户还可以添加自定义代码，以控制传感器或设备的数据输入。此外，Edgent 的数据不仅限于来自真实传感器或设备的数据，还可以处理文本文件和系统日志等数据源。

（4）数据流的分析处理。Apache Edgent 提供了丰富的数据流分析和处理功能。开发人员可以使用 Apache Edgent 提供的一系列功能性的 API 来执行各种数据处理任务，

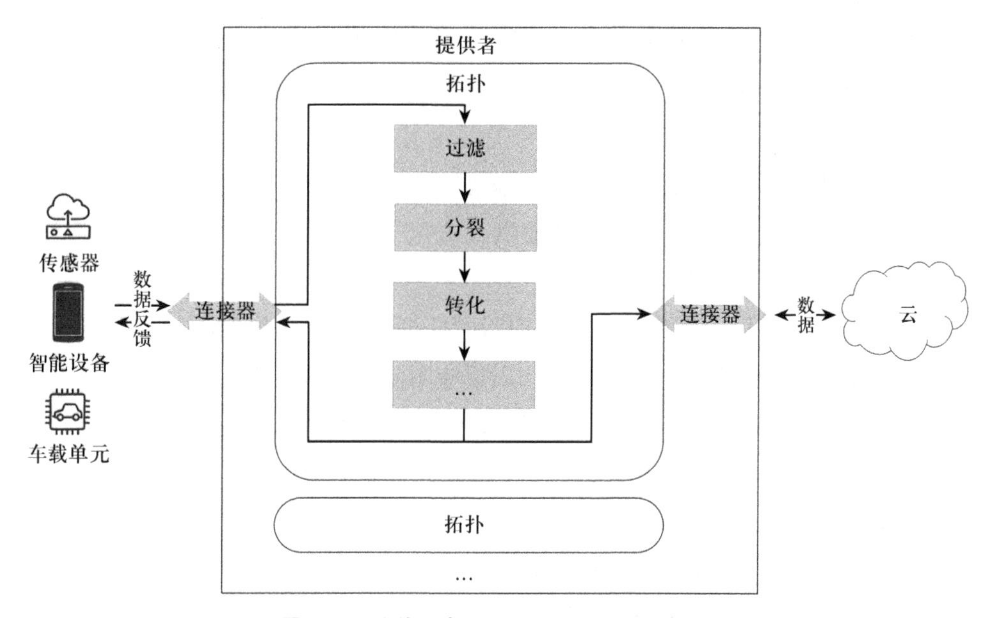

图 6-5　边缘设备的 Apache Edgent 应用

如过滤、分裂、转化等。此外，Apache Edgent 还支持自定义的分析处理逻辑，开发人员可以根据自己的需求编写自定义的函数。

（5）后端系统。鉴于边缘设备的计算资源有限，Apache Edgent 应用程序无法承担复杂的分析任务。为了解决这个问题，用户可以利用连接器，通过 MQTT 和阿帕奇卡夫卡（Apache Kafka）的方式将数据连接到后端系统，或者将数据连接到 IBM 沃森物联网（IBM Watson IoT）平台，以便对数据进行进一步处理。

6.4.2　EdgeX Foundry

EdgeX Foundry 是一个面向工业物联网边缘计算开发的标准化互操作性框架。它可以轻松部署在路由器和交换机等边缘设备上，为各种传感器、设备和其他物联网设备提供即插即用的功能，并对它们进行管理。通过 EdgeX Foundry，用户可以方便地收集、分析和处理这些设备生成的数据。此外，EdgeX Foundry 还支持将数据导出至边缘计算应用程序或云计算中心进行进一步的处理。EdgeX Foundry 的设计目标是为边缘计算提供一个统一的框架，以便在不同厂商和设备之间实现互操作性和协同工作。它的架构基于微服务，每个微服务负责特定的边缘计算功能。这些微服务可以按需组合和配置，以构建符合具体需求的边缘计算解决方案。以下是 EdgeX Foundry 的核心模块和功能介绍。

（1）设备服务。设备服务用于与各种边缘设备和传感器进行通信和集成。它提供了适配器和驱动程序，使得不同类型的设备能够无缝地与 EdgeX Foundry 进行连接和数据采集。

（2）核心服务。EdgeX Foundry 提供了一组核心服务，包括设备服务、元数据服务、命令和控制服务、规则引擎服务等。这些服务协同工作，处理设备数据的采集、存储、转换和传输。

（3）支持服务。支持服务包含多种微服务，这些微服务主要提供边缘分析服务和智能分析服务，并可为框架本身提供日志记录、调度、规则引擎和数据清理等功能。

（4）导出服务。导出服务用于将处理后的数据导出到其他系统或云平台进行进一步处理和存储。它支持多种协议和格式，以适应不同的集成需求。

（5）系统管理和安全服务。系统管理服务负责提供安装、升级、启动、停止和监测控制 EdgeX Foundry 微服务的功能。安全服务的目标是确保来自设备的数据和对设备的操作的安全性。

EdgeX Foundry 的架构如图 6–6 所示。在图的顶部是“北侧”，代表云计算中心或企业系统以及与云中心通信的网络部分。图的底部是“南侧”，即数据产生源。北侧收集来自南侧的数据，并对数据进行存储、聚合和分析。EdgeX Foundry 位于南侧和北侧之间，由一系列微服务组成。

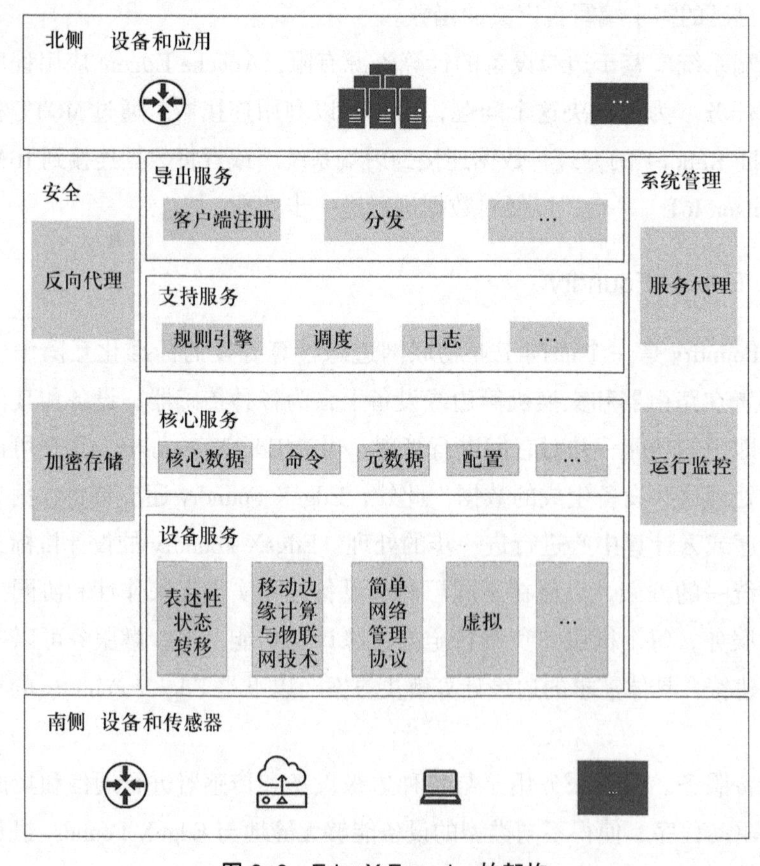

图 6–6　EdgeX Foundry 的架构

6.4.3　Azure 物联网边缘（Azure IoT Edge）

Azure IoT Edge 是一种混合云和边缘的边缘计算框架，旨在将云计算的能力拓展到边缘设备和边缘环境中。它允许在边缘设备上运行和管理云端工作负载，实现离散的数据处理、分析和决策，以便更快速地响应边缘环境中的实时事件。如图 6–7 所示，Azure IoT Edge 在边缘设备上运行，并采用与云端 Azure IoT 服务相同的编程模型。这意味着用户在开发应用程序时无须考虑边缘设备上的部署环境差异，只需关注计算能力即可。此外，用户还可以将已在云端部署的应用程序迁移到边缘设备上运行，从而实现云端和边缘的无缝衔接。Azure IoT Edge 提供了以下核心功能。

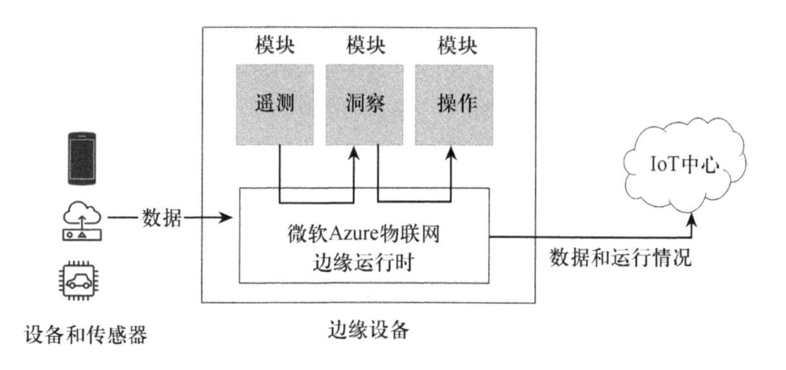

图 6–7　Azure IoT Edge 计算框架

（1）模块化架构。Azure IoT Edge 计算框架采用模块化的设计思路。用户可以将不同功能的模块部署到边缘设备上，每个模块独立运行并提供特定的功能。模块可以是预构建的，也可以根据需求进行自定义开发。这种模块化的架构使得用户可以根据具体应用需求选择和组合适当的模块。

（2）运行时环境。Azure IoT Edge 提供了一个轻量级的运行时环境，称为 IoT Edge Runtime。该运行时环境负责管理和协调在边缘设备上运行的各个模块。它提供模块之间的通信机制，处理消息路由和数据转发，确保模块之间的协同工作。

（3）安全性和可靠性。Azure IoT Edge 计算框架重视安全性和可靠性。它提供了多种安全功能，如身份验证和授权机制，确保边缘设备和云端之间的通信和数据传输的安全性。此外，运行在边缘设备上的模块具有容错和自恢复的能力，以确保系统的稳定性和可靠性。

（4）远程管理和监控。Azure IoT Edge 计算框架支持远程管理和监控。用户可以通过 Azure 云平台的管理界面远程配置、更新和监控边缘设备上的模块。这使得设备的管理和维护更加方便，并能够快速响应变化的需求。

6.4.4 AWS Greengrass

AWS Greengrass 是一项边缘计算解决方案。它允许将云功能扩展到本地设备，将云端服务扩展到离数据源更近的地方，以实现更快速的响应时间和更低的延迟，AWS Greengrass 的基本架构如图 6-8 所示。AWS Greengrass 由以下几个核心组件组成。

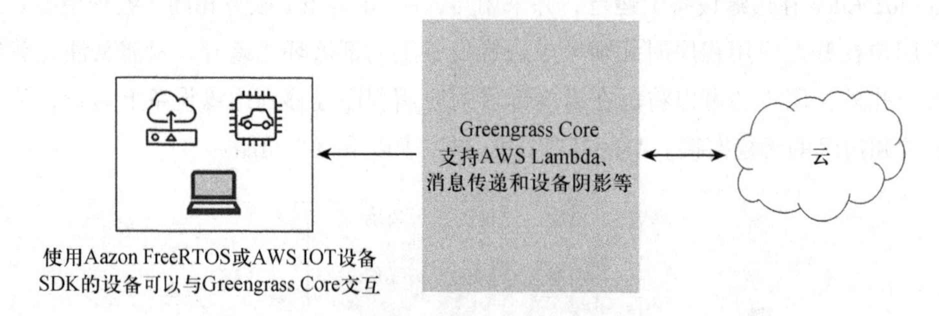

图 6-8 AWS Greengrass 的基本架构

（1）Greengrass Core。Greengrass Core 是在边缘设备上运行的软件组件。Greengrass Core 可以在本地运行 AWS Lambda 函数，处理本地的数据处理和分析任务，还负责与云端进行通信，将边缘设备上的数据发送到云端，并接收来自云端的指令和消息。

（2）AWS Lambda 函数。AWS Lambda 是一种事件驱动的计算服务，而 AWS Greengrass 允许在边缘设备上运行 AWS Lambda 函数。AWS Lambda 函数可以使用多种编程语言编写，并负责处理边缘设备上的数据。通过在边缘设备上运行 AWS Lambda 函数，可以实现实时的数据处理、决策和响应。

（3）Greengrass Group。Greengrass Group 是一组相关设备和 AWS Lambda 函数的集合。可以将边缘设备和相关的 AWS Lambda 函数组织到一个 Greengrass Group 中，以便进行集中管理和部署。Greengrass Group 可以定义设备之间的数据流和消息路由，并为边缘设备提供集中的配置和监控。

（4）设备影子。设备影子是 AWS Greengrass 提供的一种虚拟表示，它代表了边缘设备的状态和属性。设备影子允许云端应用程序与边缘设备进行交互，无论设备是否在线。通过设备影子，云端应用程序可以读取和更新设备状态，发送指令给设备，以及监控设备的属性变化。

（5）MQTT 通信。Greengrass 以 MQTT 作为边缘设备与云端之间的通信协议。通过 MQTT，边缘设备可以将数据发布到云端，并订阅来自云端的消息。这种轻量级的通信协议支持边缘设备与云端的双向通信，并具有低延迟和高效的特点。

通过这些核心组件，AWS Greengrass 提供了一个灵活且可扩展的边缘计算平台，使开发者能够在边缘设备上构建和运行功能强大的应用程序，并与云端服务进行无缝集成。这为各种行业和场景，如工业自动化、智能城市、农业物联网等，提供了强大的边缘计算解决方案。

6.5　本章小结

本章主要介绍了边缘计算的相关技术，包括边缘计算技术基础、网络通信技术、计算技术以及边缘计算系统等方面。边缘计算技术的发展可以使得更多的计算和存储任务在离用户设备更近的位置执行，减少对云端的依赖，提供更快速、低延迟和更可靠的服务。边缘计算技术在物联网、智能城市、工业自动化等领域具有广泛的应用前景。

第 7 章　云边融合相关技术

边缘计算产业联盟认为云边融合技术涉及边缘端与云端 IaaS、PaaS、SaaS 各层面的协作。边缘 IaaS 与云端 IaaS 之间可实现网络、虚拟化、安全等方面的资源协同；边缘 PaaS 与云端 PaaS 之间可实现数据协同、智能协同、应用协同；边缘 SaaS 与云端 SaaS 之间可实现服务协同。因此，云边融合主要包括 5 种协同技术：资源协同、数据协同、智能协同、应用协同以及服务协同。云边协同相关技术框架，如图 7–1 所示。

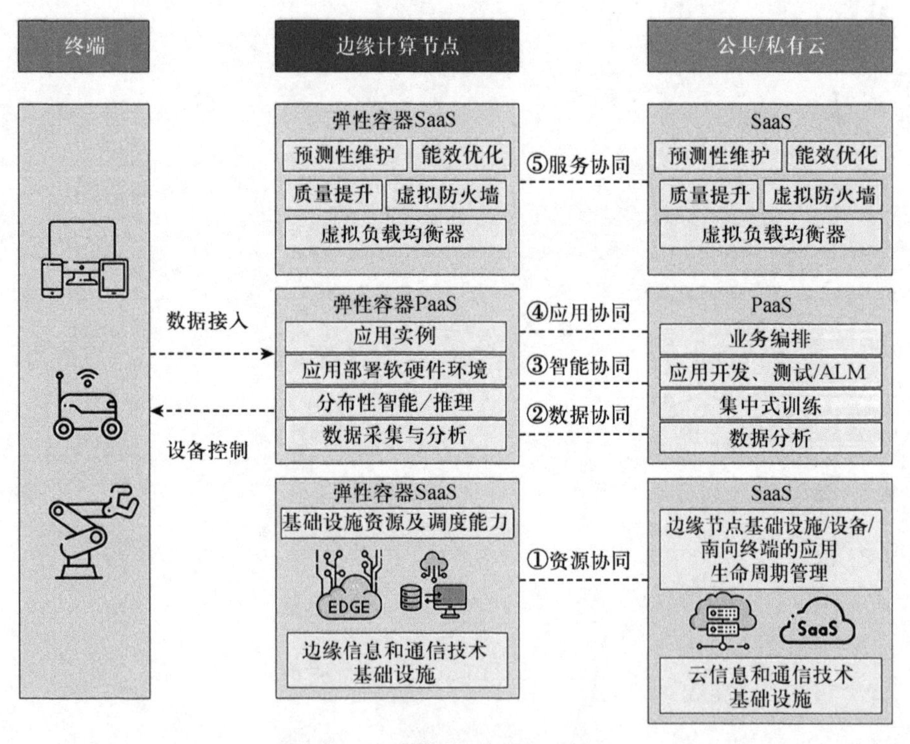

图 7–1　云边协同相关技术框架

本章节主要围绕以上 5 种协同技术的研究现状展开分析，重点阐述每种协同技术的原理和研究思路与进展。对于每种协同技术，本章将从边缘端和云端两端分别分析它们在融合过程中所起的作用以及所用到的方法，目的是通过对两端底层原理的详细说明更好地阐述对应的协同技术。

7.1　资源协同

边缘基础设施通常由多个边缘节点设备组成，包括部署在城域网络侧的近场边缘云、5G 移动边缘计算（Mobile edge computing，MEC）、工厂的现场边缘节点、工厂的智能设备（如机器人）等，提供边缘计算所需的算力、存储、网络资源。资源协同具体分为三个方面的协同，即计算、存储、网络的资源协同。计算资源协同指的是在边缘云资源不足的情况下，可以调用中心云的资源进行补充，并满足边缘侧应用对资源的需要，中心云可以提供的资源包括裸机、虚拟机和容器。存储资源协同指的是在边缘云中存储不足时，将一部分数据存到中心云中，在应用需要的时候通过网络传输至客户端，从而节省边缘侧的存储资源。网络资源协同指的是在边缘侧与中心云的连接网络可能存在多条，在距离最近的网络发生拥塞的时候，网络控制器可以进行感知，并将流量引入较为空闲的链路上，而控制器通常部署在中心云上，网络探针则部署在云的边缘。为了降低上层应用适配底层硬件的难度，就需要通过一个中间层次来对底层硬件进行抽象，使得上层应用可以用一点接入、一次适配、一致体验的方式来使用边缘的资源。从单节点的角度，资源协同提供了底层硬件的抽象，简化上层应用的开发难度。从全局的角度，资源协同还提供了全局的资源调度和全域的网络动态加速能力，使得边缘端和云端的资源有效使用且边缘与边缘、边缘与云端的互动能够更实时。

7.1.1　关键挑战

（1）设备异构挑战。边缘硬件的计算 / 网络 / 存储资源和容量，往往会按业务场景进行定制。边缘硬件的计算架构也呈现出多样化的趋势。同时，产品生命周期长，多厂商和多代技术并存。因而在构建边缘解决方案时，就需要考虑如何能够更好地对异构和多样化的边缘设备进行抽象、管理和运用。

（2）资源受限挑战。单个边缘节点的资源是受限的，如果应用需要实现弹性伸缩或故障切换，需要由多个边缘节点组成某种形式的边缘节点组或集群，应用在此集群内进行部署、伸缩和治理。

（3）边边 / 边云通信挑战。典型的实时互动类场景如在线教育、云游戏等，对于多个边缘节点之间、边缘节点到中心云之间的通信链路，都有比较明确的业务要求。如何能够实时构建和维护低时延、高质量、低成本的边边 / 边云通信链路，是一个关键的技术挑战。

7.1.2　关键技术

针对资源协同有基础设施虚拟化和全域资源调度的关键技术。这些技术旨在优化资源利用、提高系统性能和满足用户需求，从而实现高效的资源管理和调度。

1. 基础设施虚拟化

结合场景和应用部署需求的多样化，边缘计算节点在资源层面，往往需要提供多类型的计算方案，包括基于裸机、虚拟机、容器甚至函数计算等。其中基于 Docker 和 Kubernetes 的容器计算，由于结合了轻量化、易管理、开放性、丰富的能力等多个特点，是面向未来最有潜力的边缘计算模式。

Docker 叠加 Kubernetes 构建了一个可移植的、可扩展的边缘计算平台，用于管理容器化的工作负载和服务，可促进声明式配置和自动化。Kubernetes 拥有一个庞大且快速增长的软硬件生态系统。基于 Kubernetes 与基础设施分离，支持 Ubuntu、RHEL、CentOS、CoreOS 等主流的 OS，因此可以支持多样化的硬件部署。因而，基于 Kubernetes 构建的边缘计算平台也可以继承类似的异构多样化硬件的能力，用来实现对于异构边缘硬件的发现、监控和调度。边缘计算平台通过提供一个硬件设备抽象的设备插件框架，如图 7-2 所示，建立了 Kubernetes 和设备插件模块之间的桥梁。它一方面负责将设备信息上报到 Kubernetes，另一方面负责设备的调度选择。硬件厂商可以为自己的硬件定制对应的设备插件，用来将系统硬件资源和监控信息发布到边缘计算平台。目标设备包括 GPU、高性能 NIC、FPGA、InfiniBand 适配器以及其他类似的可能需要特定供应商初始化和设置的计算资源。

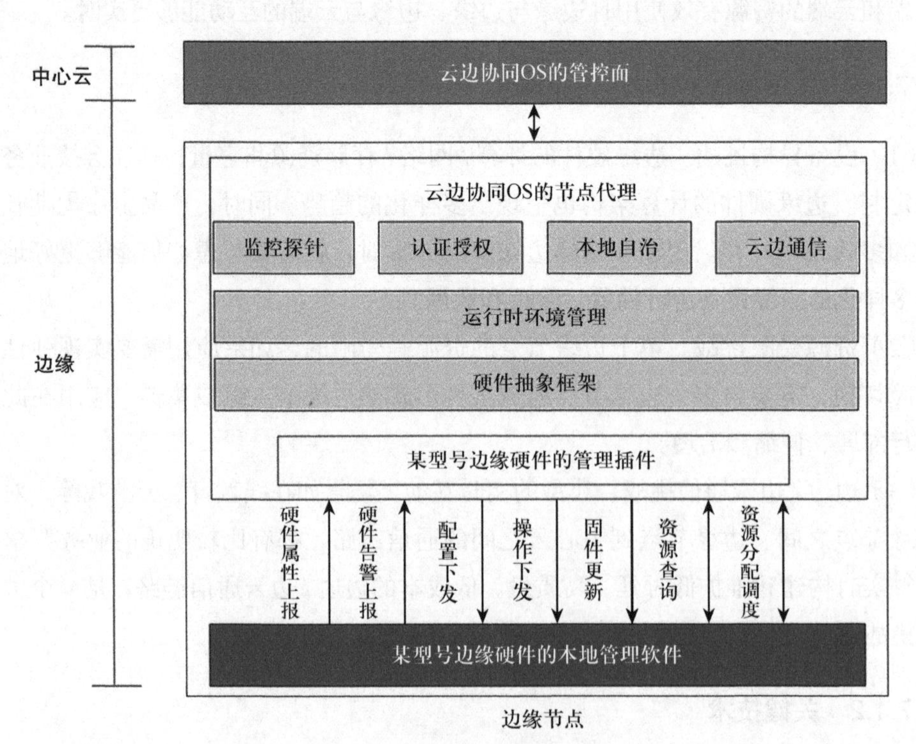

图 7-2 边缘硬件设备抽象框架

2. 全域资源调度

很多边缘应用场景都涉及区域化多点分布的边缘基础设施的使用。比如以热门的直播应用为例，直播应用的最终用户是海量的客户端用户，而且直播应用的体验也逐步向实时互动场景延伸，比如在线连麦、互动游戏直播等。这就要求直播应用的提供商能够在靠近用户的多个城市的城域边缘分别部署边缘业务，满足业务互动所需的低时延要求。单个边缘节点的资源是受限的，且边缘资源的定价也可能在不同的位置不同时段上有差异，因而边缘解决方案需要提供一套调度机制，能够在时延、性能、价格等约束下，获取最有效的资源分配策略。如何根据任务和资源的特性进行合理的全域调度，在保证服务质量的前提下，将用户从服务器的管理中解放出来，同时从全局角度优化资源的利用率，是一个非常有挑战性的课题。全域资源调度的调度对象为亿级的终端和百万级的主机（边缘云和中心云），这些设备以分布式的形态存在，在保证服务质量的前提下，如何高效地打通端、边、云的界限，成为全域资源调度的核心关键。全域资源调度示意图如图 7-3 所示。

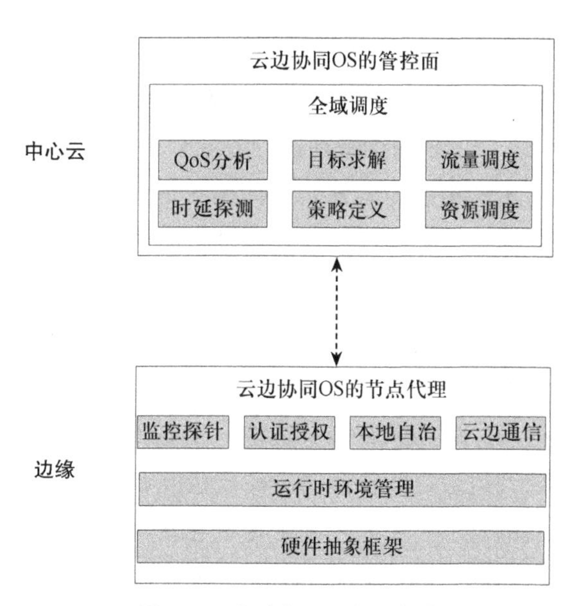

图 7-3　全域资源调度示意图

全域资源调度主要涉及两个维度的资源调度：一类是计算资源，另一类是流量资源。计算资源调度器根据全局资源的状态和网络服务质量（Quality of Service，QoS）统计信息，为每个租户推荐计算资源分布决策建议。流量资源调度器根据资源的分布情况，在流量级进行精细化调度。

（1）全域计算调度。用户在使用边缘计算服务时，由于无法掌握全局的动态资源信息，当前只能靠人工经验指定位置要求固定的资源容量。这样对于租户，没有办法获取到最优质的资源改进业务服务质量，同时也缺乏应对突发业务的弹性手段。全域计算调度器，可以帮助用户即时掌控全域计算资源状态信息，包括动态的边缘站点可用资源、临近公有云资源以及优质的 5G MEC 资源，满足用户对服务（例如网络时延）的要求，同时在保证整体 QoS 最优下，可以针对成本、服务质量、业务波动进行针对性优化。全域计算资源调度的关键点是全局资源视图和资源调度算法。全局资源视图包括用户的位置、资源的成本、网络的 QoS、接入的地理位置等。全域计算调度的策略可以支持预置策略或可定义策略，典型的预置策略包括时延优先、成本优先、可靠性优先策略等。

（2）全域流量调度。在给定业务节点已完成部署分配的情况下，流量调度为用户的每一位客户流量访问请求分配处理节点。流量调度具有与业务高度相关的特点，针对不同业务的类型，流量调度的方法各不相同。例如，内容分发网络业务中，流量调度要同时支持接入调度和回源调度，且调度算法的设计需要考虑到内容缓存策略的影响。云游戏业务中，流量调度只需要支持接入调度。流量调度基于历史数据完成流量粗粒度的流量规划以保障基础水位均衡，并基于分钟级的流量特征学习，决策控制周期和分配策略，对流量进行全局性的优化。实时调度器负责针对每个区域租户请求实时响应，执行、切换调度策略，并当发生故障时，完成故障转移。

（3）全域网络加速。边缘节点分布比较广泛，因成本边缘到中心、边缘到边缘之间无法构建专线连接。而传统 Internet 通过 OSPF、BGP 等标准路由协议进行物理网络传输，它通过链路 Cost 进行路由选路转发，路径拥堵时发生丢包率、时延增高等 QoS 故障，不会流量感知切换，导致无法满足业务应用 QoS 质量诉求。在线教育、云游戏、云桌面、云 VR 等边缘应用场景都涉及边缘到中心、边缘到边缘之间低延时、高质量互联通信的需求。可以在基于传统互联网基础网络（Internet Underlay）网络的基础上，构建多点分布的边缘云覆盖网络（Overlay）网络平面，同时实时测量覆盖链接（Overlay Link）的 QoS 数据（时延、丢包率），选择最佳 QoS Overlay 路径流量转发，为上层业务应用屏蔽复杂的网络环境，提供低时延、低丢包率、价格合适的选路方案。全域网络加速方案示意图如图 7–4 所示。

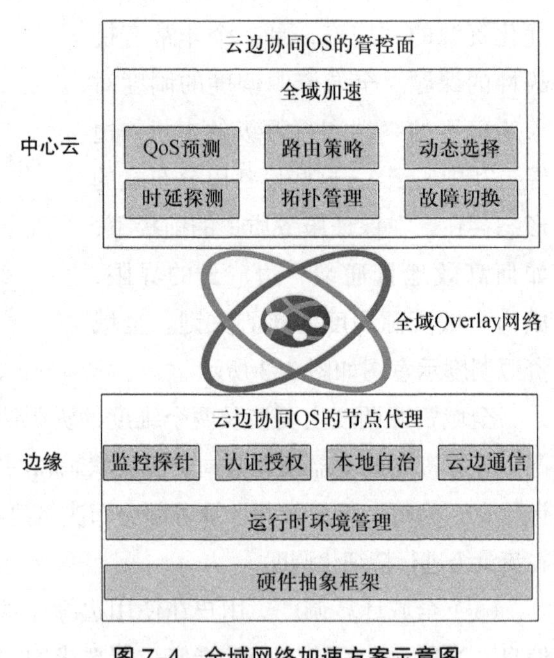

图 7–4　全域网络加速方案示意图

7.2　数据协同

边缘节点负责终端设备数据的收集，并对数据进行初步处理与分析，然后将处理后的数据发送至云端；云端对海量的数据进行存储、整合与价值挖掘。即云边协同的数据协同技术涉及数据收集和处理、数据存储和整合两个方面。

（1）数据收集和处理。云边协同的数据协同技术包括数据采集、数据预处理、数据过滤和筛选、数据聚合和汇总、数据分析和挖掘以及边缘计算。数据采集通过传感器、设备或其他数据源收集边缘设备上的数据；数据预处理对原始数据进行清洗、去噪、校正和转换等处理，以确保数据质量和一致性；数据过滤和筛选通过设定条件或规则对数据进行筛选，提取感兴趣的数据；数据聚合和汇总将来自多个边缘设备的数据进行汇总，生成统计信息；数据分析和挖掘应用统计、机器学习和数据挖掘等技术对数据进行分析和挖掘，提取有价值的信息和模式；边缘计算在边缘设备上进行部分数据处理和计算，以减少对云端的依赖，提高实时性和响应速度。

（2）数据存储和整合。云边协同的数据协同技术包括云端存储、边缘存储、数据同步和复制、数据整合和集成、数据访问和共享以及数据备份和恢复。云端存储将数据存储在云端的数据中心中，提供大规模的存储和处理能力；边缘存储在边缘设备上进行部分数据存储，以提供离线访问和快速响应；数据同步和复制确保云端和边缘设备上的数据同步，以保持数据的一致性；数据整合和集成将来自不同边缘设备和云端的数据进行整合，形成全局的数据视图；数据访问和共享实现对数据的安全访问和共享，包括权限控制和权限管理；数据备份和恢复能够定期对数据进行备份，以防止数据丢失，并能够快速恢复数据。

数据协同技术的综合应用，使云边协同能够实现数据在云端和边缘设备之间的协同和共享，提高数据处理和分析的效率，增强系统的性能和用户体验。

7.2.1　关键挑战

（1）数据安全和隐私保护挑战。在云边协同中，数据的传输和存储需要保证数据的安全性，以防止数据泄露、篡改或未经授权的访问。同时，用户的隐私权也需要得到有效的保护，确保数据的合规性和合法性。

（2）数据一致性和同步挑战。在云边协同中，数据在云端和边缘设备之间进行同步和共享，需要解决数据一致性的问题。要确保不同节点上的数据保持同步，以及避免数据的冲突和不一致。

（3）数据处理和计算能力挑战。边缘设备的计算和存储能力有限，而某些数据处理和分析任务需要更大规模的计算资源。因此，如何有效地将数据处理任务分配到云端或边缘设备，实现计算资源的优化利用，是一个关键挑战。

（4）数据质量和准确性挑战。在数据协同过程中，由于数据来自多个源头，可能存在数据质量问题，如缺失或错误数据。因此，确保数据的准确性和质量，以提供可靠的分析结果和决策支持，是一个重要的挑战。

（5）网络带宽和延迟挑战。云边协同需要在边缘设备和云端之间进行数据传输，而网络带宽和延迟可能成为限制因素。高密度的数据传输和实时性要求可能对网络带宽和延迟提出了更高的要求，需要有效的网络管理和优化策略。

（6）数据治理和合规性挑战。在云边协同中，需要遵守各种数据治理和合规性要求，如数据保护法规、行业标准和隐私政策。确保数据的合法性、规范性和合规性，会涉及数据管理、访问控制和数据审计等方面的挑战。

7.2.2 关键技术

针对数据协同有数据收集和处理、数据存储和整合这两项关键技术。这些技术有助于有效管理和处理海量数据，从中提取有用信息，为云边融合决策和业务提供支持。

1. 数据收集和处理

通过合理选择数据采集协议和接口，进行数据预处理，并进行数据过滤和筛选。能够有效地提取有价值的数据，并为后续的数据分析和应用提供可靠的数据基础。

（1）数据采集协议和接口。数据采集协议和接口技术在云边协同中起着关键作用。它们定义了数据从传感器或边缘设备传输到云端的通信方式和规范。其中，一些常见的数据采集协议和接口技术包括 MQTT、受限制的应用协议（Constrained Application Protocol，CoAP）、HTTP 和网页套接字（WebSocket）。

① MQTT 是一种轻量级的、基于发布 - 订阅模式的消息传输协议，适用于低带宽、不稳定网络环境下的物联网应用。它通过轻量级的头部格式和可选的消息确认机制，实现高效的传感器数据传输，并减少网络负载。

② CoAP 是专为受限设备和网络设计的应用层协议。它采用类似于 HTTP 的请求 - 响应模式，具有轻量级和高适应性的特点。CoAP 支持用户数据报协议（User Datagram Protocol，UDP）协议，适用于资源受限的边缘设备，具有较低的通信开销和较高的效率。

③ HTTP 是互联网中最常用的应用层协议，在云边协同中广泛应用于边缘设备和云端之间的数据传输。边缘设备可以通过 HTTP 请求将数据发送到云端，并接收云端的响应。HTTP 提供了丰富的工具和库，便于数据采集和处理的实现。

④ WebSocket 是一种提供全双工通信的协议，建立在 HTTP 之上。它支持客户端和服务器之间的双向实时通信，适用于边缘设备和云端之间的数据传输。相比 HTTP，WebSocket 具有更低的延迟和更高的实时性。

除了以上协议，还存在其他自定义的协议和接口，用于特定的云边协同应用场景。这些数据采集协议和接口技术为云边协同提供了标准化的通信方式，确保数据的可靠传输和互操作性。在选择合适的协议和接口技术时，需要综合考虑网络带宽、功耗、延迟和安全性等因素，以满足特定应用场景的需求。

（2）数据预处理。数据预处理技术在云边协同中扮演着重要角色。数据预处理大多选择直接在网络边缘的边缘端进行，它们用于对原始数据进行清洗、转换和归一化，以准备数据进行后续的分析和处理。数据预处理的目标是提高数据质量、减少噪声和异常值对分析结果的影响，并为后续的数据挖掘、机器学习和决策提供可靠的数据基础。

①数据清洗是数据预处理的关键步骤之一。它包括去除重复数据、处理缺失值和异常值等。去除重复数据可以避免重复计算和分析，减少冗余。处理缺失值可以采用插值方法填补缺失值，或者根据特定规则进行数据修复。处理异常值可以通过统计方法或基于模型的方法检测和处理异常值，以确保数据的准确性和可靠性。

②数据转换是将原始数据转化为适合分析和建模的形式。特征提取是从原始数据中提取有用的特征，例如从文本数据中提取关键词或从图像数据中提取视觉特征。特征选择是根据特征的重要性或相关性选择最具代表性的特征，以减少数据的维度和复杂性。降维技术（如主成分分析）可以将高维数据转化为低维数据表示，以减少存储和计算开销。

③数据归一化是将不同特征的数据转化为相同的尺度范围，消除特征之间的量纲差异。常见的归一化方法包括最小 - 最大缩放和标准化。最小 - 最大缩放将数据线性地映射到指定的范围，例如将数据缩放到［0，1］之间。标准化通过减去均值并除以标准差，将数据转化为均值为 0、方差为 1 的分布。

④数据集成是将来自不同数据源的数据进行合并和整合的过程。它包括数据格式转换、数据匹配和数据合并等操作。数据集成的目标是生成更全面和一致的数据集，为后续的分析提供更准确和完整的数据。

数据预处理技术在云边协同中发挥着关键作用。通过数据清洗、转换、归一化和集成等技术，可以提高数据的质量和一致性，减少噪声和异常值的影响，为后续的数据分析、建模和决策提供可靠的数据基础。

（3）数据过滤和筛选。数据过滤和筛选技术旨在从大规模的数据集中提取出符合特定条件或感兴趣的数据，以便在后续的分析和处理中集中关注。这些技术的应用有助于减少数据规模、提高数据质量，以及加快数据处理速度。

①基于规则的过滤技术利用预定义的规则或条件来筛选数据。这些规则可以基于数据的特征、属性或关系等进行定义。通过设定逻辑条件，例如时间戳范围或特定属性值，可以过滤出满足规则的数据记录。基于统计的过滤技术使用统计方法对数据进行筛选，可以设定阈值来过滤具有特定统计特征的数据，如平均值、方差、最大值或最小值。这种方法可以帮助识别异常数据或具有特定统计模式的数据。

②基于模式匹配的过滤技术用于识别和提取满足特定模式的数据。可以使用预定义的模板、正则表达式或其他模型来定义模式。通过匹配模式，例如从文本数据中提取满足特定模式的内容或从图像数据中识别特定形状或对象，可以进行数据筛选。

③基于机器学习的过滤技术利用机器学习算法对数据进行训练和分类，以识别感兴趣的数据。通过使用已标记的训练数据集，可以构建分类模型，自动筛选数据。这种方法可以用于识别垃圾邮件、异常行为等。

④基于用户反馈的过滤技术利用用户的反馈和偏好来指导数据筛选。用户可以提供反馈、评级或选择特定数据，以个性化地过滤数据。根据用户需求和兴趣，可以动态调整数据筛选的结果。

数据过滤和筛选技术可根据具体的应用场景和需求进行选择和组合使用。它们有助于减少数据集的规模，提高数据相关性和质量，并加快数据处理和分析的速度。通过适当的数据过滤和筛选，可以快速从大量数据中提取出有用的信息，以支持决策和业务需求的实现。数据收集与处理架构如图 7–5 所示。

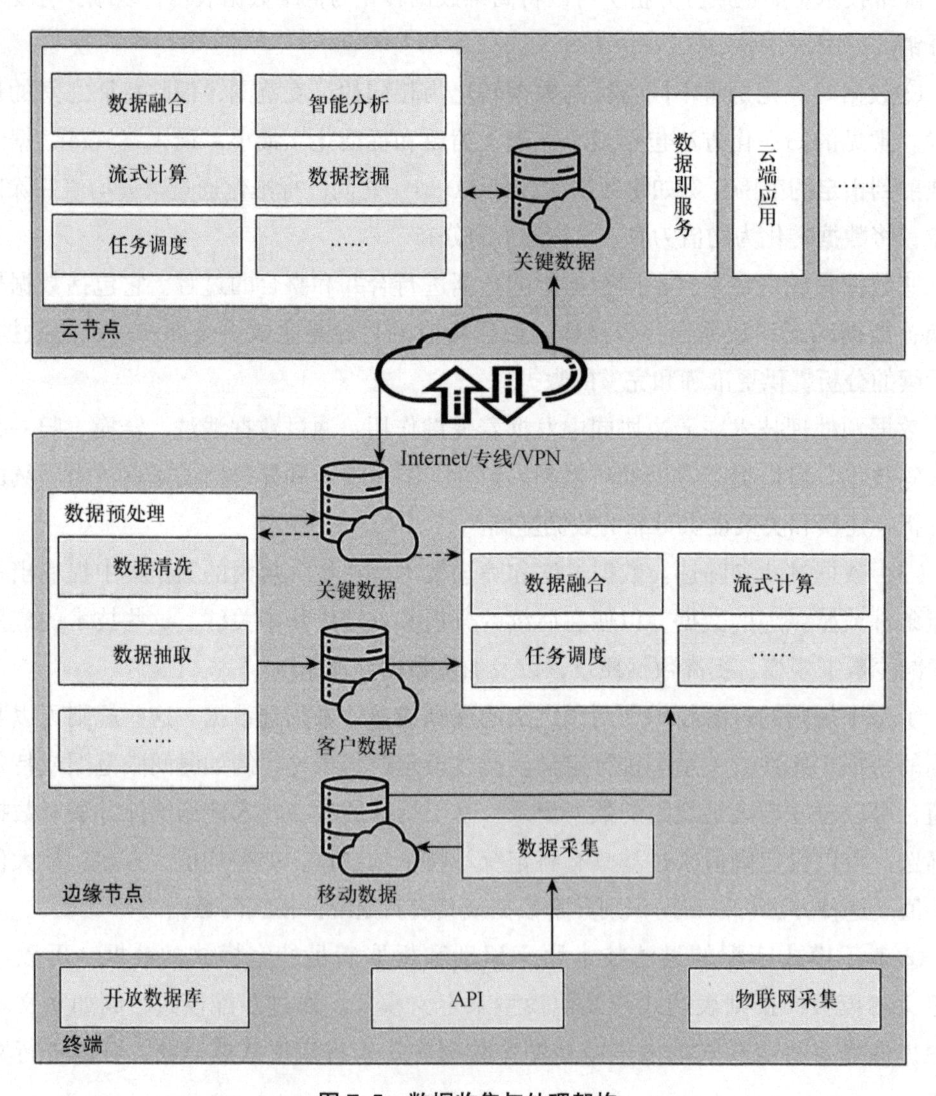

图 7–5　数据收集与处理架构

2. 数据存储和整合

数据存储和整合是云边融合中大规模数据处理和分析中的重要步骤，涉及如何有效地存储大量数据，并将分散的数据整合成一体，以便进行后续的分析和查询。

（1）数据存储技术。数据存储技术用于云边协同中安全、高效地存储数据并以备后续访问和使用。其中涉及云存储、边缘存储及分布式文件系统。

①云存储是一种常见的数据存储技术，通过将数据存储在云端服务器上实现数据的高可用性、可扩展性和灵活性。云存储提供商提供安全、稳定的存储服务，用户可以根据需求选择存储容量，并通过 API 或其他接口进行数据访问和管理。云存储具有跨地域冗余备份、自动扩展和弹性存储容量等特点，适用于大规模数据存储和处理需求。

②边缘存储是将数据存储在边缘设备或边缘服务器上的技术。边缘存储的目的是减少数据的传输延迟和网络堵塞，提供本地数据访问的优势。边缘存储可以使数据在离用户或应用程序更近的位置进行存储，从而加快数据访问和处理速度。边缘存储还可以与边缘计算相结合，实现在边缘设备上进行数据处理和分析的功能，减少对云端的依赖。

③分布式文件系统是一种将数据分布式存储在多个节点上的技术，以提高数据的可靠性和其他性能。分布式文件系统将数据划分为多个块，并将它们分布在多个节点上进行存储。这样可以实现数据的冗余备份，即使某个节点发生故障，数据仍然可用。同时，分布式文件系统具有高可扩展性，可以通过增加节点来增加存储容量和吞吐量。常见的分布式文件系统包括 Hadoop 分布式文件系统（Hadoop Distributed File System，HDFS）和分布式文件系统（Ceph）等。

此外，还有其他数据存储技术可根据具体需求选择，如对象存储、关系型数据库、列式数据库和内存数据库等。这些技术提供了不同的存储模型和访问接口，适用于各种数据类型和访问模式。根据数据的特性、访问要求和性能需求，可以选择合适的数据存储技术。数据存储技术在云边协同中提供了安全、可靠的数据存储环境，并满足不同数据规模和访问需求。通过选择适当的数据存储技术，可以满足数据的持久性、可扩展性和其他性能要求，支持云边协同的数据协同和处理需求。

（2）数据整合技术。数据整合技术在云边协同中涉及将来自不同数据源和不同格式的数据整合到一个一致的数据集中，以便进行综合分析和处理。

①数据集成是数据整合的核心技术之一。它包括数据提取、转换和加载三个步骤，常称为数据仓库技术（Extract-Transform-Load，ETL）。在数据提取阶段，数据从各种数据源中提取出来，可以是关系型数据库、非关系型数据库、文件系统、API 等。数据转换阶段涉及对提取的数据进行清洗、规范化、标准化和转换操作，以便将数据统一为相同的格式和结构。在数据加载阶段，经过转换的数据被加载到目标数据仓库、数据湖或数据集群中，以供后续的分析和处理使用。

②数据清洗是数据整合过程中的重要环节。它涉及检测、纠正和处理数据中的错误、缺失值、重复值和不一致性等问题。数据清洗的目标是确保数据的准确性和一致性，提高数据质量。常见的数据清洗操作包括去重、缺失值填充、异常值处理、数据格式转换等。

③数据规范化是另一个关键的数据整合技术。它包括数据格式标准化、单位标准化、分类代码转换等操作，以确保来自不同数据源的数据可以进行比较和整合。通过数据规范化，可以统一数据的命名规则、数据单位、数据结构等，消除数据的异构性，提高数据的一致性和可比性。

④数据匹配和关联是数据整合中的重要步骤。它涉及将来自不同数据源的数据进行匹配和关联，以建立数据之间的关系。数据匹配可以基于某些关键字段进行，如ID、名称、日期等。数据关联可以基于某些共同的属性或上下文信息进行，如地理位置、时间窗口等。通过数据匹配和关联，可以将不同数据源的相关数据连接在一起，形成更完整和综合的数据集。

⑤数据同步是确保不同数据源之间数据一致性的关键技术。数据同步机制可以基于时间触发、事件触发或实时复制等方式实现。当一个数据源发生变化时，其他相关数据源可以及时更新相应的数据，保持数据的一致性。数据同步可以在数据库层面、应用程序层面或分布式系统层面进行。

数据整合技术在云边协同中扮演着重要的角色，它们通过数据集成、数据清洗、数据规范化、数据匹配和关联以及数据同步等手段，将来自不同数据源和不同格式的数据整合到一个一致的数据集中。这些技术解决了数据异构性、数据一致性和数据质量等方面的挑战，为综合分析和处理提供了可靠的数据基础。

7.3 智能协同

当前AI算法大多是依赖于云计算中心等计算资源密集的平台实现的，并且需要大量的计算，但云计算中心等计算资源密集平台与终端用户之间存在较远的物理距离，而且边缘端的海量数据也极大地限制了AI算法的优势。为此，人们开始研究将AI与云边协同相结合的技术，从而推动了云边协同与AI融合应用的发展。即云边协同中的智能协同。

智能协同是在AI场景下，通过使用AI服务对海量数据进行预处理以及半自动化标注、大规模分布式训练，生成自动化模型，并支持部署到云上和边缘。利用边缘服务将其推送到边缘节点，提供边缘传输通道，联动边缘和云端数据；边缘AI服务实时获取数据，通过推理进行瑕疵检测，根据结果调整生产设备参数，并将数据和结果周期上传回云端，用于持续模型训练和生产分析。

云边智能协同并不是将云边协同与 AI 简单结合，除了 AI 为云边协同提供技术和方法之外，云边协同也为 AI 提供了场景和平台，例如智慧城市、智慧家居等应用场景，都可以极大地促进 AI 的进步与发展。云边协同综合了云计算与边缘计算两者的优势，如图 7–6 所示，使计算能力较高的 AI 应用可以从边缘端迁移到其他节点执行。当边缘节点做出迁移决策时，结合云节点对各个边缘节点状态的分析，最终将任务迁移到合适的节点执行，从而为 AI 应用提供更有潜力的平台。边缘节点的迁移决策用于判断该任务是否需要迁移，而云节点中的迁移决策通过分析各个边缘节点的状态判断出适合该任务的迁移地点。同样，云节点中计算能力较低、实时性较高的 AI 应用也可以迁移到边缘端或终端执行，最终为用户提供更高质量的服务体验。

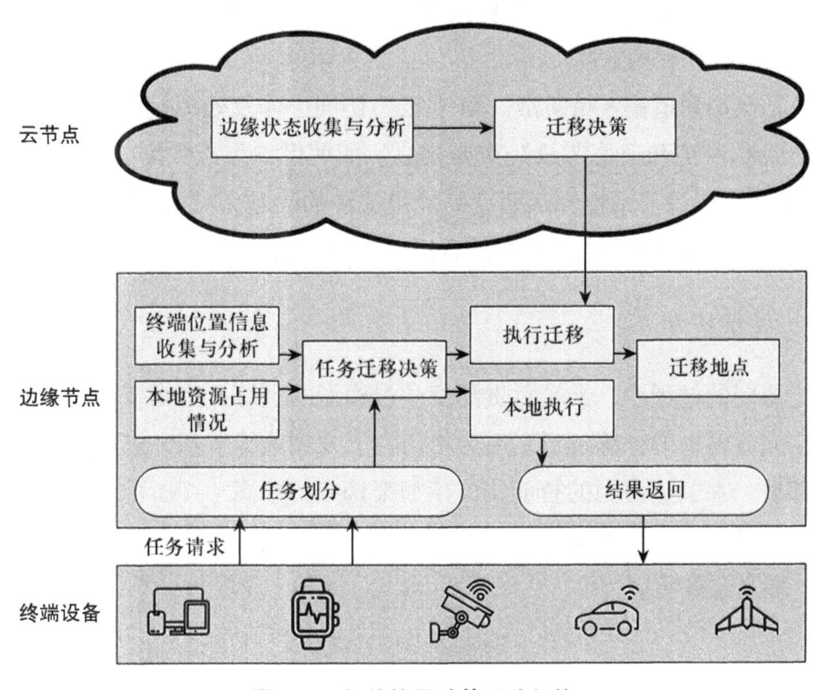

图 7–6　智能协同计算迁移架构

7.3.1　关键挑战

（1）模型部署和推理挑战。将 AI 模型部署在边缘设备上可以实现实时响应和低延迟的推理，但边缘设备通常只有有限的计算资源和存储容量。因此，如何在边缘设备上有效地部署和运行复杂的 AI 模型是一个挑战。需要考虑模型的大小、计算复杂度和资源限制。

（2）模型更新和迁移挑战。AI 模型通常需要进行更新和迭代，以提高性能和适应新的数据。在云边协同中，如何实现模型的更新和迁移是一个挑战。需要考虑模型更新的效率、网络带宽的限制以及模型迁移对边缘设备和云端的影响。

（3）实时性和响应能力挑战。许多应用场景要求实时的决策和响应能力。在云边协同中，如何在边缘设备和云端之间实现快速的数据传输、模型推理和决策是一个挑战。需要优化网络通信、算法设计和任务调度，以满足实时性和响应能力的要求。

（4）模型个性化和适应性挑战。不同用户和应用场景对 AI 模型的需求和偏好可能有所不同。如何实现个性化的模型定制和适应性调整，以满足不同用户和应用的需求是一个挑战。需要研究模型个性化的方法、迁移学习技术和在线学习算法，以支持个性化的 AI 服务。

（5）高可靠性和容错性挑战。在云边协同的环境中，边缘设备和云端之间的通信可能不稳定，设备可能会发生故障或离线。如何实现高可靠性和容错性的云边协同是一个挑战。需要设计具有冗余和恢复机制的通信协议、分布式算法和故障容忍技术，以保证系统的可靠性和稳定性。

（6）隐私保护和道德考量挑战。AI 在云边协同中涉及处理大量的个人数据和敏感信息，因此隐私保护和道德考量是重要挑战。如何保护个人数据的隐私和用户权益，以及在 AI 决策中考虑公平性和透明度是值得关注的问题。需要制定隐私保护的政策、机制和道德准则，以确保云边协同中的合法性和伦理性。

7.3.2 关键技术

在智能协同的过程中，云端负责深度学习模型的训练，边缘节点则负责模型的推理，云端在完成模型的训练过程之后会将模型下发到边缘节点，进而完成模型在云边架构中的部署。在云边协同的智能协同模型架构中，如图 7-7 所示，通过将推理阶段与训练阶段相结合，模型的训练与部署等过程不断重复，进而不断提升模型的精度与推理速度，提高服务质量。

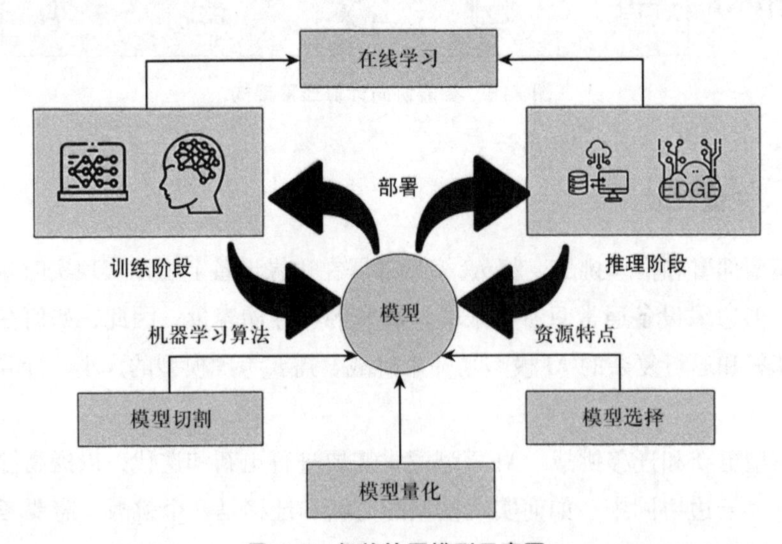

图 7-7　智能协同模型示意图

在边缘计算场景下，AI 类应用占据主流。由于边侧计算资源紧缺、网络环境复杂，以及数据量样本量少、数据样本分布不均、数据隐私等，AI 类应用在边缘的训练和推理还存在着训练收敛时间长、训练效果差、推理精度低、推理时延高等问题。通过云边协同 AI 技术可以很好地解决边缘训练和推理中的精度、时延、通信量、数据隐私等问题。

1. 推理优化技术

以往的研究都是在云端进行 AI 模型的训练、优化和推理，原因是模型的训练和优化需要大量的资源，云则是良配。然而，模型的推理需要的资源比训练、优化少得多，并且有新数据需要实时推理。因此，在边缘侧进行模型的推理已逐渐成为新的研究热点。考虑到边缘节点的计算存储资源有限，如何减小模型大小和优化模型在边缘推理中显得尤为重要。云上训练、边缘推理的智能协同推理优化框架如图 7–8 所示。

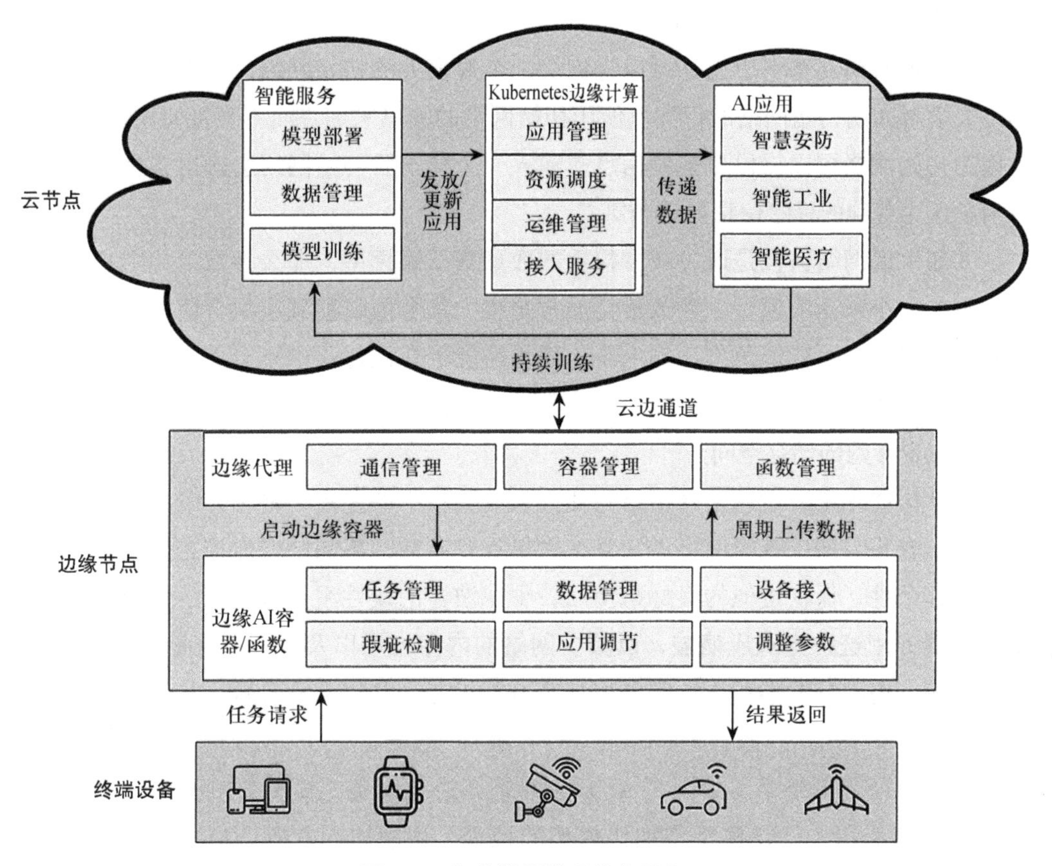

图 7–8 智能协同推理优化框架

AI 服务利用云上的资源完成海量数据预处理以及半自动化标注、大规模分布式训练、自动化模型生成，支持部署到云上或边缘；边缘服务将云上训练好的 AI 应用以容器或函数形式推送到边缘节点，提供云边传输通道，联动云端和边缘的数据，支撑 AI 应用实现云边智能协同，同时提供升级、监控、日志等运维能力；边缘 AI 容器 / 函数加载模型实时从设备获取数据，通过推理进行瑕疵检测，并根据结果调整生产设备的参数，提升良品率；边缘产生的数据和推理结果周期上传到云上，用于持续模型训练和生产分析。

（1）模型压缩技术。为保证模型在边缘服务器上高效地完成推理过程，当前研究者采用较多的方案为模型压缩技术。一些研究者通过提升网络剪枝的剪枝率来压缩模型；也有一些研究者通过减少网络参数量来压缩深度神经网络。常见模型压缩方法主要包括网络剪枝、知识蒸馏、参数量化、结构优化。

①网络剪枝指通常网络模型参数过多，有些权重接近 0，或者神经元的输出为 0，可以将这些多余的参数从网络中移除。具体步骤为预训练一个比较庞大的模型，评估每个权重和神经元的重要性，按照参数重要性排序，删除不重要的参数，将缩小的模型用训练数据重新微调一次，可以减小损失，如果模型缩小之后仍然没达到要求，则重新评估权重和神经元迭代操作。

②知识蒸馏的基本思想是可以先训练一个规模大的初始网络，再训练一个小的子网络去学习大的初始网络的行为。使用初始网络的输出来训练而不直接使用标注数据，是因为初始网络可以提供更多的信息，输入一个样本后初始网络会输出各种类别的概率值，这比单纯的标签信息要更丰富。

③如果说网络剪枝是通过减少权重的数量来压缩模型，那么参数量化则是通过减少权重的大小来压缩模型。参数量化通常是将大集合值映射到小集合值的过程，这意味着输出包含的可能值范围比输入小，理想情况下在该过程中不会丢失太多信息。参数量化会使用更少的空间来存储一个参数，然后使用聚类中心来代替整个类的值，这样可以减少参数的储存空间。

④结构优化是通过调整网络结构使其只需要较少的参数，常见方法为低秩近似与切除分离卷积。深层神经网络通常存在大量重复参数，不同层或通道之间存在许多相似性或冗余性，低秩近似的目标是使用较少滤波器的线性组合来近似一个层的大量冗余滤波器，用这种方式压缩层，以减少网络的内存占用以及卷积运算的计算复杂性，实现加速。切除分离卷积方法则是将计算进行拆分，共用部分参数，最终实现参数规模缩小。

（2）模型分割技术。为了将 AI 方法部署在边缘设备，模型分割技术与提前退出机制也被广泛用于优化模型和加快模型的推理。智能协同切割训练模型如图 7-9 所示，它是一种边缘服务器和终端设备融合训练的方法。它将计算量大的计算任务卸载到边缘端服务器进行计算，而计算量小的计算任务则保留在终端设备本地进行计算。通过合理的模型分割，将不同的服务模型根据资源、成本、质量、时延等要求部署在合适的位置。通过已完成的协同计算框架，确保各子模型之间的协同处理。比如结合产品设计，可以将简单的识别推理全部置于端侧设备，如需要判断视频中的物体属于动物还是植物等。但是进一步的识别功能，可以结合边缘侧的推理能力，识别动物为猫科动物或犬科动物等。如果用户需要更加精细的识别，可以将边缘侧的识别结果及处理之后得到的特征数据发送至云端，结合云端完善的数据模型和知识体系，将该猫科动物判定为东北虎还是华南虎。这样通过端、边、云三者的协同，能够在极大保证用户体验的同时，合理使用各类资源。显然，上述终端设备与边缘服务器融合推断的方法能有效地降低深度学习模型的推断时延。然而，不同的模型切分点将导致不同的计算时间，因此需要选择最佳的模型切分点，以最大化地发挥终端与边缘融合的优势。

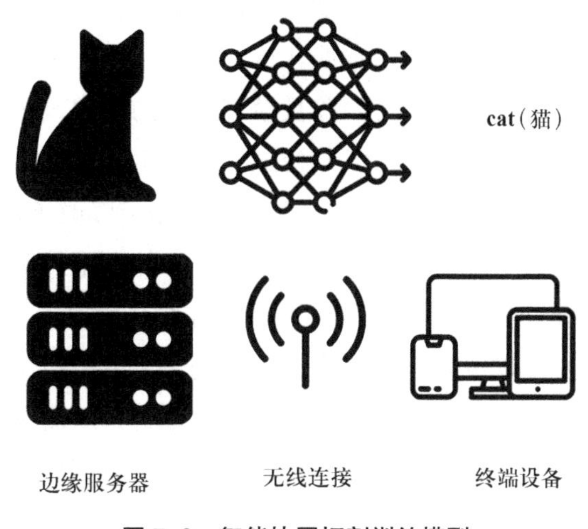

图 7-9　智能协同切割训练模型

2. **模型训练优化**

由于深度神经网络模型的训练需要大量计算与存储资源，计算资源丰富的云计算中心为其提供了优质的保障。为了保证模型在边缘端高效地完成推理过程，提高模型的训练精度并保证高效的训练速度成为当前的研究重点。为提高模型的精度，当前采用较多的方法是利用反向传播算法来迭代更新权重。为此，一些研究者开始研究并采用反向传播中梯度下降算法优化方案，从而加速大型深度神经网络的优化并提高训练效率，进而减小训练误差。随着边缘智能的发展，在边缘上进行模型训练也成为可能。但在边缘上训练需要大量的资源进行数据参数的交换，往往存在数据隐私暴露的风险。云边协同 AI 框架的关键技术包括：增量学习、联邦学习、强化学习。

（1）增量学习。增量学习是一种在已有模型基础上对新数据进行学习和更新的机器学习方法。它具有以下关键技术和策略：第一，增量学习采用增量训练的方式，通过接收新数据示例来对模型进行进一步训练和调整，这样可以使模型逐步适应新的数据分布和任务要求；第二，冻结层和微调是常用的策略之一，通过冻结部分层或模块，保留之前学习到的特征表示，然后对剩余层进行微调，以适应新任务的要求；第三，增量聚类是一种无监督学习的方法，它可以在不断到达的数据中识别新的模式和类别，从而实现模型的动态更新；第四，遗忘和记忆机制在增量学习中起到关键作用，遗忘机制通过选择性地删除或减弱权重和连接，以遗忘一些过时的知识，而记忆机制则可以保留重要的知识和样本，以备需要时回溯和使用；第五，策略选择和重要性权重是增量学习中的重要技术，策略选择根据特定准则和目标，选择合适的学习策略和更新方式，而重要性权重用于衡量不同样本和数据点的重要性，在模型更新过程中进行加权处理。这些技术和策略共同构成了增量学习的关键要素，使得模型能够有效地适应新数据和任务的变化。

增量学习帮助单个租户从时间的维度提升模型效果。数据在边缘侧持续产生，传统的方式是人工定期收集这些数据，定期在云上或边缘上的机器进行重新训练以改进模型效果。这种方式浪费较多的人力，并且模型更新的频率较慢，不能及时用上最新更优的模型。通过增量学习，可以持续监控这些新产生的数据，并通过配置一些触发规则来决定是否要启动训练、评估、部署，以自动化地持续改进模型效果。

（2）联邦学习。联邦学习是端—边—云之间的一种实用的深度学习训练机制，为边缘侧提供了数据的隐私保护，如图 7-10 所示。在联邦学习中，边缘节点接收云节点下发的全局参数并利用本地的训练数据来训练模型，之后将模型下发至终端，而终端将本地参数上传到云节点中，云节点进行参数加权聚合，从而得到全局模型参数并再次下发至边缘节点中。这种方式能够在不需要进行原始数据传输的情况下构建全局模型，从而实现数据隐私保护。

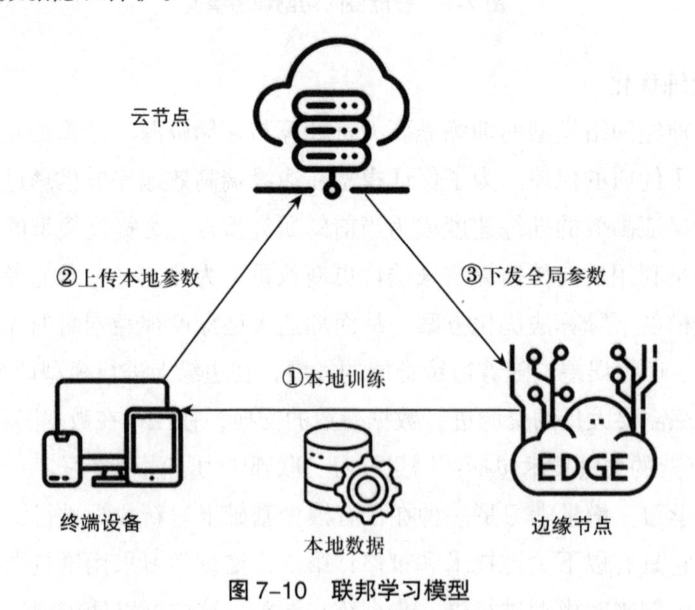

图 7-10　联邦学习模型

联邦学习跨多个租户，从空间的维度帮助提升模型效果。数据天然是在边侧产生的，云边协同联邦学习通过边缘侧的数据联合训练得到一个模型，目的是基于不上传原始数据的前提下，能充分利用分散在不同边侧的数据。单租户场景，基于数据不愿意上云的假设下，租户希望直接利用在边缘产生的数据就近在边缘节点进行训练得到模型，但数据在租户内部是分散在不同节点的，在租户内部集中训练需要另外采购集中训练的机器会带来额外的采购成本，因此可以采用云边协同联邦学习，直接使用边缘节点的计算能力进行训练，使用云上的聚合器进行聚合，在保证数据隐私和高效传输的前提下，提供更快的收敛速度和精度更高、场景更丰富的聚合算法，以完成模型的联合训练。

（3）强化学习。强化学习是一种机器学习的方法，用于让智能体通过与环境的交互来学习最优的行动策略。在强化学习中，智能体通过观察环境的状态，采取行动，并根据环境的反馈（奖励或惩罚）来调整自己的策略，以最大化长期累积的奖励。这个过程类似于一个智能体在环境中进行试错的过程，通过不断尝试和学习来优化自己的行为。

强化学习中的关键概念包括状态、行动、奖励和值函数。状态表示了环境的特定情况或特征，它用于描述智能体在给定时间点的观察信息。行动是智能体在给定状态下采取的操作或决策。奖励是环境提供给智能体的反馈信号，用于评估行动的好坏。值函数是衡量智能体在给定状态下长期期望累积奖励的函数，可以用来指导智能体的行动选择。强化学习的核心思想是通过学习值函数或策略来寻找最优的行动策略。值函数的方法包括基于价值迭代的方法，如 Q-Learning 和深度 Q 网络（Deep Q Network，DQN）以及基于策略梯度的方法，如策略梯度和 Actor-Critic 算法。值函数方法通过估计状态—行动对的价值来选择行动。策略梯度方法则通过直接优化策略函数来选择行动。在强化学习中，有两种常见的训练方式：离线学习和在线学习。离线学习是指智能体通过与环境交互收集数据后，离线进行模型的学习和更新。在线学习则是指智能体边与环境交互边进行模型的学习和更新。

强化学习在智能协同中具有广泛的应用。例如，可以使用强化学习来优化边缘设备和云端的资源分配，以实现更高效的任务处理和能源管理。强化学习还可以应用于网络管理和调度，以最大化网络资源的利用效率和性能。此外，强化学习还可被用于智能边缘服务的优化和决策，以提供个性化和智能化的服务。

7.4　应用协同

应用协同是指用户通过边缘计算平台在云上的管理面将开发的应用通过网络远程部署到用户希望的边缘节点上运行，为终端设备提供服务，并且可以在云上进行边缘应用生命周期管理。应用协同还规定了边缘计算平台向应用开发者和管理者开放的应用管理北向接口。对于边缘计算的落地实践来说，应用协同是整个系统的核心，涉及云、边、管、端各个方面。相比集中在数据中心的云计算，边缘计算的边缘节点分布较为分散，在很多边缘场景中，如智能巡检、智慧交通、智能安防、智能煤矿等，边缘节点采用现场人工的方式对应用进行部署和运维非常不方便，效率低，成本高。边缘计算的应用协同能力，可以让用户很方便地从云上对边缘应用进行灵活部署，大大提高边缘应用的部署效率，降低运维管理成本，为用户边缘场景实现数字化、智能化提供了基础。这也是应用协同对于边缘计算场景的价值所在。

7.4.1 困难与挑战

（1）传统边缘应用部署的物理节点分布可能较为分散，部署过程中存在大量需要人工现场操作的步骤，部署方式不够灵活方便，效率低下。边缘应用缺少云边协同管理方案，边缘计算平台也缺少统一的应用管理北向接口。

（2）边缘计算复杂场景下应用分发比较困难。用户应用部署到海量的边缘节点上，需要大规模分发应用的镜像。边缘和中心云之间一般跨网络连接，网络的稳定性相对较差。中心镜像仓库高并发下载带来高昂的带宽成本也是一个非常严重的问题。另外，用户应用日益复杂化，跨越云边的分布式应用场景越来越多，但是对应的跨云边应用分发机制还比较缺乏。

（3）云边计算场景下边缘应用管理困难。边缘节点与云端通过城域网互联，漫长的网络链路使得二者连接不够稳定，且易由各种不确定因素导致边缘节点整体断连。在断连后，边缘节点及其上的应用实例将处于离线状态，并且缺乏 IT 维护人员及时管理恢复。此时，边缘应用会出现不可用的问题，边缘侧的业务连续性及可靠性都将受到极大的挑战。

7.4.2 应用关键技术

为了实现在云和边缘计算环境下对应用程序进行有效分发和管理，诞生了一系列在云边协同的环境下保证应用协同的应用分发和应用管理技术。这些技术旨在提高应用程序的可用性和其他性能以及资源利用率。

1. 应用分发

应用分发技术在大规模分布式系统和跨云边环境中发挥着重要作用。通过应用亲和性分发技术，可以优化应用程序的性能和通信效率。应用大规模分发技术可以实现高效的应用部署和管理。而跨云边统一部署技术可以使应用在多个云和边缘设备上无缝运行，提高资源利用效率和应用的灵活性。这些技术的应用可以帮助组织更好地管理和部署应用，提高系统的可靠性和其他性能。

（1）应用亲和性分发技术。云边协同的应用协同涉及使应用程序在云和边缘节点之间进行协同工作和分发，以提供更高效的应用服务。应用亲和性分发技术旨在根据应用程序的特性和需求，将应用程序部署到最适合的云或边缘节点上，以实现最佳的性能和资源利用。几种常见的应用亲和性分发技术如下。

①针对位置感知分发：根据用户的位置信息和网络拓扑，将应用程序分发到最接近用户的边缘节点上。这可以减少网络延迟和传输时间，提高用户体验。例如，利用地理位置信息，将应用程序分发到就近的边缘节点，使用户能够快速访问应用服务。

②针对资源感知分发：根据云和边缘节点的计算、存储和网络资源情况，将应用程序分发到资源可用性最高的节点上。这可以确保应用程序获得足够的资源支持，提高应用的可靠性和其他性能。例如，根据节点的负载情况，将计算密集型的应用程序部署到云节点，将数据密集型的应用程序部署到边缘节点。

③针对数据感知分发：根据应用程序对数据的依赖性，将应用程序分发到数据所在的节点上。这可以减少数据传输和处理的延迟，并提高数据访问的效率。例如，将与特定地理位置相关的数据处理应用程序部署到存储这些数据的边缘节点上。

应用亲和性分发技术的选择和实施应该根据具体的云边协同架构、应用程序特性和需求来确定。这些技术可以帮助优化应用程序的性能、资源利用率和用户体验，实现在云边协同环境下的协同工作和分发。

（2）应用大规模分发技术。边缘计算场景中，用户应用需要部署到海量的边缘节点上，需要大规模分发应用的镜像。这种应用大规模分发场景的部署速度、部署成功率等性能受制于短时间高并发读取、网络稳定性、网络带宽等方面的要求。容器应用部署过程中需要下载容器镜像文件，如果在大规模边缘集群环境中，比如 100 000 个边缘节点，每个应用镜像按照 500 MB 计算，如果直接从中心镜像仓库下载，数据量是 50 000 GB，这对于镜像仓库的冲击是致命的。

边缘和中心云之间一般跨互联网连接，网络的稳定性相对较差，比如煤矿矿井边缘、工厂车间边缘、公路边缘场景，很难保证边缘与中心云网络连接的稳定性。中心镜像仓库下载带来高昂的带宽成本也是一个非常严重的问题，这对于提供镜像仓库的云服务提供商来说是不可接受的。边缘计算平台可以采用镜像分级缓存、边缘镜像站点加速、P2P 分发等方法来提高应用大规模分发性能。

（3）跨云边统一部署技术。用户应用日益复杂化，跨越云边的分布式应用场景越来越多。与云计算环境相比，应用在边缘侧部署和运行受本地环境的影响非常大，而本地环境自身又是非常不稳定的，充满了不可预知性和动态性，因此边缘计算平台需要根据环境资源信息动态调整业务部署。若边缘侧环境发生重大变故，包括边缘节点故障、边缘侧用户请求飙升等情况，边缘侧的资源无法满足用户应用的计算需求，此时需要将业务负载迁移回云上运行，以保障用户应用的可用性。因此边缘计算平台需要提供应用跨云边统一部署能力，以实现用户应用的云边协同，并且能够为应用开发者屏蔽这种因部署位置的差异性带来的特殊设计和开发工作量。

2. 应用管理

通过应用生命周期管理技术，可以确保应用的高效部署和管理。应用离线自治技术可以提高系统的稳定性和连续性，保证应用在异常情况下仍能继续运行。而多设备多副本互备技术可以实现应用的高可用性和容灾备份，从而保证系统的可靠性和鲁棒性。这些应用管理技术的应用可以帮助组织更好地管理和维护应用，提高系统的可靠性和其他性能。

（1）应用生命周期管理技术。云边协同的应用生命周期管理技术是指在云和边缘计算环境中，对应用程序进行全面管理和优化的一系列技术和方法。它涵盖了应用程序的创建、部署、扩展、更新和升级、终止等各个阶段，并通过自动化工具和流程来提高管理效率和应用的可靠性。

①在应用的创建阶段，应用生命周期管理技术提供了各种工具和方法来简化应用程序的开发和构建过程。这包括使用集成开发环境来编写和测试应用代码，利用持续集成和持续交付（CI/CD）流程来自动构建和打包应用程序，以及使用容器化技术来实现应用程序的隔离和便捷部署。

②在应用的部署阶段，应用生命周期管理技术提供了自动化部署工具和平台，以简化应用程序的部署过程并保证一致性。这些工具可以根据预定义的配置和规则，自动将应用程序部署到云和边缘节点上，同时确保应用的可用性和其他性能。例如，使用配置管理工具可以实现应用程序的自动化部署和配置管理，确保应用在不同节点上的一致性。

③在应用的扩展阶段，应用生命周期管理技术提供了弹性伸缩的能力，根据应用程序的负载情况和资源需求，动态地调整应用实例的规模和资源分配。这可以通过自动化工具和云服务平台来实现，例如使用弹性伸缩组来根据负载自动增加或减少应用实例的数量，以满足不断变化的用户需求。

④在应用的更新和升级阶段，应用生命周期管理技术提供了自动化的更新和升级机制，以确保应用程序始终保持最新状态，并及时修复漏洞和引入新功能。这可以通过持续集成和持续交付流程实现自动化地检测应用程序的更新版本，并自动部署和验证更新的应用程序。此外，使用滚动升级策略可以确保应用程序的平滑升级，避免中断用户访问。

⑤在应用的终止阶段，应用生命周期管理技术提供了自动化的终止和资源回收机制，以便及时释放不再需要的资源并降低成本。工作内容包括停止应用实例、释放存储空间、删除相关数据库和网络配置等。自动化的终止和资源回收过程可以避免资源浪费，提高资源利用率。

此外，应用生命周期管理技术还包括监控和日志管理，用于实时监测应用程序的性能和健康状态，并记录关键日志和指标，以便进行故障排查和性能优化。

（2）应用离线自治技术。相较于传统的以云数据中心为核心的云服务，边缘计算所服务的业务领域有着自己的特点。在边缘节点与云端正常连接时，边缘节点及其上的应用生命周期管理都由云上的管理组件负责。然而，边缘节点与云端通过城域网互联，漫长的网络链路使得二者连接不够稳定，且易由各种不确定因素导致断连。在断连后，边缘节点及其上的应用实例将处于离线状态，并且缺乏 IT 维护人员及时管理恢复。此时，边缘侧的业务连续性及可靠性都将受到极大的挑战。因此，边缘节点在离线场景下的管控是边缘计算服务必不可少的功能之一。边缘应用离线自治技术，通过维护边缘节点监控关系列表、调度优先级列表及边缘信息同步机制，能够保障边缘节点在云端管理面断开的场景下进行离线自治，维持系统正常运行，直到云边连接恢复正常。

（3）多设备多副本互备技术。云边协同的应用管理技术中的多设备多副本互备技术是一种重要的机制，用于提高应用程序的可靠性、冗余性和容灾能力。该技术通过在不同的设备或节点上创建多个应用程序副本，并确保这些副本之间的数据同步和备份，以保证在发生故障或节点失效时能够实现无缝切换和持续服务。又因为边缘节点运行状态和网络状态不稳定，可能会出现单个节点运行故障或者网络断开，这些问题都会导致该节点上运行的应用实例不可用。对于无状态应用，可以创建多个副本，同时添加应用部署的反亲和性特性，维持预设副本数的同一应用的不同实例在不同节点上分散部署运行，避免单节点故障导致所有应用实例全部不可用的问题，提升应用的可用性。采用故障恢复和容错技术，保障应用程序在出现故障时的可用性和可恢复性，包括备份和复原策略、容错机制、冗余部署等，以提高应用的容错性和可靠性。

多设备多副本互备技术的实现主要包括数据复制和同步、心跳检测和故障切换、负载均衡和就近调度，以及弹性伸缩和动态调整等方面。首先，通过数据复制和同步机制，将应用程序的数据复制到备用设备或节点上，并确保数据的一致性和同步，以实现数据的高可用性和容灾能力；其次，通过心跳检测机制监控主副本的状态，并在检测到主副本故障时，自动切换到备用副本，以实现快速切换和持续服务；再次，通过负载均衡和就近调度机制，将用户请求合理地分配到可用的副本上，以提高系统的整体性能和容错能力；最后，利用弹性伸缩和动态调整技术，根据应用程序的负载情况和资源需求，自动调整副本的数量和资源分配，以适应变化的工作负载和需求。

7.5　服务协同

服务是指具备明确的业务特征，由一个或多个关联紧密的微服务组成，可直接面

向客户 / 用户进行打包、发布、部署、运维的软件单元。服务协同是指通过在边缘计算平台提供用户需要的关键组件能力，以及快速灵活的服务对接机制，从而提升用户边缘应用的构建速度，在边缘侧帮助用户服务快速接入边缘计算平台。服务协同主要包括两个方面：一方面，是来源于中心云的云服务和云生态伙伴所提供的服务能力，包括智能类、数据类、应用使能类能力；另一方面，是通过云原生架构，提供一套标准的服务接入框架，为边缘服务的接入、发现、使用、运维提供一套完整流程。

应用服务的核心关注点在于，在涉及一般中间件等有状态服务的部署场景中，如何有效地将此类服务分布并运行于边缘计算环境中。由于中间件等有状态服务架构复杂，涉及很多复杂化处理，因此应用服务主要提供的是云边分布式开发框架和运行框架。通过提供标准的接入规范和开发框架，可以帮助这类服务快速集成开发，并且能够方便地部署集成到边缘计算环境中。同时，这种统一的开发框架可以方便应用服务的改造，帮助不同形态服务的迁移，满足快速上云诉求。而运行框架，则提供了运维规范、通信规范等，另外还提供了开箱即用的微服务注册、发现和访问机制，可以帮助服务进行全生命周期的管理，并且满足跨云边应用协同。在边缘计算场景中，不同的设备、不同的边缘云设施中，都可以快速无缝协同工作，从而提高服务协同能力，降低用户使用难度、部署难度以及运维难度。

7.5.1　面临的关键挑战

（1）数据存储困难，可靠性和其他性能无法保证。随着越来越多的业务连接到 IoT，与 IoT 关联产生的数据量和时序数据越来越多，而边缘侧资源紧张，对数据存储的成本、相应的性能和可靠性产生了极大的挑战，随着业务种类的不同，数据的上报结构各不相同，也给数据的存储带来了极大的不便。

（2）数据量大，实时性无法得到保证。边缘智能场景下，大量设备接入边缘云，上报数据量大，采样类型种类多，导致数据存在大量冗余情况，对于智能化场景产生极大挑战，而边缘侧场景的高实时要求又是一大难题。

（3）应用接入不规范，难以统一管控。边缘服务涉及多种类型的服务接入，其中数据服务、智能服务、应用服务等开发框架、语言以及使用方式都不一样，导致服务协同部署运维难度增大，跨云场景也因为接入方式不一致而无法统一管理。

（4）服务协同下服务运维困难。由于服务大部分需要部署在边缘侧，而边缘处的设备大多数都处于机房、基站等偏远地点，站点维护人员技能低，导致设备数据收集困难甚至无法收集，一旦服务出现问题，存在无法自愈或者修复困难等情况。

7.5.2　服务协同技术

云边协同的服务协同技术是指在云和边缘计算环境中，不同服务之间协同工作以提供综合性解决方案的一系列技术和方法。这些技术旨在实现服务之间的互操作性、协同调度和资源共享，以提高系统整体性能和用户体验。服务协同技术大致可以分为平台服务接入技术和服务分布策略。

1. 平台服务接入

当前云计算场景下，衍生了非常多的开发语言，Java、Go、C/C++、Nodejs 等，相关的开发框架也有非常多，因此导致了不同的服务平台中接入的方式互不相同，这也导致了如果一套服务在一个平台运行后需要迁移到另一套云平台中，必须进行代码版本的改造，从而加大了迁移成本，导致大量人力、物力都耗费在无价值的事情中。

随着边缘计算逐渐兴起，用户的应用服务日益复杂化，跨云边的分布式应用场景越来越多，跨云部署、治理以及管理运维的诉求越来越多，而不同平台之间的架构模型差异、接入差异导致了用户服务的接入困难，因此需要一套统一的服务接入标准。通过定义出行业认可的服务接入规范，规范不同平台的接入规则，使得一套服务可以无障碍部署在不同平台，保证跨云管理变得简单，无须花费时间考虑服务迁移改造等问题，从而实现平台与不同服务之间的集成和交互的技术和方法。这些技术旨在实现平台与外部服务的无缝连接，以便实现服务之间的协同工作和数据交换。

云边协同的服务协同技术中的平台服务接入技术包括 API 管理和开放平台、微服务架构、事件驱动架构、容器化技术以及身份验证和访问控制。这些技术的应用可以实现平台与外部服务的无缝集成和协同工作，提供丰富的功能和更好的用户体验。

（1）API 管理和开放平台。通过建立统一的 API 管理平台和开放平台，平台可以提供开放的 API，使第三方开发者能够将其服务集成到平台中。API 管理平台可以提供 API 注册、授权、限流、监控等功能，确保对接入的服务进行管理和控制。

（2）微服务架构。采用微服务架构的平台可以将服务拆分为小型、独立的服务单元，每个服务单元负责特定的功能。通过使用轻量级的通信机制（如消息队列），这些服务单元可以相互通信和协同工作，实现复杂的功能和业务流程。

（3）事件驱动架构。使用事件驱动架构的平台可以通过事件发布和订阅机制实现服务之间的松耦合和异步通信。当一个服务产生事件时，其他服务可以订阅并响应该事件，以完成相应的协同操作。这种架构能够提高系统的灵活性和可扩展性。

（4）容器化技术。通过使用容器化技术，平台可以将不同的服务和应用程序封装为独立的容器，实现服务之间的隔离和资源管理。这样，服务可以在云端和边缘节点上部署和运行，并通过容器编排工具进行管理和调度。

（5）身份验证和访问控制。平台服务接入技术还包括实现身份验证和访问控制机制，以确保只有经过授权的服务和用户能够访问平台。这可以通过使用开放授权

（Open Authorization，OAuth）、单点登录（SSO）和API密钥等技术来实现，确保服务之间的安全通信和数据保护。

2. 服务分布策略

云边协同的服务协同技术中的服务分布策略是一项关键的技术，旨在实现最优的服务部署和资源利用，以满足用户需求并提供卓越的性能和用户体验。主要的服务分布策略包括就近原则、负载均衡、弹性伸缩、数据分发与缓存以及网络感知服务路由等。这些策略的综合应用可以实现最优的服务部署和资源利用，提供卓越的性能、可靠性和用户体验。在不断发展的云边协同环境中，服务分布策略将继续演进和优化，以适应不断增长的需求和更高的用户期望。

（1）就近原则是一种重要的服务分布策略。根据用户的位置和网络拓扑，将服务部署在离用户最近的边缘节点上。通过考虑地理位置信息、网络延迟和传输距离等因素，就近原则可以降低服务的响应时间和延迟，提高用户体验。通过将服务尽可能地靠近用户，可以减少数据传输的时间和网络拥塞的风险，从而提高服务的性能。

（2）负载均衡是另一种重要的服务分布策略。负载均衡通过将服务请求均匀地分发到不同的边缘节点和云端资源上，实现资源的平衡利用。通过使用负载均衡算法和监测节点负载状态，可以动态地将请求路由到最适合的节点上，避免某些节点过载，同时提高整体系统的可伸缩性和可靠性。

（3）弹性伸缩通过监测服务负载和需求变化。系统可以自动地增加或减少服务规模和部署位置：当负载增加时，可以动态地添加新的边缘节点或云资源来满足需求；当负载减少时，可以释放资源以节约成本。弹性伸缩策略可以根据负载阈值和资源监控，实现自动化的服务调整，保持系统的高可用性和其他性能。

（4）数据分发与缓存是服务协同技术中的另一个关键策略。通过在边缘节点上缓存常用数据副本，数据缓存策略可以加速数据访问和降低网络带宽消耗。数据分发策略根据数据的访问模式和频率，将数据复制到边缘节点上，以便用户更快地获取所需数据。同时，数据更新和同步机制可以确保数据的一致性，以满足多个节点之间的数据协同和共享需求。

（5）网络感知服务路由通过监测网络拓扑和负载状况，选择最优的服务路径和路由，以最小化延迟和带宽消耗。网络感知服务路由可以根据网络状态和负载信息，选择具有低延迟和高带宽的网络链路来传输服务请求和响应。这样可以提高服务的响应速度，降低网络拥塞和传输延迟，从而改善用户体验。

7.6 本章小结

云边融合是一种新型计算范式，它将云计算强大的资源能力与边缘计算超低的时延特性结合起来，实现了边缘支撑云端应用、云端助力边缘本地化需求的融合优化目标。目前的研究集中在应用的落地与行业的发展上，忽略了云边融合过程中的技术实现原理。为了全面而深刻地了解云边融合的底层实现原理，本章首先对云计算与边缘计算各个层次之间的融合技术进行分析，随后深入探讨每种融合技术的具体实现方法。

第 8 章　大规模复杂数据预测

在现代社会中，我们面对着越来越多的数据，这些数据往往包含着大量的变量、维度和复杂的关联关系。大规模复杂数据预测旨在从这些数据中提取有价值的信息，并使用这些信息来预测未来的趋势、行为或结果。大规模复杂数据预测通常需要使用先进的数据分析技术和算法来处理数据的规模和复杂性。这可能涉及机器学习、统计建模、深度学习等方法。预测的目标可以是多样的，包括但不限于市场趋势预测、销售预测、用户行为预测、金融风险预测等。在大规模复杂数据预测中，数据的特征可能是非常多样和多维的，例如数值特征、分类特征、文本特征、时间序列特征等。预测模型需要通过学习数据中的模式、关联和规律，从中推断出未来的趋势或结果。这可以帮助组织和个人做出更准确的决策，制定更好的策略或优化业务流程。

本章的核心内容是探讨大规模复杂数据预测的问题，首先介绍了这一领域的评价标准和难点。在面对大规模复杂数据时，预测任务变得更加困难，因为数据的维度和复杂性增加了挑战。随后，本章详细介绍了六种针对大规模复杂数据预测的方法，这些方法在应对不同的预测问题上各有一定的应用和优势。随后重点介绍了基于改进 Transformer 的云数据中心资源预测方法和基于 ST-LSTM 神经网络的网络流量预测方法。通过以上两种方法的介绍，本章为大规模复杂数据预测领域提供了具体的应用案例，并展示了不同方法在解决预测问题上的优势和效果。这些方法的研究和应用有助于推动大规模数据预测技术的发展，为实际应用场景提供更精确、可靠的预测结果。

8.1　大规模复杂数据预测问题概述

大规模复杂数据预测问题的概述涉及该领域的评价标准和难点。在处理大规模复杂数据预测时，面临着一系列挑战和困难，需要采用特定的方法和技术来解决。

这里的评价标准是指大规模复杂数据预测中普遍适用的衡量指标或要求。这些评价标准通常包括预测准确性、预测稳定性、预测时效性等方面。准确性是评估预测模型的重要指标，它衡量了模型对未来数据的准确预测能力。稳定性则表示模型在不同时间段或不同数据集上的预测结果的一致性和可靠性。时效性指的是模型能够在实时或近实时的环境下对数据进行预测，以满足应用的需求。

大规模复杂数据预测问题的难点在于数据的规模和复杂性。大规模数据意味着处理的数据量巨大，可能涉及数百万、数十亿或更多的数据点。这要求预测方法具备高效的计算和存储能力，以处理庞大的数据集。同时，复杂性体现在数据的多样性和异构性上。数据可能包含多个特征、不同的数据类型、不同的时间尺度等，这增加了建模和预测的难度。此外，数据之间可能存在非线性关系、时序依赖性和噪声干扰等，使得预测任务更具挑战性。

8.1.1　大规模复杂数据预测问题的评价标准

大规模复杂数据预测问题是指在处理大量数据和具有高度复杂性的情况下进行预测的任务。这类问题通常涉及多个变量、多个因素和相互关联的数据点，要求对数据进行深入分析和建模，以便预测未来的趋势、行为或结果。

大规模复杂数据预测问题可以出现在各个领域，例如金融、市场营销、医疗保健、气象预测等。在金融领域，例如股票市场预测，预测未来股票价格的走势需要考虑多个因素，如历史交易数据、经济指标、公司财务状况等。在市场营销领域，预测客户行为和市场需求的变化也需要考虑多个因素，如用户的购买历史、市场趋势、竞争对手的活动等。对于该问题的评价标准主要有以下几个方面。

（1）准确性。预测模型的准确性是衡量模型好坏的重要指标之一。在大规模复杂数据预测问题中，准确性的要求更高，需要保证预测结果的精度和稳定性。

（2）鲁棒性。鲁棒性指模型对于数据的抗干扰能力。在大规模复杂数据预测问题中，数据的复杂性和多样性较高，因此预测模型需要具有较好的鲁棒性，以应对不同情况下的数据变化。

（3）可扩展性。在大规模复杂数据预测问题中，数据量通常很大，模型需要具有较好的可扩展性，能够适应不同规模的数据集，同时具有较高的计算效率。

（4）实时性。对于一些实时性要求较高的应用场景，预测模型需要具有较高的实时性，能够及时处理和预测数据。

（5）可解释性。在某些场景下，需要对预测结果进行解释和分析，因此预测模型需要具有较好的可解释性，能够清晰地说明预测结果的来源和原因。

综上所述，大规模复杂数据预测问题的标准主要是准确性、鲁棒性、可扩展性、实时性和可解释性。在实际应用中，需要根据具体场景和需求，选择合适的预测模型和评估标准。

8.1.2　大规模复杂数据预测问题的难点

大规模复杂数据预测问题是当今社会面临的一大挑战。随着技术的发展，人们可以处理越来越多的数据，但是要建立准确的预测模型仍然需要攻克一些难点。大规模复杂数据预测问题的难点具体如下。

（1）数据的多样性。数据有不同的来源，包括传感器、社交媒体、日志、图像、视频等。这些数据具有不同的特征，例如数据类型、数据分布、数据精度等。因此，如何将这些不同类型的数据整合在一起，并有效地提取数据中的有用信息，是大规模复杂数据预测问题的一个难点。

（2）数据的维度。数据维度通常指的是数据集中的特征的数量和数据点的数量。在处理大规模数据集时，数据的维度会迅速增加，从而增加了数据处理和分析的复杂性。因此，如何在高维度的情况下有效地降低维度和提取数据中的关键特征，是大规模复杂数据预测问题的另一个难点。

（3）模型的复杂性。在处理大规模数据集时，需要使用更复杂的模型来捕捉数据中的关联关系。然而，复杂的模型通常需要更多的计算资源和时间来训练和预测。因此，如何在保持模型准确性的同时减少计算资源和时间的开销，是大规模复杂数据预测问题的另一难点。

（4）数据的不确定性。由于数据的多样性和高维度，数据中存在许多未知和难以预测的因素。这些因素可能会影响预测模型的准确性和稳定性，因此需要采取适当的数据处理和分析技术来减少数据的不确定性。

（5）数据隐私和安全问题。这些数据集往往包含个人或机构的敏感信息，因此需要采取适当的安全措施来确保数据不被泄露或滥用。这可能需要采取数据加密、数据匿名化、访问控制等技术来保护数据的隐私和安全。

大规模复杂数据预测问题是一个具有挑战性的技术，需要克服如下困难：数据多样性、高维度，模型复杂性，数据不确定性以及数据隐私和安全等。为了解决这些难点问题，需要采用一系列技术和方法来有效地分析和处理大规模复杂数据集，以便建立准确的预测模型。下面将针对大规模复杂数据预测问题介绍常用经典模型以及方法，例如差分自回归移动平均模型（Autoregressive Integrated Moving Average model，ARIMA model）、支持向量回归（Support Vector Regression，SVR）模型、反向传播（Backpropagation，BP）神经网络等。

8.2 典型大规模复杂数据预测方法

根据上一节的概述，对于大规模复杂数据预测问题，使用精准的预测方法推断出过去和未来值之间的随机依赖性是非常必要的，就目前来说，有多种预测方法可以应用到大规模复杂数据预测中，本节将对研究中涉及的几种方法进行具体的介绍，其中包含传统的预测模型、基于机器学习以及深度学习的预测模型。

8.2.1　差分自回归移动平均模型

差分自回归移动平均模型包含三个过程：自回归（Autoregressive，AR）过程，移动平均（Moving Average，MA）过程和差分（Integral，I）过程。考虑一条时间序列，并且该时间序列的公式表达见式（8–1）。

$$\{x_t \mid t \rightarrow +\infty\} \tag{8-1}$$

AR 过程表示当前时刻的值与历史滞后值之间的关系，它是一种自回归模型，是对自身历史数据的拟合，不需要任何附加的解释变量。AR（p）表示阶数为 p 的自回归模型，具体可由式（8–2）来表示。

$$x_t = c + \sum_{i=1}^{p} \gamma_i x_{t-i} + \varepsilon_t \tag{8-2}$$

其中，c 表示常数项，x_{t-i} 表示与 x_t 相隔 i 个时间点的历史值，γ_i 表示自相关系数，是待估参数，ε_t 表示误差项，并且满足均值为 0，方差为固定值 σ^2。

MA 过程描述的当前时刻的值与过去的误差项之间的关系，是对过去时间点的误差项的累加，用于消除预测中产生的随机波动。MA（q）表示阶数为 q 的移动平均模型，具体可由式（8–3）来描述。

$$x_t = c + \varepsilon_t + \sum_{i=1}^{q} \theta_i \varepsilon_{t-i} \tag{8-3}$$

其中，θ_i 代表 MA 过程系数，ε_{t-i} 代表相隔 i 个时间的误差值。

ARMA 模型是由 AR 过程与 MA 过程组合而成的，它是对历史滞后值、当前误差项以及滞后误差项的回归，其数学表达见式（8–4）。

$$x_t = c + \sum_{i=1}^{p} \gamma_i x_{t-i} + \varepsilon_t + \sum_{i=1}^{q} \theta_i \varepsilon_{t-i} \tag{8-4}$$

ARMA 模型要求序列数据必须具备平稳性，否则将会严重影响模型的预测性能。而 ARIMA 模型是对 ARMA 的一种扩展性方案，放宽了对序列数据平稳性的要求，即序列可以是不平稳的。ARIMA 模型增加了差分过程，当数据不平稳时，可以通过 d 阶差分来使之平稳，从而进行相应的预测建模工作，这里差分的阶数 d 通常不超过 2。

由上述可知，ARIMA 模型中存在 3 个关键性参数 p，d，q。p 表示时序数据的历史滞后数量；d 表示差分的次数；q 表示误差项的滞后数。博克斯和詹金斯提出了一套 ARIMA 模型预测建模方案来确定这 3 个参数的值，图 8–1 是该方案的流程。具体的建模步骤如下：

（1）时间序列数据的获取。

（2）序列平稳性判别以及差分阶数的确定。使用单位根检验（Augmented Dickey-Fuller Test，ADF）来评估序列的稳定性，如果序列不平稳，则通过 d 阶差分使之平稳。

否则，$d=0$，直接进入下一步。

（3）模型阶数确定。根据 ACF 函数和 PACF 函数来分别确定模型的 q 和 p。

（4）参数 γ_i 和 θ_i 的估计。选择合适的策略估计参数值。

（5）白噪声检验。检验真实值与预测值的残差是否是满足高斯分布的白噪声，如果不是，则重回步骤 3。

（6）模型预测。使用拟合好的模型预测时间序列的未来变化趋势。

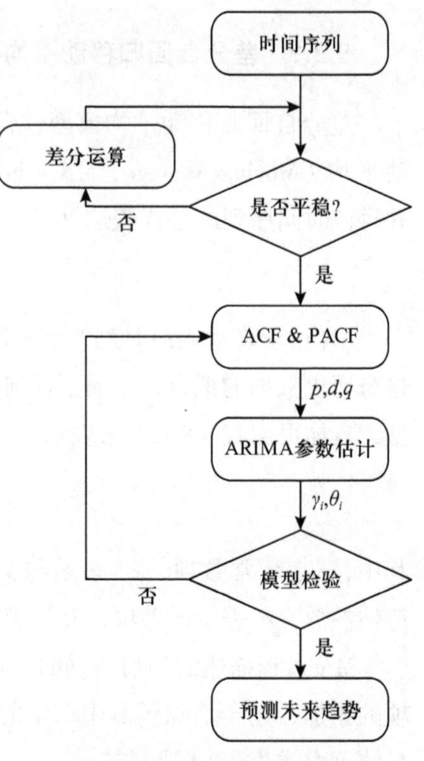

图 8-1　ARIMA 模型建模流程

8.2.2　支持向量回归模型

支持向量回归模型可以在样本数据量很小的情况下，仍然保持很高的预测精度，并且模型泛化能力强。在介绍 SVR 模型之前，我们先简单地了解一下支持向量机（Support Vector Machine，SVM）模型。

如图 8-2 所示为一个简单的二分类问题。可以看出直线 l_1，l_2 和 l_3 都可以作为决策边界，将图中的数据点划分为不同的类别，然而，这样的决策边界还有很多。试想，如果我们找到一条不好的决策边界，那么模型的泛化能力将会很差。于是，瓦普尼克等人于 1963 年提出了 SVM 模型。SVM 模型尝试寻找一条最优的决策边界（上升到多维空间就叫作超平面），不仅可以将样本点正确分类，而且距离我们的样本点尽可能远。

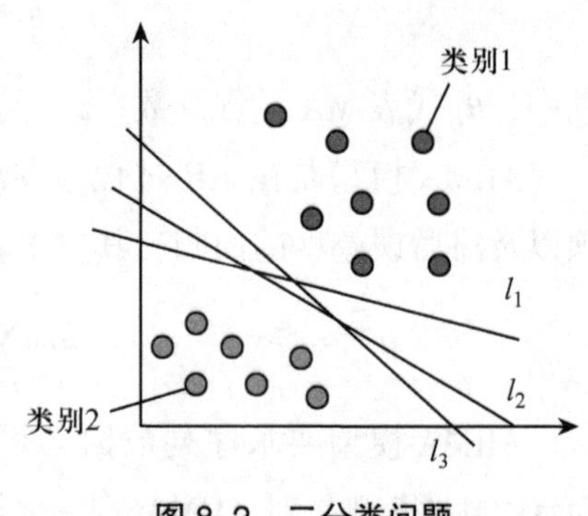

图 8-2　二分类问题

如图 8-3 所示，左边这幅图为 SVM 模型，图中定义了一条决策边界 $wx+b=0$，该边界将样本准确地分为两个类别。图中用虚线圆圈圈起来的样本称为支持向量，为两个类别中距离决策边界最近的点，并且这些点距离决策边界尽可能远。支持向量确定了两条直线 $wx+b=1$ 和 $wx+b=-1$。当 $wx+b\geqslant 1$ 时，我们将其标记为类别 1；当 $wx+b\leqslant -1$ 时，我们将其标记为类别 2。SVM 的优化目标是在将样本正确分类的基础上最大化这两条直线之间的间隔 $\frac{2}{\|w\|}$，当然可以将其转化为最小化 $\frac{1}{2}\|w\|^2$，具体可用数学表达式（8-5）来表达：

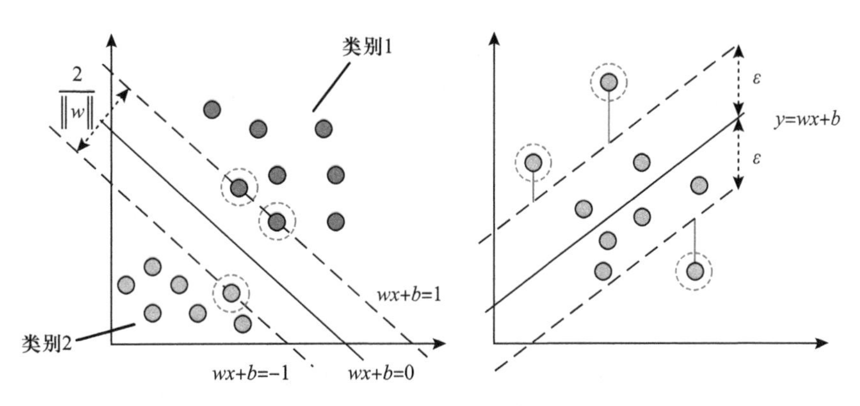

图 8-3　SVM 模型与 SVR 模型

$$\min \frac{1}{2}\|w\|^2 \\ s.t.\ y_i(w^T x_i+b)\geqslant 1,(i=1,2,\cdots,m) \tag{8-5}$$

其中，x_i 为输入样本，y_i 为目标值，m 表示样本数量，T 表示向量转量。

SVR 模型优化的目标函数和 SVM 模型一致，但是它的约束条件改变了。这是因为对于回归而言，我们的目标是通过对训练集的训练来拟合出一个线性模型 $y_i = wx_i + b$。

SVR 模型首先需要指定一个间隔 $\varepsilon > 0$，对于训练集中的每一个样本点（x_i，y_i），如果 $|y_i - wx_i - b| \leqslant \varepsilon$，那么损失为 0；如果 $|y_i - wx_i - b| > \varepsilon$，那么损失为 $|y_i - wx_i - b| - \varepsilon$。从图 8-3 中右边这幅图可以看出，在两条虚线之间的点的损失都为 0，而在虚线外面的点的损失为实线的长度。在明确了 SVR 模型损失函数定义的情况下，可以得到 SVR 模型的最优化目标，具体可以由数学式（8-6）表示：

$$\min \frac{1}{2}\|w\|^2 \\ s.t.\ |y_i - w^T x_i - b| \leqslant \varepsilon,(i=1,2,\cdots,m) \tag{8-6}$$

另外，SVM 模型和 SVR 模型中可以引入核函数，从而使模型具备强大的非线性数据处理能力。

8.2.3　反向传播神经网络

根据前面对 ARIMA 模型的介绍可知，ARIMA 模型是通过数学建模的方式来近似表达时间序列数据，是对时间序列数据的一种线性拟合。该方法假设性很强，需要人为地确定三个关键性参数，对时间序列的平稳性有一个明确的限制，且不能够捕获非线性关系。然而，随着互联网的发展，网络流量呈现出更加复杂的特征，比如自相似性和非线性，并且数据的规模不断扩大，此时的 ARIMA 模型已经不能准确地刻画网络流量时间序列的特点了。而反向传播（BP）神经网络很好地解决了上述问题，BP 神经网络适用于大规模数据，不需要考虑时间序列的平稳性，可以自动地对序列数据中的特征进行提取，具备很强的泛化能力和容错能力。因此，BP 神经网络被广泛应用于人类生产生活的各个方面，如图 8-4 所示。

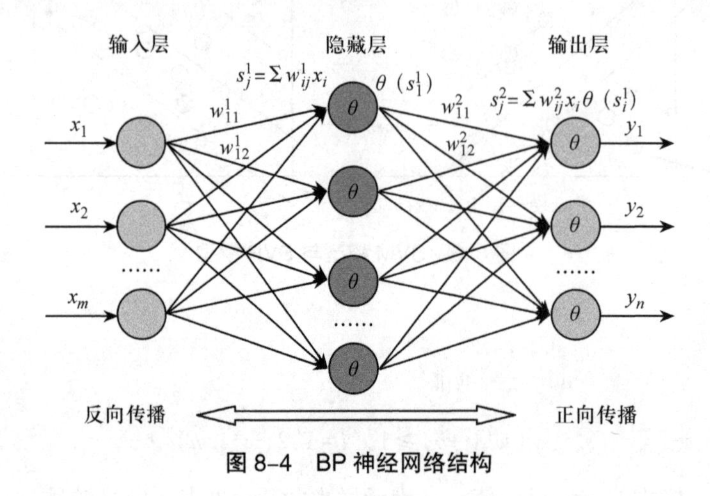

图 8-4 BP 神经网络结构

BP 神经网络由输入层、隐藏层和输出层组成。网络的拟合性能一定程度上受到隐藏层数目的制约，当隐藏层的个数过少时，可能会造成欠拟合，而当隐藏层个数过多时，模型会变得很复杂，计算量会增大，可能会造成过拟合。因此，隐藏层个数的选择变得至关重要。但是事实上，大量实验证明，隐藏层个数为 1 就足够了，此时网络可以无限逼近任意值。图 8-4 为经典 BP 神经网络的三层架构。本节以该图为例，来阐述在 BP 神经网络训练阶段的信息流向问题。

首先，信息会从模型的输入层一直传递到输出层，在此传递过程中使用的激励函数通常为 Sigmoid 函数、Tanh 函数和 ReLu 函数，它们的函数图像如图 8-5 所示。

Sigmoid 函数的表达式如式（8-7）。

$$f(x)=\frac{1}{1+\mathrm{e}^{-x}} \tag{8-7}$$

Sigmoid 函数的取值范围为（0，1），该函数极其容易出现饱和现象，即当传入的变量的绝对值很大时，梯度的更新非常缓慢，甚至消失，以至于最终模型达不到理想的效果。

Tanh 函数，也叫双曲正切函数，其数学表达式如式（8-8）。

$$f(x)=\frac{\mathrm{e}^{x}-\mathrm{e}^{-x}}{\mathrm{e}^{x}+\mathrm{e}^{-x}} \tag{8-8}$$

Tanh 函数关于原点成中心对称，在实际应用中，其效果要比 Sigmoid 函数略胜一筹。但是，它依然会面临梯度消失和指数级别计算的问题。

ReLu 函数，也叫线性修正单元，其数学表达式如式（8-9）。

$$f(x)=\max\,(0,x) \tag{8-9}$$

相比于上面两种激活函数来说，ReLu 函数收敛速度更快，不会出现梯度消失的情况，并且不需要进行指数运算，大大降低了计算的复杂度，被广泛应用于神经网络中。

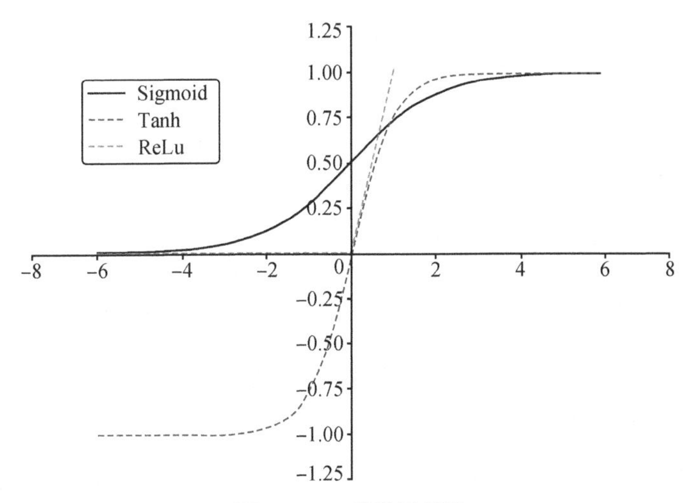

图 8-5　三种激活函数

其次，当信息流动到输出层之后，计算实际值与预测值的平方根误差，并将误差沿着相反的方向进行传递。这里对误差函数的定义如式（8-10）。

$$L(w,b)=\frac{1}{2}\sum_{i=1}^{n}(\hat{y}_i-y_i)^2 \tag{8-10}$$

其中，$\hat{y}_i$ 表示预测值，y_i为期望值。

我们的目标是去最小化损失函数 $L(w,b)$。对于图 8-4 中标注的字母而言，w_{ij}^1 和 w_{ij}^2 分别表示不同层间的连接权重，s_j^1 和 s_j^2 表示不同层的输入。这里只考虑对权重 w 的更新过程，不考虑偏置向量 b。由此我们可以求出 L 关于 w_{ij}^1 的偏导

$$\frac{\partial L}{\partial w_{ij}^1}=x_i\cdot\delta_j^1 \tag{8-11}$$

其中有

$$\delta_j^1=f'(s_j^1)\sum_{i=1}^{n}\delta_i^2 w_{ij}^2 \tag{8-12}$$

其中，δ_i^2 可以表示为

$$\delta_i^2=\frac{\partial L}{\partial s_i^2}=(\hat{y}_i-y_i)\frac{\partial\hat{y}_i}{\partial s_i^2}=e_i f'(s_i^2) \tag{8-13}$$

紧接着可以求出 L 关于 w_{ij}^2 的偏导

$$\frac{\partial L}{\partial w_{ij}^2}=\frac{\partial L}{\partial s_j^2}\cdot\frac{\partial s_j^2}{\partial w_{ij}^2}=\delta_j^2 f(s_j^1) \tag{8-14}$$

计算出各层权重的梯度之后，可以对各层的权重进行更新

$$w_{ij}^{1}=w_{ij}^{1}-\eta_{1}\frac{\partial L(w,b)}{\partial w_{ij}^{1}}=w_{ij}^{1}-\eta_{1}x_{i}\delta_{j}^{1}$$

$$w_{ij}^{2}=w_{ij}^{2}-\eta_{2}\frac{\partial L(w,b)}{\partial w_{ij}^{2}}=w_{ij}^{2}-\eta_{2}\delta_{j}^{2}f(s_{j}^{1}) \tag{8-15}$$

权重更新之后，会得到新的损失值，如果该损失值小于事先指定的阈值，那么继续将误差反向传播，从而再次更新各层权重和偏置，如此反复，直到我们的损失小于阈值或者达到了设定的迭代次数，模型就会停止训练。

8.2.4 长短期记忆（Long Short-Term Memory，LSTM）神经网络

根据前馈神经网络的介绍，我们可以看出信号的传递是单方向的，是从输入一直流向输出的，这也意味着信号的传递只发生在层与层之间，而不会发生在同一层的神经元之间。另外，网络输入输出的神经单元的个数是在搭建网络模型之前就确定好的，无法随意改变，从而无法处理变长时间序列。综合上面两个原因，我们可以看出前馈神经网络是不具备任何记忆能力的，不能用来处理时间序列问题。

循环神经网络（Recurrent Neural Network，RNN）的提出克服了上述两个问题。循环神经网络的反馈机制使得相邻神经元可以进行交互，可以有效利用时间维度上的关联性，从而让网络具备优秀的记忆能力。图 8-6 是一个在时间维度上展开的 RNN 结构，从这张图上我们能够清晰地发现，神经元之间的交互不仅发生在层间，还发生在时间维度上的相邻神经元之间。特别地，我们只考虑在时刻 t 的隐藏状态 h_t 的计算过程，具体可由式（8-16）来表达。

$$h_t=f(Ux_t+Vh_{t-1}+b) \tag{8-16}$$

其中，U，V 分别代表相应权重矩阵，f 代表激励函数，b 代表偏置向量。

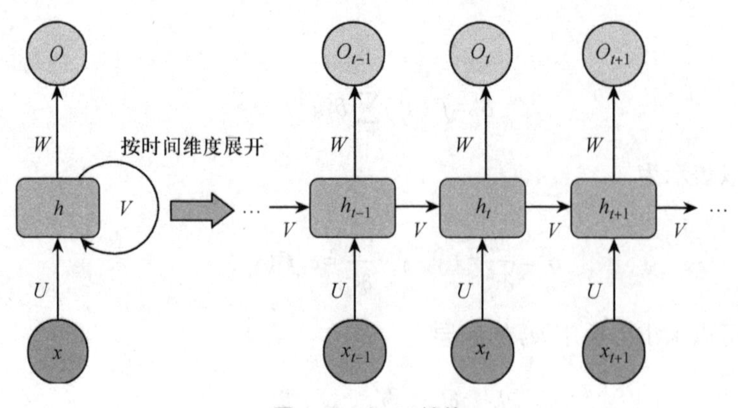

图 8-6 RNN 结构

理论上讲，RNN 可以处理任意长度的序列数据。然而，在面对非常长的序列数据时，RNN 没有能力将长期依赖性带到未来。一方面，当序列长度很长时，反向传播进行到较早时刻的梯度更新缓慢，甚至消失，因此权重不能得到充分的更新；另一方面，当反向传播梯度很大时，它们可能会在长序列上激增，使得权重的更新不太稳定。

针对 RNN 中存在的缺陷，霍赫赖特等人对 RNN 进行改进，发明了 LSTM 网络。LSTM 神经网络的单元架构如图 8-7 所示。相较于 RNN，LSTM 神经网络单元存在隐藏状态和细胞状态。其中，隐藏状态对应于短期记忆部分，细胞状态对应于长期记忆部分。此外，LSTM 神经网络单元还引入了一个门控机制，通过此门控机制来管理信息的流通，这也是它能够实现长期记忆（或者学习序列中长时间依赖）的关键。这里，我们仅分析 t 时刻的 LSTM 神经网络单元的计算过程。h_{t-1}，c_{t-1} 分别代表 t-1 时刻的隐藏状态和细胞状态，x_t 为当前 t 时刻的输入，则 h_t 和 c_t 的计算规则见式（8-17）至式（8-22）。

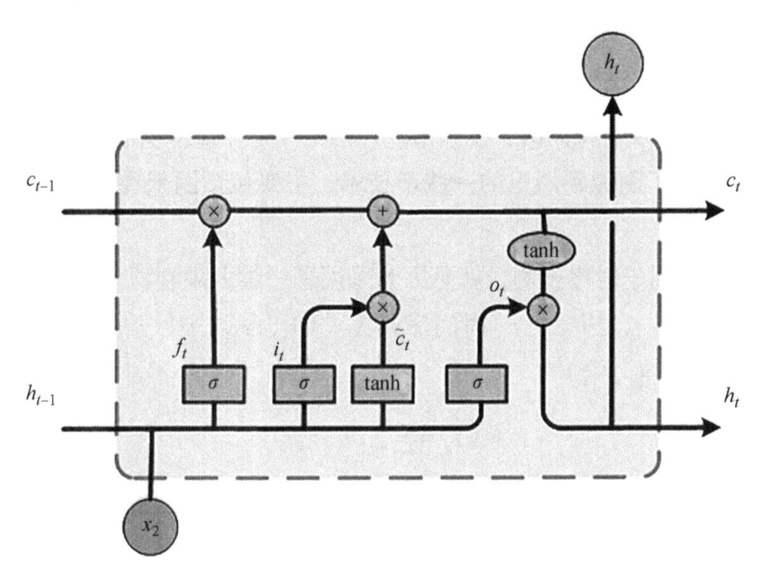

图 8-7　LSTM 神经网络的单元结构

$$f_t=\sigma(w_f[h_{t-1},x_t]+b_f) \tag{8-17}$$

$$i_t=\sigma(w_i[h_{t-1},x_t]+b_i) \tag{8-18}$$

$$\tilde{c}_t=\tanh(w_c[h_{t-1},x_t]+b_c) \tag{8-19}$$

$$c_t=f_t\otimes c_{t-1}+i_t\otimes\tilde{c}_t \tag{8-20}$$

$$o_t=\sigma(w_o[h_{t-1},x_t]+b_o) \tag{8-21}$$

$$h_t=o_t\otimes\tanh(c_t) \tag{8-22}$$

其中，f，i，o 和 $\tilde{c}$ 代表门控机制中所涉及的三种门向量和候选向量；Tanh 表示双曲正切函数；w_f，w_i，w_o，w_c 代表相应权重向量；$\otimes$ 表示向量点乘操作；b_f，b_i，b_o，b_c 代表对应偏移量；σ 表示 Sigmoid 函数。

8.2.5 时间卷积神经网络（Time Convolutional Neural network，TCN）

在序列建模方面，循环神经网络往往能够取得优异的表现。但是，它也面临着复杂的计算量以及大量的内存消耗问题，这是因为循环神经网络只有在当前时刻的计算完成之后，才能进行下一时刻的计算，即一次只能处理一个时间步，并且还需要将运算过程中的一些中间值保存下来，并不能像卷积神经网络（Convolutional Neural Network，CNN）那样进行大规模的并行计算。而时间卷积神经网络作为一种特殊的 CNN，有效地克服了循环神经网络中存在的两个缺点，并且在很多建模问题上都表现出了不错的性能，甚至超越了循环神经网络，一度被认为是循环神经网络的替代品。

TCN 特殊的设计使之可以处理时间序列问题。TCN 要满足两个主要原则，第一，网络的输入输出序列必须有相同的长度，第二，网络中不存在未来信息的泄露。TCN 是在 CNN 的基础上增加了图像领域里的一些新技术，主要包括因果卷积、膨胀卷积和残差模块。

TCN 之所以适用于时序预测，就是因为采用了一维因果卷积。因果卷积的定义为：给定滤波器 $F=(f_1, f_2, \cdots, f_k)$，时间序列 $X=(x_1, x_2, \cdots, x_k)$，在 x_t 处的因果卷积的数学表达式见式（8-23）。

$$(F*X)_{x_t}=\sum_{k=1}^{K} f_k x_{t-K+k} \tag{8-23}$$

其中，k 表示滤波器的大小，K 表示序列 X 的长度，f_i 表示施加在序列 X 的 x_i 上的权重。

因果卷积和普通卷积最大的不同之处在于，因果卷积可以保证当前时刻 t 的值仅依赖于上一层 t 时刻以及 t 时刻之前的值，而不依赖于未来 $t+1$，$t+2$，…的值，即不存在信息泄露。图 8-8 为普通卷积和因果卷积的实例，可以看出，对于普通卷积而言，y_t 的值依赖于 x_t 和 x_{t+1}，而 x_{t+1} 是未来的信息，严重违背了序列建模的定义，因此不适用于时序预测。对于因果卷积而言，y_t 的值依赖于 x_{t-1} 和 x_t，并没有使用到未来的信息。另外，可以看到，对于图 8-8（b）中，z_t 关联了输入序列的三个点，即 x_{t-2}，x_{t-1}，x_t，而 c_t 关联了输入的四个点，即 x_{t-3}，x_{t-2}，x_{t-1}，x_t。也就是说，随着隐藏层的增多，网络关联的输入信息更多，能够捕获的时间依赖更长，感受野更大。但是，在这种情况下，感受野的大小受到网络层数和卷积核的制约，我们需要堆叠更多层才能获得更大的感受野。

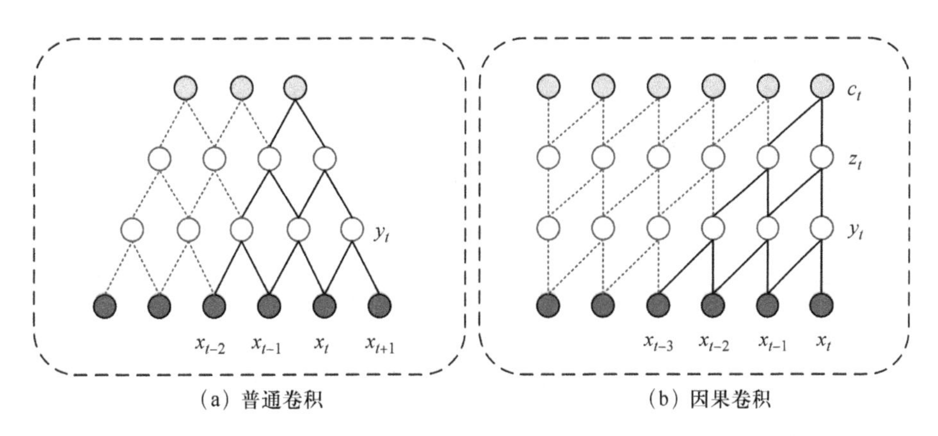

（a）普通卷积　　　　（b）因果卷积

图 8-8　普通卷积与因果卷积

膨胀卷积技术的出现使得使用较小的网络层数就能获得非常大的感受野，并且不会添加新参数，增加计算量。该技术的原理是利用一个超参数 d（膨胀因子）来跳过部分输入使得过滤器可以作用于大于其自身长度的区域。膨胀卷积的定义为：给定一个滤波器 $F=(f_1, f_2, \cdots, f_k)$，时间序列 $X=(x_1, x_2, \cdots, x_K)$，则在 x_t 处的膨胀因子等于 d 的膨胀卷积，数学表达式见式（8-24）。

$$(F *_d X)_{x_t}=\sum_{k=1}^{K} f_k x_{t-(K-k)d} \tag{8-24}$$

通常让膨胀因子 d 随网络层数呈指数型增长。特别地，当 $d=1$ 时，膨胀卷积退化为普通的因果卷积。图 8-9 为膨胀卷积的一个示意图，这里假设 x_{t-2}，x_{t-1}，x_t 为第一层隐藏层最右边的三个节点，y_t 表示第二层隐藏层最右边的一个节点，并且此时的滤波器 $F=(f_1, f_2)$，膨胀因子 $d=2$，则由式（8-24）可得 y_t 的数学表达式为式（8-25）。可以看到，y_t 关联了输入的四个节点，较未使用膨胀卷积多关联一个节点。随着层数的加深，网络的感受野会急剧增大，能够捕捉到更长的时间依赖，而使用的网络层数相比于未使用膨胀卷积技术时大大减小。

$$y_t=f_1 x_{t-d}+f_2 x_t=f_1 x_{t-2}+f_2 x_t \tag{8-25}$$

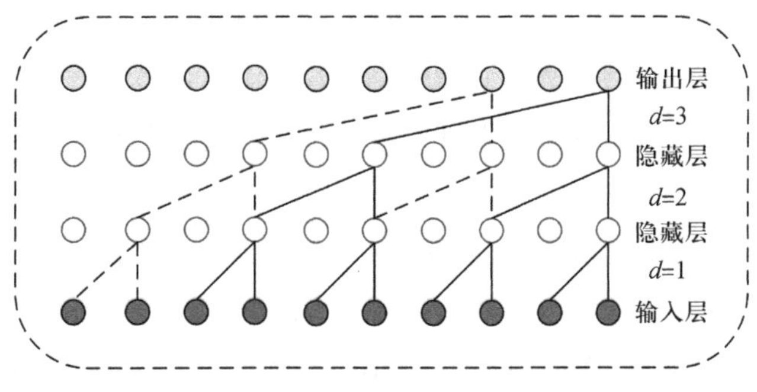

图 8-9　膨胀卷积

另外，为了不让网络出现退化问题，TCN 中采用了残差模块的思想。图 8-10 为 TCN 的残差模块图，每一个残差模块都包含了两层膨胀因果卷积，并且对每个卷积核权重都实施权重归一化操作（WeighNorm）。此外，为了网络不出现过拟合现象，残差块在每个膨胀卷积后面都执行 Dropout 操作。TCN 中，残差模块的本质其实就是在两个卷积层之间添加残差连接，学习一个残差函数 $F(x)$，如果输入 x 与 $F(x)$ 的维度不相同，则需要对 x 进行 1×1 卷积，使得 $F(x)$ 与 x 的通道数相同，最后再执行对应维度相加操作，得到最终的 $H(x)$，否则不需要对 x 进行 1×1 卷积。由此将许多个残差模块进行叠加，每一个残差模块作为一层，最终构成了时间卷积神经网络 TCN。

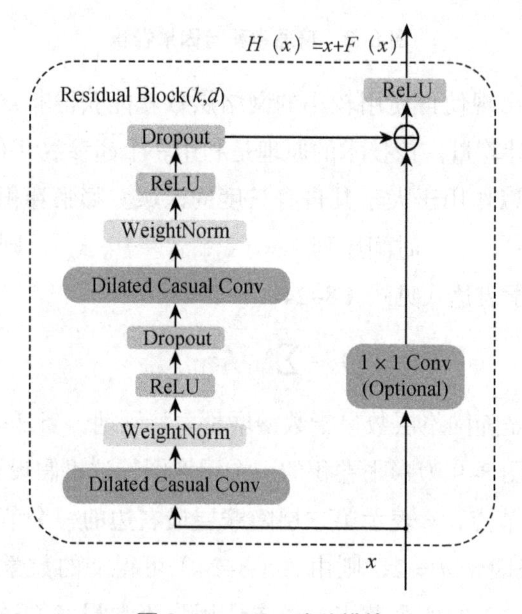

图 8-10　TCN 残差模块

8.2.6　Transformer 网络

为了避免递归计算同时可以并行计算，Transformer 模型在 2017 年被瓦斯瓦尼等提出。Transformer 是第一个完全依赖于自主意力（Self-Attention）来计算网络结构的输入和输出的模型，其模型结构不使用具有递归计算的循环神经网络和序列对齐的卷积神经网络。更细致来说，Transformer 由且仅由自注意力机制和前向传播网络组成，如图 8-11 所示。

对于自注意力机制，就是从每个编码器的输入向量中生成查询矩阵 Q、键矩阵 K 和值矩阵 V。更具体来说，输入的嵌入结果装入矩阵中，将这个矩阵分别乘以将要训练的权重矩阵，分别对应为 W^Q、W^K、W^V，数学描述如式（8-26）所示。

$$\text{自注意力机制} = \text{Sofimax}\left(\frac{QK^T}{\sqrt{d_k}}\right)V \tag{8-26}$$

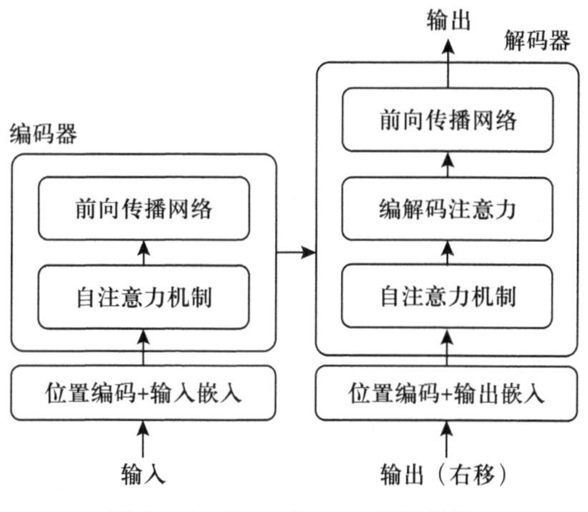

图 8-11　Transformer 网络结构

这里，d_k 是 K 的维度。自注意力机制的加入，使得 Transformer 对于序列的原始序列的顺序约束消失，这样会丢失原始序列中基于顺序的信息。为了解决这个问题，Transformer 还对原始序列中的位置信息进行了编码，这就是位置编码。位置编码数学表达如式（8-27）所示。

$$\begin{aligned}\text{位置编码（偶数位置）} &= \sin\left(p/10\,000^{2i/d_m}\right)\\ \text{位置编码（奇数位置）} &= \cos\left(p/10\,000^{2i/d_m}\right)\end{aligned} \tag{8-27}$$

这里，p 是原始数据在序列中的位置，当其处于偶数位置时位置编码使用正弦，当其处于奇数位置时位置编码使用余弦。i 是原始数据在序列中位置的序号。d_m 是模型使用的维数。

8.3　基于改进 Transformer 的云数据中心资源预测方法

本节挑选应用非常广泛的建模方法，这些模型分别是 ARIMA、SVR、LSTM、BiLSTM（双向长短期记忆网络，Bidirectional Long-Short Term Memory）、GridLSTM（网格长短期记忆网络，Grid Long-short Term Memory）和 Transformer，用本节改进的模型对云数据中心负载和资源序列进行预测建模。首先，基于对数据集的特征分析结果，采用变分模态分解（Variational Mode Decomposition，VMD）方法对采集到的数据进行特征分解操作。其次，采用萨维茨基·戈莱（Savitzky-Golay，SG）平滑滤波对分解后的数据进行降噪和极值点的消除，并进行降噪数据的归一化。再次，对每个模型分别进行搭建和参数选择优化。本节将着重对改进的模型做进一步的模型参数优化。最后，将经过 VMD 分解和 SG 降噪后的数据应用到预测模型中。本节通过基于上述模型的预测对比实验效果，最终综合考虑预测精度和预测时间，选取合适的模型，实现预测精度和预测时间的进一步提升。

8.3.1 评估指标及数据预处理

评估指标和数据预处理是在大规模复杂数据预测中至关重要的步骤。评估指标用于度量预测模型的性能，而云数据中心负载和资源序列的预处理则旨在准备和清洗原始数据，以提高预测模型的准确性和可靠性。

1. 数据模型评估指标

本节所研究的云数据中心负载和资源预测本质就是利用一系列历史数据点，通过数据模型来拟合一个回归模型的过程。数据模型经过对大量历史数据的学习，可以通过特定方法求解得到模型的各项最优参数。训练后的使用最优参数的模型可以利用历史数据实现对下一个未来时间点数据的预测。为了直观地反映和评测数据模型的预测精度和预测时间，本节拟采用均方误差（Mean Squared Error，MSE）、确定系数（R-square，R^2）和均方根对数误差（Root Mean Squared Logarithmic Error，RMSLE）三种测量算法作为模型性能的衡量标准。在这部分中，y_i 是实际值，$\hat{y}_i$ 是预测值，n 表示样本数。

均方误差是实际值与预测值之差的平方和的平均值，其范围为［0，+∞），是用于反映预测值和真实值之间差异的度量。当预测值与实际值完全相同时，MSE 为 0。另外，预测误差越大，均方误差越大。MSE 的计算公式如式（8–28）所示。

$$\mathrm{MSE}=\frac{1}{n}\sum_{i=1}^{n}(\hat{y}_i-y_i)^2 \tag{8-28}$$

确定系数是预测值解释实际值方差比例的度量，用于度量预测值与实际值的拟合优度，用于判断预测值与真实值的相关度。在理想情况所有预测值都等于实际值的情况下，R^2 的值为 1，故其范围为（-∞，1］。R^2 的计算公式如式（8–29）所示。

$$R^2=1-\frac{\sum_i(\hat{y}_i-y_i)^2}{\sum_i(y_i-\bar{y})^2} \tag{8-29}$$

均方根对数误差用于处理数据中特别大的异常值。这一误差标准可以反映预测误差和给出对数量级不敏感的误差评估度量。在本节中，数据是急剧变化的，其均方根误差非常大。因此，需要对数据进行对数运算处理，处理后的数据用于计算 RMSLE，RMSLE 在［0，+∞）范围内，其计算公式如式（8–30）所示。

$$\mathrm{RMSLE}=\sqrt{\frac{\sum_{i=1}^{n}(\log(y_i+1)-\log(\hat{y}_i+1))^2}{n}} \tag{8-30}$$

另外，本节还对模型的预测时间和训练时间进行了衡量，其中训练时间表示为每一次训练的时间（单位为 s/epoch），预测时间为实际调用模型的时间（单位为 s）。

2. 云数据中心负载和资源序列的预处理

本节使用从谷歌和阿里巴巴云数据中心集群收集的工作负载跟踪记录。谷歌云数据中心集群数据（以下简称谷歌集群数据）是谷歌某一数据中心记录的 2011 年 5 月中 29 天的该数据中心工作负载的信息。该数据中心包含有 125 000 台机器，谷歌集群数据包含 67 万多份集群工作记录和 2 546 万多项集群任务记录。谷歌的工作负载由一组任务组成，其中每个任务表示在一台单独的机器上运行。每个任务消耗内存和一个或多个内核。阿里巴巴云数据中心集群数据（以下简称阿里集群数据）是由 4 000 台机器、9 000 种不同的服务、400 万个批处理作业、1 400 万个任务和 14 亿个实例组成的，阿里云数据中心 8 天的静态和运行时的信息。阿里集群数据的批处理作业（如 MapReduce 和机器学习作业）均由内部用户提交。这些作业都是非生产性的作业，直接在物理主机上运行。阿里集群数据中的每个作业被分成具有不同计算逻辑的多个任务，同一个任务的每个实例都有相同的二进制代码和资源需求。任务的运行持续时间取决于任务对应的所有实例。

对于谷歌集群数据来说，本节主要使用了 task-event 表中的相关数据。该表中所需要使用的属性描述如表 8-1 所示。其中，time stamp、resource request for CPU 和 resource request for RAM 三条数据是本节工作重点关注的内容，这些数据分别对应了将要使用的负载数和资源使用量。相对应的，阿里集群数据的相关数据表的属性描述如表 8-2 所示。同样的，其中 start time、plan CPU 和 plan mem 是重点关注的三条属性。

表 8-1　谷歌集群数据 task-event 表的属性描述

名称	数据类型	描述
time stamp	INTEGER	用户发送任务请求的时间戳
job ID	INTEGER	工作的唯一键，每个需要完成的任务都对应有一个唯一的 job ID
task index	INTEGER	在数据中心执行的任务索引号
resource request for CPU	FLOAT	执行任务所需要的 CPU 资源使用量
resource request for RAM	FLOAT	执行任务所需要的 RAM 资源使用量

表 8-2　阿里集群数据表的属性描述

名称	数据类型	描述
start time	bigint	本次执行的任务的开始时间，以时间戳的形式记录
job name	string	本次执行的任务所对应的工作名称。每个任务对应一个唯一的任务名称
task name	string	本次执行的任务所对应的工作名称
plan CPU	double	任务执行所需要的 CPU 使用量
plan mem	double	任务执行所需要的 RAM 使用量

从表 8-1、表 8-2 中可以得知，无论是谷歌集群数据还是阿里集群数据，每一个任务的到达都是用时间戳的形式记录下来的。为了配合之后的调度工作以及更明显地研究任务和资源序列到达的趋势，本研究不直接对时间戳进行预测，而是使用两分钟的时间粒度将上述的集群数据收集整合，根据集群数据中任务到达的时间来收集统计以两分钟为间隔时段的任务到达数量、CPU 使用量和 RAM 使用量，最终得到负载到达趋势和资源使用量趋势。谷歌和阿里集群数据三个量的趋势分别如图 8-12 和图 8-13 所示。

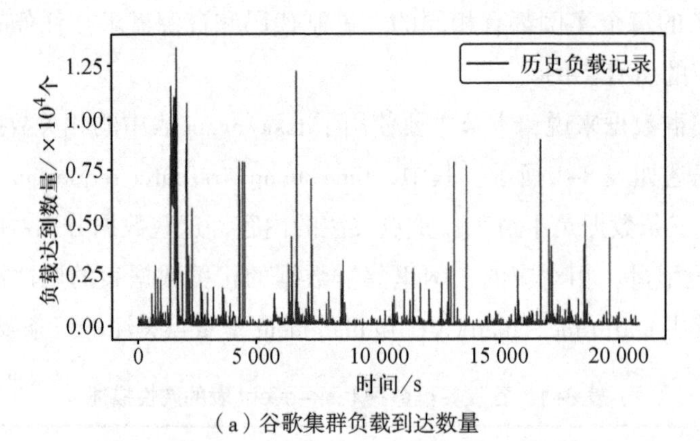

（a）谷歌集群负载到达数量

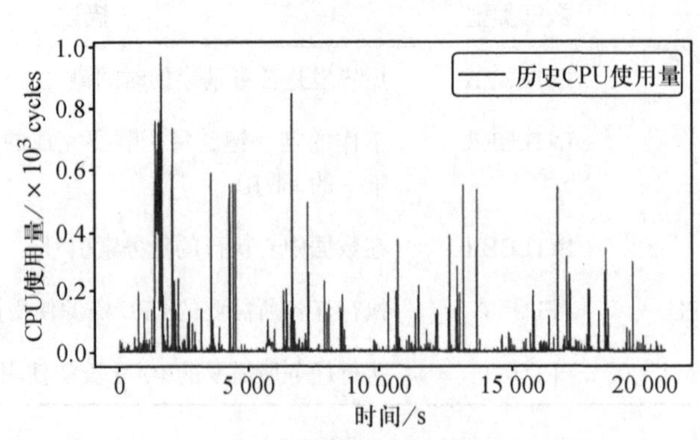

（b）谷歌集群 CPU 使用量

图 8-12　谷歌集群历史趋势图

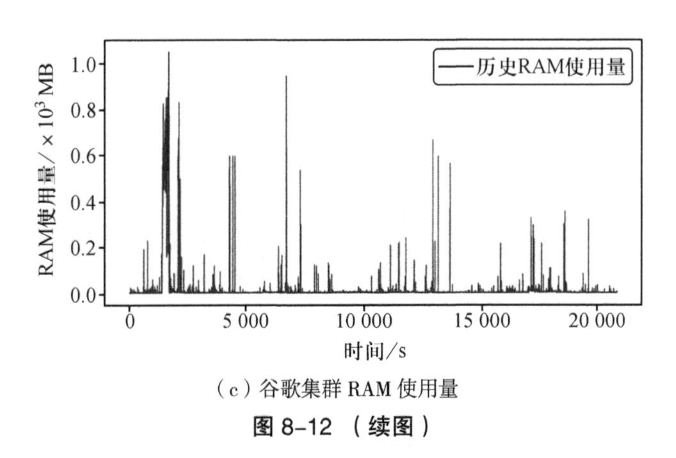

（c）谷歌集群 RAM 使用量

图 8-12 （续图）

从图 8-12 和图 8-13 中可以看出，云数据中心的数据变化迅速，同时峰值出现频繁，峰值和均值之间的差异过大，峰值数据可能为万位数，而低谷则可能只有十位数。这可能是云数据中心某个任务产生异常或者某个应用的用户访问大量增加而导致的，任务到达数量的激增和资源使用量的突变。

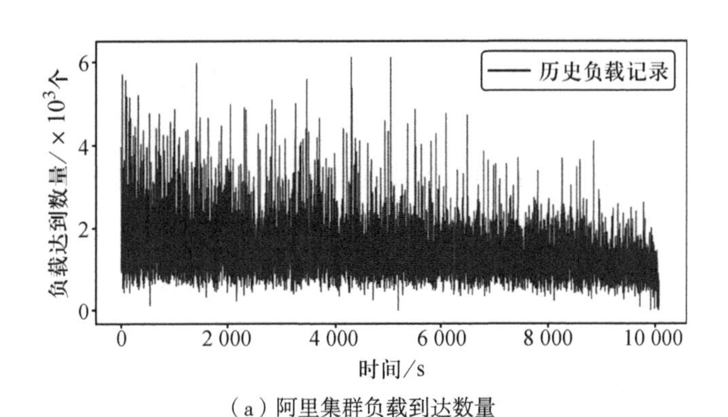

（a）阿里集群负载到达数量

（b）阿里集群 CPU 使用量

图 8-13 阿里集群历史趋势图

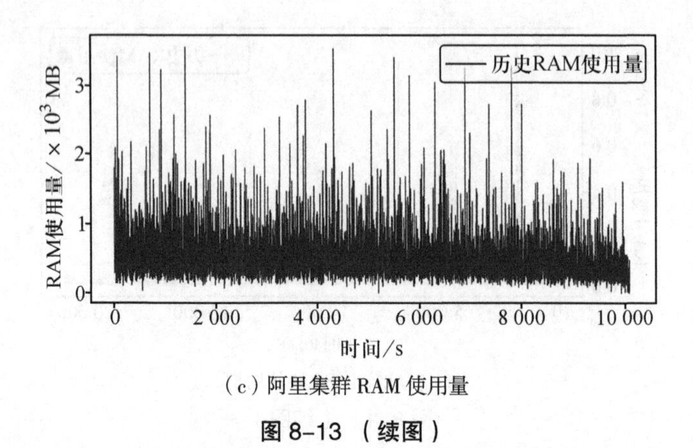

（c）阿里集群 RAM 使用量

图 8-13 （续图）

本节着重对收集到的云数据中心数据集负载和资源数据进行相应的特征分析和数据预处理工作。本节请求负载到达数据预处理任务主要包含有三个方面：剔除缺失项并对样本值噪声点进行平滑处理、利用数学取对数操作降低数据规模、执行归一化操作对数据进行变换。这一工作的目的是优化建模过程并提高预测精度和预测效率。

在预测大量数据和数据规模较大的云数据中心负载和资源数据时，考虑到云数据中心负载和资源数据的数据特征，需要对云数据中心负载和资源对数化序列进行标准化，这是因为许多机器学习和深度学习算法在训练时预先假设数据服从标准高斯分布，需要对云数据中心负载和资源序列进行预处理。图 8-14 为云数据中心负载和资源序列的整个预处理过程。云数据中心的历史数据首先经过 VMD 变分模态分解，分解成多个频率较低的分量之后对分量数据取对数。之后对对数化的序列使用 SG 平滑滤波算法，最后平滑序列经过最大、最小值归一化形成预测模型的输入。

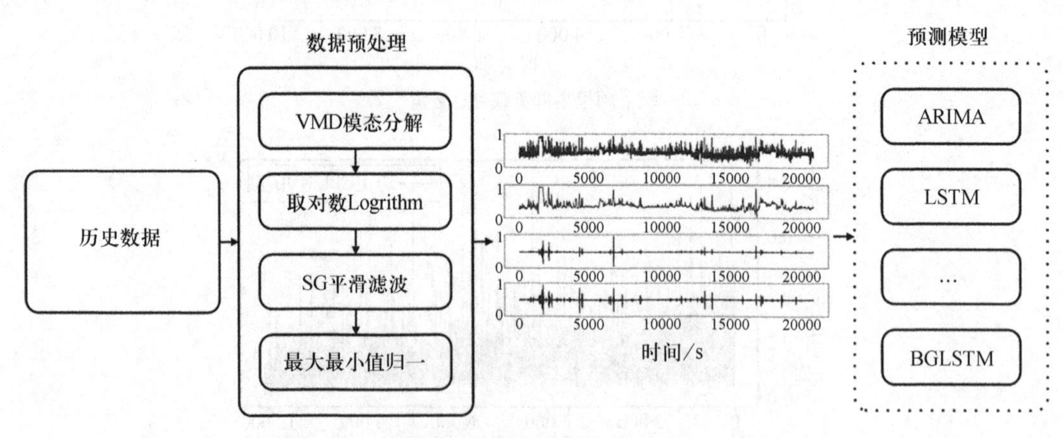

图 8-14 云数据中心负载和资源序列的预处理过程

云数据中心负载和资源的变分模态分解流程如图 8-15 所示。该过程与其他一维信号的 VMD 分解方法流程一致。通过给定的原始序列，先初始化单分量调幅调频信号 u_k 和其对应的频率中心 ω_k 并设定分解个数 K。更新上面两个参数 u_k 和 ω_k。直到分解个

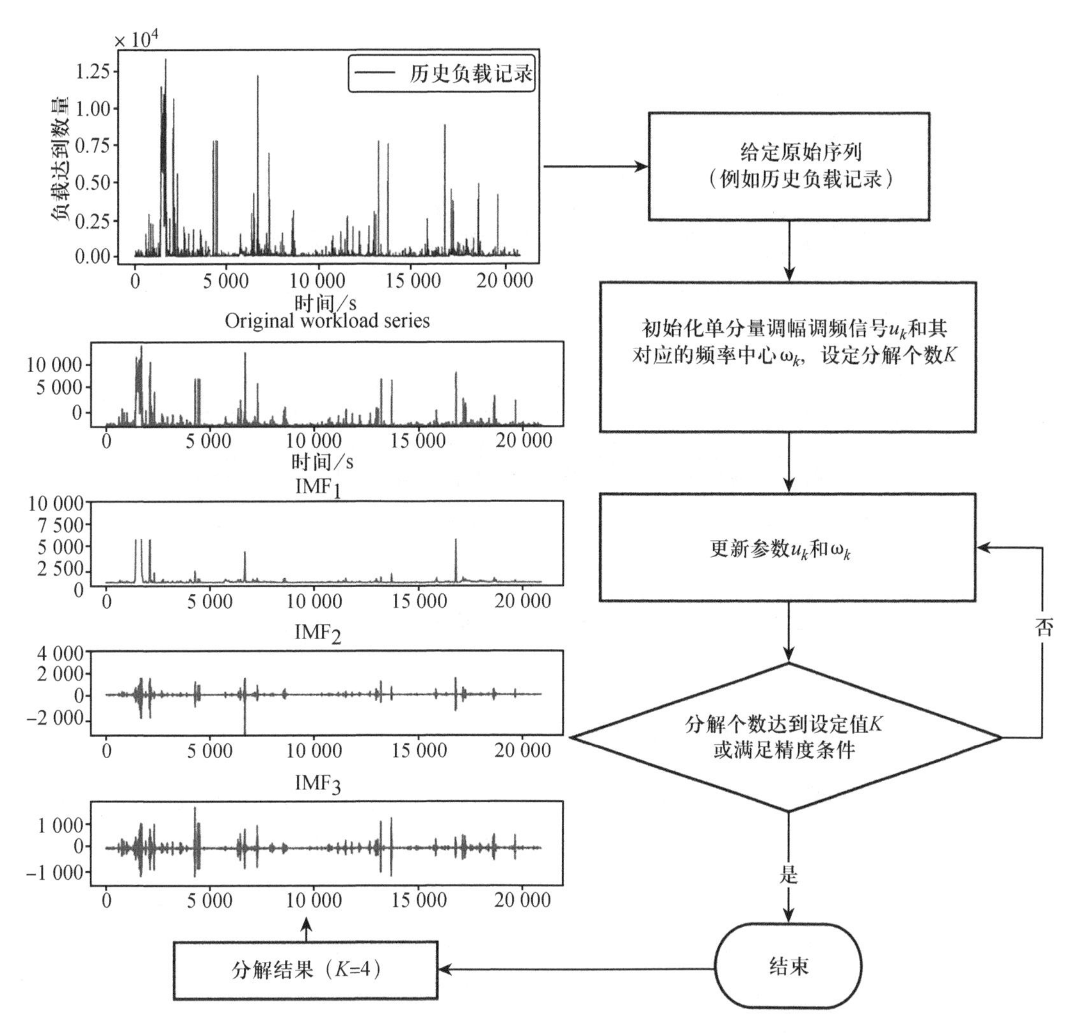

图 8-15　云数据中心负载和资源的变分模态分解流程

数达到设定值或者满足精度条件，分解结束。

在执行数据归一化和平滑降噪之前需要先取对数将数据的维度降低到合适的位置，得到云数据中心负载和资源对数化序列。在执行机器学习和深度学习算法之前，需要对云数据中心负载和资源平滑序列进行标准化，这是因为许多机器学习和深度学习算法在训练时预先假设数据服从标准高斯分布。数据进行归一化后，算法在寻找最优解的过程中学习速率会明显变得平缓，从而更容易让算法收敛到正确的最优解，而不是局部最优解。本节对云数据中心负载和资源平滑序列使用了最大最小值归一化操作，得到符合后续机器学习和深度学习相关算法网络结构输入的模式，使归一化的序列各个维度分布在以均值为 0、方差为 1 的标准分布范围内。预先设定 max 为对数化序列的最大值，而 min 为对数化序列的最小值。归一化的序列如图 8-16 所示。本节所在使用的最大最小值归一化公式形式如式（8-31）所示。

$$\tilde{x}=\frac{x-\min}{\max-\min} \tag{8-31}$$

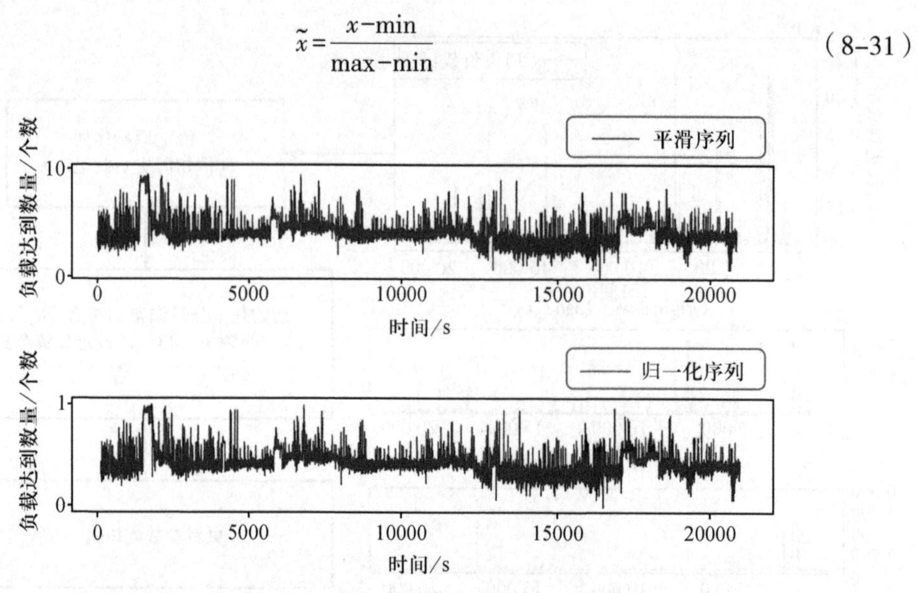

图 8-16 云数据中心负载和资源的平滑序列与归一化序列

8.3.2 基于改进 LSTM 神经网络的 Transformer 模型

为了获得预测精度更加精确、预测时间更加短的模型，本节将介绍创新的两种改进模型，分别是改进的 LSTM 神经网络模型和基于改进的 LSTM 神经网络模型的 Transformer 结构模型。创新模型对于数据的上下文特征、长时间依赖、深度层次信息、位置信息和预测重点关注信息有了更加理想的提取。对于每一部分的创新模型，本节对其结构进行了介绍，其中包含模型的组成结构和参数设置。

1. 改进的 LSTM 神经网络模型

像 LSTM 神经网络这样的传统循环神经网络只能使用正向顺序的上下文信息。为了克服这个问题，双向 LSTM（BiLSTM）在两个时间方向上同时训练一个模型，并分别具有前向隐藏层和后向隐藏层。而网格长短期记忆网络将 LSTM 神经网络单元格排列成一个或多个维度的网格状网络。网格长短期记忆网格（GridLSTM）网络在其深度维度上具有循环连接，可以加强传统 LSTM 神经网络的学习特性。为了获得更好的预测精度，并捕获逆向上下文特征和深度维度特征。在本节中，将 BiLSTM 神经网络和 GridLSTM 神经网络模型集成为 BGLSTM 神经网络，其网络结构如图 8-17 所示。BGLSTM 神经网络包括一个位于两个 BiLSTM 层中间的 GridLSTM 层。然后，BiLSTM 神经网络的输出经过一个全连接的层，以产生最终的输出。BiLSTM 神经网络和 GridLSTM 神经网络是 LSTM 神经网络的改进模型，因此一些中间输出的计算与 LSTM 神经网络类似，在这里使用 $\mathbb{L}(\cdot)$ 替换与前文重复的部分，BGLSTM 神经网络的输出定义如式（8-32）所示。

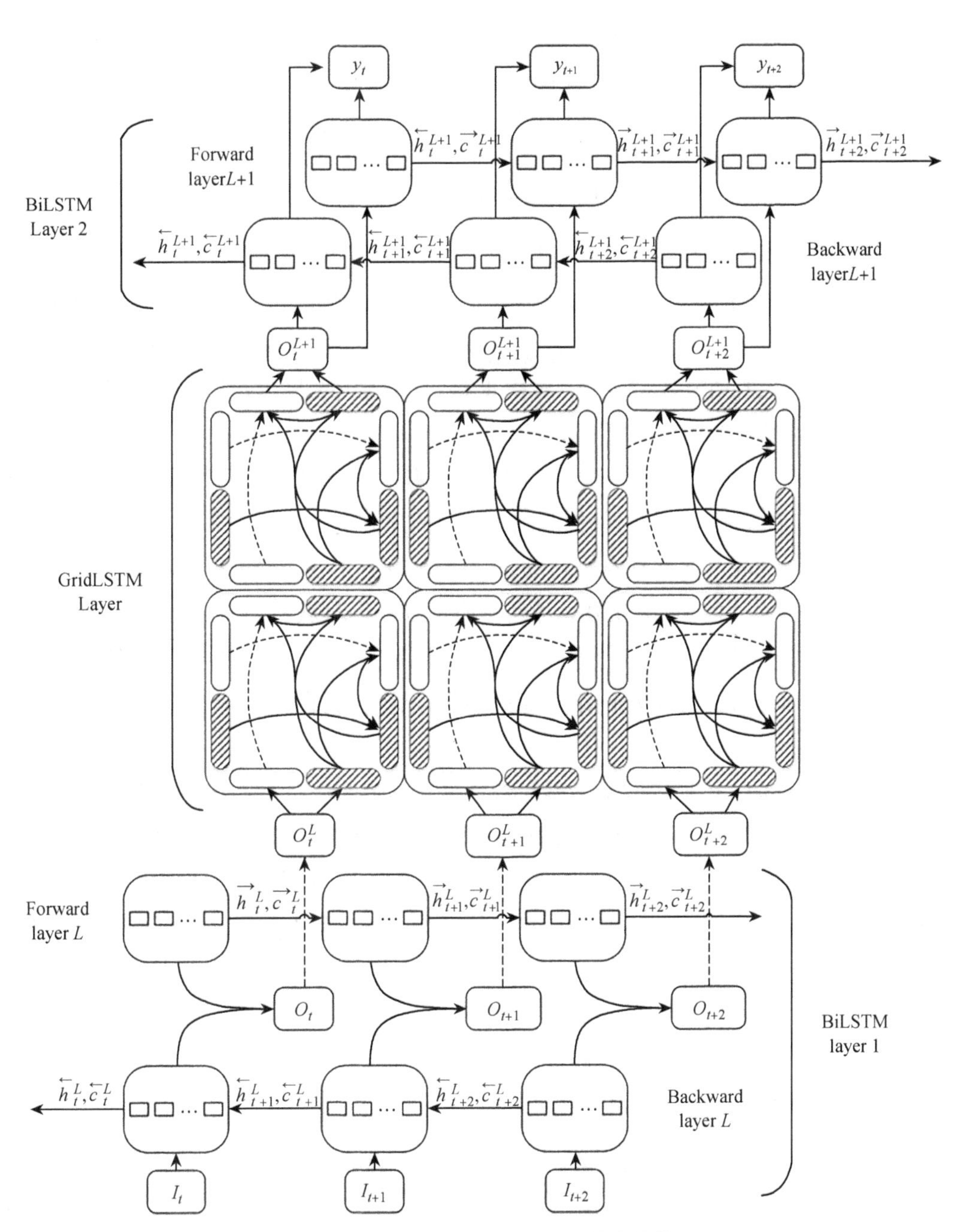

图 8-17　BGLSTM 神经网络的网络结构

$$\overleftarrow{O}_t^L = \mathbb{L}(\overleftarrow{f}_t^L, \overleftarrow{i}_t^L, \overleftarrow{o}_t^L, \overleftarrow{h}_{t-1}^L, I_t)$$

$$\overrightarrow{O}_t^L = \mathbb{L}(\overrightarrow{f}_t^L, \overrightarrow{i}_t^L, \overrightarrow{o}_t^L, \overleftarrow{h}_{t-1}^L, I_t)$$

$$O_t^L = W_{\overrightarrow{h}y} \overrightarrow{O}_t^L + W_{\overleftarrow{h}y} \overleftarrow{O}_t^L + b_O$$

$$O_t^{L+1} = \mathbb{L}(f_t^{L+1}, i_t^{L+1}, o_t^{L+1}, h_{t-1}^{L+1}, O_t^L) \tag{8-32}$$

$$\overleftarrow{O}_{t+1}^{L+1}=\mathbb{L}(\overleftarrow{f}_{t+1}^{L+1},\overleftarrow{i}_{t+1}^{L+1},\overleftarrow{o}_{t+1}^{L+1},\overleftarrow{h}_{t}^{L+1},O_t^{L+1})$$

$$\overrightarrow{O}_{t+1}^{L+1}=\mathbb{L}(\overrightarrow{f}_{t+1}^{L+1},\overrightarrow{i}_{t+1}^{L+1},\overrightarrow{o}_{t+1}^{L+1},\overrightarrow{h}_{t}^{L+1},O_t^{L+1})$$

$$y_{t+1}=W_{\overrightarrow{h}y}\overrightarrow{O}_{t+1}^{L+1}+W_{\overleftarrow{h}y}\overleftarrow{O}_{t+1}^{L+1}+b_y$$

其中，f，i 和 o 表示三个门单元的输出，这些输出分别是遗忘门、输入门和输出门。I 表示 BGLSTM 的输入。上标→表示从 $t=1$ 到 T 的序列，←表示从 $t=T$ 到 1 的序列。$\overleftarrow{O}_t^L$ 和 $\overrightarrow{O}_t^L$ 表示 BiLSTM 层 L 的输出。$\overleftarrow{O}_t^{L+1}$ 和 $\overrightarrow{O}_t^{L+1}$ 表示 BiLSTM 层 $L+1$ 的输出。O_t^{L+1} 表示 GridLSTM 层的输出。b 和 W 是门单元的偏差和权重矩阵。h 和 t 分别表示模型间的循环信息和时间实例。y_{t+1} 表示 BGLSTM 的输出。

BGLSTM 神经网络中使用 BiLSTM 神经网络和 GridLSTM 神经网络进行组合，其中 BiLSTM 层能够显式地对当前时间间隔附近的时间序列进行建模，并且能够捕获双向依赖关系，对逆向的时间序列信息进行编码。此外，GridLSTM 层可以通过深度维度对时间序列进行建模，这使得 GridLSTM 神经网络可以获得时域和频域的两个特征的输出，然后将这两个输出连接在一起。因此，这两个模型补充了 LSTM 神经网络的隐式建模能力，这也使得 BGLSTM 神经网络在相同参数设置下将优于 LSTM 神经网络的几种典型改进变体。

改进后的 BGLSTM 神经网络模型的参数设置如表 8-3 所示。其中包含了网络的输入和输出的长度，分别是 45 和 1。网络的隐层节点数和网络结构是 45，30，15，20，1，分别是 BGLSTM 神经网络模型的每个隐层的节点数。网络的学习率为 1×10^{-4}，其大小决定了网络是否能达到局部极小值点和达到极小值点的速度，后续使用 ADAM 优化器来优化学习率。批处理大小为 250，其大小决定了每一次训练的过程中有多少个样本数被用于训练。迭代次数为 5 000，是模型一共训练多少次的超参数。其中模型的输入和输出由数据特征决定，学习率决定了模型的收敛速度，隐层节点结构、批处理大小和迭代次数决定了模型的训练时间和训练的好坏。

表 8-3　改进的 BGLSTM 神经网络模型的参数设置

参数	值	描述
X	45	网络输入的长度
Y	1	网络输出的长度
ϕ	[45, 30, 15, 20, 1]	网络的隐层节点数和结构
η	1×10^{-4}	学习率
β	250	批处理大小
θ	5 000	网络的迭代次数

2. 结合改进的 LSTM 神经网络的 Transformer

基于前文对 LSTM 神经网络相关网络和 Transformer 的启发，同时为了加快训练速度，将自注意力机制和 Transformer 的思想与 BGLSTM 神经网络结合起来。BGLSTM 神经网络可以学习到双向依赖关系和深度维度的信息，可以同时对时域和频域的两个特征进行建模。而 Transformer 模型使用简单、易于训练的自注意力机制进行模型的构建，同时使用编解码器的结构，让数据有一个降维的过程，这样更有利于建模。因此，本节将 Transformer 的思想和 BGLSTM 神经网络进行了结合，作为创新网络结构 TBG（Transformer BGLSTM）。

TBG 网络的简化结构图如图 8–18 所示。整体框架为一个 Transformer 模型，将中间的全连接层替换为 BGLSTM 神经网络模型。这样既结合了 BGLSTM 神经网络模型的高效拟合能力，也结合了 Transformer 模型的高速训练能力。在这里，使用 BGLSTM(·) 替换与式（8–32）重复的部分，TBG 的输出定义如式（8–33）所示。

$$
\begin{gathered}
\text{Attention}\ (Q,K,V)=\text{softmax}\left(\frac{QK^{\mathrm{T}}}{\sqrt{d_k}}\right)V \\
\text{MultiHead}\ (Q,K,V)=\text{Concat}(\text{head}_1,\cdots,\text{head}_\text{h})W \\
\text{head}_i=\text{Attention}\ (QW_i^Q,KW_i^K,VW_i^V) \\
\text{Encoder}(x)=\text{BGLSTM}(\text{MultiHead}(Q_e,K_e,V_e),x) \\
\text{Decoder}(x)=\text{BGLSTM}(\text{MultiHead}(Q_d,K_d,V_d)\ \ \text{Encoder}(x)) \\
y_{t+1}=\text{Relu}(\text{Decoder}(x))
\end{gathered} \tag{8-33}
$$

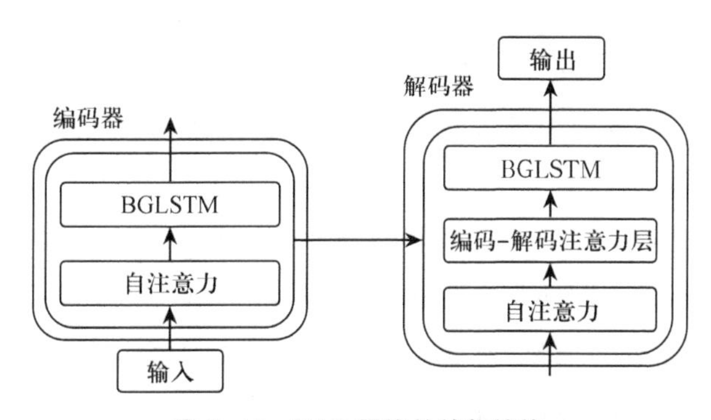

图 8–18　TBG 网络的简化结构

其中，Q，K 和 V 分别表示三个矩阵，分别是查询矩阵、键矩阵和值矩阵。d_k 是键矩阵 K 的维度。x 是 TBG 的输入，h 是输入的长度，也就是输入数据的时间维度。Encoder(·) 和 Decoder(·) 分别表示编码器和解码器的输出。W 是网络中对应位置的权重矩阵。Softmax 和 Relu 分别是归一化指数函数和线性整流函数。Concat 是连接操作，将数据拼接成新的矩阵。y_{t+1} 表示 TBG 的输出。

TBG 中使用了 BGLSTM 神经网络和 Transformer 的思想进行了结合。BGLSTM 神经网络能够显式地对当前时间间隔附近的时间序列进行建模，并且能够捕获双向依赖关系，对逆向的时间序列信息进行编码。此外，BGLSTM 神经网络还可以通过深度维度对时间序列进行建模，可以获得时域和频域的两个特征的输出。而 Transformer 模型使用了多头自注意力机制，将输入进一步压缩和提取关键的信息，有利于模型的特征提取和分析。同时使用了 Encoder 和 Decoder 的序列到序列（Seq2Seq）模型架构，因此提高了模型的泛化能力。BGLSTM 神经网络和 Transformer 的结合，使得 TBG 模型在相同参数设置下将优于前面介绍的几种典型改进变体。

8.3.3 基于改进 LSTM 神经网络的 Transformer 预测模型搭建

本节将着重对改进的模型做进一步的模型参数选择和优化。最后，将经过 VMD 分解和 SG 降噪后的数据应用到预测模型中。

1. 改进 LSTM 神经网络模型参数的选择和优化

由于传统的 LSTM 神经网络及其变体模型网络无法同时处理数据中存在的长期依赖、上下文信息和深度维度信息的问题。BGLSTM 神经网络结合了 BiLSTM 神经网络和 GridLSTM 神经网络，其 BiLSTM 层能够对当前时间点附近的时间序列进行建模，并且能够捕获双向依赖关系。GridLSTM 层可以通过深度维度对时间序列进行建模，从而获得时域和频域的两个特征的输出。

本节的模型实现使用的是基于张量流（TensorFlow）的凯拉斯（Keras）架构中自己搭建的 BGLSTM 神经网络模型，所使用的是 python 3.6 的实验环境。本章节搭建的 BGLSTM 神经网络本质上属于循环神经网络，故其输入的格式要求和传统的 LSTM 神经网络以及其变体神经网络类似，为包含样本数、时间步长、特征三个量的一个三维张量（Tensor）。其中，样本数表示数据点的个数，时间步长表示网络的时间步长，特征表示的是输入的维度。

接下来，对 BGLSTM 神经网络的网络参数进行设定，其中包含模型的输入长度、批处理大小和迭代次数。同前文描述的 LSTM 神经网络及其变体模型一样，基于这些模型的 BGLSTM 神经网络本身也不需要太深、太多的隐层结构，过多的隐层结构会致使时间效率的降低和模型的过拟合，因此实现的 BGLSTM 神经网络使用的是一个 3 层的结构，具体来说，就是 2 层 BiLSTM 神经网络之间是 1 层 GridLSTM 神经网络。此外，由于批处理大小和迭代次数是相互关联的参数。当批处理大小太大、迭代次数太小时，这样的模型很难捕捉到数据的特征。与之相反，批处理大小太小、迭代次数太大则很容易造成过拟合。因此，批处理大小和迭代次数需要同时增加或减少。如表 8-4 所示，为基于不同输入长度、批处理大小和迭代次数的 BGLSTM 神经网络模型的实验结果，所使用的数据为某集群数据中的负载序列。

表 8-4　不同优化算法和批处理大小的 BGLSTM 神经网络模型实验结果

批处理大小	迭代次数	输入长度	MSE	R^2	RMSLE	预测时间	训练时间
125	2 500	15	8 646.02	0.825 54	0.305 35	**0.941 42**	**3.476 25**
		30	2 540.39	0.907 82	0.211 82	1.126 18	4.511 03
		45	**1 230.15**	**0.937 61**	**0.184 51**	1.384 64	4.757 95
		60	3 313.15	0.893 96	0.222 37	1.477 515	5.129 28
		90	4 464.46	0.876 06	0.233 96	1.751 53	6.756 31
		150	6 161.65	0.853 50	0.252 06	2.055 09	7.834 02
250	5 000	15	1 437.19	0.932 08	0.189 79	**1.099 64**	**3.461 73**
		30	**125.32**	**0.985 67**	**0.137 69**	1.285 02	4.487 89
		45	267.30	0.974 73	0.147 27	1.378 67	4.933 58
		60	439.60	0.965 39	0.151 04	1.568 43	5.459 14
		90	1 287.62	0.936 03	0.186 30	1.656 18	6.575 40
		150	2 460.42	0.909 37	0.216 82	1.932 75	7.643 81
500	10 000	15	4 923.85	0.869 58	0.243 89	**1.071 90**	**3.421 75**
		30	2 767.42	0.903 55	0.207 64	1.287 37	4.425 64
		45	1 773.70	0.923 90	0.185 45	1.319 39	4.986 51
		60	**1 185.28**	**0.938 87**	**0.177 79**	1.479 55	5.512 13
		90	2 214.17	0.914 31	0.197 83	1.681 52	6.576 20
		150	4 350.42	0.877 72	0.239 75	2.052 11	7.649 19
1 000	20 000	15	6 936.88	0.844 25	0.287 73	**1.051 13**	**3.387 21**
		30	3 018.46	0.899 03	0.222 68	1.218 19	4.391 75
		45	2 289.03	0.912 78	0.192 73	1.328 66	4.915 07
		60	**1 230.15**	**0.937 61**	**0.175 97**	1.471 3	5.441 14
		90	3 199.33	0.895 89	0.214 24	1.669 24	6.572 92
		150	6 252.24	0.852 39	0.241 01	2.090 78	7.688 94

注：加粗数字为本组中最优结果。

在表 8-4 中，可以看出模型精度最高的是在使用批处理大小为 250，迭代次数为 5 000 和输入长度为 30 的时候，预测和训练时间最短的是在批处理大小为 125，迭代次数为 2 500 和输入长度为 15 的时候，训练时间最短的则是在优化算法自适应矩估计（Adam）和批处理大小为 1 000 的时候。可以从表 8-4 中看出，在输入长度逐渐增大的时候，模型的预测精度呈先升高后降低的趋势。出现这样的原因是，输入长度较小时，模型的参数较少，不足以完全拟合数据的特征；而输入长度较大时，模型的参数又很多，对数据的特征拟合得过好，而导致在训练集拟合过好，在测试集的精度反而下降了。在训练时间和预测时间方面，参数少的模型依旧在这方面占有优势，但是相对应的预测精度却不是特别理想。因此在实验中兼顾预测精度和预测时间两方面的因素，可选择批处理大小为 250，迭代次数为 5 000 和输入长度为 30 的模型。

2. 基于改进 LSTM 神经网络的 Transformer 模型参数的选择和优化

由于改进的 BGLSTM 神经网络在训练时间上还有一定的不足，同时为了保证随着迭代次数的增加，序列最初始的信息不被遗忘，在 BGLSTM 神经网络引入了 Transformer 的思想，也就是更多的注意力机制。章节 8.3.2.2 对基于改进 LSTM 神经网络的 Transformer 模型进行了详细的说明。此处模型的实现使用的是基于 TensorFlow 的 Keras 架构中自己搭建的 TBG 网络模型，所使用的是 python 3.6 的实验环境。

本章节搭建的 TBG 网络本质上是一种 Transformer 网络模型的改进，故其输入的格式要求和原始的 Transformer 类似。同时其内部网络构成为 BGLSTM 神经网络，基于 8.3.2.1 节的实验和结论，在兼顾 BGLSTM 神经网络模型的精度和训练时间的基础上，本节选择了批处理大小为 250，迭代次数为 5 000 和输入长度为 30 的 BGLSTM 神经网络模型。本节选择大小为 30 的嵌入维度和大小为 30 的隐层维度的 Transformer 模型结构。

8.3.4 实验结果分析

通过使用多种不同的建模算法和模型，并进行了模型的实现和优化策略的分析，方法 LSTM 神经网络和其变体模型、Transformer 模型都实现了初步的调整，同时本章还对提出的两种创新模型 BGLSTM 神经网络和 TBG 进行了分析。

8.4 基于 ST-LSTM 神经网络的网络流量预测方法

本节将选择使用颇为广泛的预测方法来对预处理之后的流量时序数据进行建模，这些方法包括自回归积分移动平均模型（Autoregressive Integrated Moving Average，ARIMA）、支持向量回归（Support Vector Regression，SVR）、反向传播（Back Propagation，

BP)、时间卷积网络（Temporal Convolutional Network，TCN）和 LSTM。首先，分别搭建传统的三种模型 ARIMA、SVR 和 BP，并对每种模型涉及的参数进行优化。其次，为了验证提出模型 ST-LSTM 的有效性，进行消融实验，又分别搭建 TCN 和 LSTM 模型并优化各自参数。再次，对提出的 ST-LSTM 模型结构进行详细阐述，搭建该模型，并对模型中的关键参数进行优化。最后，根据实验结果，将提出模型与其他基线模型进行比较分析，得出结论。

8.4.1　评估指标和数据预处理

评估指标和数据预处理是在大规模复杂数据预测中至关重要的步骤。评估指标用于度量预测模型的性能，而数据预处理，即网络流量时间序列预处理，则旨在准备和清洗原始数据，以提高预测模型的准确性和可靠性。

1. 模型评估指标

机器学习问题通常可以分为分类和回归问题两大类，针对不同的问题，我们通常会采用不同的模型评价指标。由于本节的预测模型是利用历史流量数据来预测下一时刻的流量，其本质上属于回归模型，因此，为了区分模型优劣，本节采用以下三种评估指标。

R^2 是用来描述自变量对因变量的拟合度的，取值范围为 0 ~ 1，R^2 值越靠近 1，说明拟合效果越优秀。决定系数的公式见式（8-29）。

RMSLE 是将均方根误差（Root Mean Squared Error，RMSE）公式中的预测值和真实值替换成了各自的对数，RMSLE 的值越小，则表示模型的预测精度越高，其公式见式（8-30）。

平均绝对值误差（Mean Absolute Error，MAE）首先计算所有样本的误差绝对值，然后对其累加求平均。由于 MAE 的量纲和实际预测值保持一致，故可解释性强。MAE 的计算公式如式（8-34）。

$$\mathrm{MAE}=\frac{1}{N}\sum_{i=1}^{N}|\hat{y}_i-y_i| \tag{8-34}$$

2. 网络流量时间序列的预处理

（1）网络流量时间序列。数据为某网站下所有页面的访问量之和，时间为 2015 年 7 月 1 日 00 : 00 : 00 至 2016 年 7 月 1 日 00 : 00 : 00，并且每一个时间点代表该时间点之前一小时的网站访问量，Webstatscollector 采集工具每隔一小时统计一次网站访问人数，总共有 9 528 条数据。在该时序数据中，本节按照 9 : 1 的比例将数据集分为训练集和测试集。图 8-23 为网站流量时序数据的曲线图。

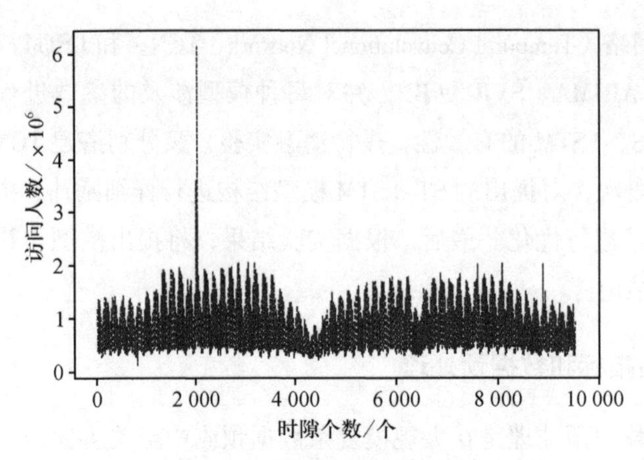

图 8-23 网络流量时序数据

（2）数据对数化。图 8-24 为时序数据的分布直方图，从图中可以看出，原始时间序列分布不对称，呈右偏态分布，表示存在一些非常大的极端值，大部分值都集中分布在偏左的部分，并且数据的数量级很大，很容易在计算过程中造成数据的运算溢出。所以，本节对原始数据进行对数变换，这样做的好处是它可以在不改变原始序列性质的前提下，降低数据的数量级，使得数据在一定程度上符合正态分布的特征，从而更加有利于时序数据的预测。具体的对数变换公式见式（8-35）。

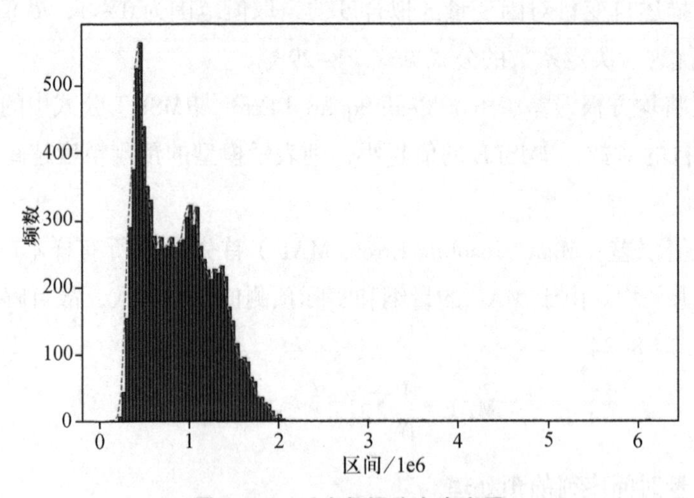

图 8-24 时序数据分布直方图

$$x' = \lg(1+x) \tag{8-35}$$

其中，x 表示需要进行对数变换的时序数据，x' 表示对数变换后的目标值。

（3）序列平滑。SG 滤波器在序列平滑去噪方面具备很大的优势，其思想是对一条时间序列数据进行卷积操作，卷积操作发生在每一个窗口上，具体是通过最小二乘法来对窗口中的数据进行拟合，从而使用索引位置为 0 的拟合多项式值取代中心数据点。

该滤波器可以在很大程度上去除序列中存在的噪声，并很好地保持序列的完整性。

这里假设一条时间序列

$$X=(x_1,x_2,x_3,\cdots,x_T),T\in\mathbf{N}_+ \tag{8-36}$$

则可以得到长度为 $n=2m+1$ 的子序列

$$\{x_{s-m},\cdots,x_s,\cdots,x_{s+m}\},s\in[m+1,T-m] \tag{8-37}$$

然后，采用 R 阶多项式 $p(i)$ 拟合数据点

$$p(i)=\sum_{v=0}^{R}a_v i^v,i\in[-m,m] \tag{8-38}$$

其中 a_v 是 SG 函数的第 v 个系数。

最后，利用最小二乘法最小化误差

$$\varepsilon=\sum_{i=-m}^{m}(p(i)-x_{s+i})^2 \tag{8-39}$$

从而可以确定 a_0，a_1，…，a_R，接着可以求出窗口中的中心点 $p(0)=a_0$。因此，只要求出 a_0 即可求出窗口中的中心点 x_s 的最佳拟合 $p(0)$。平移该窗口，就可以使得序列 X 中的每个点成为该窗口的中心点，最终获得 X 平滑滤波后的序列。

（4）数据归一化。从图 8-23 可以看出，时序数据的数量级特别大，横跨 5 个数量级。将单变量时序数据转换为有监督数据之后，数据的特征纬度会增加。而预测任务是一个回归过程，是对所有特征的非线性拟合，如果不将每个特征纬度的数据映射到同一个小区间范围内保持同一量纲，就会使得运算极其复杂，引发数值问题，并且会减慢模型的拟合过程，严重影响模型的收敛速度。

因此，为了保证模型的稳定性、收敛速度以及预测精度，本节采用最小最大归一化（Min-Max Scaling）处理。归一化的公式见式（8-31），它将数据集中地映射到［0，1］之间，数据分布状况和原来保持一致，这是对数据的一种线性变化。

（5）时序数据转换为有监督数据。由于回归是一个监督学习问题，因此，针对除 ARIMA 之外的预测模型，需要先将流量时序数据转换成一组特征值和相应的目标值对。在本节中，特征值指的是如图 8-25 所示中的滑动窗口中的输入序列，作为模型的输入数据，目标值则为下一时刻的流量，作为模型的输出。本节对时序数据采用窗口滑动的方式，将窗口从左向右滑动，每次滑动一个时间步长，以获得新的一行特征值和目标值对，这样可以构建得到有监督数据。

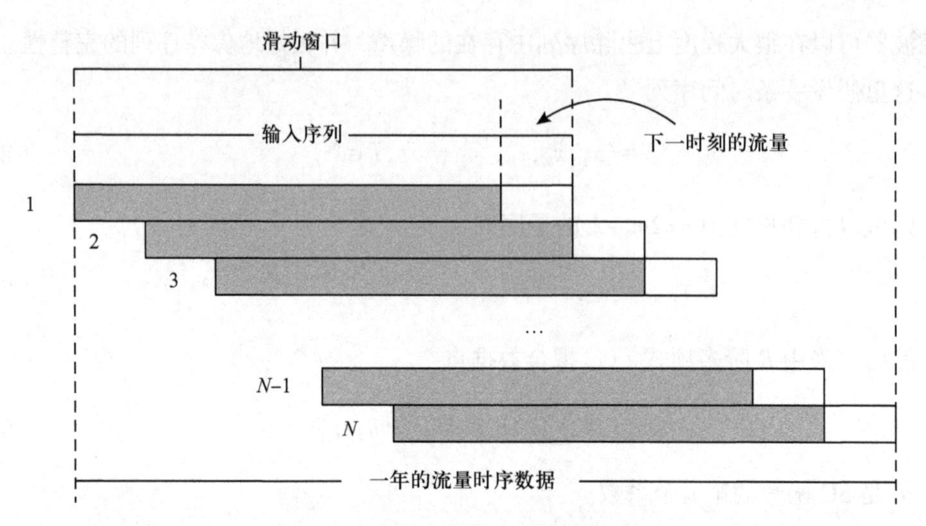

图 8-25 时序数据转为有监督数据

本节介绍了流量时序数据的预处理任务，具体处理流程如图 8-26 所示。首先，通过对原始时序数据取对数操作，使数据近似服从高斯分布，并且降低数值的范围；其次，使用滤波器算法平滑序列以去除序列中的噪声；再次，为了防止计算过程中的运算溢出以及保持各个维度的量纲统一，对序列进行了最小最大归一化；最后，将归一化的时序数据通过滑动窗口的方式转换成有监督数据。

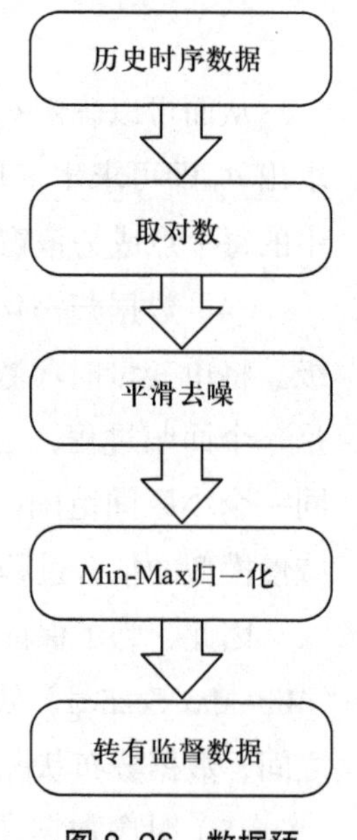

图 8-26 数据预处理流程

8.4.2 基于 ST-LSTM 的网络流量预测模型搭建

为了能够充分利用 SG 滤波器的去除噪声能力、TCN 的特征提取能力以及 LSTM 的长期依赖捕获能力来准确地预测网络流量，本节设计了如图 8-27 所示的模型。时空长短期记忆网络（Space-Time Long Short-Term Memory Network，ST-LSTM）模型主要由噪声移除、特征提取和长期依赖捕获及预测这三个部分组成。

在第一部分，使用 SG 滤波器来移除序列 $X=(x_1,\cdots,x_t,\cdots,x_T)$ 中的噪声，从而得到平滑之后的序列 $\overline{X}$，该序列可以通过式（8-40）计算得到。

$$\overline{X}=\mathrm{SG}(X,n,R) \tag{8-40}$$

其中，SG(·)表示 SG 滤波函数。n 表示 SG 滤波器的窗口大小，R 表示最高次项。

在第二部分，使用 TCN 对经 SG 平滑滤波之后的序列进行特征提取，TCN 由两个残差模块构成。第一个残差模块由两个卷积核大小均为 5，膨胀卷积系数均为 1，卷积

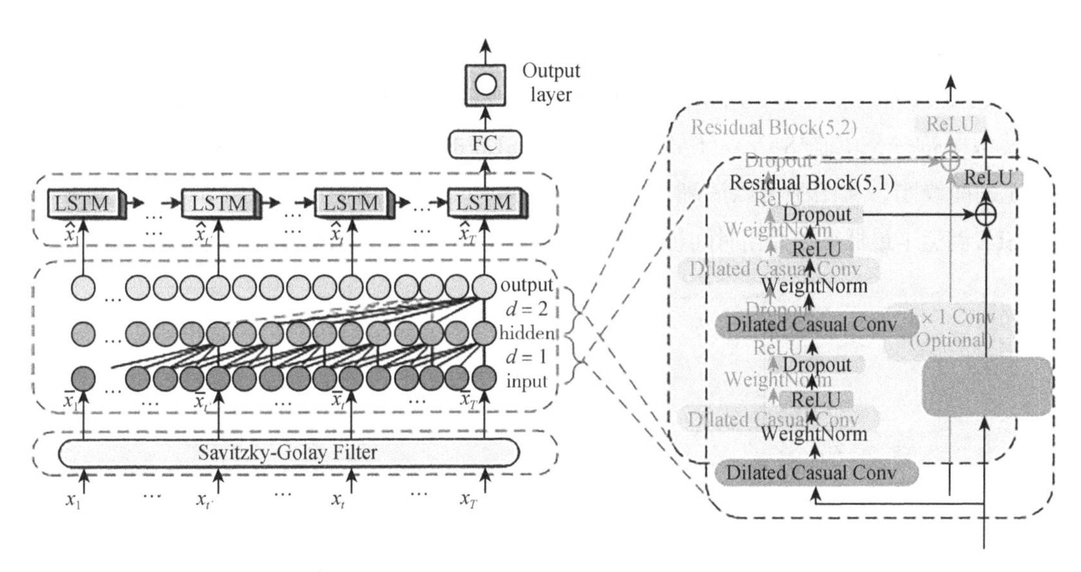

图 8-27　ST-LSTM 模型架构

核个数均为 10 的因果空洞卷积组成；第二个残差模块的膨胀卷积为 2，其余参数和第一个残差块保持一致。TCN 层的输出可由式（8–41）、式（8–42）计算得到。

$$L^1 = ResidualBlock(\overline{X}, 5, 1) \tag{8–41}$$

$$L^2 = ResidualBlock(L^1, 5, 2) \tag{8–42}$$

其中，$ResidualBlock(\cdot)$ 表示 TCN 的残差模块函数，L^1 表示序列 $\overline{X}$ 经过第一个残差模块的输出，而 L^2 表示序列 L^1 经过第二个残差模块的输出。

在第三部分，将 L^2 作为 LSTM 层的输入，利用 LSTM 神经网络提取该序列中的长期依赖，从而得到最后一个时间步的输出 h_T，h_T 可通过式（8–17）至式（8–22）计算得到。然后将该输出 h_T 作为全连接层的输入，得到该层的输出 z_T。

$$z_T = relu(vh_T + bias) \tag{8–43}$$

其中，v 是权重矩阵，$bias$ 是偏置向量，$relu(\cdot)$ 表示 $relu$ 激活函数。

最后，将 z_T 作为输出层的输入，从而得到下一时刻的流量预测值 $\hat{y}_T$。

$$\hat{y}_T = linear(uz_T + q) \tag{8–44}$$

其中，u 表示全连接层的权重参数，q 表示偏置参数，$linear(\cdot)$ 表示线性函数。

至此，模型的结构介绍完毕，下面开始预测建模。

ST–LSTM 预测模型中存在很多超参数，这些超参数对网络性能有着很大的影响，其中最具典型的超参数主要包括 SG 滤波器的窗口大小和最高次项、时间步长、优化器、卷积核大小、卷积核数量、LSTM 神经元的数量和 TCN 残差模块的输出激活函数。此外，模型对数据格式的要求和上一节保持一致。

先前时间步是模型中重要的参数之一。本节中，S-LSTM 表示在对原始流量数据进行 SG 平滑之后再使用 LSTM 预测建模，S-LSTM 和 ST-LSTM 的先前时间步均设置为 60，其他模型保持一致。图 8-28 为 S-LSTM 和 ST-LSTM 的 RMSLE 随着先前时间步的增加而变化的曲线图。从图中可以清晰地发现，当时间步为 60 的时候，S-LSTM 和 ST-LSTM 的 RMSLE 到达了最低点。而当时间步由 60 向左右两侧移动时，RMSLE 整体呈现增加的趋势。

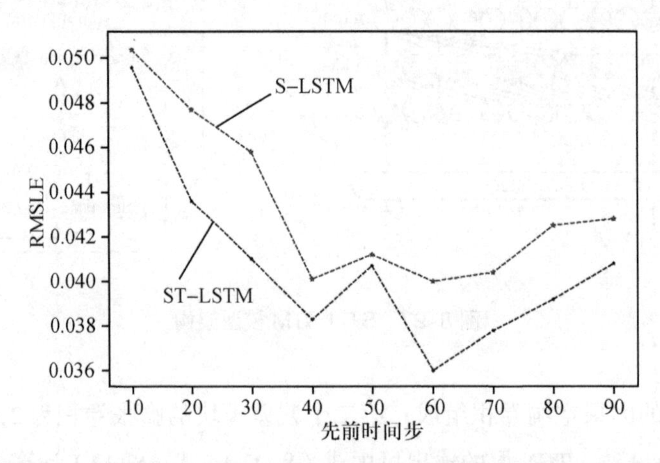

图 8-28 S-LSTM 和 ST-LSTM 的 RMSLE 随先前时间步的增加而变化的曲线图

模型中我们使用随机梯度下降（Stochastic Gradient Descent，SGD）、自适应性学习速率的 Delta算法（Adaptive delta，Adadelta）、Adagrad（Adaptive gradient algorithm）和Adam（Adaptive Moment Estimation）四种优化器。如图 8-29 所示，和其他优化器相比，Adam 的收敛速度最快并且有最低的损失函数值。因此，Adam 被选择作为模型的优化器。

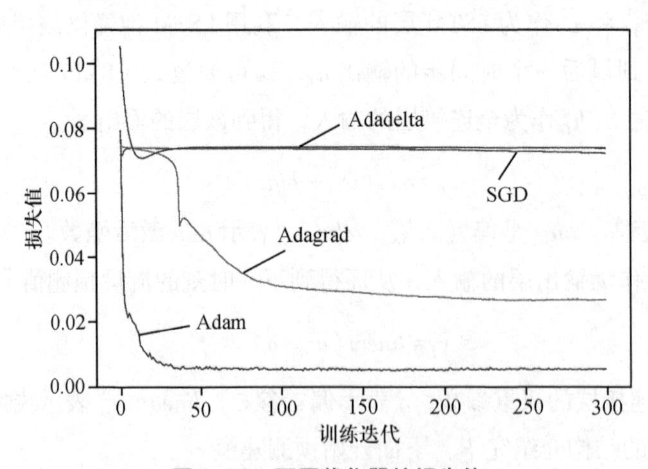

图 8-29 不同优化器的损失值

合适的卷积核大小以及数量有利于学习数据中更加丰富的特征，由表 8-9 和表 8-10 可知，当卷积核大小为 5 或者卷积核的数量为 10 时，RMSLE 和 MAE 都是最小，R^2 均最大。因此，最优的卷积核大小及数量被分别设置为 5 和 10。

表 8-9　不同卷积核大小的性能比较

卷积核大小	RMSLE	MAE	R^2
3	0.038 2	15 335	0.990 0
5	**0.036 0**	**14 598**	**0.990 9**
7	0.037 7	15 022	0.989 6
9	0.039 9	15 572	0.989 9

注：表中黑体表示性能最佳的卷积核大小

表 8-10　不同卷积核数量的性能比较

卷积核数量	RMSLE	MAE	R^2
5	0.040 7	15 740	0.989 3
10	**0.036 0**	**14 598**	**0.990 9**
15	0.038 7	15 334	0.989 3
20	0.041 6	16 132	0.988 3
30	0.038 9	15 346	0.988 9

LSTM 神经元数量的选择也是至关重要的，会直接影响到模型的性能。因此，我们设置神经元数量的取值为 32，64，72 和 128，并且通过评估它们在模型上的预测误差来选择最优的 LSTM 神经元个数。从表 8-11 中可以看出，当神经元个数为 64 时，RMSLE 和 MAE 都是最低，R^2 均最大。因此，最优的 LSTM 神经元个数被设置为 64。

表 8-11　不同隐藏层神经元个数的性能比较

隐藏层神经元数	RMSLE	MAE	R^2
32	0.037 8	14 887	0.989 2
64	**0.036 0**	**14 598**	**0.990 9**
72	0.036 7	14 707	0.990 2
128	0.039 7	15 417	0.989 8

另外，对于 TCN 部分来说，我们对每一层残差模块的输出都是采用 ReLU 激活函数。表 8-12 表明，相比其他激活函数，ReLU 激活函数的预测精度最高。

表 8-12　不同激活函数的性能比较

激活函数	RMSLE	MAE	R^2
Sigmoid	0.412 5	236 666	0.130 8
ReLU	**0.036 0**	**14 598**	**0.990 9**
Tanh	0.038 1	15 013	0.989 1
LeakyReLU	0.042 1	16 181	0.989 6
Softplus	0.044 3	17 196	0.987 8

在搭建预测模型过程中，前 90% 的数据作为训练集，后 10% 作为测试集。根据上述参数设置，最终可以确定一个最佳的 ST-LSTM 预测模型。利用此模型预测未来的网络流量，预测结果如图 8-30 所示。从图中可以明显看出，预测曲线和实际曲线的趋势几乎一致，并且具有很高的预测精度。

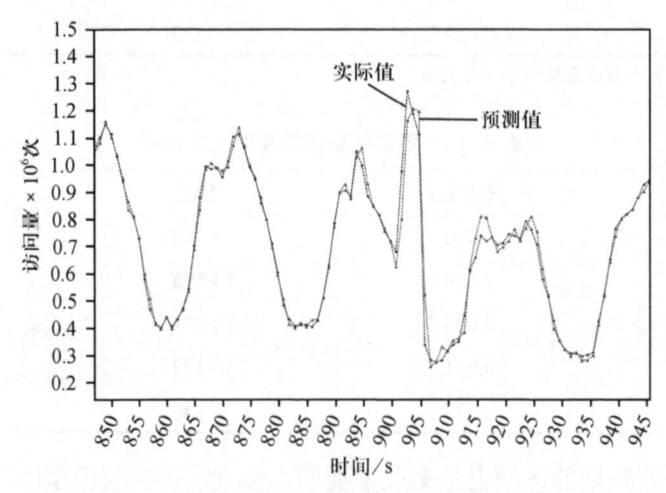

图 8-30　基于 ST-LSTM 模型的流量预测效果

8.4.3　预测结果分析

本节对网络流量的预测任务主要可分为以下几个步骤。首先，提取某网站一年的流量时序数据。其次，基于数据集的取值范围大并且成偏态分布，对原始流量时序数据取对数，缩小时序数据的取值，使之近似服从高斯分布。再次，使用 SG 滤波器去除对数处理后的时序数据中的噪声，避免时序数据中的异常点影响模型的鲁棒性和预测精度。进一步，为了提高模型的计算效率，避免运算过程中产生溢出，对数据进行归一化，并将归一化后的数据转换成有监督的数据。最后，使用本节提出的组合模型和其他几种基准模型对有监督数据进行预测建模，通过不同的评估指标来对模型的性能进行评价。预测模型的具体建立过程如图 8-31 所示。

针对流量时序数据，本节使用提出的组合模型以及其他基准模型进行预测建模，并对每种模型的网络结构进行优化，使得每种模型均取得了最佳的预测性能。为了验证本节提出模型的有效性和鲁棒性，本节基于模型评价指标，对这几种流量预测模型的性能进行对比评估，实验中使用前 90% 的数据作为训练集，后 10% 作为测试集，最终可以得到不同预测模型的 RMSLE、MAE 和 R^2 值，具体实验结果如表 8-13 所示。

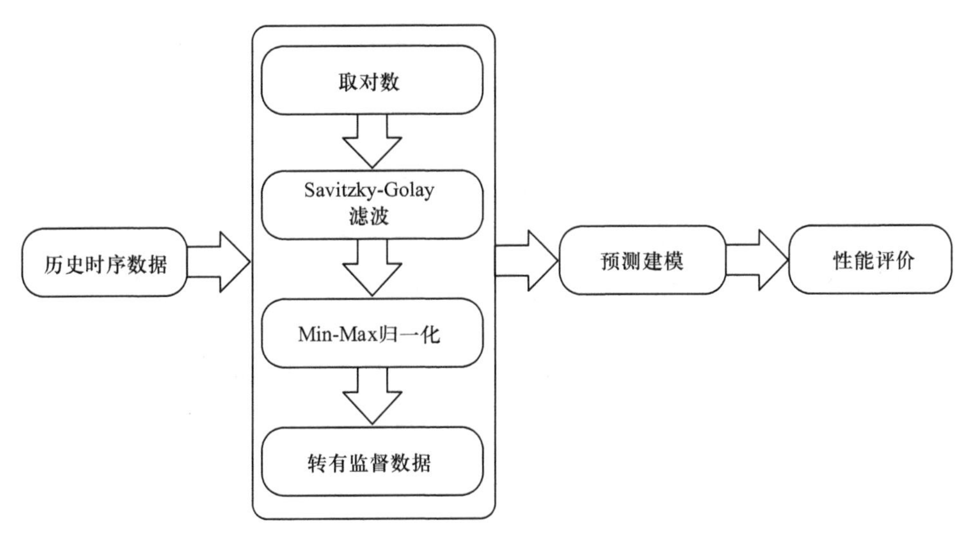

图 8-31　预测模型建立过程

表 8-13　不同模型的性能对比

模型	RMSLE	MAE	R^2
ARIMA	0.129 5	60 183	0.896 5
SVR	0.101 9	43 103	0.932 5
BP	0.099 4	39 529	0.927 7
TCN	0.098 9	39 055	0.928 1
LSTM	0.089 6	36 244	0.941 4
T-LSTM	**0.085 4**	**35 685**	**0.942 2**
S-ARIMA	0.051 2	24 653	0.985 5
S-SVR	0.080 1	32 134	0.958 3
S-BP	0.073 8	30 335	0.964 1
S-TCN	0.045 6	18 200	0.985 9
S-LSTM	0.040 3	16 189	0.989 6
ST-LSTM	**0.036 0**	**14 598**	**0.990 9**

其中，对于名称中带有“S-”的方法，均表示该方法使用 SG 滤波器来移除序列中的噪声，反之则表示没有使用 SG 滤波器。从表 8-13 中可以看出，TCN 在平滑前后的预测性能比传统的方法 ARIMA、SVR 和 BP 要高，但是比 LSTM 的性能要差一些。而将 TCN 和 LSTM 有效地结合在一起，先利用 TCN 的优秀的特征提取能力，再加上 LSTM 的长短期记忆，最终可以达到一个很高的预测精度。我们可以看到，当不使用 SG 平滑时，T-LSTM、LSTM 和 TCN 的 RMSLE 依次为 0.085 4，0.089 9 和 0.098 9。当使用 SG 平滑时，他们的 RMSLE 依次为 0.036 0，0.040 3 和 0.045 6。因此，这足以说

明 SG 可以有效地移除时序数据中所存在的噪声，并且 T-LSTM 预测精度也优于其他三种方法。另外在平均 MAE 和平均 R^2 两个指标上，ST-LSTM 也都表现出了很好的结果。

图 8-32 是 TCN、LSTM 和 T-LSTM 的网络流量时间序列预测结果，Ground truth 表示真实值，从该图中可以看出，T-LSTM 与真实值的曲线拟合度最高。在大多数时间点，T-LSTM 的预测值相较于其他方法更加接近实际值，这也就证明了该模型的有效性。S-TCN、S-LSTM 和 ST-LSTM 的预测值与真实值的曲线图如图 8-33 所示，从中可以看出三种模型的拟合效果相对于未平滑之前精度上有了更大的提升，并且在绝大多数点处，ST-LSTM 的预测值相较于其他两种模型更加接近实际值。因此，通过上述实验可以验证，本节提出的 ST-LSTM 模型的预测精度最高。

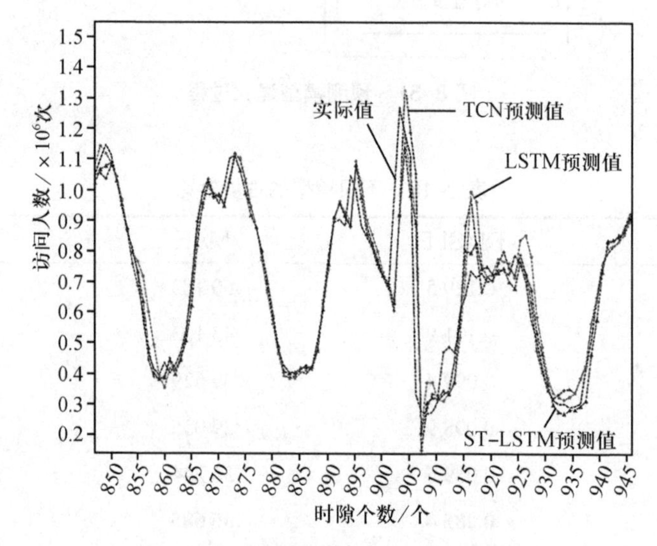

图 8-32　网络流量时间序列预测结果

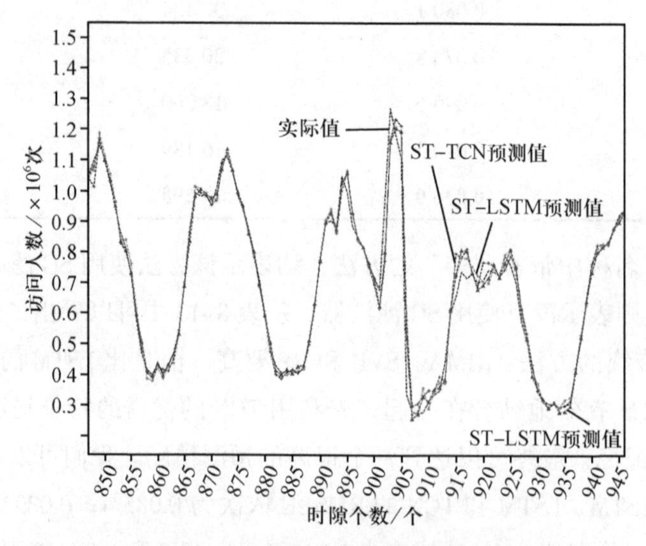

图 8-33　基于 SG 滤波器的网络流量时间序列的预测结果

8.5　本章小结

本章围绕大规模复杂数据预测，首先介绍了大规模复杂数据预测问题的标准和难点。然后，介绍了六种大规模复杂数据预测方法。最后，分别介绍了基于改进Transformer的云数据中心资源预测方法和基于ST-LSTM神经网络的网络流量预测方法。

第 9 章　复杂分布式系统优化

在复杂分布式云边融合系统中，智能移动设备（Smart Mobile Devices，SMDs）都需要将任务分割为若干个子任务，然后将子任务按照合适的比例迁移到合适的边缘节点（Edge Nodes，ENs）或者远端云数据中心（Cloud Data Center，CDC）执行。但是执行这些应用需要消耗大量的 CPU、内存、电池能量和无线网络带宽等资源。因此，在进行计算迁移时，需要统筹规划复杂分布式云边融合系统的所有资源，将各 SMD 与最合适的 ENs 进行关联，并将子任务合理迁移到 ENs 或 CDC 两端并行执行，以降低系统运行成本或提高系统运行利润，同时严格满足所有用户的服务响应延迟约束。

本章节主要围绕复杂分布式系统优化的研究现状展开分析，重点阐述每种复杂分布式系统优化技术的原理和研究思路与进展。对于每种优化技术，我们将从边缘端和云端两端分别分析它们在融合过程中所起的作用以及所用到的方法，目的是通过对两端底层原理的详细阐述更好地解读对应的优化技术。然后，结合两个具体的复杂分布式系统场景进行建模。最后，提出不同的优化算法求解系统成本，并和其他算法进行对比，以达到预期的结果。

9.1　复杂分布式系统优化问题概述

复杂分布式系统优化问题是指在复杂分布式系统中，通过合理的资源配置、任务调度、决策算法等手段，对系统进行优化，以达到降低成本、提高性能、优化资源利用等目标。这些系统通常由大量的节点、任务和资源组成，节点之间通过网络连接，并在分布式环境下运行。复杂分布式系统优化问题涉及多个关键标准和难点，包括效率与性能优化、资源约束与优先级、可扩展性与灵活性、分布式决策与协调，以及安全与稳定性等。解决这些问题需要综合运用优化算法、分布式计算技术、资源管理策略、决策协议和安全机制等手段，以实现分布式系统的高效运行和优化性能。

9.1.1　复杂分布式系统优化问题的标准

复杂分布式系统的优化问题是一个综合性的挑战，需要考虑多个标准来评估和改进系统可靠性和其他性能。以下是对复杂分布式系统优化问题的标准的详细介绍。

1. **响应时间**

响应时间是指系统从接收请求到完成处理所需的时间。优化响应时间是为了提高用户体验和满足实时性需求。为了降低响应时间，可以采取多种策略。例如，优化算法和数据结构以提高处理速度，减少网络延迟，引入并行处理和异步操作等。此外，还可以对系统进行性能监控和分析，定位瓶颈，进一步优化系统以降低响应时间。

2. **吞吐量**

吞吐量是指系统在单位时间内能够处理的请求数量。提高吞吐量可以增加系统的处理能力和并发性能，适应大规模用户和高并发负载。为了优化吞吐量，可以采用负载均衡策略，将请求分散到不同的节点或资源上，避免单点故障和瓶颈。此外，通过优化算法和数据结构，减少不必要的资源占用和开销，提高并发处理能力。

3. **资源利用率**

资源利用率指系统在运行过程中所使用的硬件、软件和网络资源的效率以及利用程度。优化资源利用率可以提高系统的效率和经济性。通过合理的资源调度和管理，可以最大限度地利用可用资源，避免资源浪费和性能瓶颈。例如，通过负载均衡算法将任务合理地分配到各个计算节点上，避免资源闲置和过载。此外，采用虚拟化和容器化技术，实现资源的灵活分配和共享，提高资源利用率。

4. **可靠性**

可靠性是指系统在面对故障、错误或异常情况时的稳定性和可恢复性。为了提高系统的可靠性，可以采用多种策略。例如，使用冗余和备份机制来保护关键数据和服务，确保发生故障时数据的可用性和业务连续性。实施故障检测和自动恢复策略，及时发现和处理故障，减少系统停机时间。此外，建立监控和警报系统，及时检测和响应异常情况，以防止潜在的故障和安全威胁。

5. **网络延迟**

网络延迟是指数据在网络中传输的时间延迟。较低的网络延迟可以提高系统的实时性和响应速度。为了降低网络延迟，可以采用多种技术和策略。例如，优化网络拓扑结构和路由算法，减少数据包的传输跳数和传输路径的延迟。采用缓存机制和数据预取技术，减少对远程数据的访问延迟。此外，采用分布式数据存储和计算，将数据和计算分散到就近的节点，减少网络传输延迟。

6. **系统安全性**

系统安全性是指系统保护数据和资源免受未授权访问、攻击和威胁的能力。为了优化系统的安全性，需要采取多种安全措施。例如：实施身份认证和访问控制机制，确保只有授权用户才能访问系统和数据；采用数据加密技术，保护数据的机密性和完整性；及时修补和更新系统中的漏洞，以减少潜在的安全风险；建立安全审计和监控机制，监测系统的安全事件和异常行为，及时发现和应对安全威胁。

综合考虑以上标准，并根据具体应用场景和需求进行权衡和调整，可以实现复杂分布式系统的可靠性和其他效能。优化复杂分布式系统需要综合运用多种技术和策略，并不断进行性能分析和优化，以不断提升系统的整体表现。

9.1.2 复杂分布式系统优化问题的难点

复杂分布式系统的优化问题是一个复杂且具有挑战性的任务，需要综合考虑多个因素并解决各种难点问题。以下是对复杂分布式系统优化问题难点的详细介绍。

1. 复杂性

分布式系统通常由多个节点、组件和服务组成，涉及大量的交互和协调。这使得系统的优化变得复杂，需要全面考虑各个组件之间的相互影响和依赖关系。优化一个组件可能会对其他组件产生意想不到的影响，因此需要从整体系统的角度进行优化决策。

2. 数据一致性

在分布式系统中，保持数据的一致性是一项关键挑战。当系统中存在多个副本或分布式存储时，确保数据的一致性变得更加复杂。数据更新的同步和冲突解决需要谨慎处理，以避免数据不一致的问题。优化问题需要在维护数据一致性的同时，提高系统的性能和效率。

3. 容错性和故障处理

分布式系统需要具备容错性和故障处理能力，以应对节点故障、网络故障和其他异常情况。容错和故障处理涉及故障检测、故障恢复和数据恢复等方面。优化问题需要解决如何设计和实施容错机制、故障检测和自动恢复策略，以提高系统的可靠性和可恢复性。

4. 高并发和负载均衡

分布式系统通常面临高并发和大量请求的挑战。不同节点的负载可能不均衡，资源利用可能存在瓶颈，导致系统性能下降。优化问题需要解决负载均衡和并发处理的问题，即合理分配请求和任务到各个节点，以确保资源的均衡利用和系统的高吞吐量。

5. 通信和网络延迟

在分布式系统中，节点之间的通信和网络延迟是一个关键因素。数据传输的速度和延迟对系统的性能有着直接的影响。优化问题需要考虑如何减少通信开销、降低网络延迟，并确保数据能够及时可靠地传输。

6. 系统性能分析和优化

分布式系统的性能分析和优化是一个持续的过程。系统的性能受多个因素的影响，如负载、数据量、算法、网络等。优化问题需要进行全面的性能分析，识别瓶颈，并有针对性地采取优化措施。

综合考虑以上难点，并根据具体系统的需求和约束进行综合优化，才能提高复杂分布式系统的、可靠性和其他性能。

9.2　典型复杂分布式系统优化方法

典型的复杂分布式系统优化方法涵盖了多个方面，涉及资源管理、任务调度、决策算法等。下面列举一些常见的复杂分布式系统优化方法。

9.2.1　博弈论

博弈论又称对策论，博弈双方在对局中，通过观察对方的策略来相应地制定自己的策略，以达到最优的结果。博弈思想在人类历史进程中发挥着重要作用。1928 年，数学家约翰·冯·诺依曼证明了博弈论的基本原理，标志着博弈论的正式形成。后来，美国数学家约翰·纳什证明了博弈论中均衡点的存在，即纳什均衡，这为博弈论奠定了坚实的基础。

博弈论属于应用数学的范畴。主要的要素有玩家、策略、回报、博弈均衡点。在博弈场景中，主要考查所有的博弈参与者对于目前的局势如何做出一个理性的判断并得到一个有利的结果。所谓理性的判断就是对当下自己可以选择的方案有一个清楚的认识，对各种可能的选择结果有一定的预期判断，具有很强的目的性，对所有的可选择的结果经过一系列的对比分析后选出自己认为最优的决策方案。由此可见，博弈论是一个多方参与的决策问题，多方之间的行为相互影响，最后需要得到一个平衡状态，使得多方满意。玩家就是在博弈竞争中所有参与博弈竞争的人，他们有着自己的决策权，玩家可以是多个，即多方博弈。策略是每一个参与博弈的玩家都可以根据当下的实际情况选择符合自我策略的行动方案，这个方案贯穿整个博弈过程，不可中途改变。回报是在博弈中根据自己的策略最终得到的结果。每个玩家在博弈中的收获回报不仅与自己选择的策略有关，而且还与所有玩家选择的策略有关。在博弈结束时可以将所有玩家所选取的策略组成一组策略函数来表示所有玩家得到的回报，即效用函数。均衡点是参与博弈的所有玩家在某种策略组合下，不会因为某一个玩家策略的改变而使得博弈对局中有玩家愿意改变自己的行为策略，也就是博弈结果达到大家满意的最优结果，即达到了博弈均衡。

博弈论是一种建立资源分配问题模型的经典工具，在复杂分布式系统优化方法中得到了广泛的研究与应用。针对复杂分布式决策问题，博弈论是一个理想的选择，它关注的是玩家之间的战略互动，从而消除了对集中管理器的需求，在提高系统协作效率的同时，降低问题建模、算法设计与分析的复杂度。博弈论有两个主要分支，非合作博弈和合作博弈。“非合作博弈”指的是博弈各方相互冲突、独立行动；而“合作博弈”指的是各方虽然有竞争但也有合作，在各方合作中达到一个有效的平衡点。博弈论就是研究博弈行为中斗争各方是否存在着最合理的行为方案，以及如何找到这个合理的行为方案的数学理论和方法。

9.2.2 强化学习

强化学习是机器学习领域的一个重要分支，与监督学习和无监督学习完全不同。监督学习和无监督学习是基于给定的数据和标签或数据结构进行学习，而强化学习则是通过与环境的交互学习最优策略。在强化学习中，智能体（机器人或者控制器）通过不断尝试采取不同的动作，并根据环境给出的奖励或惩罚来调整策略，从而最大化累积奖励。在监督学习中，模型通过训练数据中的输入和输出之间的关系并推广到新数据中，以便进行分类、回归等任务。无监督学习是指试图从数据中自动学习有用的特征，以便进行数据的聚类、降维、异常检测等任务。强化学习的基础可以归结为马尔可夫决策过程。马尔可夫决策过程是一个经典的数学模型，用于描述环境、智能体和动作之间的关系。在马尔可夫决策过程中，智能体采取动作后会接收到一个奖励信号，该奖励信号会影响智能体采取下一步动作的决策。智能体的目标是在最大化累积的奖励信号中学习到最优策略。

强化学习的发展可以追溯到20世纪50年代。当时，心理学家斯金纳（B.F.Skinner）提出了行为主义理论，认为动物的行为可以通过奖励和惩罚进行调节和控制。这启发了计算机科学家开始研究如何用计算机模拟动物的行为学习过程。同期，贝尔曼（Bellman）提出了贝尔曼方程，它描述了在给定策略下的状态－动作值函数的递归关系。贝尔曼方程成为了现代强化学习的基石之一，并极大地促进了强化学习的发展。20世纪80年代，强化学习开始成为独立的研究领域。1992年，沃特金斯（Watkins）等提出了著名的Q–learning算法，这是一种基于价值函数的强化学习算法，可以用于解决单智能体强化学习问题。Q–learning算法通过不断迭代更新状态－动作值函数，以求得最优策略。该算法在处理一些简单的问题上取得了不错的效果。1994年，拉默瑞（Rummery）等提出了SARSA算法，这是一种基于价值函数的在线强化学习算法，可以用于解决单智能体强化学习问题。SARSA算法与Q–learning算法的区别在于，SARSA算法使用了当前策略下的动作来更新状态－动作值函数，因此可以在一定程度上减小Q–learning算法中的误差。

随着计算机硬件和算法技术的不断发展，强化学习取得了显著的进展。2013年，研究人员提出了基于深度神经网络的强化学习算法DQN。DQN算法将状态作为输入、动作作为输出，利用深度神经网络逼近状态－动作值函数Q值，并采用经验回放和目标网络等技术优化算法，从而实现了在雅达利（Atari）游戏中超越人类的表现。这表明，深度学习和强化学习的结合可以使智能体学习到更复杂的行为策略，这使得强化学习在许多领域取得了突破性的进展，例如，于 2016 年 3 月发布的一个基于深度强化学习的 AlphaGo，击败了围棋世界冠军李世石。AlphaGo 的成功标志着人工智能在棋类游戏上的突破，并成为了强化学习领域的重要里程碑。自此，越来越多的研究者开始研究强化学习，使得强化学习在游戏、机器人、自然语言处理等多个领域得到了广泛的应用。

在强化学习中，状态、动作和奖励是三个核心要素，它们共同构成了强化学习框架中的基本元素。

1. **状态**（State）

在强化学习中，状态指的是智能体与环境交互过程中所处的状态。换句话说，状态是一个智能体所处的环境和其所拥有的信息的完整描述。例如，在机器人导航的场景中，智能体便是机器人，状态则包括机器人的位置、速度、朝向，障碍物的位置等信息。

状态是强化学习算法中的一个核心概念，因为它直接影响智能体的决策和行为。在强化学习中，智能体必须根据当前状态来选择下一步动作，并且要根据当前状态和动作选择获得的奖励来更新策略以达到最优决策。因此，状态的表示方式是强化学习算法设计中的重要问题。状态表示方式通常是根据具体问题的特点来选择的。例如，在围棋游戏中，状态可以由棋盘上每个位置的状态表示。在机器人导航中，状态可以由机器人当前的位置和环境中的其他物体位置表示。在图像处理中，状态可以由图像的像素表示。状态的选择通常取决于智能体要解决的具体问题，因此在实际应用中需要根据具体情况进行选择。

2. **动作**（Action）

在强化学习中，动作指智能体可以在特定状态下执行的操作。智能体需要从当前状态中选择一个动作，并基于该动作转移到下一个状态。动作可以是离散或连续的，具体取决于环境和问题的不同。例如，在机器人控制问题中，动作可以是机器人的运动方向和速度，智能体需要从这些可能的速度和运动方向中选择最优的动作组合，使机器人安全达到预定目标。

动作的设计需要考虑到多个因素，包括动作的空间限制、优化和组合等。动作空间限制通常是基于环境和问题的限制而设计的，同时需要根据强化学习算法和模型的需求进行优化和调整。动作的优化通常涉及各种算法和技术，例如策略梯度、价值函数和深度神经网络等，可以提高动作的性能和效率。动作的组合也是一个重要的问题，它通常需要考虑多个动作的协同作用和适应性，以实现智能体的最优决策。

3. **奖励**（Reward）

奖励是指在强化学习中，智能体在执行某个动作后，从环境中获得的奖励信号。奖励可以是正的、负的或零。当智能体执行一个动作后，会获得一个奖励信号，这个奖励信号可以告诉智能体这个动作的好坏，从而调整智能体的策略，使其更好地适应环境。例如，在机器人控制问题中，当机器人到达目标位置时，它会获得正的奖励。当机器人碰到障碍物时，它会获得负的奖励。而在自动驾驶汽车中，当汽车行驶得平稳、安全时，可以获得正的奖励。状态、动作和奖励的关系如图 9-1 所示，智能体在一个环境中根据其当前状态选择一个动作，然后得到一个环境给予的奖励值，并进入下一个状态。这个过程是一个不断重复的迭代过程，智能体通过在不同状态下采取不同的动作来最大化获得的累积奖励值。最终，智能体通过学习得到一个最优的策略，使其在该环境下表现最优。

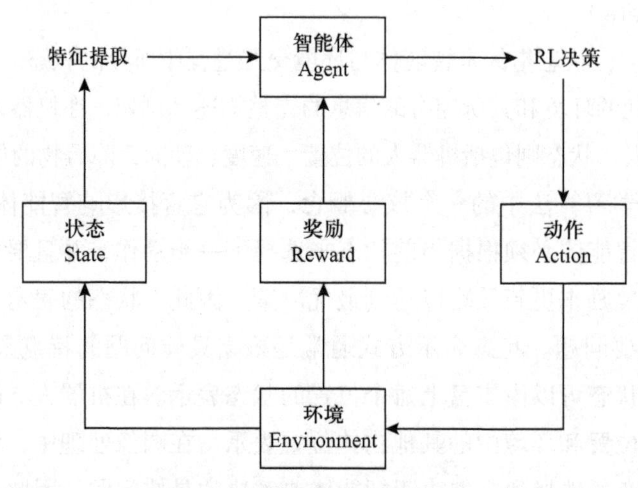

图 9-1　强化学习三要素的关系

9.2.3　启发式算法

启发式算法是通过总结自然界存在的一些现象中的经验和规则而得出的一种问题解决方法。它与最优化算法有所不同，它不一定能保证求得的可行解就是算法最优解，甚至都无法说明两者之间的相似程度，它也不需要考虑两者之间的偏差程度。现有的各类启发式算法虽然在优化机制上有些许差别，但是在优化流程等方面都有较为接近的特征，都运用了“邻域搜索”的方案。基于算法来开展初始解的分析，结合各类关键数据来控制种群，依靠邻域函数生成多个邻域解，参照特定的接受准则更新目前种群个体的位置，参照修改准则调整关键数据。持续进行前述多个基本步骤，直至符合收敛条件，输出最优解。启发式算法在求解各领域的优化问题时已经得到广泛的应用，例如图像识别、车间调度、路径优化、物流选址等。启发式算法利用种群迭代寻优的方式在求解各个领域的优化问题时提供了新的思路，而且在性能方面表现出优越性。因此越来越多的人着眼于研究启发式算法，并针对算法开展改进以及优化工作等，从而令算法有更强的空间搜索能力，算法收敛更为迅速，算法的求解精度也更为理想。

启发式算法是一种比传统方法更快、更有效的算法，它通过牺牲最优性、准确性、精密度或完整性来提高速度。复杂分布式系统优化依据任务、通信和计算资源的基本信息，根据优化目标进行卸载建模，通常被认为是一个组合最优化问题。这些问题多数都是使用精心设计的启发式算法来解决的，典型的启发式算法有遗传算法（Genetic Algorithm，GA）、模拟退火算法（Simulated Annealing，SA）、粒子群优化算法（Particle Swarm Optimization，PSO）以及灰狼优化算法（Grey Wolf Optimizer，GWO）。

1. 遗传算法

1975 年，美国约翰·霍兰德（J.H.Holland）教授提出了遗传算法，它是一种迭代自适应概率性搜索算法，学习自然界遗传机制以及进化论的基本思想，其本质是使用“适者生存”的规律，在搜索过程中得到解空间的信息，不断进行信息累积，并且能够自适应地控制搜索过程，最后基于可能的解空间群体产生一个最接近最优解的方案。在 GA 模拟进化过程中，每一代首先要得到个体的适应度值，该值通过问题的目标函数计算可得，然后使用遗传学中的选择算子进行个体选择，在自然界的生物群体中，每个个体对所在环境的生存适应能力会表现出极大的不同，根据达尔文关于生物进化的学说，即优胜劣汰，适者生存，自然界会通过染色体核基因的交叉或组合产生优秀的基因，具有这些基因的生命体会有更强的生存能力，而那些适应能力差的生物个体则会被环境淘汰。而且，个体的某些基因会发生小概率的变异，这种变异，也可能产生更好的基因，从而使个体有更强的生命力。通过遗传操作，种群中个体不断繁衍进化产生新个体，相比原来的个体，具有更强的适应能力。

GA 因为并行搜索、简单实用、可扩展性强以及鲁棒性强等优点发展极为迅速，易于和其他算法进行结合，得到混合算法的综合优势。对于一些没有数值概念的优化问题，GA 的编码处理方式可以很容易对优化问题的决策变量进行处理，而且其交叉、变异、选择等操作具有全局寻优能力，相关的遗传操作以随机概率的方式运算，使得搜索过程具有更强的灵活性，不容易陷入局部最优解，因此，总会产生更多的优良个体。相比其他算法，GA 的搜索效果受参数变化的影响很小，是一种并行、高效的搜索算法，已经被运用到组合优化、生产调度问题和机器人学等多个领域。然而，此算法对决策变量进行编码和解码部分比较复杂，没有固定的编码方案，不恰当的解码方案可能影响算法的效率，无法显示算法的全局寻优的能力。下面给出 GA 的基本术语。

（1）遗传编码。遗传编码是将基因片段使用优化问题的决策变量表示，编码机制有实数编码、二进制编码等。

（2）适应度。适应度用来衡量生物个体适应环境的能力，每个个体的适应度值使用问题的目标函数进行计算。GA 以适应度值为主要的衡量依据。

（3）选择算子。根据每个个体计算的适应度值，依据选择的方法，从本代群体中选择一个优良的个体，然后传递到下一代群体中。例如在“轮盘赌”选择法中，评判标准是个体适应度所占比例的大小，所占的比例越大，则它被遗传到下一代的可能性就越大。

（4）交叉算子。从群体中随机选择个体进行搭配，对于每一对个体，以某一交叉概率交换个体间的部分染色体，进一步提升 GA 的搜索能力。

（5）变异算子。对于群体中每个个体，以某一变异概率将某一个或部分基因值替换为决策变量范围内的随机值。

GA 具体步骤如下。

步骤 1：编码。将问题的决策变量进行映射，用二进制码字符串表示，每个字符串相当于染色体。

步骤 2：初始化种群。采用随机方式初始化种群，按照自然选择法则，从初始的种群中选择优秀的群体和个体。

步骤 3：计算适应度值。将种群中染色体通过给定的解码规则解码为决策变量的形式，然后将决策变量代入目标函数公式，计算适应度值。

步骤 4：终止判断。如果达到终止的条件，最优解为种群中的最优个体，返回最优的解，否则，继续进行操作。

步骤 5：选择。根据制定的选择规则，从已有个体中选择优秀的个体，适应度小的个体则被淘汰。

步骤 6：交叉。通过杂交产生新个体，即在给定的概率下，随机选择种群中的两个个体，然后交换相同位置的基因片段。

步骤 7：变异。随机选择基因中某一位，在优化问题的限制条件下赋随机值，使基因产生突变现象。

GA 的流程如图 9-2 所示。

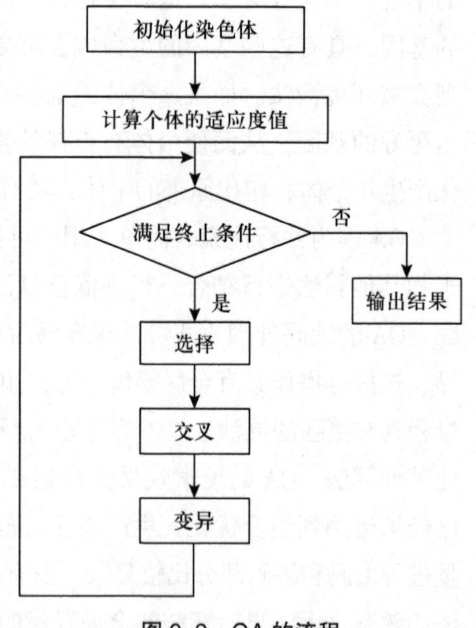

图 9-2　GA 的流程

2. 模拟退火算法

模拟退火算法是根据固体物质退火过程的原理产生的，由尼古拉斯·梅特罗波利斯（Nicholas Metropolis 在 1953 年提出，物理退火过程包括加温、等温和冷却三个部分。它的原理是不断高温加热固体，使固体的粒子随机排列，再逐渐降低温度，最后凝固成结晶体。固体在加热过程中，随着温度升高，能量也随之提高。当温度到达固体的熔点时，固体开始逐渐溶解为液体，粒子变为无序的液态。固体在冷却过程中，随着温度逐渐降低，粒子的能量逐渐减弱，当温度达到结晶温度后，粒子开始逐渐变得有序，由液态凝固成结晶态。求最优值的过程是将固体的温度逐渐降低，最终达到固体的静态的过程。SA 可以克服传统优化算法容易陷入局部极值的缺点，并且不依赖初始值。此算法不需要其他搜索空间的辅助信息，在定义的领域结构内选取相邻解，下一步选择过程只和目标函数值有关，同时使用随机概率指导搜索过程向更优解的方向移动，因此其搜索过程有明确的方向性，能够找到全局最优解。

SA 适用范围广，算法简单，便于实现，该算法的搜索过程具有随机性，可以使目标函数得到全局最优，避免陷入局部最优解。原因是在搜索过程中，SA 不但接受使目标函数值变好的状态，而且根据接受规则的判定公式，可能接受不好的状态，增加了搜索过程的灵活性，具有很好的全局搜索性能。SA 已经被用到机器学习、信号处理及集成电路等各种领域，但是 SA 初始温度参数和退火速度参数难以控制。初始温度足够高，才有可能找到最优解，但是需要消耗非常多的迭代时间，效率不够高，同时退火速度参数影响算法的迭代次数，如果参数过于大，迭代次数变少，不利于找到最优解，因此如何合理地调整参数对该算法的性能影响很大。

SA 最重要的是 Metropolis 接受准则，即当温度为 T 时，粒子从具有能量 $E(i)$ 的状态 i，通过接受准则，进入具有能量 $E(j)$ 的状态 j，对于一个求最小值的优化函数 $f(x)$，若 $f(E(j)) \leqslant f(E(i))$，则接受新状态，否则，以如下概率判断新状态是否被接受：

$$P = e^{\frac{f(E(i)) - f(E(j))}{kT}} \tag{9-1}$$

其中，将 $f(E(i)) - f(E(j))$ 记为 Δf，表示评价函数的增量值。T 为固体的温度，T 在固体熔解过程中线性递减，k 为波尔兹曼（Boltzmann）常数，是一个衰减系数。

SA 具体步骤如下。

步骤 1：根据问题，设置 SA 算法的迭代次数、初始温度和初始解等。

步骤 2：产生一个新解。

步骤 3：计算评价函数的增量 Δf。

步骤 4：判断产生的新解，若 $\Delta f > 0$，说明新解更好，则接受，否则以一定的概率判断是否接受不好的新解。

步骤 5：终止条件，如果达到终止的要求，最优解就是当前解，返回当前解，否则程序继续。

步骤 6：T 线性减小。然后从步骤 2 继续运行程序。

SA 的流程图，如图 9-3 所示。

3. 粒子群优化算法

粒子群优化算法在 1995 年提出，它是一种基于群智能的全局随机搜索优化算法，自 J. 肯尼迪（J.Kennedy）和 R. 艾伯哈特（R.Eberhart）提出以来，受到了广泛的关注。粒子群优化算法是根据自然界中鸟类成群社会行为提出的，对于鸟类的飞行空间，可以使用求解问题的解空间表示，每只鸟比作为一个粒子，表示优化问题的一个可行解，最优解就是通过类比鸟类寻找食物的过程来获得的。PSO 基于种群和进化的概念，类比鸟类的飞行轨迹规则，使整个粒子群中粒子运动类似于鸟类捕食，即每个粒子在给定的空间内不停地运动，搜索寻找最优解，而且群体中的粒子会相互影响。基于这种独特的搜索机制，PSO 首先初始化种群，即在给定的解空间内，随机初始化粒子的位置和速度，优化问题的决策变量数量决定位置和速度的维数。在每一次迭代中，不断地学习每个粒子迭代过程自身的最优解和所有粒子中每次迭代的最优粒子的经验，通过这些经验更新解空间的最优解，即通过粒子群中粒子的相互协作，不断在复杂的解空间中进行搜索，寻找全局最优解。

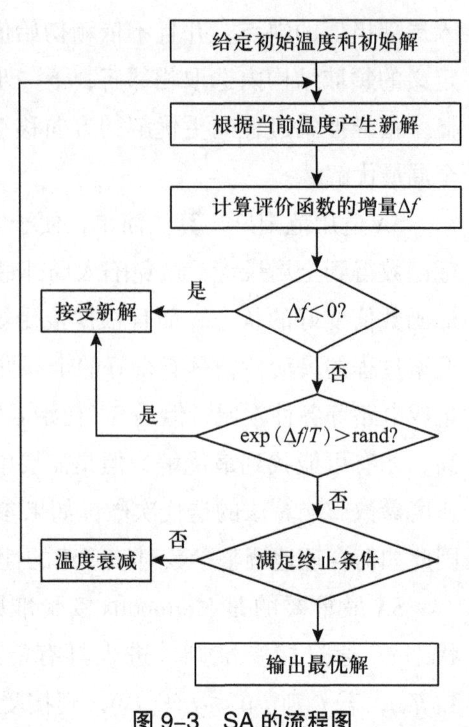

图 9–3　SA 的流程图

PSO 简单、参数少、易于实现和求解速度快，具有良好的优化性能，而且在算法结束时仍保存每个个体的最优解，因此在找到问题最优解的情况下，还可以找出问题的次优解，是一种高效的并行搜索算法，此算法已经被应用到许多领域，例如成功地解决了电力系统、工业电子、无线传感器网络和特征选择等领域的各种问题。然而，在经典粒子群优化算法中，所有粒子都在不断地学习整个群体的个人最佳经验和全局最优解，这可能导致早熟收敛。一些改进的粒子群优化算法能够增加种群多样性，避免早熟收敛，但其搜索速度和求解精度都有所下降。另外，种群数量的多少对算法影响不明显，种群数量下降时，算法性能下降不大。到目前为止，提高粒子群优化算法的整体性能以获得更广泛的适用性一直是一个具有挑战性的任务。许多学者在寻找 PSO 的改进方式，以使其在解决复杂的优化问题上体现良好的精度和求解速度。

假设有 M 个粒子组成的粒子群，每个粒子定义为 N 维，假设每个粒子的当前位置定义为 $x_i=(x_{i1}, x_{i1}, \cdots, x_{in})$，当前飞行速度定义为 $v_i=(v_{i1}, v_{i1}, \cdots, v_{in})$，个体最优位置定义为 $pBest_i$，记为 $P_i=(p_{i1}, p_{i1}, \cdots, p_{in})$。

目标函数定义为 $f(x)$，假设优化问题是一个最小化问题，则第 i 个粒子当前的最优位置 $pBest$ 通过式（9–2）确定，即

$$P_i(g+1)=\begin{cases} P_i(g), f(x_i(g+1)) \geqslant f(P_i(g)) \\ x_i(g+1), f(x_i(g+1)) < f(P_i(g)) \end{cases} \tag{9–2}$$

全局最优位置定义为 $gBest$，用 $P_{gBest}=(p_{g1},p_{g1},\cdots,p_{gn})$ 表示，是粒子群中所有粒子在迭代过程中经历过的最优位置，$gBest$ 通过式（9–3）确定。

$$
\begin{aligned}
P_{gBest}\in\{P_0(g),P_1(g),\cdots,P_M(g)\}\ |f(P_{gBest}(t))\\
=\min\{f(P_0(g)),f(P_1(g)),\cdots,f(P_M(g))\}
\end{aligned}
\tag{9–3}
$$

PSO 在模拟进化过程中，每个粒子会不断地学习个体极值（$pBest_i$）的经验、全局极值（$gBest$）的经验，以此来更新自身的速度和位置，即式（9–4）、式（9–5）。

$$
v_i=\theta_1 v_i+\breve{\theta}_2\omega_1(pBest_i-x_i)+\hat{\theta}_2\omega_2(gBest-x_i) \tag{9–4}
$$

$$
x_i=x_i+v_i \tag{9–5}
$$

其中，θ_1 表示惯性权重，个人和社会加速度系数分别用 $\breve{\theta}_2$ 和 $\hat{\theta}_2$ 表示，它们反映了 $pBest_i$ 和 $gBest$ 的影响。

标准的 PSO 具体步骤如下。

步骤 1：初始化粒子。粒子的数量由种群规模确定，粒子速度和位置的每一维根据决策变量范围内的随机值确定，粒子的历史最优值 $pBest_i$ 用初始化值表示，群体中的最优粒子用 $gBest$ 表示。

步骤 2：计算适应度值。针对每个粒子，通过计算适应度函数得到适应度值。

步骤 3：更新粒子。分别使用式（9–4）和式（9–5）更新所有粒子的速度、位置及 $pBest_i$，使用式（9–3）更新 $gBest$。

步骤 4：终止条件。将进化代数加 1，判断是否等于最大进化次数，如果“否”，转到步骤 2，否则向下执行。

步骤 5：返回最优解。输出全局最优粒子位置 $gBest$。

标准的 PSO 的流程如图 9–4 所示。

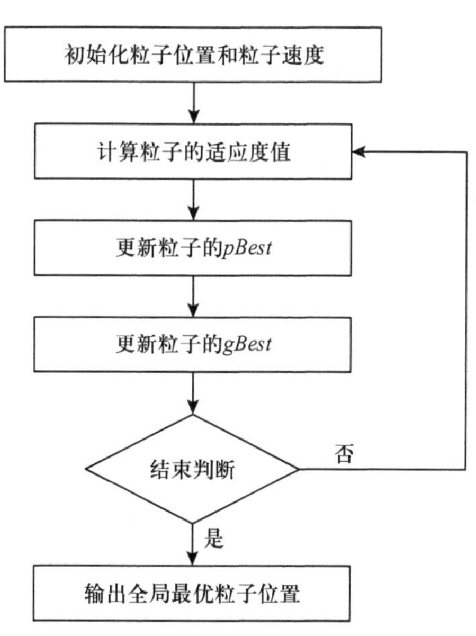

图 9–4　PSO 的流程

4. 灰狼优化算法

受灰狼群体狩猎行为的启发，米尔贾里里（Mirjalili）等于 2014 年提出了一种新型群体智能优化算法，即灰狼优化算法。GWO 通过模拟灰狼群体狩猎行为，基于大自然灰狼群体中的等级体系以及狩猎完整过程来达到优化的目的。对于狼群的狩猎环境空间，可以使用求解问题的解空间表示，每匹狼比作一个狼群中的狩猎个体，表示优化问题的一个可行解，并且每匹狼狩猎时分工明确。最优解是通过类比狼群寻找食物的过程来获得的，而且狼群中其他个体都会影响每一步的狩猎过程。基于这种独特的搜索机制，GWO首先初始化种群，即在给定的解空间内，随机初始化狼群中领导层个体的位置，优化问题的决策变量数量决定位置的维数。在每一次迭代中，不断通过领导层三匹狼的最优位置更新狼群其他个体的位置，从而判断猎物所在的位置，通过搜索和攻击猎物的策略来寻找猎物的位置从而找到最优解，即通过狼群中个体之间的相互配合，不断在繁杂的解空间中进行搜索，寻找全局最优解。

GWO以使用更少的参数、更快的收敛速度、更高的可扩展性和灵活性以及在解空间中保持勘探和开发之间良好平衡的能力而闻名，并且GWO可以为许多优化问题提供更高精度的解决方案。GWO这些特性使其适用于云边融合环境中的任务调度等时间有限的问题，并成功地应用于机器学习、生物信息学、网络、医疗、环境应用和图像处理等不同领域。

在自然界中，灰狼大多群居生活和狩猎。灰狼依靠明确的分工合作生存。由于分工明确，灰狼种群分为四个等级体系。领头的灰狼为种群中的领导者，称为α狼。它的下一层辅佐α狼，称为β狼。第三层是δ狼，δ狼听从α和β狼的决策命令。α、β、δ狼各一匹。最低一层的灰狼是ω狼，其行动受到前三匹狼的影响，服从它们的命令。由灰狼种群中等级特征建立的数学模型，如图9-5所示。

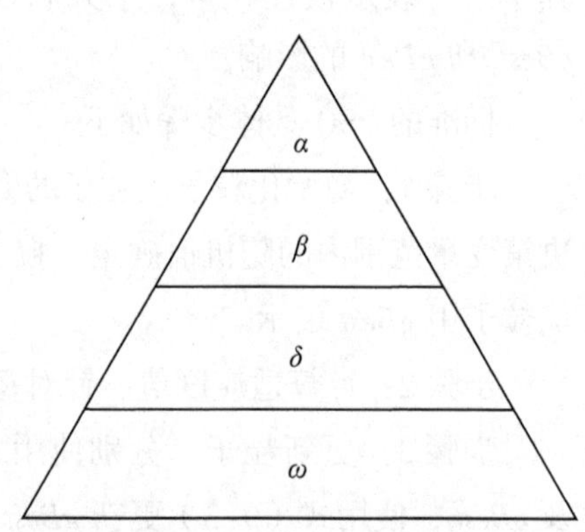

图9-5 灰狼的社会等级制度

灰狼依靠上述等级制度来觅食和捕食。α、β和δ狼最接近猎物，ω狼跟随这三匹狼搜索、跟踪和包围以及攻击猎物。将α、β和δ狼视为狼群中适应度最好的三个解。在每次迭代中，三匹狼带领剩余狼群个体ω狼对猎物所在解空间范围进行更深入的搜寻，直到找到最佳位置。灰狼的狩猎由以下三个部分组成。

（1）搜索猎物。灰狼的狩猎从寻找猎物开始，它们的行为可以用下面的式子来描述，

$$\vec{D} = |\vec{C} \cdot \overrightarrow{X_P(t)} - \overrightarrow{X(t)}| \tag{9-6}$$

$$\overrightarrow{X(t+1)} = \overrightarrow{X_p(t)} - \vec{A} \cdot \vec{D} \tag{9-7}$$

式（9-6）表示灰狼个体与目标猎物之间的距离，$\overrightarrow{X_P(t)}$和$\overrightarrow{X(t)}$分别是猎物和灰狼的当前位置向量，t是当前的迭代次数。式（9-7）是灰狼的位置更新公式，$\overrightarrow{X(t+1)}$为下一代搜索灰狼的更新位置向量，$\vec{A}$和$\vec{C}$是系数向量，计算公式如下，

$$\vec{A} = 2\vec{a} \cdot \vec{r_1} - \vec{a} \tag{9-8}$$

$$\vec{C}=2\cdot\vec{r}_2 \tag{9-9}$$

$$a=2(1-t/\hat{g}) \tag{9-10}$$

其中，$\hat{g}$ 是最大迭代次数。由式（9–10）可得收敛因子 $\vec{a}$ 表示一个随着迭代次数从 2 到 0 逐渐线性减小的值。因此，$\vec{A}$ 的模取值范围是［-2，2］，$\vec{C}$ 的模取值范围是［0，2］。$\vec{r}_1$ 和 $\vec{r}_2$ 是取模为［0，1］之间的随机向量。

（2）包围猎物。在 α 狼的带领下，β 和 δ 狼逐渐接近并包围猎物。灰狼个体包围猎物位置的数学模型描述如下，

$$\begin{cases}\vec{D}_\alpha=|\vec{C}_1\cdot\vec{X}_\alpha-\vec{X}|\\\vec{D}_\beta=|\vec{C}_2\cdot\vec{X}_\beta-\vec{X}|\\\vec{D}_\delta=|\vec{C}_3\cdot\vec{X}_\delta-\vec{X}|\end{cases} \tag{9-11}$$

其中，$\vec{X}_\alpha$ 表示 α 狼的位置，$\vec{X}_\beta$ 表示 β 狼的位置，$\vec{X}_\delta$ 表示 δ 狼的位置；$\vec{D}_\alpha$、$\vec{D}_\beta$ 和 $\vec{D}_\delta$ 分别表示 α 狼、β 狼和 δ 狼与其他个体间的距离；$\vec{C}_1$、$\vec{C}_2$ 和 $\vec{C}_3$ 是随机向量，由式（9–7）得出。$\vec{X}$ 是当前灰狼的位置。

正常情况下，假设前三匹灰狼在捕猎的路途中都知道猎物的大致位置。得到上述位置向量后，狼群会根据得到的位置，采用式（9–12）和式（9–13）进行最后的更新，

$$\begin{cases}\vec{X}_1=\vec{X}_\alpha-\vec{A}_1\cdot(\vec{D}_\alpha)\\\vec{X}_2=\vec{X}_\beta-\vec{A}_2\cdot(\vec{D}_\beta)\\\vec{X}_3=\vec{X}_\delta-\vec{A}_3\cdot(\vec{D}_\delta)\end{cases} \tag{9-12}$$

$$\overrightarrow{X(t+1)}=\frac{\vec{X}_1+\vec{X}_2+\vec{X}_3}{3} \tag{9-13}$$

式（9–12）分别定义了狼群中 ω 狼朝向 α 狼、β 狼和 δ 狼前进的方向和距离，式（9–13）定义了 ω 狼的最终位置。

（3）攻击猎物。当猎物停止移动时，这群灰狼就会攻击猎物。这种行为可以通过在迭代过程中用 a 将 $\vec{A}$ 的模从 2 减小到 0 来呈现。当 $|\vec{A}|>1$，灰狼个体远离目标并执行全局搜索。当 $|\vec{A}|<1$，灰狼开始攻击猎物。

综上所述，GWO 开始迭代时随机初始化种群，然后根据适应度最好的三匹狼，即 α 狼、β 狼和 δ 狼，分别更新候选解的位置，当随机变量的范围 $|\vec{A}|>1$ 时，表示狼群个体被迫远离猎物寻找最合适的目标，$|\vec{A}|<1$ 确定狼群正在接近并攻击猎物，并在最后一次迭代中收敛到最优解。

GWO 的流程图如图 9-6 所示。

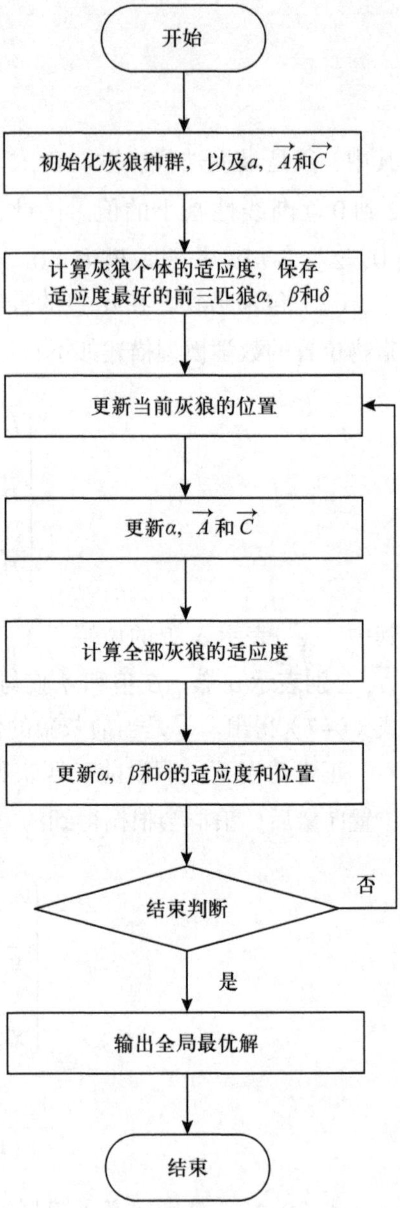

9.2.4 李雅普诺夫优化

李雅普诺夫优化（Lyapunov optimization）是一种优化理论和方法，旨在解决动态系统的稳定性和性能优化问题。它基于李雅普诺夫稳定性理论，通过构造合适的李雅普诺夫函数来分析和改进系统的稳定性。

李雅普诺夫稳定性理论是由俄罗斯数学家亚历山大·米哈伊洛维奇·李雅普诺夫在 19 世纪末提出的。该理论主要用于研究动态系统的稳定性和非线性振荡现象。李雅普诺夫稳定性理论提供了一种方法来分析系统状态的演化和稳定性，并提出了李雅普诺夫函数的概念。李雅普诺夫函数是一种非负函数，用于衡量系统状态的演化和稳定性。在李雅普诺夫优化中，通过选择适当的李雅普诺夫函数，可以将动态系统的稳定性问题转化为一个优化问题。优化目标是最大化或最小化李雅普诺夫函数随时间变化的变化率，从而使系统在一定约束条件下达到最优的稳定状态。对于一个给定的动态系统，如果存在一个李雅普诺夫函数，要满足以下条件：

①李雅普诺夫函数大于等于零，并且只在系统的平衡点处取零。

②李雅普诺夫函数在系统状态演化过程中不增加，即随着时间的推移，变化率小于等于零。

③当且仅当系统达到稳定状态时，李雅普诺夫函数为零。

开始

初始化灰狼种群，以及a，$\vec{A}$和$\vec{C}$

计算灰狼个体的适应度，保存适应度最好的前三匹狼α，β和δ

更新当前灰狼的位置

更新a，$\vec{A}$和$\vec{C}$

计算全部灰狼的适应度

更新α，β和δ的适应度和位置

结束判断

否

是

输出全局最优解

结束

图 9-6　GWO 的流程图

李雅普诺夫函数可以用来刻画系统的稳定性和收敛性。李雅普诺夫优化方法将李雅普诺夫函数的概念引入优化领域，通过构造合适的李雅普诺夫函数来解决系统的稳定性和性能优化问题。以下是李雅普诺夫优化方法的一般步骤。

步骤 1：定义系统模型和状态变量。确定系统的动态方程和状态变量，以及需要进行优化的控制变量。

步骤 2：构造李雅普诺夫函数。选择适当的李雅普诺夫函数形式，并确定其参数。

常见的李雅普诺夫函数包括二次型函数和指数型函数。

步骤 3：建立优化目标函数。将系统的稳定性要求和性能指标转化为一个优化目标函数，该函数由李雅普诺夫函数的变化率和约束条件组成。

步骤 4：进行优化求解。使用适当的优化算法，例如梯度下降法、最优化方法或凸优化方法，求解优化问题，得到最优的控制策略。

步骤 5：评估结果和调整。分析优化结果的稳定性和性能，并根据需要进行调整和改进，以满足实际需求。

李雅普诺夫优化方法在控制系统、优化理论和机器学习等领域有广泛的应用。它可以用于设计和改进控制系统、优化动态系统的性能指标，以及解决非线性优化问题。此外，李雅普诺夫优化方法还可以用于研究复杂分布式系统、自适应控制和强化学习等方面。

9.2.5　半马尔科夫决策

马尔可夫决策过程（Markov Decision Process，MDP）常常用于复杂分布式系统建立决策模型。在一个动态系统中，系统状态是随机的，在每个时间步（epoch）系统都必须做出决定，这些决策会影响系统未来的状态和代价。然而，在许多的决策问题中，决策阶段之间的时间不是恒定的，而是随机的。半马尔可夫决策过程（Semi-Markov Decision Process，SMDP）作为马尔可夫决策过程的扩展，用于对随机控制问题进行建模，不同于 MDP，SMDP 的每个状态都具有一定的逗留时间，并且逗留时间不是常数，而是随机的。SMDP 可被用于对复杂分布式系统决策问题进行建模。

SMDP 与 MDP 类似，由一组状态、一组可能的动作以及状态转移概率构成。然而，与 MDP 不同的是，在 SMDP 中，每个动作不仅会导致状态转移，还会引发一个随机的时间间隔，该时间间隔服从特定的持续时间分布。这个时间间隔可以被看作是在不同状态之间的停留时间，而不仅仅是状态转换的时间。SMDP 模型的要素包括：

（1）状态。SMDP 中的状态表示系统所处的特定情况或状态。与 MDP 类似，状态是对系统的抽象描述。在 SMDP 中，状态可以是离散的或连续的，具体取决于所建模问题的性质。

（2）动作。在每个状态下，智能体可以采取的决策或行动。与 MDP 类似，动作是根据当前状态选择的策略或行为。

（3）状态转移概率。给定当前状态和采取的动作，状态转移概率描述了系统从一个状态转移到另一个状态的概率分布。与 MDP 相比，SMDP 的状态转移不仅依赖于动作，还受到一个随机持续时间的影响。

（4）持续时间分布。在 SMDP 中，每个动作引发的状态转移持续一段时间，这段时间服从特定的持续时间分布。持续时间分布描述了每个动作在不同状态下持续的时间的概率分布。

（5）立即奖励。在每个状态转换时，根据当前状态和采取的动作给出的即时奖励。立即奖励可以是正数、负数或零，用于衡量在给定状态下采取某个动作的即时效益或成本。

（6）策略。在 SMDP 中，策略定义了在每个状态下采取的动作的决策规则。策略可以是确定性的，即对于每个状态，只选择一个特定的动作；也可以是随机的，根据概率分布选择动作。

为了求解 SMDP 问题，可以采用类似于 MDP 的强化学习算法，如价值迭代（Value Iteration）、策略迭代（Policy Iteration）和 Q-learning 等。然而，由于 SMDP 中的连续时间间隔，通常需要采用适当的技术来处理时间的影响，如时序抽样（Time-Step Sampling）和触发器机制（Trigger Mechanism）等。

SMDP 在许多实际问题中有广泛应用。例如，在机器人路径规划中，考虑动作的持续时间可以更准确地规划路径和避免碰撞。在复杂分布式系统任务执行优化中，考虑任务的执行时间可以更有效地分配资源。在网络传输优化中，考虑数据包的传输时间可以优化数据传输的性能。

9.3 基于云边融合的物联网智能计算迁移与资源融合优化

本节首先构建一个云－边－端三层的计算卸载模型架构，根据 SMDs 的能耗以及边缘端和 CDC 上处理的任务量给出了系统中的总成本模型，然后基于该计算卸载过程的模型给出了系统总成本优化问题的公式，最后使用基于遗传和模拟退火的粒子群优化（Genetic Simulated-annealing-based Particle Swarm Optimization，GSP）算法求解部分计算卸载过程的系统成本并和其他 4 种算法进行对比，达到了预期的结果。

9.3.1 系统模型架构

本节提出了云边融合的三层计算卸载框架，如图 9-7 所示。假设所考虑的框架由若干个 SMDs、边缘端和一个遥远的 CDC 组成，边缘端通过小基站（Small Base Station，SBS）与服务器进行连接。每个 SMDs 执行一个应用程序并生成一系列服务请求。本节通过排队论分别构造三层模型，将 SMDs 处的业务模型看作 M/M/1 队列，边缘端的服务器定义 M/M/c 队列，CDC 中的流量模型作为 M/M/ ∞ 队列。对于每个 SMDs，它可以通过无线信道将其部分或全部任务卸载到边缘服务器上执行，如果卸载的总请求速率小于边缘端的最大任务处理速率，则所有卸载请求将在边缘节点中处理，否则，边缘端会进一步将超过边缘端处理能力的任务卸载到有无限资源的 CDC 上执行。

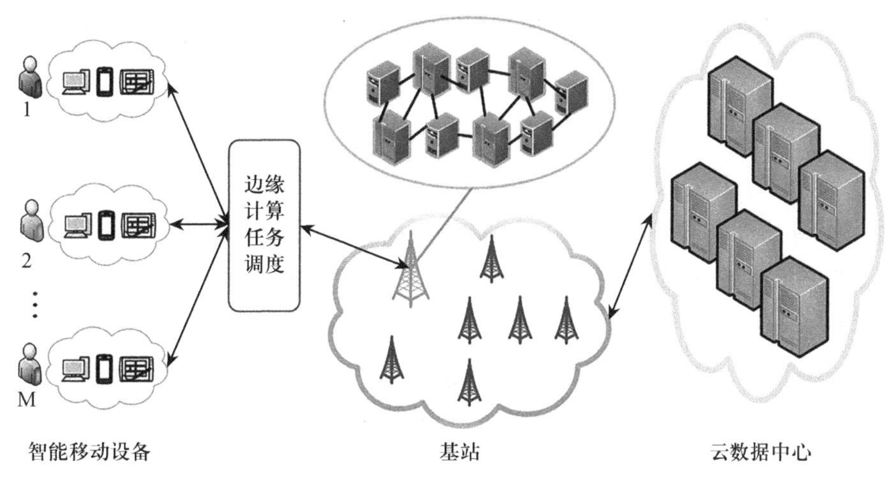

图 9-7　云 - 边 - 端三层架构

9.3.2　问题建模

假设来自第 $i(1\leqslant i\leqslant N)$ 个 SMD 的到达任务符合泊松过程，任务的平均到达率用 λ_i 表示。$p_i^o\ (0\leqslant p_i^o\leqslant 1)$ 表示第 i 个 SMD 中卸载的任务占总任务数量的比例。同样，第 i 个 SMD 中处理的任务也遵循泊松过程，其平均到达率为 $(1-p_i^o)\lambda_i$。卸载到 SBS 和 CDC 的任务也遵循泊松过程，平均到达率为 $p_i^o\lambda_i$。

1. **SMD 的模型**

本节采用 M/M/1 排队系统来分析每个 SMD 的性能。T_i^M 表示第 i 个 SMD 中本地执行任务的平均时间。因此，得到 T_i^M 下式：

$$T_i^M=\frac{1}{\mu_i^M(1-l_i^M)-(1-p_i^o)\lambda_i} \tag{9-14}$$

其中，μ_i^M 表示第 i 个 SMD 的服务率，l_i^M 表示第 i 个 SMD 的 CPU 利用率。

对于每个 SMD，其中执行的任务的到达率不能超过其实际的任务处理率，因此，

$$(1-p_i^o)\lambda_i<\mu_i^M(1-l_i^M),\qquad i\in\mathbf{N} \tag{9-15}$$

E_i^1 表示在第 i 个 SMD 中执行的任务所消耗的能量，ϕ_i^M 表示在第 i 个 SMD 中本地执行任务的能力，这是由 SMDs 的内在特性决定的。为清楚起见，假设在第 i 个 SMD 等待和执行的过程中，ϕ_i^M 是常数，则 E_i^1 的计算公式是：

$$E_i^1=\phi_i^M T_i^M=k_i^M(f_i^M)^3\frac{1}{\mu_i^M(1-l_i^M)-(1-p_i^o)\lambda_i} \tag{9-16}$$

其中，f_i^M 表示第 i 个 SMD 的工作速度（每秒的 CPU 周期数），k_i^M 表示反映第 i 个 SMD 芯片架构的常数。

对于每个 SMD，执行其任务所消耗的能量不能超过其相应的限值，即

$$k_i^M(f_i^M)^3\frac{1}{\mu_i^M(1-l_i^M)-(1-p_i^o)\lambda_i}\leqslant\hat{E}_i^M, i\in\mathbf{N} \tag{9-17}$$

其中，$\hat{E}_i^M$ 表示第 i 个 SMD 的最大可用能量。

E_i^2 表示将任务从第 i 个 SMD 传输到 SBS 所消耗的能量。T_i^t 记录任务从第 i 个 SMD 传输到 SBS 的时间。θ_i 表示第 i 个 SMD 中每个任务的输入数据的大小（单位：bits）。因此，得到

$$E_i^2=P_iT_i^t=\frac{P_ip_i^o\lambda_i\theta_i}{R_i} \tag{9-18}$$

其中，P_i 表示从第 i 个 SMD 向 SBS 传输数据的功率，R_i 表示在第 i 个 SMD 和 SBS 之间的信道中传输数据的速率（bits/s）

对于每个 SMD，从它到 SBS 传输的数据所消耗的功率不能超过其相应的上限，即

$$0<P_i<P_i^{\max} \tag{9-19}$$

其中，$P_i^{\max}$ 表示第 i 个 SMD 的最大传输功率。

对于每个 SMD，γ_i^M 表示在第 i 个 SMD 和 SBS 之间的信道中分配给第 i 个 SMD 的带宽的比例。其与 SBS 之间的信道带宽分配比例不能超过 1，即

$$0\leqslant\gamma_i^M\leqslant1, i\in\mathbf{N} \tag{9-20}$$

此外，所有 SMDs 和 SBS 之间的所有信道的带宽分配比例之和必须等于 1，即

$$\sum\nolimits_{i=1}^{N}\gamma_i^M=1 \tag{9-21}$$

R_i 可以通过式（9-22）求得。

$$R_i=S\gamma_i^MW\log_2\left(1+\frac{P_i(d_i)^{-v}|h_i|^2}{\omega_0}\right) \tag{9-22}$$

其中，S 表示 SMDs 和 SBS 之间的信道数，W 表示每个信道的总带宽，h_i 表示圆对称复高斯系数，ω_0 表示白高斯噪声的功率，d_i 表示从第 i 个 SMD 到 SBS 的距离，v 表示路径损耗系数。

值得注意的是，许多典型应用程序返回结果的大小远远小于其输入数据的大小。因此，本章忽略了 SMDs 接收结果过程中的能量。此外，每个 SMD 所消耗的总能量包括由 SMDs 中的本地任务执行引起的能量和由 SMD 到 SBS 的数据传输引起的能量。E_i 定义为第 i 个 SMD 消耗的能量。因此，E_i 表示为

$$E_i=(1-p_i^o)E_i^1+p_i^oE_i^2 \tag{9-23}$$

2. SBS 和 CDC 的模型

ψ^{SBS} 表示 SBS 中执行的卸载任务的比例。ψ^{SBS} 如下所示。

$$\psi^{\text{SBS}}=\begin{cases}1, & \lambda_{\max}^{\text{SBS}} \geqslant \sum_{i=1}^{N}\lambda_i p_i^o \\ \dfrac{\lambda_{\max}^{\text{SBS}}}{\sum_{i=1}^{N}\lambda_i p_i^o}, & \lambda_{\max}^{\text{SBS}} < \sum_{i=1}^{N}\lambda_i p_i^o\end{cases} \tag{9-24}$$

SBS 中执行的任务所需的 CPU 周期总数不能超过其相应的限制，即

$$\sum_{i=1}^{N}\theta_i\lambda_i p_i^o\psi^{\text{SBS}}\alpha_i \leqslant \hat{A} \tag{9-25}$$

其中，α_i 表示为第 i 个 SMD 的任务执行每一位输入数据所需的 CPU 周期数，$\hat{A}$ 表示 CPU 周期的最大数量。

类似地，SBS 中执行的任务所需的内存总数不能超过其相应的限制，即

$$\sum_{i=1}^{N}\theta_i\lambda_i p_i^o\psi^{\text{SBS}}g_i \leqslant \hat{G} \tag{9-26}$$

其中，g_i 表示为第 i 个 SMD 的任务执行每一位输入数据所需的内存数量，而 $\hat{G}$ 表示存储器的最大内存数量。

来自不同 SMDs 的任务被卸载到 SBS 中。λ_p^{SBS} 表示 SBS 中的实际任务到达率。因此，根据不同 SMDs 的多个独立泊松过程的性质，SBS 的总到达率 λ_p^{SBS} 可得到下式

$$\lambda_p^{\text{SBS}}=\begin{cases}\sum_{i=1}^{N}\lambda_i p_i^o, & \lambda_{\max}^{\text{SBS}} \geqslant \sum_{i=1}^{N}\lambda_i p_i^o \\ \lambda_{\max}^{\text{SBS}}, & \lambda_{\max}^{\text{SBS}} < \sum_{i=1}^{N}\lambda_i p_i^o\end{cases} \tag{9-27}$$

其中，$\lambda_{\max}^{\text{SBS}}$ 表示 SBS 的最大任务处理速率。

对于 SBS，执行的任务的到达率不能超过其实际的任务处理率，即

$$\lambda_p^{\text{SBS}} < u^{\text{SBS}}c \tag{9-28}$$

采用 M/M/c 排队系统对 SBS 的性能进行分析。假设 SBS 中包含 c 个同构服务器。u^{SBS} 表示 SBS 中每个服务器的任务处理率，$T_{\text{wait}}^{\text{SBS}}$ 表示 SBS 中卸载任务的平均等待时间，可得

$$T_{\text{wait}}^{\text{SBS}}=\frac{\Delta}{cu^{\text{SBS}}-\lambda_p^{\text{SBS}}}+\frac{1}{u^{\text{SBS}}} \tag{9-29}$$

其中，Δ 的计算公式是

$$\Delta=\frac{\dfrac{c\rho^{\text{SBS}}}{cu^{\text{SBS}}-\lambda_p^{\text{SBS}}}\left(\dfrac{1}{1-\rho^{\text{SBS}}}\right)}{\sum_{k=0}^{c-1}\dfrac{(c\rho^{\text{SBS}})^k}{k!}+\dfrac{c\rho^{\text{SBS}}}{cu^{\text{SBS}}-\lambda_p^{\text{SBS}}}\left(\dfrac{1}{1-\rho^{\text{SBS}}}\right)} \tag{9-30}$$

式（9-30）中 ρ^{SBS} 如下：

$$\rho^{\mathrm{SBS}}=\frac{\lambda_p^{\mathrm{SBS}}}{cu^{\mathrm{SBS}}} \tag{9-31}$$

此外，T_b^{SBS} 表示在 SBS 中执行结果被完全发送之前的预期等待时间，它表示为

$$T_b^{\mathrm{SBS}}=\frac{1}{u_b^{\mathrm{SBS}}-\lambda_b^{\mathrm{SBS}}} \tag{9-32}$$

在 SBS 中执行任务所消耗的总能量不能超过其相应的限值，即

$$\sum_{i=1}^{N} k^{\mathrm{SBS}}(f^{\mathrm{SBS}})^3(T_{\mathrm{wait}}^{\mathrm{SBS}}+T_b^{\mathrm{SBS}})\leqslant \hat{E}^{\mathrm{SBS}}c \tag{9-33}$$

其中，$\hat{E}^{\mathrm{SBS}}$ 表示每个 SBS 中的最大能量，k^{SBS} 表示由 SBS 中服务器的芯片结构确定的常数，f^{SBS} 表示 SBS 的工作速度。

采用 M/M/ ∞ 排队系统对 CDC 的性能进行分析。对于 CDC，其执行的任务到达率不能超过其实际任务传输速率，即

$$\sum_{i=1}^{N}\lambda_i p_i^o-\lambda_p^{\mathrm{SBS}}< u_b^C \tag{9-34}$$

其中，u_b^C 记录了 CDC 中任务的传输速率。

3. 总成本模型

$Cost_M$ 定义为在 SMDs 中执行任务的成本，得到如下公式

$$Cost_M=r^M\sum_{i=1}^{N}E_i \tag{9-35}$$

其中，r^M 表示在 SMDs 中执行任务的能源价格（\$/kW·h）。

对于 SBS，在其中执行任务的到达率不能超过其实际的任务传输率，即

$$\lambda_p^{\mathrm{SBS}}< u_b^{\mathrm{SBS}} \tag{9-36}$$

$Cost_{\mathrm{SBS}}$ 定义为在 SBS 中执行卸载任务的成本，得到

$$Cost_{\mathrm{SBS}}=r^{\mathrm{SBS}}\lambda_p^{\mathrm{SBS}} \tag{9-37}$$

其中，r^{SBS} 表示在 SBS 中执行每个任务的成本。

$Cost_C$ 定义为在 CDC 中执行已卸载任务的成本，得到

$$Cost_C=r^C\left(\sum_{i=1}^{N}\lambda_i p_i^o-\lambda_p^{\mathrm{SBS}}\right) \tag{9-38}$$

其中，r^C 表示在 CDC 中执行每个任务的成本。

$Cost$ 表示系统的总成本，它由 $Cost_M$、$Cost_{\mathrm{SBS}}$ 和 $Cost_C$ 三部分组成，即

$$Cost=Cost_M+Cost_{\mathrm{SBS}}+Cost_C \tag{9-39}$$

4. 时间延迟模型

根据相关工作的研究成果，本章忽略了在 SMDs 中接收结果所需的时间。T_i^o 定义

为在 SBS 和 CDC 中执行任务的平均延迟时间，得到

$$T_i^o = T_i^t + \psi^{SBS}(T_{wait}^{SBS} + T_b^{SBS}) + (1 - \psi^{SBS})(T_{wait}^C + T_b^C) \tag{9-40}$$

T_{wait}^C 定义为 CDC 中卸载任务的平均等待时间。T_{wait}^C 由 SBS 到 CDC 的传输时间和 CDC 的执行时间组成。因此，T_{wait}^C 表示为

$$T_{wait}^C = T^o + \frac{1}{u^C} \tag{9-41}$$

其中，u^C 表示 CDC 的任务处理率。

在 CDC 处理完卸载的任务之后，CDC 需要将执行结果发送给 SBS，SBS 再将它们发送给 SMDs。T_b^C 表示在 CDC 中将执行结果完全发出前的预期等待时间，得到如下结果：

$$T_b^C = \frac{1}{u_b^C - (\sum_{i=1}^N \lambda_i p_i^o - \lambda_p^{SBS})} \tag{9-42}$$

此外，假设在每个 SMD 中执行的任务以及卸载到 SBS 和 CDC 的任务可以并行执行。对于每个 SMD 中执行的每个任务，平均延迟 L_i 不能超过其相应的时延限制 L_{max}，即

$$L_i = \max(T_i^M, T_i^o) \leqslant L_{max} \tag{9-43}$$

5. 约束优化问题

鉴于上述讨论，任务卸载的目标是最小化成本 *Cost*，即

$$\underset{p_i^o, P_i, \gamma_i^M}{\text{Min}} \quad \{Cost\} \tag{9-44}$$

约束条件有

$$(1 - p_i^o)\lambda_i < \mu_i^M(1 - l_i^M), i \in \mathbf{N} \tag{9-45}$$

$$\max(T_i^M, T_i^o) \leqslant L_{max} \tag{9-46}$$

$$k_i^M (f_i^M)^3 \frac{1}{\mu_i^M(1 - l_i^M) - (1 - p_i^o)\lambda_i} \leqslant \hat{E}_i^M, i \in \mathbf{N} \tag{9-47}$$

$$\lambda_p^{SBS} < u^{SBS} c \tag{9-48}$$

$$\lambda_p^{SBS} < u_b^{SBS} \tag{9-49}$$

$$\sum_{i=1}^N \theta_i \lambda_i p_i^o \psi^{SBS} \alpha_i \leqslant \hat{A} \tag{9-50}$$

$$\sum_{i=1}^N \theta_i \lambda_i p_i^o \psi^{SBS} g_i \leqslant \hat{G} \tag{9-51}$$

$$\sum_{i=1}^{N} k^{\text{SBS}}(f^{\text{SBS}})^3(T_{\text{wait}}^{\text{SBS}}+T_b^{\text{SBS}}) \leqslant \hat{E}_c^{\text{SBS}} \tag{9-52}$$

$$\sum_{i=1}^{N} \lambda_i p_i^o - \lambda_p^{\text{SBS}} < u_b^C \tag{9-53}$$

$$0 < P_i < P_i^{\max} \tag{9-54}$$

$$0 \leqslant p_i^o \leqslant 1, i \in \mathbf{N} \tag{9-55}$$

$$0 \leqslant \gamma_i^M \leqslant 1, i \in \mathbf{N} \tag{9-56}$$

$$\sum_{i=1}^{N} \gamma_i^M = 1 \tag{9-57}$$

根据式（9–26）和式（9–27），*Cost* 对于 P_i、p_i^o 和 γ_i^M 是非线性的。此外，根据式（9–14）、式（9–16）、式（9–18）、式（9–22）、式（9–29）和式（9–33）可知，式（9–46）和式（9–47）对于 P_i、p_i^o 和 γ_i^M 也是非线性的。因此，该问题解的复杂性同样也是 NP 难的。

9.3.3 基于遗传和模拟退火的粒子群优化算法（GSP）

根据前面启发式算法的介绍，PSO 收敛速度快，但在求解具有复杂解空间的约束问题时，不容易得到全局最优解。而遗传算法中的交叉操作和变异操作提供了高度的个体多样性，可以提高全局搜索的准确性和效率。通过精英粒子的概念选择最适合迭代到下一代的粒子，另外，SA 有一个 Metropolis 接受规则，允许接受使目标函数值恶化的粒子，因此，通过选择最佳降温速率，尽可能提高收敛速度，然后通过接受或按一定概率接受精英粒子，可以跳出局部最优，最终得到全局最优解。综上所述，本节结合三种基本算法的优点，将 GA 的遗传操作和 SA 算法的 Metropolis 接受规则结合到 PSO 中，设计了一种混合算法 GSP。

1. 粒子群算法的改进方案

在本章提出的算法中，同样假设粒子群由 M 个粒子组成，字母 i 表示第 i 个粒子，每个粒子定义成 n 维，粒子的当前位置定义为 $x_i=(x_{i1}, x_{i1}, \cdots, x_{in})$，每个粒子的速度定义为 $v_i=(v_{i1}, v_{i1}, \cdots, v_{in})$，个体最优位置定义为 $pBest_i$，记为 $P_i=(p_{i1}, p_{i1}, \cdots, p_{in})$，全局最优位置定义为 $gBest$ 用 $P_g=(p_{g1}, p_{g1}, \cdots, p_{gn})$ 表示。用 $f(x)$ 表示目标函数，本节针对该目标函数的最小值进行优化。

因此，具体来说，v_i 和 x_i 的变化如式（9–58）、式（9–59）所示，

$$v_i=\theta_1 v_i+\breve{\theta}_2\omega_1(pBest_i-x_i)+\hat{\theta}_2\omega_2(gBest-x_i) \tag{9-58}$$

$$x_i=x_i+v_i \tag{9-59}$$

在式（9–58）中，ω_1 和 ω_2 分别在（0，1）中均匀生成两个随机常数。个人和社会

加速度系数分别用 $\breve{\theta}_2$ 和 $\hat{\theta}_2$ 表示，它们反映了 $pBest_i$ 和 $gBest$ 的影响，粒子群算法中的粒子通过粒子和整个群体的学习经验来改变位置和速度。θ_1 表示惯性权重，在 GSP 算法中通过式（9–60）线性递减。iterIndetx 表示本次迭代次数，totalIter 表示全部迭代次数。

$$\theta_1=\theta_1^{\max}-iterIndex\ \frac{(\theta_1^{\max}-\theta_1^{\min})}{totalIter} \tag{9-60}$$

在 PSO 中，如果 $pBest_i$ 和 $gBest$ 显著不同，则会出现早熟收敛，优化过程会振荡。为了克服这个缺点，为每一个粒子设计一个高级粒子 E_i，每个高级粒子可以更好指导粒子的运动过程。E_i 被设计为 $pBest_i$ 和 $gBest$ 的结合体，如式（9–61）所示。

$$E_i=\frac{\breve{\theta}_2\cdot\omega_1\cdot pBest_i+\hat{\theta}_2\cdot\omega_2\cdot gBest}{\breve{\theta}_2\omega_1+\hat{\theta}_2\,\omega_2} \tag{9-61}$$

相比 PSO，GA 全局搜索性能更好，GA 的遗传操作能给样本载体带来多样性，可以产生优良的粒子，防止过早收敛，可以使 PSO 的全局搜索更强大。GA 不仅具有很好的多样性，而且具有很高的质量，能够很好地指导粒子，从而提高粒子群算法的效率。

（1）交叉。对于第 i 个粒子的第 n 个维度，随机选择另外一个粒子 $pBest_k$，如果选择的粒子优于当前粒子 $pBest_i$，则将第 n 个维度的坐标替换为随机选择的粒子相应维度的坐标，否则通过交叉 $pBest_i$ 和 $gBest$ 第 n 个维度的坐标作为后代 C_i [$C_i=(c_{i1},c_{i2},\cdots,c_{in})$] 中相应位置的坐标，具体如式（9–62）所示。

$$c_{in}=\begin{cases}r_n\cdot pBest_{in}+(1-r_n)\cdot gBest_n,\ f(pBest_i)<f(pBest_k)\\ pBest_{kn},\ f(pBest_i)\geqslant f(pBest_k)\end{cases} \tag{9-62}$$

其中，r_n 为 [0，1] 之间的一个随机数，与传统 GA 中随机选择两个个体，交叉它们的部分染色体片段不同，该交叉利用了粒子的历史搜索经验，整合了全局最优粒子的信息，更容易产生一个好的粒子，C_i 的性能进一步提高。

（2）变异。与标准 GA 一样。对于 C_i 的每一维，生成一个随机数 $r_n\in[0,1]$，然后，如果 r_n 小于变异概率 θ_4，则 C_i 的第 n 维通过式（9–63）使决策变量在规定的上下界范围内进行变异。

$$C_{id}=rand(var\_lt,var\_gt),r_n<\theta_4 \tag{9-63}$$

其中，var_lt 表示维度取值下限，var_gt 表示维度取值上限。

（3）选择。选择操作中采用 SA 的 Metropolis 接受规则判断 C_i 是否被接受，具体而言，如果 $f(C_i)<f(E_i)$，接受 C_i 作为下一代的精英粒子，否则以一定的概率接受 C_i。概率如式（9–64）所示，

$$e\left(\frac{f(E_i)-f(C_i)}{T_g}\right)>\omega_4 \tag{9-64}$$

其中，ω_4 是（0，1）中均匀生成的随机数，T_g 是迭代过程中第 g 代的温度。

最后，每个粒子的 v_i 和 x_i 通过式（9-65）和式（9-66）被更新，具体如下所示，

$$v_i=\theta_1 v_i+\theta_3\omega_3(E_i-x_i) \tag{9-65}$$

$$x_i=x_i+v_i \tag{9-66}$$

其中，θ_3 表示每个高级粒子的加速度系数，ω_3 表示（0，1）中均匀生成的随机数向量。GSP 结合了 GA、SA 和 PSO 的优点，通过在 $pBest_i$ 和 $gBest$ 上集成 GA 的遗传操作来产生更优的粒子，并用 SA 的 Metropolis 接受规则更新粒子的位置，从而提高 PSO 在 GSP 中的搜索能力。

值得注意的是，典型的元启发式优化算法对参数的设置非常敏感。因此，根据已有的研究[18-20]和针对本节两个模型有关大量的实验，给出本节中 GSP 解决目标函数的相关参数，$\breve{\theta}_2=0.5$，$\hat{\theta}_2=0.5$，$\theta_3=1.496$，$\theta_1^{\max}=0.95$，$\theta_1^{\min}=0.4$。突变概率为$\theta_4=0.01$，$T_g=10^8$ 和 $k=0.95$。此外，$\theta_5=95\%$，$\hat{g}=1\,000$，$M=100$。

2. GSP 的具体实现步骤

GSP 流程图如图 9-8 所示，并给出了 GSP 的伪代码如下所示。第 1 行随机初始化 GSP 中的粒子。第 2 行计算每个粒子的适应度值 f。第 3 行更新每个粒子的极值 $pBest_i$，然后更新全局最优值 $gBest$ 。第 4 行利用式（9-61）初始化精英粒子 E_i，第 5 行初始

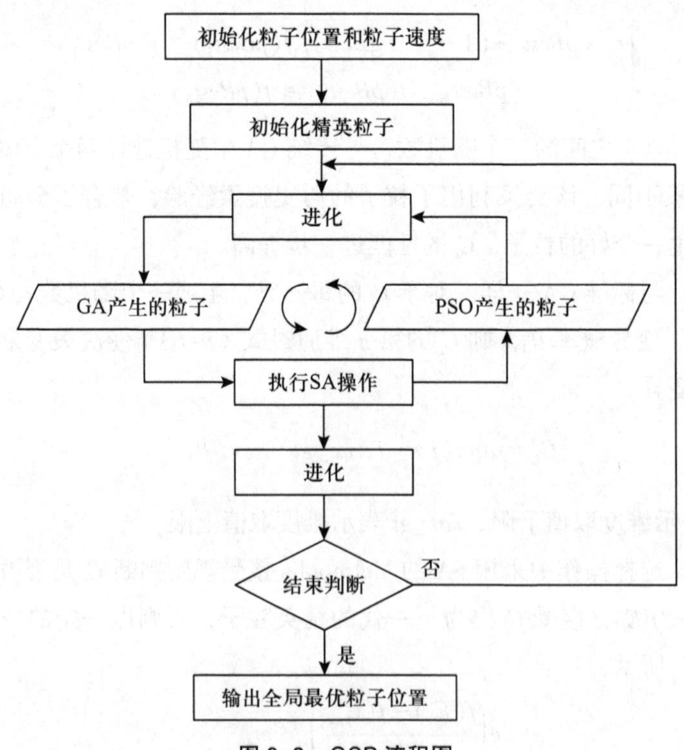

图 9-8　GSP 流程图

化 GA、SA 和 PSOg 的参数。第 6 行表示从第 1 次进行迭代 $\hat{g}$ 表示总迭代次数，θ_5 表示相同适应度值 f 的粒子百分比，第 7 行说明，如果超过 $\hat{g}$ 或 θ_5 超过 $\hat{\theta}_5$，while 循环将停止。第 8 行使用式（9–62）交叉操作交叉 $pBest_i$ 与 $gBest$ 或者直接接受 $gBest$，第 9 行使用式（9–63）对产生的 C_i 进行变异操作。第 10 行使用 SA 的 Metropolis 接受规则进行选择操作，确定是否接受产生的 C_i 作为新的精英粒子。第 11 行改变 PSO 中粒子的速度，第 12 行计算粒子的适应度值 f。第 13 行更改了 $pBest_i$ 和 $gBest$。第 14 行通过冷却速率 k 降低温度 T_g。第 15 行利用式（9–60）更新 θ_1。第 16 行更新 θ_5。第 19 行返回 $gBest$。

GSP 算法的伪代码：

（1）初始化粒子的速度和位置
（2）更新粒子的适应度值 f
（3）更新 $pBest_i$ 和 $gBest$
（4）初始化精英粒子 E_i
（5）初始化 PSO、GA 和 SA 有关的参数
（6）$g \leftarrow 1$
（7）While $\theta_5 \leqslant \hat{\theta}_5$ and $g \leqslant \hat{g}$ do
（8）在 $pBest_i$ 和 $gBest$ 上执行 GA 的交叉操作产生 C_i
（9）在 C_i 上执行 GA 的变异操作
（10）通过 SA 的 Metropolis 接受规则执行 GA 的选择操作
（11）更新 PSO 中粒子的速度
（12）计算粒子的适应度值 f
（13）更新 $pBest_i$ 和 $gBest$
（14）以冷却速率 k 减少温度值 T_g
（15）更新 θ_1
（16）更新 θ_5
（17）$g \leftarrow g+1$
（18）end while
（19）return $gBest$

9.3.4　实验环境及实验结果分析

1. 实验环境及参数设置

本章实验代码使用 MATLAB 2019 编码，在一个具有 16.0 GB 的 DDR4 内存和 1.10 GHz 的 Intel（R）Core（TM）i7–10710U CPU 处理器上运行。根据对相关工作的研究，得到如下参数 $W=10\,\text{MHz}$，$\omega_0=1.6\times10^{-11}$，$S=64$，$v=4$，$c=3$。SMDs 的数量 M 从 1 到 16 不等，每个 SMD 的参数设置如下，$h_i=0.98$，$k_i^M=10^{-26}$，$l_i^M=0.3$，$\mu_i^M=5$ MIPS，$\hat{E}_i^M=2\text{J}$，$\theta_i=3.2\times10^6$，$P_i^{\max}=0.1$ W，$d_i=50$ m，$\alpha_i=40$，$\hat{A}=1.4\times10^{10}$，$g_i=0.06$，$\hat{G}=2028$ GB，$r^M=0.005$ \$/kW · h（$1\leqslant i\leqslant N$）。SBS 的参数设置如下，$k^{\text{SBS}}=10^{-27}$，$\lambda_{\max}^{\text{SBS}}=8$ MIPS，$u^{\text{SBS}}=10$ MIPS，$\hat{E}^{\text{SBS}}=3$ J，$f^{\text{SBS}}=8\times10^8$ cycles/sec，$r^{\text{SBS}}=0.001$，CDC 的参数设置如下，$u_b^C=26$ MIPS，$u^C=26$ MIPS，$r^C=0.003$。

2. 实验结果分析

图 9–9 给出了系统的总成本及其相对于不同 SMDs 数量的相应惩罚。结果表明，在给定的每个 SMDs 的数目下，所提出的 GSP 得到的惩罚值为 0。从图 9–9 可以看出，优化问题的约束条件是严格满足的。

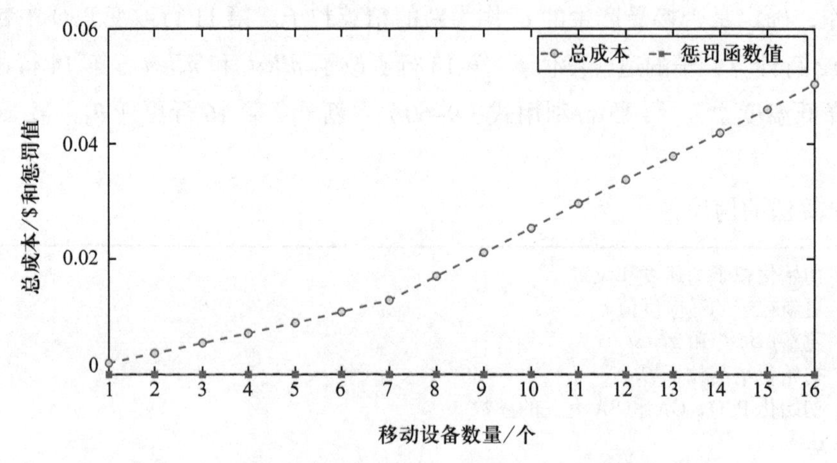

图 9–9　对于不同数量的 SMD，总成本以及相应的惩罚值

图 9–10 给出了关于 N 和 λ_{max}^{SBS} 的不同设置下系统的总成本。结果表明，总成本随着 N 的增加而增加。此外，对于图 9–10 中的每条曲线，都有一个使用圆圈标记的拐点。在每一个拐点之后，随着 N 的继续增加，总成本增加得更快，斜率更大，原因是 SBS 的最大任务处理速率 λ_{max}^{SBS} 是有限的。例如，与 λ_{max}^{SBS}=8 或 10 的情况相比，当 λ_{max}^{SBS}=6 时，超过 SBS 处理能力的任务被卸载到有无限资源的 CDC 上执行，由于在 CDC 中处理任务的成本相对较高，因此系统的总成本随之增加。

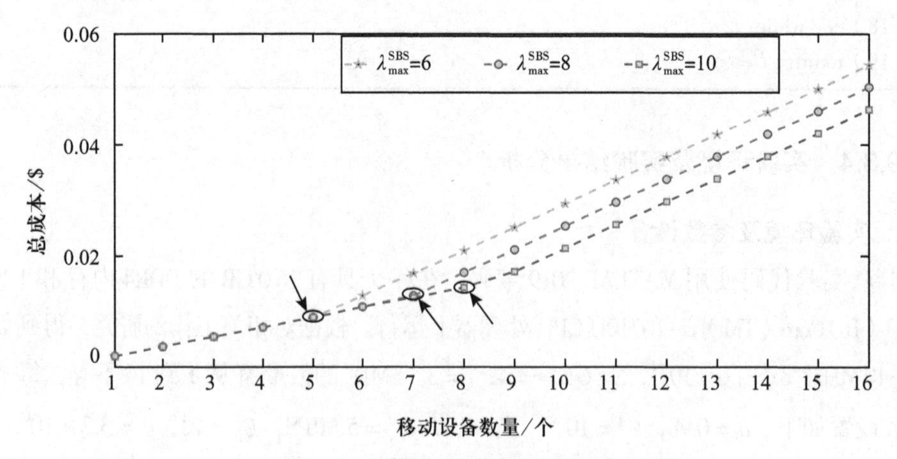

图 9–10　N 和 λ_{max}^{SBS} 不同设置下系统的总成本

图 9–11 给出了关于 N 和 L_{max} 的不同设置下系统的总成本。结果表明，当 L_{max}=0.45 s 时，系统的总开销比 L_{max}= 0.6 s、0.75 s、0.9 s 时要大得多，原因是 L_{max} 越严格，SBS 和 CDC 需要执行的任务就越多，从而增加了系统的总开销。

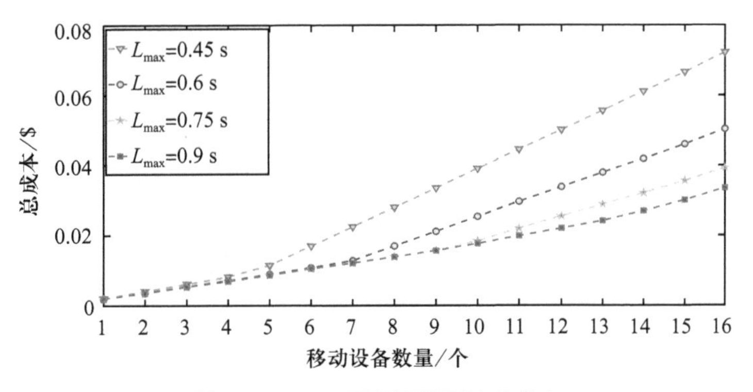

图 9–11　L_{max} 不同设置下的总成本

图 9–12 给出了关于系统中 S 和 d_i 的不同设置下系统中 16 个 SMDs 的总成本。据观察，总成本随着 d_i 的增加而增加。此外，还观察到总成本随着 S 的增加而减少。原因是分配给每个 SMD 的带宽随着 S 的增加而增加，因此，根据式（9–22），每个 SMD 和 SBS 之间的数据传输速率随之增加。根据式（9–18），从每个 SMD 向 SBS 发送任务所消耗的能量减少，从而导致总成本降低。图 9–13 至图 9–15 分别说明了 SMDs、SBS 和 CDC 在不同平均到达率下的总成本。可以发现 SMDs、SBS 和 CDC 的总成本都随着平均到达率的增加而增加。当 SMDs 的数量很小时，例如 N=5，附近的 SBS 有足够的处理能力来执行 SMDs 的这些卸载任务。如图 9–15 所示，当 N=5 时，CDC 的总成本总是 0。不同的是，在图 9–13 中，当 N=10 时，当平均到达率为 2.4 MIPS 时存在一个拐点。此外，如图 9–14 和图 9–15 所示，当平均到达率大于 2.4 MIPS，SBS 已经无法独自执行所有卸载的任务。多余的任务被进一步卸载到 CDC 进行处理。因此，如图 9–15 所示，随着平均到达率的增加，CDC 的成本从 0 开始线性增加，N=15 的情况与 N=10 的情况相似。

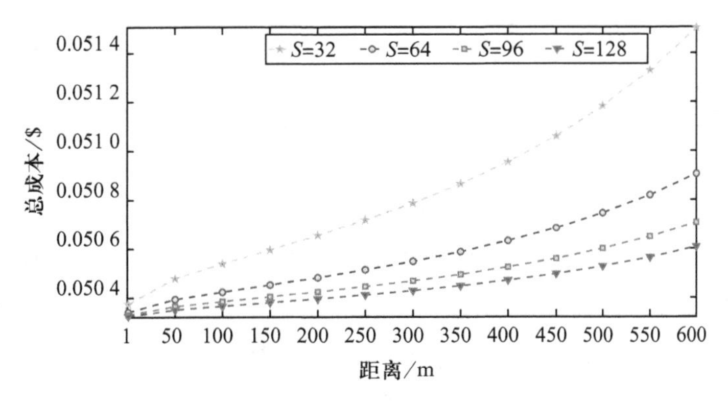

图 9–12　S 和 d_i 不同设置下的总成本

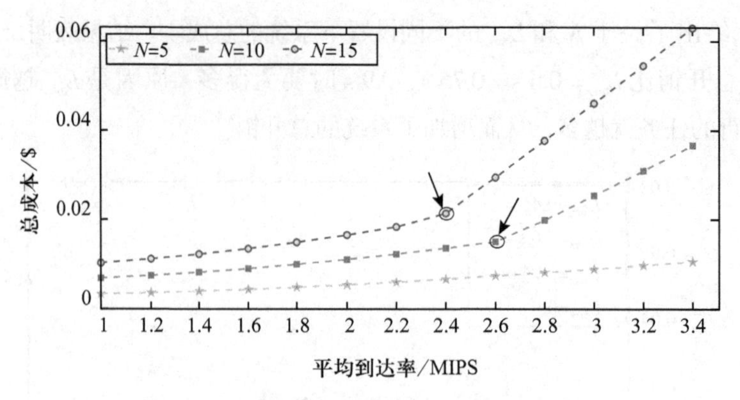

图 9-13　不同平均到达率下 SMDs 的总成本

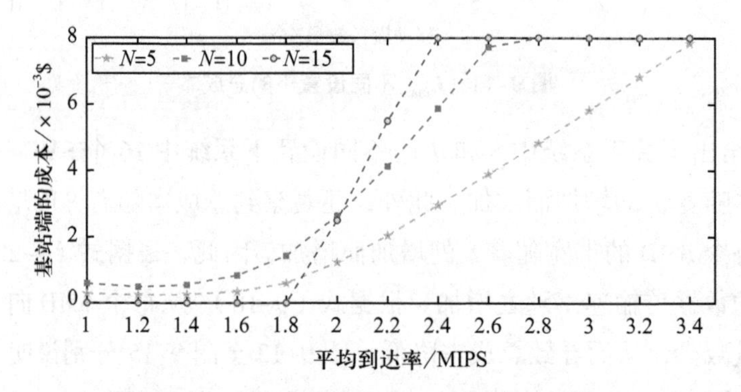

图 9-14　不同请求到达率下的 SBS 的成本

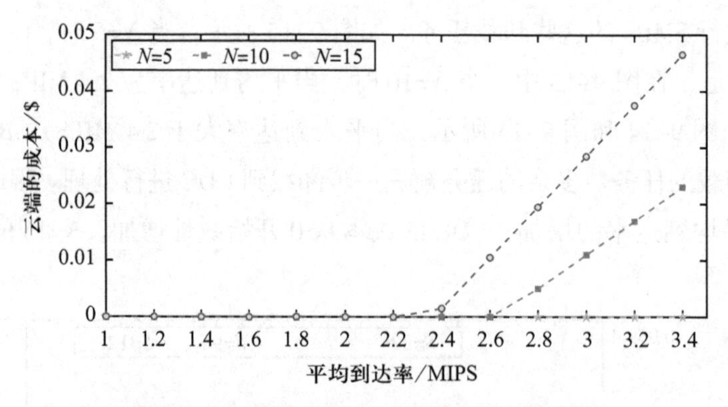

图 9-15　不同请求到达率下的 CDC 的成本

基于遗传学习的蝙蝠算法（Bat Algorithm Based on Genetic Learning，GLBA）融合了 GA 中的多样性高、蝙蝠算法收敛速度快的特点。因此，将 GSP 和 GLBA 进行比较，可以证明 GSP 的收敛性和搜索精度。图 9-16 给出了 GSP、模拟退火粒子群优化算法（Simulated Annealing Particle Swarm Optimization，SAPSO）、GLBA、SA 和 GA 相对于不同数量 SMDs 的系统成本比较。结果表明，当 SMDs 的数量在 1 ~ 16 之间时，GSP 的

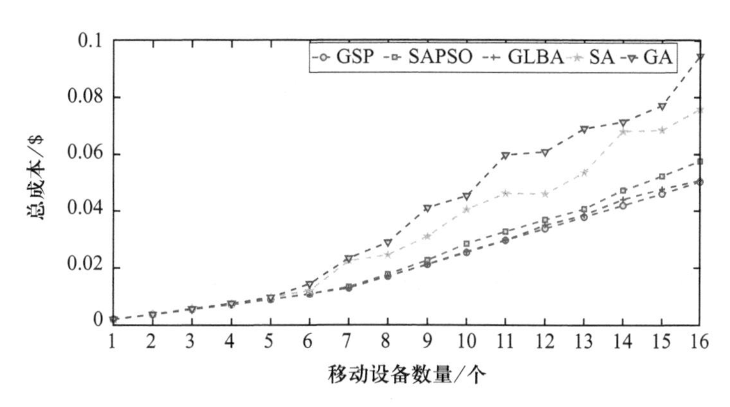

图 9-16　GSP、SAPSO、GLBA、SA 和 GA 在不同数量 SMDs 上的成本比较

成本最小。此外，随着 SMDs 的数量的增加，GSP 的成本几乎呈线性增长趋势。GLBA 的成本低于 SAPSO、SA 和 GA，但仍大于 GSP。此外，遗传算法在不同 SMDs 数量方面的成本最大。SA 的成本低于 GA，但仍远远大于 GSP、GLBA 和 SAPSO。

图 9-17 和图 9-18 分别说明了当系统中有 10 个 SMDs 时，GSP、SAPSO、GLBA、SA 和 GA 在每次迭代中的系统总成本和惩罚值。GA 得到最优解需要的迭代次数最少。

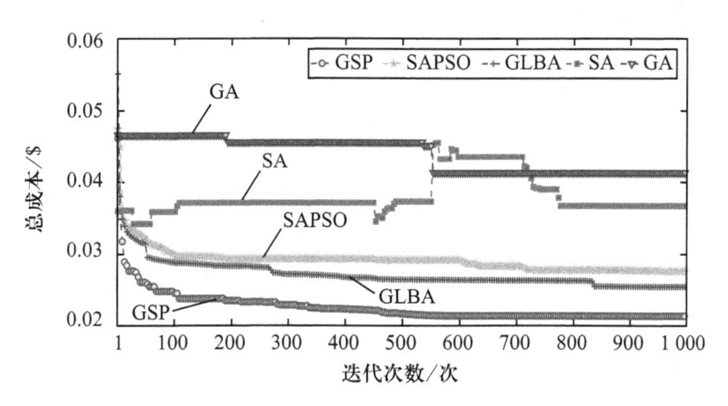

图 9-17　每次迭代中 GSP、SAPSO、GLBA、SA 和 GA 的成本

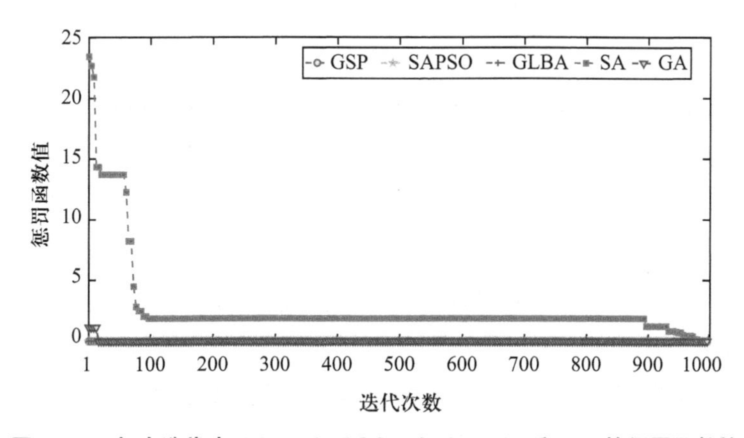

图 9-18　每次迭代中 GSP、SAPSO、GLBA、SA 和 GA 的惩罚函数值

然而，GA 的最终成本 0.037 $ 是最大的。此外，GLBA 的最终成本 0.026 $ 仍高于 GSP。最后，经过 547 次迭代，GSP 收敛到最优解，其最终的系统总成本是五种算法中最小的。与 SAPSO、GLBA、SA 和 GA 四种算法相比，GSP 分别降低成本 22.78%、16.18%、41.81% 和 48.31%。

9.4 基于云边融合的车联网智能计算迁移与资源融合优化

本节首先介绍一个端 - 边 - 云三层的基于车联网的计算迁移模型架构，根据联网自动驾驶汽车（Connected and Automated Vehicles，CAVs）的能耗成本以及边缘路边单元（Roadside Units，RSUs）和云端 CDC 上传通信和处理任务的成本，给出系统的总成本模型，然后基于该计算迁移过程的模型给出系统总成本优化公式，最后使用基于遗传和模拟退火的自适应灰狼优化算法（Self-adaptive Grey-Wolf-Optimizer with Genetic and Simulated-annealing Operations，SGGSO）求解计算迁移过程的系统成本，并和其他算法进行对比，证明该算法的性能达到了预期的结果。

9.4.1 系统模型架构

本节提出的用于通信和计算联合优化的 3 层计算迁移框架如图 9-19 所示。目前，有各种应用程序允许边缘计算提供数据分区。例如，几个典型的应用程序支持这样的架构，CAVs 导航系统、CAVs 自动驾驶系统和 5G 无线系统。用户的数据可以在本地执行，即任务可以在本地 CAVs 中执行。但是，CAVs 通常资源有限，因此必须将一些数据迁移到 RSUs 或 CDCs 中进行处理。此外，必须仔细设定计算任务的 CPU 处理速度以及分配用于上传和下载数据的通信基站。因此，需要针对不同类型的应用确定部分计算迁移和资源协同优化策略。假设在 CAVs 中执行的任务和在 RSU 以及 CDC 中调度的任务是并行执行的。如图 9-19 所示，中央控制器将所有 CAVs 的数据分成多个独立的部分，这些部分可以并行执行。

在图 9-19 中，有 N 辆 CAVs 通过 L 和 M 个传输通道发送任务和接收数据响应。每个 RSU 都支持上行传输和下行下载任务功能。中央控制器负责收集 CAVs、上下行信道、用户 QoS 需求、RSU 资源等信息。然后，它执行所提出的优化算法，即 SGGSO，以确定部分计算迁移和资源协同优化策略。此外，该策略被同步到 CAVs、RSU 和 CDC。基于图 9-19 中的架构，RSU 可用于为 CAVs 提供对 CDC 资源服务的接近性和灵活访问能力。每个 RSU 都有一个由其覆盖范围内的中央控制器控制的 RES，该中央控制器独立于其他 RSUs 中央控制器。具体来说，当 CAVs 需要执行计算任务时，例如文本、语音或视频任务，中央控制器会智能地确定要迁移到 RSU 和 CDC 的数据量。此外，它使用上行信道将迁移的数据传输到 RSU 或 CDC，离 CAVs 最近的且在信

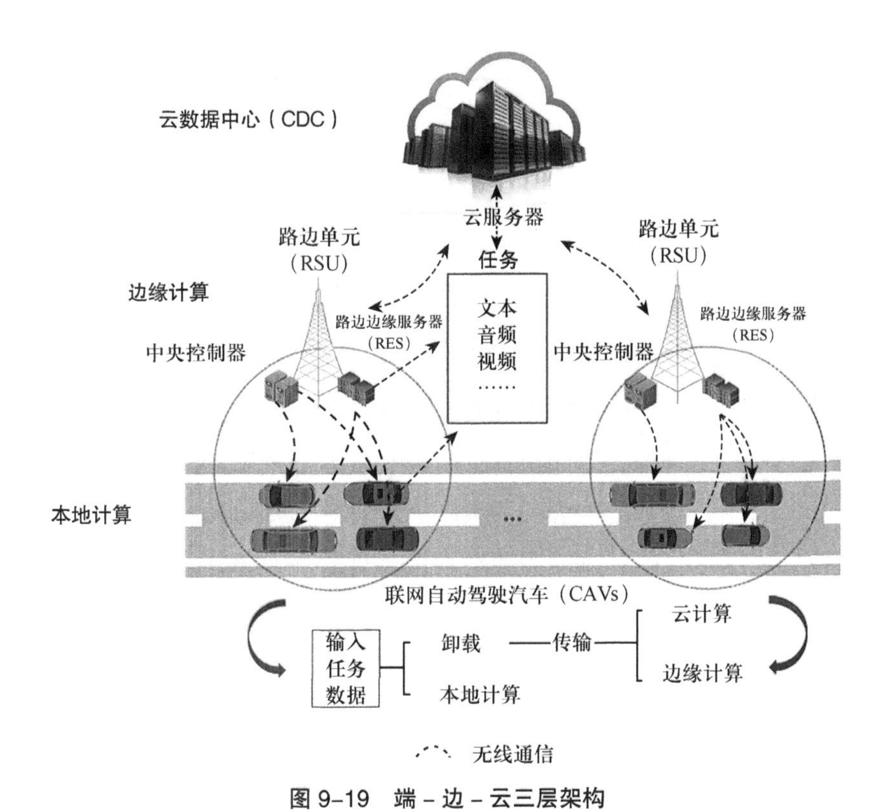

图 9-19　端 - 边 - 云三层架构

号覆盖区域中 RSU 处理迁移的数据。最后，数据执行结果通过下行信道回传给 CAVs，整个系统中的总成本通过 SGGSO 产生的迁移和资源协同优化策略最小化。

9.4.2　问题建模

本节对系统模型进行问题建模，包括通信和计算建模、总成本模型、时间延迟模型和约束优化问题，给出异构网络（包括 CAVs、RSU 和 CDC）的总成本最小化问题的公式。为方便起见，表 9-1 中总结了主要符号，表 9-2 中总结了决策变量。

表 9-1　主要符号表

符号	代表意义
I_n	反映任务 T_n 类型的指标
$N(N)$	CAVs 的集合（数量）
D_n	任务 T_n 的数据大小
γ_n	任务 T_n 的输出数据大小与输入数据大小的比率
ρ_n	任务 T_n 的处理密度（CPU 周期 / 位）
$W_1(W_2)$	每个上行（下行）信道的带宽
$B_1(L)$	上行资源块集合（数量）
$B_2(M)$	下行资源块集合（数量）

续表

符号	代表意义
k_1	CAV n 中的功率系数
k_2	RSU 中的功率系数
k_3	CDC 中的功率系数
$\hat{f}_1^n$	CAV n 中任务 T_n 的最大计算速度
$\hat{f}_2^n$	RSU 中任务 T_n 的最大计算速度
$\hat{f}_3^n$	CDC 中任务 T_n 的最大计算速度
$p_n^l(p_n^m)$	CAV n 和 RSU 之间通过资源块 $l(m)$ 的传输功率
p_n^c	RSU 和 CDC 之间通过回程链路通信传输功率
$h_n^l(h_n^m)$	CAV n 和 RSU 之间通过资源块 $l(m)$ 的功率增益
$\sigma^l(\sigma^m)$	资源块 $l(m)$ 的白高斯噪声功率
d_n	CAV n 和 RSU 之间的距离
ϑ	路径损耗指数
$\hat{E}_1^n$	CAV n 中的最大能耗限制
ϖ	电量价格［$/（kW·h）］
$\mu(v)$	上行（下行）信道传输每位数据的价格（$/ 位）
$\phi(\varphi)$	在每个 RSU（CDC）中执行每个 CPU 周期的价格（$/ 周期）
$\hat{E}_e$	RSU 中的最大能耗限制
$\hat{A}$	RSU 中的最大 CPU 周期数限制
$\hat{G}$	RSU 中的最大内存存储容量限制
$\varsigma_n(\iota_n)$	由 CAV n 的特性和计算复杂度决定的常数
W	RSU 与 CDC 之间各回程链路的通信能力
$\hat{t}_n$	CAV n 的应用程序延迟限制

表 9-2　决策变量表

决策变量	代表意义
λ^n	任务 T_n 的迁移率
$\alpha_n^l(\beta_n^m)$	二进制变量。如果将资源块 $l(m)$ 分配给 CAV n，则$\alpha_n^l(\beta_n^m)=1$；否则 $\alpha_n^l(\beta_n^m)=0$
f_1^n	CAV n 中任务 T_n 的 CPU 计算速度
f_2^n	RSU 中任务 T_n 的 CPU 计算速度
f_3^n	CDC 中任务 T_n 的 CPU 计算速度

1. 通信和计算模型

在图 9-19 中，道路被划分为多个路段，每个路段都由带有路边边缘服务器（Roadside Edge Servers，RES）的 RSU 覆盖。本节工作考虑一个 RSU 的覆盖区域和一组 CAVs。各种任务数据将从用于娱乐（例如面部识别和 AR）或安全（例如 LiDAR 和高清摄像头）目的 CAVs 的车载应用程序中生成。由于部署了 RES，RSU 可以提供强大的计算能力。每个 CAV n（$n \in N$，$N=\{1, 2,\cdots, N\}$）都有一个需要处理的任务 T_n。本节工作采用四个元素来描述 T_n，$T_n \triangleq \{D_n, \gamma_n, \rho_n, I_n\}$。其中 D_n 代表 T_n 的输入数据，γ_n 是输出数据与输入数据的比值，ρ_n 代表任务的处理密度（CPU 周期 / 位），I_n 是一个指标，代表任务类型 T_n，不同类型的任务有不同的处理密度。本节工作采用 $W_1(W_2)$ 分别表示每个车辆到基础设施（Vehicle-to-Infrastructure，V2I）通道的上行链路（下行链路）的总带宽。这项工作利用了非正交多址技术（Non-Orthogonal Multiple Access，NOMA），该技术是 5G 网络的关键支持技术，因为它具有潜在的优越频谱效率，并且该技术通常基于 IEEE 802.11p，IEEE 802.11p 提供高速车辆到车辆（Vehicle-to-Vehicle，VtV）和车辆对 RSU（Vehicle-to-RSU，V2R）通信，工作在 5.9 GHz 频段（5.85~5.925 GHz）。

其他相关研究也注意到 IEEE802.11p 的 V2R 通信已经在学术上进行了发表。通信资源被划分成资源块（RBs）[①]，对于上行链路，表示为 $B_1=\{1, 2,\cdots, L\}$，同理对于下行链路，由 $B_2=\{1, 2,\cdots, M\}$ 表示。值得注意的是，每个 RSU 都有一个中央控制器，它从 CAVs 收集任务处理要求，同时通过专用控制通道调度通信和计算资源分配。

为了便于分析，本节工作认为系统是准静态的，因此拓扑和无线信道在任务处理期间保持不变。用 $\lambda_1^n (0 \leqslant \lambda_1^n \leqslant 1)$、$\lambda_2^n (0 \leqslant \lambda_2^n \leqslant 1)$ 和 $\lambda_3^n (0 \leqslant \lambda_3^n \leqslant 1)$ 来表示任务 T_n 的迁移率，它们分别表示 CAVs 本地处理、迁移到 RSU 和 CDC 的数据率。λ_1^n、λ_2^n 和 λ_3^n 之间的关系可以表示为

$$\lambda_1^n+\lambda_2^n+\lambda_3^n=1 \tag{9-67}$$

因此，任务 T_n 中 CAVs 本地处理的数据比特数为 $\lambda_1^n D_n$，而迁移到 RSU（CDC）的数据比特数为 $\lambda_2^n D_n(\lambda_3^n D_n)$。

（1）CAVs 本地处理模型。此处用 $f_1^n(0 \leqslant f_1^n \leqslant \hat{f}_1^n)$ 表示执行任务 T_n 分配给本地计算的 CAV n 的计算速度（单位：CPU 周期 /s），其中 $\hat{f}_1^n$ 是 CAV n 执行任务 T_n 的最大计算速度。ϱ_1^n 表示第 n 辆 CAV 中执行本地任务 T_n 的功耗。因此，得到 ϱ_1^n 如下

$$\varrho_1^n=k_1(f_1^n)^3 \tag{9-68}$$

① 这可以通过集成网络功能虚拟化（NFV）和软件定义网络（SDN）技术轻松实现，通过这些技术，可以将各种无线频谱资源抽象和切片到 RSUs，然后由每个 RSU 分配给 CAVs。

其中，k_1 表示第 n 辆 CAV 执行本地任务 T_n 的功率系数。

令 t_1^n 表示任务 T_n 在第 n 辆 CAV 执行的本地处理时间，计算公式如下，

$$t_1^n = \frac{\rho_n \lambda_1^n D_n}{f_1^n} \tag{9-69}$$

因此，第 n 辆 CAV 在本地执行任务 T_n 能量消耗表示为 E_1^n，即

$$E_1^n = \varrho_1^n t_1^n = k_1 \rho_n \lambda_1^n D_n (f_1^n)^2 \tag{9-70}$$

另外，令 $\hat{E}_1^n$ 表示第 n 辆 CAV 在本地执行任务 T_n 的最大能量消耗约束，因此可得

$$k_1 \rho_n \lambda_1^n D_n (f_1^n)^2 \leqslant \hat{E}_1^n \tag{9-71}$$

（2）RSU 任务迁移模型。有三个进程来完成迁移到 RSU 的任务 T_n。首先，执行 T_n 计算迁移的 $\lambda_2^n D_n$ 比特数通过 V2I 上行链路通道传输到 RSU。其次，RSU 完成这些迁移比特数的计算。最后，RSU 将计算结果通过下行链路通道返回给第 n 辆 CAV。

① 任务迁移 RSU 建模。α_n^l $(l \in B_1)$ 表示上行链路二进制资源块（Rescource Block，RB）分配指示符号，其中 $\alpha_n^l = 1$ 表示通信资源 l 分配给第 n 辆 CAV，否则不进行通信资源分配，$\alpha_n^l = 0$。p_n^l 表示第 n 辆 CAV 在 RB l 上的上行链路传输功率，h_n^l 表示为第 n 辆 CAV 与 RSU 之间经过 RB l 通信的功率增益。因此，在执行连续干扰消除（Successive Interference Cancellation，SIC）[①] 之后，第 n 辆 CAV 在 RB l 上的上行链路传输数据速率可以表示为 r_n^l，即

$$r_n^l = \frac{W_1}{L} \log_2 \left(1 + \frac{\alpha_n^l p_n^l h_n^l}{\varepsilon_n^l + \sigma^l (d_n)^{\vartheta}} \right) \tag{9-72}$$

其中 ε_n^l 表示通过 RB l 通信的其他 CAVs 的干扰信号功率，ε_n^l 表示为

$$\varepsilon_n^l = \sum_{i \in N, i \neq n, h_n^l < h_i^l} \alpha_i^l p_i^l h_i^l \tag{9-73}$$

通过 SIC 技术，如果 $h_i^l < h_n^l$，来自 CAV（$i \in N \setminus \{n\}$）的干扰信号将在 RSU 侧被解码并去除 。其中，σ^l 表示通过 RB l 通信的白高斯噪声功率。d_n 和 ϑ 分别是第 n 辆 CAV 到 RSU 的距离和路径损耗指数。

因此，第 n 辆 CAV 的上行链路传输数据速率表示为R_1^n，即

$$R_1^n = \sum_{l \in B_1} r_n^l \tag{9-74}$$

综上所述，令 $t_n^{u,2}$ 和 $E_n^{u,2}$ 表示第 n 辆 CAV 通过上行链路迁移任务 T_n 的 $\lambda_2^n D_n$ 比特数的传输延迟以及能量消耗。它们的获取方式如下，

① 通过在 CAV 侧对信号进行叠加编码并在 RSU 侧进行检索，NOMA 中的 SIC 方法支持在一个 RB 上同时传输多个信号，可以提高频谱效率。

$$t_n^{u,2}=\frac{\lambda_2^n D_n}{R_1^n} \tag{9-75}$$

$$E_n^{u,2}=\sum\nolimits_{l\in B_1}p_n^l t_n^{u,2} \tag{9-76}$$

② RSU 任务计算建模。任务 T_n 的 $\lambda_2^n D_n$ 比特数从第 n 辆 CAV 传输到 RSU 之后，它将由部署在 RSU 的 RES 进行计算。令 $f_2^n(0\leqslant f_2^n\leqslant \hat{f}_2^n)$ 表示从 RSU 分配的数据计算速度（单位：CPU 周期 /s），其中 $\hat{f}_2^n$ 是 RSU 执行任务 T_n 的最大计算速度。ϱ_2^n 表示第 n 辆 CAV 中将任务 T_n 迁移到 RSU 中的计算功耗。因此，得到 ϱ_2^n 如下，

$$\varrho_2^n=k_2(f_2^n)^3 \tag{9-77}$$

其中，k_2 表示 RSU 中与功率相关的系数。

对于第 n 辆 CAV 处理任务 T_n 的 $\lambda_2^n D_n$ 比特数，它们在 RSU 中的数据处理时间表示为 t_n^e，计算公式如下，

$$t_n^e=\frac{\rho_n\lambda_2^n D_n}{f_2^n} \tag{9-78}$$

因此，E_n^e 表示第 n 辆 CAV 用于处理任务 T_n 迁移到 RSU 中计算能量消耗，即

$$E_n^e=\varrho_1^n t_n^e=k_2\rho_n\lambda_2^n D_n(f_2^n)^2 \tag{9-79}$$

另外，令 $\hat{E}_e$ 表示为 RSU 覆盖范围内所有 CAVs 提供最大计算能量消耗约束，因此可得

$$\sum_{n=1}^{N}(k_2\,\rho_n\lambda_2^n D_n(f_2^n)^2)\leqslant\hat{E}_e \tag{9-80}$$

设 $\hat{A}$ 表示 RSU 中的最大 CPU 周期数。因此，RSU 覆盖范围内所有 CAVs 所需 CPU 周期总数不能超过 $\hat{A}$，即

$$\sum_{n=1}^{N}\lambda_2^n D_n\varsigma_n\leqslant\hat{A} \tag{9-81}$$

设 $\hat{G}$ 表示 RSU 中的最大内存存储。因此，RSU 覆盖范围内所有 CAVs 所需的总内存不能超过 $\hat{G}$，即

$$\sum_{n=1}^{N}\lambda_2^n D_n\iota_n\leqslant\hat{G} \tag{9-82}$$

其中，$\varsigma_n(\varsigma_n>0)$ 和 $\iota_n(\iota_n>0)$ 表示第 n 辆 CAV 的特性和计算复杂度确定的常数。

③ 返回结果建模。$\beta_n^m\,(m\in B_2)$ 表示下行链路二进制 RB 分配指示符号，其中$\beta_n^m=1$ 表示通信资源 m 分配给第 n 辆 CAV，否则不进行通信资源分配，$\beta_n^m=0$。p_n^m 表示第 n 辆 CAV 在 RB m 上的下行链路传输功率，h_n^m 表示为第 n 辆 CAV 与 RSU 之间经过 RB m

通信的功率增益。因此，对于从 RSU 在 RB m 上返回的结果，第 n 辆 CAV 的下行链路传输数据速率可以为

$$r_n^m = \frac{W_2}{M}\log_2\left(1+\frac{\beta_n^m p_n^m h_n^m}{\varepsilon_n^m + \sigma^m (d_n)^{\vartheta}}\right) \tag{9-83}$$

其中 ε_n^m 表示通过 RB m 通信的其他 CAVs 的干扰信号功率，ε_n^m 表示为

$$\varepsilon_n^m = \sum j\in N, j\neq n, h_n^m < h_j^m\ \beta_j^m p_j^m h_j^m \tag{9-84}$$

其中，σ^m 表示通过 RB m 通信的白高斯噪声功率。

因此，第 n 辆 CAV 的下行链路传输数据速率表示为 R_2^n，即

$$R_2^n = \sum\nolimits_{l\in B_2} r_n^m \tag{9-85}$$

令 $t_n^{d,2}$ 和 $E_n^{d,2}$ 表示第 n 辆 CAV 通过下行链路迁移任务 T_n 的 $\lambda_2^n D_n$ 比特数计算结果返回的传输延迟以及能量消耗。它们的获取方式如下

$$t_n^{d,2} = \frac{\gamma_n \lambda_2^n D_n}{R_2^n} \tag{9-86}$$

$$E_n^{d,2} = \sum\nolimits_{m\in B_2} p_n^m t_n^{d,2} \tag{9-87}$$

综上所述，执行迁移任务 T_n 到 RSU 的总延迟 t_2^n 和总能耗 E_2^n 如下

$$t_2^n = t_n^{u,2} + t_n^e + t_n^{d,2} = \frac{\lambda_2^n D_n}{R_1^n} + \frac{\rho_n \lambda_2^n D_n}{f_2^n} + \frac{\gamma_n \lambda_2^n D_n}{R_2^n} \tag{9-88}$$

$$\begin{aligned} E_2^n &= E_n^{u,2} + E_n^e + E_n^{d,2} \\ &= \sum\nolimits_{l=1}^{L} p_n^l t_n^{u,2} + k_2 \rho_n \lambda_2^n D_n (f_2^n)^2 + \sum\nolimits_{m=1}^{M} p_n^m t_n^{d,2} \end{aligned} \tag{9-89}$$

（3）CDC 任务迁移模型。位于每个 RSU 的 RES 将接收到的任务分为两部分。一部分在 RES 中执行，另一部分迁移到 CDC 服务器。RES 执行其分配的任务，并通过回程链路（Backhaul Link，BL）将部分任务迁移到 CDC 服务器。CDC 服务器将其总计算资源分配给 CAVs 迁移的所有任务以进行并行云计算。计算结果最终由每个 RSU 收集，然后传送回每个 CAV。

类似在 RSU 中的任务迁移模型，有三个进程来完成迁移到 CDC 的任务 T_n。首先，执行 T_n 计算迁移的 $\lambda_3^n D_n$ 比特数通过上行链路通道传输到 RSU。其次，RSU 将这些比特数的数据迁移到 CDC 服务器进行计算。最后，CDC 将计算结果返回 RSU，RSU 经过收集后通过下行链路传送给第 n 辆 CAV。

① 任务迁移 RSU 建模。根据式（9-72）、式（9-73）和式（9-74），令 $t_n^{u,3}$ 和 $E_n^{u,3}$ 表示第 n 辆 CAV 通过上行链路迁移任务 T_n 的 $\lambda_3^n D_n$ 比特数的传输延迟以及能量消耗。

它们的获取方式如下

$$t_n^{u,3}=\frac{\lambda_3^n D_n}{R_1^n} \tag{9-90}$$

$$E_n^{u,3}=\sum\nolimits_{l\in B_1} p_n^l t_n^{u,3} \tag{9-91}$$

② CDC 任务建模。对于每个 RSU，通信模块（收发器）和计算模块（CPU/GPU）一般是分开的。因此，边缘计算可以与迁移到云端的数据传输并行完成。此外，所有边缘节点都通过不同的 BL 与云连接，这些 BL 通常配备高带宽。事实上，BL 是由用户共享的，因此由于数据包到达的随机性、多用户调度、复杂的路由算法等因素，其延迟很难建模。为了突出本节工作的主要贡献，即边缘计算和云计算的协作策略，本节工作假设资源迁移协同优化策略和路由算法都是固定的，可以令 W 表示 RSU 和 CDC 之间的每个 BL 的通信容量（单位：Mbps）。因此，平均回程传输延迟与迁移数据的大小成正比。令 t_n^r 表示 RSU 到 CDC 的传输延迟，可得 t_n^r 计算公式如下，

$$t_n^r=\frac{\rho_n\lambda_3^n D_n}{W} \tag{9-92}$$

其中，$\frac{1}{W}$ 可以理解为 BL 传输 1 bit 数据所需的时间。

因此，E_n^r 表示第 n 辆 CAV 用于处理任务 T_n 从 RSU 迁移到 CDC 中传输数据能量消耗，即

$$E_n^r=p_n^c t_n^r=\frac{p_n^c\rho_n\lambda_3^n D_n}{W} \tag{9-93}$$

在任务 T_n 的 $\lambda_3^n D_n$ 比特数从 RSU 传输到 CDC 后，它将由部署在 CDC 的云服务器进行计算。令 $f_3^n\,(0\leqslant f_3^n\leqslant\hat{f}_3^n)$ 表示从 CDC 分配的数据计算速度（单位：CPU 周期 /s），其中，$\hat{f}_3^n$ 是 CDC 执行任务 T_n 的最大计算速度。ϱ_3^n 表示第 n 辆 CAV 中将任务 T_n 迁移到 CDC 中云服务器的计算功耗。因此，得到 ϱ_3^n 如下，

$$\varrho_3^n=k_3(f_3^n)^3 \tag{9-94}$$

其中，k_3 表示 CDC 中云服务器与功率相关的系数。

对于第 n 辆 CAV 处理任务 T_n 的 $\lambda_3^n D_n$ 比特数，它们迁移到 CDC 中的数据处理时间表示为 t_n^c，计算公式如下，

$$t_n^c=\frac{\rho_n\lambda_3^n D_n}{f_3^n} \tag{9-95}$$

因此，E_n^c 表示第 n 辆 CAV 用于处理任务 T_n 迁移到 CDC 中计算能量消耗，即

$$E_n^c=\varrho_3^n t_n^c=k_3\rho_n\lambda_3^n D_n(f_3^n)^2 \tag{9-96}$$

③ 返回结果建模。根据式（9-83）、式（9-84）和式（9-85），令 $t_n^{d,3}$和 $E_n^{d,3}$ 表示第 n 辆 CAV 通过下行链路迁移任务 T_n 的 $\lambda_3^n D_n$ 比特数计算结果返回的传输延迟以及能量消耗。它们的获取方式如下，

$$t_n^{d,3}=\frac{\gamma_n\lambda_3^n D_n}{R_2^n} \tag{9-97}$$

$$E_n^{d,3}=\sum\nolimits_{m\in B_2} p_n^m t_n^{d,3} \tag{9-98}$$

综上所述，执行迁移任务 T_n 到 CDC 的总延迟 t_3^n 和总能耗 E_3^n 如下，

$$t_3^n=t_n^{u,3}+t_n^r+t_n^c+t_n^{d,3}=\frac{\lambda_3^n D_n}{R_1^n}+\frac{\rho_n\lambda_3^n D_n}{W}+\frac{\rho_n\lambda_3^n D_n}{f_3^n}+\frac{\gamma_n\lambda_3^n D_n}{R_2^n} \tag{9-99}$$

$$\begin{aligned}E_3^n&=E_n^{u,3}+E_n^r+E_n^c+E_n^{d,3}\\&=\sum\nolimits_{l=1}^{L} p_n^l t_n^{u,3}+\frac{p_n^c\rho_n\lambda_3^n D_n}{W}+k_3\rho_n\lambda_3^n D_n(f_3^n)^2+\sum_{m=1}^{M} p_n^m t_n^{d,3}\end{aligned} \tag{9-100}$$

2. 总成本模型

对于给定的迁移任务 T_n，其总成本包括处理其本地部分和迁移的部分的成本。前者仅包括本地计算的能耗成本，而后者包括三个方面。

①传输和计算迁移任务的能耗成本。

②使用 RB 的通信成本。

③执行任务 T_n 的迁移部分的计算成本。

在本节中，考虑在计算能力和通信资源限制下最小化所有 CAVs 系统中的成本花费。为此，需要对分流决策变量、本地计算速度、RSU 计算速度、CDC 计算速度、上行二进制 RB 分配指标、下行二进制 RB 分配指标进行优化。具体来说，决策变量包括如下部分。

$\lambda=\{\lambda^1,\cdots,\lambda^N\}$

$f_1=\{f_1^1,\cdots,f_1^N\}$

$f_2=\{f_2^1,\cdots,f_2^N\}$

$f_3=\{f_3^1,\cdots,f_3^N\}$

$\alpha=\{\alpha_1^1,\cdots,\alpha_1^L,\cdots,\alpha_N^1,\cdots,\alpha_N^L\}$

$\beta=\{\beta_1^1,\cdots,\beta_1^M,\cdots,\beta_N^1,\cdots,\beta_N^M\}$

由于对于大多数传统的计算密集型任务，下行链路的延迟和能耗远低于上行链路。因此，为简单起见，忽略了下行链路的延迟和能量消耗。那么，公式（9-88）和（9-89）可以改写为

$$t_2^n = t_n^{u,2} + t_n^e = \frac{\lambda_2^n D_n}{R_1^n} + \frac{\rho_n \lambda_2^n D_n}{f_2^n} \tag{9-101}$$

$$\begin{aligned} E_2^n &= E_n^{u,2} + E_n^e = \sum\nolimits_{l=1}^{L} p_n^l t_n^{u,2} + k_2 \rho_n \lambda_2^n D_n (f_2^n)^2 \\ &= \lambda_2^n D_n \left[\frac{\sum\nolimits_{l=1}^{L} p_n^l}{R_1^n} + k_2 \rho_n (f_2^n)^2 \right] \end{aligned} \tag{9-102}$$

公式（9–99）和式（9–100）同理，可以改写成

$$\begin{aligned} t_3^n &= t_n^{u,3} + t_n^r + t_n^c = \frac{\lambda_3^n D_n}{R_1^n} + \frac{\rho_n \lambda_3^n D_n}{W} + \frac{\rho_n \lambda_3^n D_n}{f_3^n} \\ &= \lambda_3^n D_n \left(\frac{W f_3^n + \rho_n R_1^n f_3^n + \rho_n R_1^n W}{R_1^n W f_3^n} \right) \end{aligned} \tag{9-103}$$

$$\begin{aligned} E_3^n &= E_n^{u,3} + E_n^r + E_n^c \\ &= \sum\nolimits_{l=1}^{L} p_n^l t_n^{u,3} + \frac{p_n^c \rho_n \lambda_3^n D_n}{W} + k_3 \rho_n \lambda_3^n D_n (f_3^n)^2 \\ &= \lambda_3^n D_n \left[\frac{\sum\nolimits_{l=1}^{L} p_n^l}{R_1^n} + \frac{p_n^c \rho_n}{W} + k_3 \rho_n (f_3^n)^2 \right] \end{aligned} \tag{9-104}$$

（1）CAVs 成本模型。令 U_1^n 表示第 n 辆 CAV 本地计算任务 T_n 的成本，因此，

$$U_1^n = \varpi E_1^n = \varpi k_1 \rho_n \lambda_1^n D_n (f_1^n)^2 \tag{9-105}$$

其中，ϖ 是加权系数，表示任务 T_n 计算和传输过程中单位能量的能耗成本（单位：$/kW · h）。

（2）RSU 成本模型。设 η_2^n 表示第 n 辆 CAV 使用 RB 通过上行和下行链路将任务 T_n 的 $\lambda_2^n D_n$ 比特数迁移到 RSU 以及计算结果返回的通信成本，因此可得

$$\eta_2^n = \mu \lambda_2^n D_n + v \gamma_n \lambda_2^n D_n \tag{9-106}$$

其中，μ 和 v 分别表示通过上行链路和下行链路 RB 传输 1 bit 任务数据所需的通信成本系数。

设 k_2^n 表示第 n 辆 CAV 将任务 T_n 的 $\lambda_2^n D_n$ 比特数迁移到 RSU 中计算花费的成本，即

$$k_2^n = \phi \rho_n \lambda_2^n D_n \tag{9-107}$$

其中，ϕ 表示 RSU 中执行一个 CPU 周期的计算成本的系数。

令 U_2^n 表示第 n 辆 CAV 将任务 T_n 的 $\lambda_2^n D_n$ 比特数迁移到 RSU 中的成本，综上所述可得

$$U_2^n = \varpi E_2^n + \eta_2^n + k_2^n = \lambda_2^n D_n \left\{ \varpi \left[\frac{\sum_{l=1}^{L} p_n^l}{R_1^n} + k_2 \rho_n (f_2^n)^2 \right] + (\mu + v\gamma_n + \phi \rho_n) \right\} \tag{9-108}$$

（3）CDC 成本模型。设 η_3^n 表示第 n 辆 CAV 使用 RB 通过上行和下行链路将任务 T_n 的 $\lambda_2^n D_n$ 比特数迁移到 RSU 以及计算结果返回的通信成本，因此可得

$$\eta_3^n = \mu \lambda_3^n D_n + v\gamma_n \lambda_3^n D_n \tag{9-109}$$

设 k_3^n 表示第 n 辆 CAV 将任务 T_n 的 $\lambda_3^n D_n$ 比特数迁移到 CDC 计算花费的成本，即

$$k_3^n = \varphi \rho_n \lambda_3^n D_n \tag{9-110}$$

其中，φ 表示 CDC 中执行一个 CPU 周期的计算成本的系数。

令 U_3^n 表示第 n 辆 CAV 将任务 T_n 的 $\lambda_2^n D_n$ 比特数迁移到 RSU 中的成本，综上所述可得

$$U_3^n = \varpi E_3^n + \eta_3^n + k_3^n = \lambda_3^n D_n \left\{ \varpi \left[\frac{\sum_{l=1}^{L} p_n^l}{R_1^n} + \frac{p_n^c \rho_n}{W} + k_3 \rho_n (f_3^n)^2 \right] + (\mu + v\gamma_n + \varphi \rho_n) \right\} \tag{9-111}$$

设 U_n 表示第 n 辆 CAV 将任务 T_n 分区在本地执行，并行迁移到 RSU 以及 CDC 处理消耗的总成本。由式（9-105）、式（9-108）和式（9-111）可得

$$U_n = U_1^n + U_2^n + U_3^n \tag{9-112}$$

3. 时间延迟模型

值得注意的是，本节中 CAVs、RSU 和 CDC 中数据是并行执行的。令 t_n 表示第 n 辆 CAV 任务 T_n 的执行总延迟。由式（9-69）、式（9-101）和式（9-103）可得

$$t_n = \max\{t_1^n, t_2^n, t_3^n\} \tag{9-113}$$

另外，$\hat{t}_n$ 表示第 n 辆 CAV 应用程序延迟约束。因此

$$t_n \leqslant \hat{t}_n \tag{9-114}$$

4. 约束优化问题

根据上述讨论，成本最小化问题 U 可表述为

$$\underset{\lambda_1^n, \lambda_2^n, \lambda_3^n, \alpha, f_1^n, f_2^n, f_3^n}{\mathrm{Min}} \left\{ U = \sum_{n=1}^{N} U_n \right\} \tag{9-115}$$

约束条件为

$$t_n \leqslant \hat{t}_n \tag{9-116}$$

$$\lambda_1^n + \lambda_2^n + \lambda_3^n = 1 \tag{9-117}$$

$$0 \leqslant \lambda_1^n \leqslant 1,\ \forall n \in N \tag{9-118}$$

$$0 \leqslant \lambda_2^n \leqslant 1,\ \forall n \in N \tag{9-119}$$

$$0 \leqslant \lambda_3^n \leqslant 1,\ \forall n \in N \tag{9-120}$$

$$\alpha_n^l \in \{0,1\},\ \forall n \in N, l \in B_1 \tag{9-121}$$

$$\sum\nolimits_{n=1}^N \alpha_n^l \leqslant 1,\ \forall l \in B_1 \tag{9-122}$$

$$0 \leqslant f_1^n \leqslant \hat{f}_1^n,\ \forall n \in N \tag{9-123}$$

$$k_1 \rho_n \lambda_1^n D_n (f_1^n)^2 \leqslant \hat{E}_1^n \tag{9-124}$$

$$0 \leqslant f_2^n \leqslant \hat{f}_2^n,\ \forall n \in N \tag{9-125}$$

$$\sum\nolimits_{n=1}^N f_2^n \leqslant \hat{f}_2^n \tag{9-126}$$

$$\sum\nolimits_{n=1}^N k_2 \rho_n \lambda_2^n D_n (f_2^n)^2 \leqslant \hat{E}_e \tag{9-127}$$

$$0 \leqslant f_3^n \leqslant \hat{f}_3^n,\ \forall n \in N \tag{9-128}$$

$$\sum\nolimits_{n=1}^N f_3^n \leqslant \hat{f}_3^n \tag{9-129}$$

$$\sum\nolimits_{n=1}^N \lambda_2^n D_n \varsigma_n \leqslant \hat{A} \tag{9-130}$$

$$\sum\nolimits_{n=1}^N \lambda_2^n D_n \iota_n \leqslant \hat{G} \tag{9-131}$$

其中，式（9–117）至式（9–120）是数据迁移率的约束。式（9–121）是上行链路 RB 分配指标的二元约束。式（9–122）保证每个上行链路 RB 最多可以分配给一辆 CAV。此外，在上述优化问题中，决策变量 f_1^n，f_2^n 和 f_3^n 分别是第 n 辆 CAV、RSU 和 CDC 服务器的数据计算速度（单位：CPU 周期 /s）。因此，它们是一个整数变量，并且被限制为一组有限的整数。此外，λ_1^n，λ_2^n 和 λ_3^n是连续变量。根据式（9–105）、式（9–108）、式（9–111）和式（9–112）可知，U_n 对于 λ_1^n、λ_2^n、λ_3^n、α、f_1^n、f_2^n 和 f_3^n 是非线性的。而且，根据式（9–69）、式（9–101）和式（9–103）可知，式（9–116）对于λ_1^n、λ_2^n、λ_3^n、α、f_1^n，f_2^n 和 f_3^n 也是非线性的。

因此，式（9–115）这个最小化问题是一个有约束的混合整数非线性规划问题（Mixed Integer Nonlinear Programming，MINLP），其解的复杂性是 NP 难的。MINLP 存在指数爆炸问题，目前尚无多项式时间算法的求解方案。因此，本章采用了元启发式优化算法 SGGSO 来解决这一问题。

9.4.3 基于遗传和模拟退火的自适应灰狼优化算法（SGGSO）

根据前面启发式算法的介绍，GWO 收敛速度快，然而由于 GWO 仍然还是存在一些经典群体智能算法的缺点，比如容易失去多样性导致搜索精度不足、高维搜索空间优化不足、后期搜索乏力等缺点。而 GA 中的交叉操作和变异操作提供了高度的个体多样性，提高了全局搜索的准确性和效率，通过精英个体的概念选择最适合迭代到下一代的个体。同时，SA 有一个 Metropolis 接受规则，允许接受使目标函数值恶化的个体，因此，通过选择最佳降温速率尽可能提高收敛速度，然后通过接受或按一定概率接受精英粒子，可以摆脱局部最优，最终得到全局最优解。因此，本节结合三种基本算法的优点，将 GA 的遗传操作和 SA 的 Metropolis 接受规则结合到 GWO 中，设计了一种混合算法 SGGSO。

1. 灰狼优化算法的改进方案

在本节提出的算法中，假设灰狼种群由 M 匹狼组成，字母 i 表示第 i 匹狼，每匹狼在 N 维空间搜索，灰狼个体的当前位置定义为 $x_i=(x_{i,1}, x_{i,2},\cdots, x_{i,n})$，将前 3 匹最好的 α 狼的位置分别定义为 $x_\alpha=(x_{\alpha,1}, x_{\alpha,2},\cdots, x_{\alpha,n})$，$\beta$ 狼的位置定义为 $x_\beta=(x_{\beta,1}, x_{\beta,2},\cdots, x_{\beta,n})$ 和 δ 狼的位置定义为 $x_\delta=(x_{\delta,1}, x_{\delta,2},\cdots, x_{\delta,n})$。用 $f(x)$ 表示目标函数，本节针对该目标函数的最小值进行优化。

具体来说，x_i 的变化如式（9-132）、式（9-133）所示。

$$\begin{cases} x_n^1 = x_{\alpha,n} - A_{1,n} \cdot D_{\alpha,n} \\ x_n^2 = x_{\beta,n} - A_{2,n} \cdot D_{\beta,n} \\ x_n^3 = x_{\delta,n} - A_{3,n} \cdot D_{\delta,n} \end{cases} \tag{9-132}$$

$$x_{i,n}(t+1) = \frac{x_n^1 + x_n^2 + x_n^3}{3} \tag{9-133}$$

在 GWO 中，如果 x_α、x_β 和 x_δ 有明显的位置不同，则会出现早熟收敛，优化过程将会发生振荡，获取近似最优解的效果明显会大打折扣。为了克服这个缺点，为每匹灰狼个体设计一个精英灰狼个体 E_i，每个精英灰狼个体可以更好地指导狼群的狩猎过程。E_i 被设计为 x_α、x_β 和 x_δ 的结合体，用式（9-134）所示。

$$E_i = \frac{c_1 \cdot r_1 \cdot x_\alpha + c_2 \cdot r_2 \cdot x_\beta + c_3 \cdot r_3 \cdot x_\delta}{c_1 \cdot r_1 + c_2 \cdot r_2 + c_3 \cdot r_3} \tag{9-134}$$

其中，c_1、c_2 和 c_3 是社会加速参数，它们反映了 x_α、x_β 和 x_δ 在迭代过程中位置更新的影响，从而指导其他狼向着猎物目标搜索。r_1、r_2 和 r_3 是在［0，1］中均匀产生的 3 个随机数。

相比 GWO，GA 全局搜索性能更好，GA 的遗传操作能给样本个体带来多样性，可以产生优良的狼群个体，防止过早收敛，进而使 GWO 的全局搜索更强大。GA 能产生具有良好多样性和高质量的个体，能够很好地指导进化，从而提高 GWO 的优化效率。

（1）交叉。对于第 i 匹灰狼的第 n 个维度，随机选择另外一个狼群个体 x_k，其中 $k \in \{1,2,\cdots,M\}$。如果选择的狼群个体 x_k 适应度值优于当前狼群个体 x_i，则将第 n 个维度的位置坐标替换为狼群个体 x_k 相应维度的坐标，否则通过交叉 x_α、x_β 和 x_δ 第 n 个维度的坐标作为后代 O_i（$O_i=(o_{i,1}, o_{i,2},\cdots, o_{i,n})$）中相应位置的坐标，具体如式（9-135）所示。

$$o_{i,n}=\begin{cases}r_n^1 \cdot x_{\alpha,n}+r_n^2 \cdot x_{\beta,n}+(1-r_n^1-r_n^2) \cdot x_{\delta,n}, f(x_i)<f(x_k)\\ x_{k,n}, f(x_i)\geqslant f(x_k)\end{cases} \tag{9-135}$$

其中，r_n^1 和 r_n^2 为［0，1］之间的随机数，与传统 GA 中任意选择两个个体，交叉它们的部分染色体片段不同，该交叉利用了全局最优个体和当前种群第二、第三优个体的交叉操作，从而可以提高 O_i 的质量。这项工作选择当前种群中的最优的 3 匹狼在 GA 中进行交叉操作。因此，本节工作提出的交叉操作采用狼群最优的搜索经验来提高基因质量和搜索效率，整合了全局最优狼群个体的信息，更容易产生一个更好的灰狼个体，O_i 的性能进一步得到提高。

（2）变异。与标准 GA 一样。对于 O_i 的每一维，随机生成 $O_i r_n \in [0, 1]$，如果 r_n 小于变异概率 ζ，则 O_i 的第 n 维通过式（9-136）使决策变量在规定的上下界范围内进行变异。

$$o_{i,n}=rand(\breve{b}_n,\hat{b}_n), \text{if } r_n<\zeta \tag{9-136}$$

其中，$\breve{b}_n$ 和 $\hat{b}_n$ 分别是 x_i 的第 n 维元素的下限和上限。采用变异操作来增加样本的多样性。值得注意的是，理论上可以达到解空间的任意探索坐标。

（3）选择。选择操作中采用 SA 的 Metropolis 接受规则判断 O_i 是否被接受，具体而言，如果 $f(O_i)<f(E_i)$，接受 O_i 作为下一代的精英灰狼种群个体，否则以一定的概率接受 O_i。概率公式如式（9-137）所示。

$$e\left(\frac{f(E_i)-f(O_i)}{kT_g}\right)>\chi \tag{9-137}$$

其中，χ 是［0，1）中生成的随机数，k 为玻尔兹曼（Boltzmann）常数，T_g 是算法迭代中第 g 代的温度。

最后，每匹狼群个体 x_i 通过式（9-132）、式（9-133）和式（9-134）被更新，具体如式（9-138）所示。

$$\begin{cases} D_{\alpha,n} = \left| C_{1,n} \cdot x_{\alpha,n} - E_{i,n} \right| \\ D_{\beta,n} = \left| C_{2,n} \cdot x_{\beta,n} - E_{i,n} \right| \\ D_{\delta,n} = \left| C_{3,n} \cdot x_{\delta,n} - E_{i,n} \right| \end{cases} \tag{9-138}$$

SGGSO 结合了 GA、SA 和 GWO 的优点，通过在 x_α、x_β 和 x_δ 上集成 GA 的遗传操作来产生更优的狼群个体，并用 SA 的 Metropolis 接受规则更新狼群个体的位置，从而提高了 GWO 在 SGGSO 中的搜索能力。

值得注意的是，典型的元启发式优化算法对参数的设置非常敏感。因此，针对本节模型大量实验，给出本节中 SGGSO 解决目标函数的相关参数表，如表 9-3 所示。

表 9-3　SGGSO 参数设置表

符号	取值	符号	取值
M	20	$\hat{g}$	1 000
c_1	0.5	$\hat{\theta}$	95%
c_2	0.5	T_g	10^8
c_3	0.5	k	0.95
ζ	0.04		

2. SGGSO 的具体实现步骤

SGGSO 流程图如图 9-20 所示，并在后面给出了 SGGSO 的伪代码。第 1 行随机初始化 SGGSO 中的灰狼种群个体向量矩阵。第 2 行计算每个灰狼个体的适应度值 f。第 3 行根据每个灰狼个体的适应度值选择并存储适应度最好的前 3 匹狼 α、β 和 δ，然后更新 x_α、x_β 和 x_δ。第 4 行根据式（9-134）初始化精英灰狼个体 E_i。第 5 行初始化 GWO、GA 和 SA 的参数。$\hat{g}$ 表示总迭代次数，θ 表示相同适应度值 f 的灰狼个体百分比，第 7 行说明，如果当前迭代次数超过 $\hat{g}$ 或 $\theta > \hat{\theta}$，while 循环将停止，输出近似全局最优解 x_α。第 8 行使用式（9-135）交叉操作 x_α、x_β 和 x_δ 交叉或者直接接受当前较优狼群个体。第 9 行使用式（9-136）对产生 O_i 的进行变异操作。第 10 行使用 SA 的 Metropolis 接受规则进行选择操作，确定是否接受产生的 O_i 作为新的精英灰狼个体。第 11 行使用式（9-132）、式（9-133）和式（9-138）更新 GWO 中的狼群整体位置信息。第 12 行计算狼群个体的适应度值 f。第 13 行更新了 x_α、x_β 和 x_δ。第 14 行通过冷却速率 k 降低温度 T_g。第 15 行利用式（9-8）、式（9-9）和式（9-10）更新 $\vec{a}$、$\vec{A}$ 和 $\vec{C}$。第 16 行更新 θ。第 19 行返回 x_α。

3. SGGSO 的实验结果分析

GLBA 融合了 GA 中的多样性高、蝙蝠算法收敛速度快的特点。因此，将 SGGSO 和 GLBA 进行比较，可以证明 SGGSO 的收敛性和搜索精度。

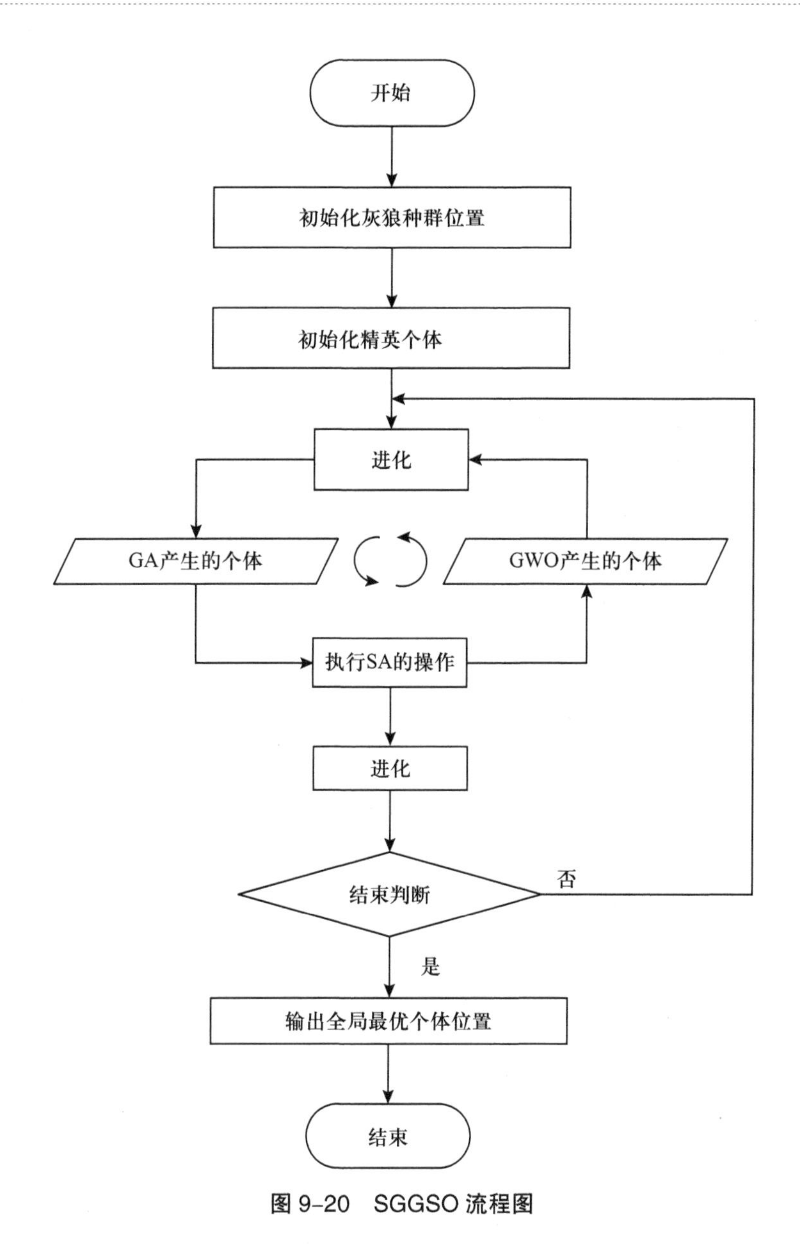

图 9-20　SGGSO 流程图

SAPSO 融合了 PSO 和 SA 两种算法的优点。它将每个粒子的适应度值与新产生的粒子进行比较。它直接选择较好的粒子，并有条件地选择较差的粒子从局部最优跳到全局最优。

为了全面评估 SGGSO 的性能，本节工作将其与其他典型的元启发式优化算法（SA、GA、GWO）或者组合算法（GLBA、SAPSO）通过 3 种流行的测试套件进行比较，其中包括 8 个基准函数。表 9-4 至表 9-7 中列出了这些函数及其详细信息。表中范围指每个函数的解空间的上下边界，$f_{\min}$ 表示每个函数的最优值。这些函数都是最小化函数，可以分为多种类型，包括单峰、多峰、固定维度多峰和复合基准函数。它们的详细描述在 2005 年度国际进化计算会议（CEC 2005）技术报告中给出。

SGGSO 的伪代码：

（1）初始化灰狼群体的位置向量矩阵，以及 $\vec{a}$、$\vec{A}$ 和 $\vec{C}$

（2）计算灰狼个体的适应度值 f

（3）选择并保存适应度最好的前 3 匹狼 α、β 和 δ

（4）初始化精英个体 E_i

（5）初始化 GWO、GA 和 SA 有关的参数

（6）$g \leftarrow 1$

（7）While $\theta \leqslant \hat{\theta}$ and $g \leqslant \hat{g}$ do

（8）在 x_α、x_β 和 x_δ 上执行 GA 的交叉操作产生 O_i

（9）在 O_i 上执行 GA 的变异操作

（10）通过 SA 的 Metropolis 接受规则执行 GA 的选择操作

（11）更新 GWO 中的狼群整体位置

（12）计算狼群个体的适应度值 f

（13）更新 x_α、x_β 和 x_δ

（14）以冷却速率 k 减少温度值 T_g

（15）更新 $\vec{a}$、$\vec{A}$ 和 $\vec{C}$

（16）更新 θ

（17）$g \leftarrow g+1$

（18）end while

（19）return x_α

表 9-4　单峰基准函数

函数	维度	范围	f_{min}
$F_1(x)=\sum_{i=1}^{n-1}[100(x_{i+1}-x_i^2)^2+(x_i-1)^2]$	30	[-30，30]	0
$F_2(x)=\sum_{i=1}^{n}10^{6\frac{i-1}{n-1}}x_i^2$	30	[-100，100]	0

表 9-5　多峰基准函数

函数	维度	范围	f_{min}
$F_3(x)=\sum_{i=1}^{n}[x_i^2-10\cos(2\pi x_i)+10]$	30	[-5.12，5.12]	0
$F_4(x)=-20\exp\left(-0.2\sqrt{\frac{1}{n}\sum_{i=1}^{n}x_i^2}\right)-\exp\left(\frac{1}{n}\sum_{i=1}^{n}\cos(2\pi x_i)\right)+20+e$	30	[-32，32]	0

表 9-6　固定维度多峰基准函数

函数	维度	范围	f_{min}
$F_5(x)=\left(x_2-\frac{5.1}{4\pi^2}x_1^2+\frac{5}{\pi}x_1-6\right)^2+10\left(1-\frac{1}{8\pi}\right)\cos x_1+10$	2	[−5，5]	0.398
$F_6(x)=[1+(x+x_2+1)^2(19-14x_1+3x_1^2-14x_2+6x_1x_2+3x_2^2)]\times[30+(2x_1-3x_2)^2\times(18-32x_1+12x_1^2+48x_2-36x_1x_2+27x_2^2)]$	2	[−2，2]	3

表 9-7　复合基准函数

函数	维度	范围	f_{min}
$F_7(x)$=（复合函数 1）: $f_1,f_2,f_3,\cdots,f_{10}$= 球面函数 $(\sigma_1,\sigma_2,\sigma_3,\cdots,\sigma_{10})=(1,1,1,\cdots,1)$ $(\lambda_1,\lambda_2,\lambda_3,\cdots,\lambda_{10})=(\frac{1}{20},\frac{1}{20},\frac{1}{20},\cdots,\frac{1}{20})$	10	[−5，5]	0
$F_8(x)$=（复合函数 2）: $f_1,f_2,f_3,\cdots,f_{10}$= 格里万克函数 $(\sigma_1,\sigma_2,\sigma_3,\cdots,\sigma_{10})=(1,1,1,\cdots,1)$ $(\lambda_1,\lambda_2,\lambda_3,\cdots,\lambda_{10})=(\frac{1}{20},\frac{1}{20},\frac{1}{20},\cdots,\frac{1}{20})$	10	[−5，5]	0

实验中 6 种算法在每个基准函数上分别执行 35 次，每次迭代 1 000 次。表 9-8 至表 9-11 显示了 6 种算法分别在 8 个基准函数下关于平均值、标准偏差、最优值和 P 值的统计结果。从表中可以看出，与其他算法相比，SGGSO 提供了极具竞争力的结果。它在所有函数的平均值、标准偏差以及最优值方面都优于其他对比算法。并且由于 P 值足够小，SGGSO 性能更好的假设可以认为是可靠的。这是由于 SGGSO 将上述提及的 GA 交叉、变异和 SA 的 Metropolis 接受规则集成到 GWO 中提高了其勘探和开发能力，从而证明了 SGGSO 的高性能。

表 9-8　单峰基准函数结果

函数	维度	算法	平均值	标准差	最优值	P 值
F_1	30	SGGSO	4.259 5	0.610 5	1.003 0	
		SA	78.899 4	77.309 5	59.372 6	0.000 2
		GA	33.532 4	36.119 2	29.635 3	4.287 3e^{-5}
		GWO	28.119 3	0.996 2	23.018 2	0.001 1

续表

函数	维度	算法	平均值	标准差	最优值	*P* 值
		SAPSO	21.113 6	13.505 5	18.833 2	0.004 3
		GLBA	17.490 9	19.766 2	8.281 7	$2.090\ 1e^{-9}$
F_2	30	SGGSO	$1.443\ 4e^{-42}$	$1.377\ 9e^{-42}$	$1.115\ 2e^{-43}$	
		SA	84.976 5	28.304 5	68.265 4	0.001 3
		GA	37.488 9	25.958 3	20.856 3	$8.283\ 7e^{-4}$
		GWO	4.361 6	3.139 5	3.297 4	$3.263\ 4e^{-11}$
		SAPSO	18.934 3	15.749 0	12.349 1	$1.223\ 1e^{-13}$
		GLBA	2.294 3	8.243 7	1.023 9	$6.983\ 2e^{-6}$

表 9-9　多峰基准函数结果

函数	维度	算法	平均值	标准差	最优值	*P* 值
F_3	30	SGGSO	0.733 5	0.513 4	0.003 8	
		SA	113.109 2	3.396 3	95.127 0	0.010 2
		GA	136.374 1	12.696 5	69.150 6	$2.300\ 4e^{-6}$
		GWO	11.742 1	1.475 7	3.928 8	$9.672\ 3e^{-16}$
		SAPSO	77.994 3	16.206 9	30.247 3	$2.873\ 2e^{-5}$
		GLBA	3.597 7	1.590 7	1.842 2	$7.287\ 3e^{-6}$
F_4	30	SGGSO	$1.002e^{-14}$	$1.588\ 8e^{-15}$	$1.001\ 2e^{-14}$	
		SA	20.337 7	0.246 7	19.063 4	0.008 7
		GA	1.771 5	0.085 7	1.018 2	$1.219\ 3e^{-9}$
		GWO	$2.291\ 5e^{-14}$	$2.891\ 8e^{-15}$	$2.130\ 1e^{-14}$	0.000 2
		SAPSO	9.110 9	1.004 2	3.794 0	0.029 1
		GLBA	0.629 6	2.080 4	0.192 4	$8.926\ 3e^{-5}$

表 9-10　固定维度多峰基准函数结果

函数	维度	算法	平均值	方差	最优值	P 值
F_5	2	SGGSO	0.397 9	1.177 1e^{-09}	0.397 9	
		SA	41.080 9	4.175 5	28.554 4	0.000 7
		GA	20.602 1	0	20.602 1	1.892 7e^{-11}
		GWO	4.378 9	1.324 3	2.726 3	7.884 5e^{-8}
		SAPSO	3.181 2	1.020 1	2.117 2	3.328 1e^{-10}
		GLBA	1.761 6	1.116 9	0.821 8	2.561 2e^{-5}
F_6	2	SGGSO	3.002	1.224 3	3	
		SA	63.276 2	23.248 8	28.307 4	0.455 3
		GA	195.588 5	0	195.588 5	0.514 9
		GWO	30.876 2	21.404 3	12.554 0	1.567 2e^{-12}
		SAPSO	24.156 2	22.318 2	9.253 7	1.382 0e^{-6}
		GLBA	14.261 8	13.277 5	7.142 6	0.007 6

表 9-11　复合基准函数结果

函数	维度	算法	平均值	方差	最优值	P 值
F_7	10	SGGSO	4.799 6	1.827 3	2.938 2	
		SA	227.364 6	38.832 1	167.972 6	3.837 3e^{-13}
		GA	901.768 3	3.785 3	801.498 2	6.489 2e^{11}
		GWO	139.659 3	28.162 7	87.657 1	0.007 8
F_7	10	SAPSO	491.760 2	102.610 1	287.716 2	0.001 3
		GLBA	104.873 5	6.868 3	74.283 7	7.872 2e^{-5}
F_8	10	SGGSO	3.533 1	0.872 6	1.799 4	
		SA	488.562 3	56.674 9	367.080 3	3.374 7e^{-15}
		GA	829.812 3	89.543 6	581.953 2	5.374 8e^{-13}
		GWO	110.410 5	32.818 6	82.902 8	0.002 3

续表

函数	维度	算法	平均值	方差	最优值	P值
		SAPSO	419.528 3	88.586 2	317.785 4	8.263 7e^{-6}
		GLBA	136.827 7	40.901 2	92.773 9	4.437 2e^{-7}

图 9-21 至图 9-28 显示了 6 种算法分别在 8 个基准函数下的 1 000 次迭代适应度值曲线。从图中可以看出，与其他算法相比，SGGSO 展示了在解决各种优化函数方面的显著性能，8 个基准函数中不仅迭代收敛次数基本上都是最少的，并且最终迭代适应度也是最优的，再次证明了 SGGSO 勘探和开发能力的卓越。

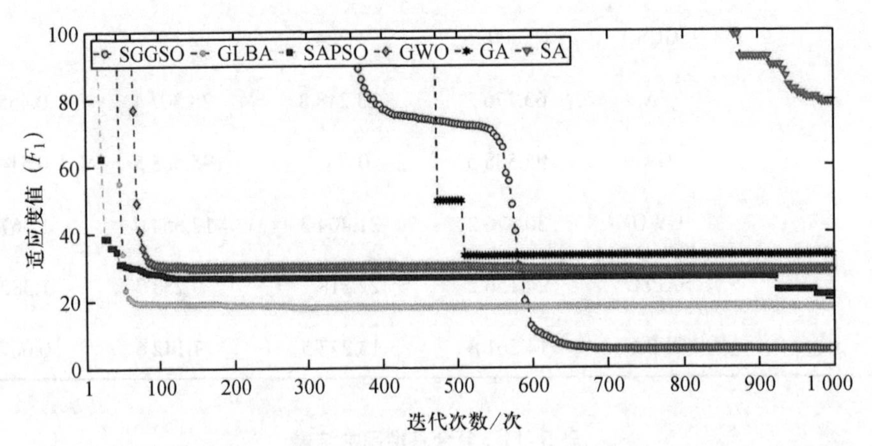

图 9-21　F_1 每次迭代 SA、GA、GWO、SAPSO、GLBA 和 SGGSO 的适应度值

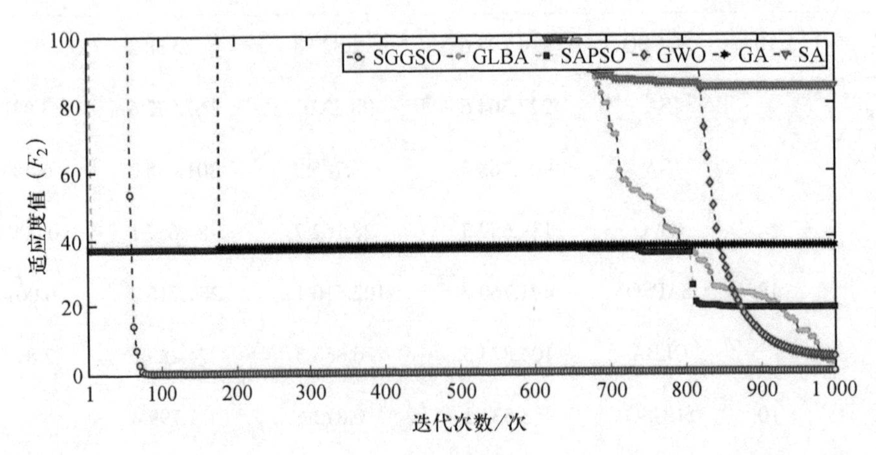

图 9-22　F_2 每次迭代 SA、GA、GWO、SAPSO、GLBA 和 SGGSO 的适应度值

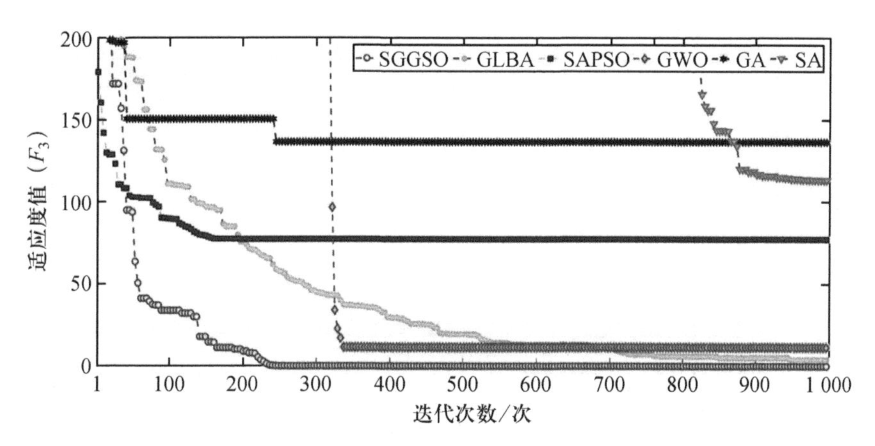

图 9-23　F_3 每次迭代 SA、GA、GWO、SAPSO、GLBA 和 SGGSO 的适应度值

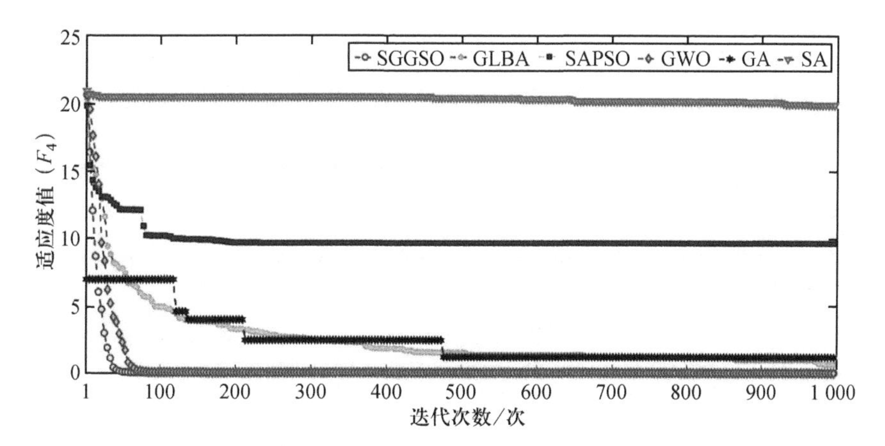

图 9-24　F_4 每次迭代 SA、GA、GWO、SAPSO、GLBA 和 SGGSO 的适应度值

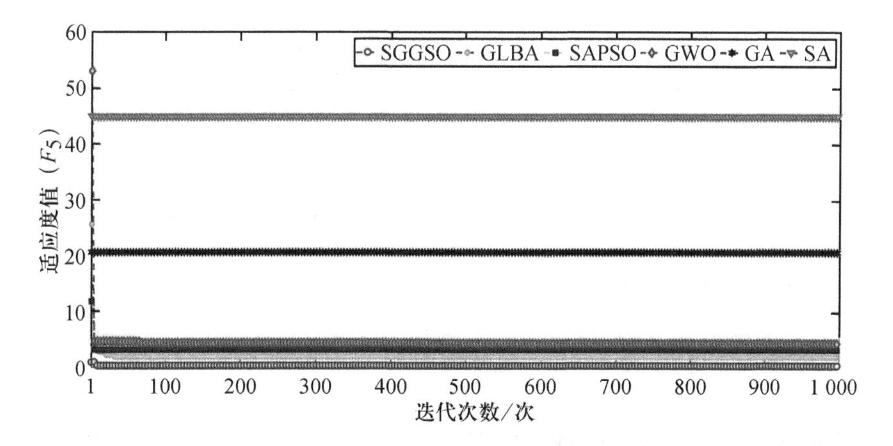

图 9-25　F_5 每次迭代 SA、GA、GWO、SAPSO、GLBA 和 SGGSO 的适应度值

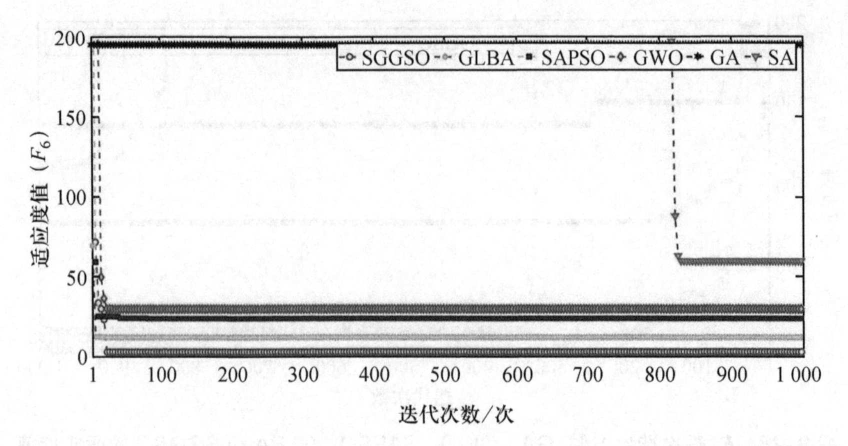

图 9-26 F_6 每次迭代 SA、GA、GWO、SAPSO、GLBA 和 SGGSO 的适应度值

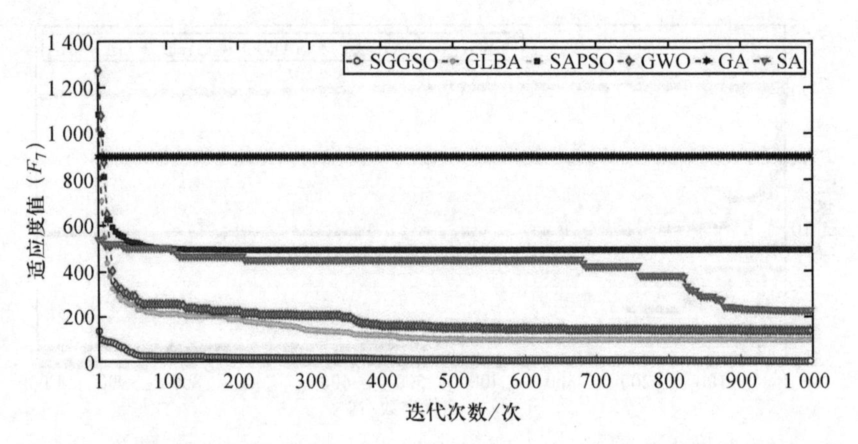

图 9-27 F_7 每次迭代 SA、GA、GWO、SAPSO、GLBA 和 SGGSO 的适应度值

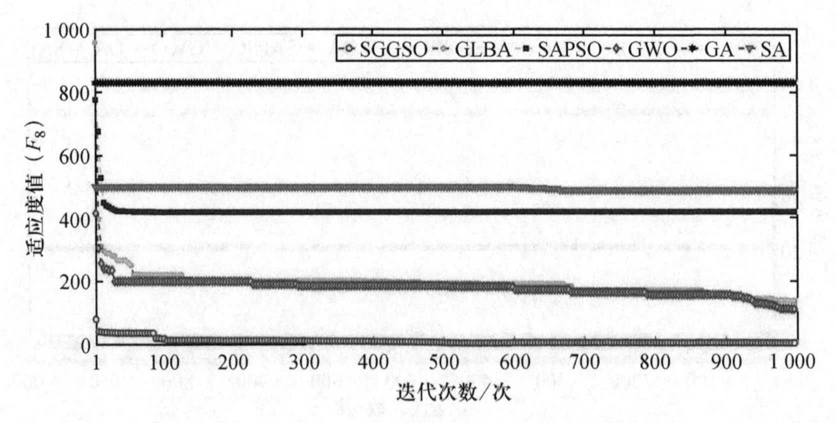

图 9-28 F_8 每次迭代 SA、GA、GWO、SAPSO、GLBA 和 SGGSO 的适应度值

图 9-29 至图 9-30 展示了 8 个不同基准函数的 2D 形状，以及该基准函数下 SGGSO 的搜索历史、轨迹展示、适应度历史和收敛曲线。例如，对于图 9-29 中的

F_1 基准函数，它的第一个子图显示了其 2D 形状。第二个和第三个子图分别显示了 SGGSO 在 F_1 基准函数下前两个维度的搜索历史，以及每次迭代中第一个维度的轨迹。它的第四个和第五个子图则分别显示了 SGGSO 在 F_1 基准函数下迭代进行时的适应度历史和收敛曲线。值得注意的是，适应度历史曲线表示狼群中第一匹狼的适应度值，而收敛曲线给出了随着迭代进行的狼群全局最佳适应度值。

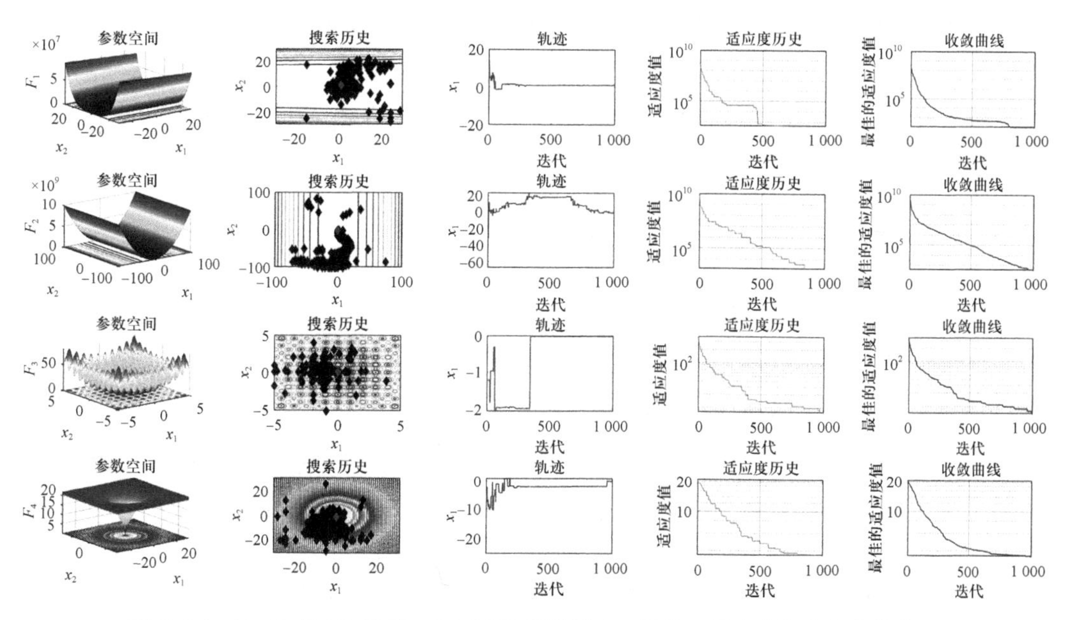

图 9-29 F_1–F_4 的 2D 形状，SGGSO 搜索历史、轨迹、适应度历史和收敛曲线

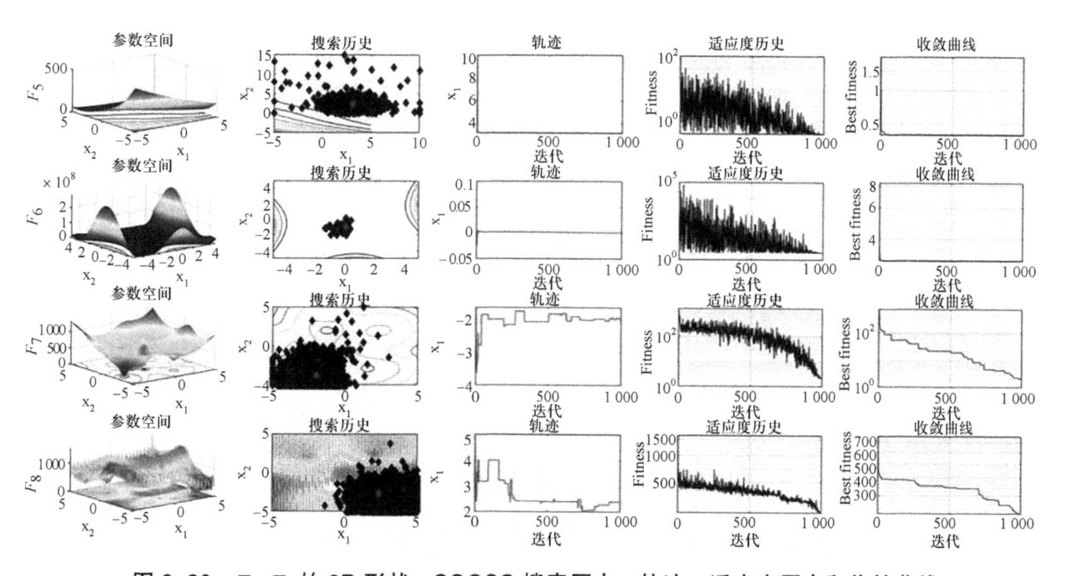

图 9-30 F_5–F_8 的 2D 形状，SGGSO 搜索历史、轨迹、适应度历史和收敛曲线

根据文献可知，在优化的开始步骤中，个体在优化的初始步骤中应该有突然的变化。这对指导元启发式算法广泛探索优化问题的解空间是有帮助的。这些变化必须足

够小，以在优化的最后阶段加强和强调开发。为了说明SGGSO的收敛行为，图9-29至图9-30中第二个子图展示了狼群中每匹狼的搜索历史。可以观察到，SGGSO的搜索个体倾向于广泛搜索解空间有希望的区域并利用最好的区域。此外，图9-29至图9-30的第三个子图显示了第一匹狼的搜索轨迹，其中可以观察到第一搜索个体在其第一维度（x_1）上的变化。可以看出，迭代的初始步长有突变，随着迭代的进行逐渐减小。根据文献可知，这种行为可以保证SGGSO最终收敛到搜索空间中的1个点，即高质量解。

综上所述，与众所周知的元启发式算法相比，实验结果验证了SGGSO在解决各种基准函数方面的优异性能。

9.4.4 实验环境及实验结果分析

1. 实验环境及参数设置

本实验中使用24小时内从谷歌集群[①]收集的真实数据对本节工作中提出的SGGSO进行评估。基于这些数据，模拟并生成了5辆CAVs的输入数据，这里每个时间间隔的长度为1小时，因此，图9-31中有24个时间间隔，并保证随机数据值。不同CAVs的整体输入数据的大小也可能不同。例如，CAV 1的整体输入数据较小，而CAV 3的整体输入数据相对较大。数据的随机范围也保证了实验的真实性和有效性。SGGSO和4种对比算法的相关代码使用MATLAB 2019进行编码，最后在一个具有16.0 GB的DDR4内存和1.60 GHz的Intel（R）Core（TM）i5-8250 U CPU服务器上执行。

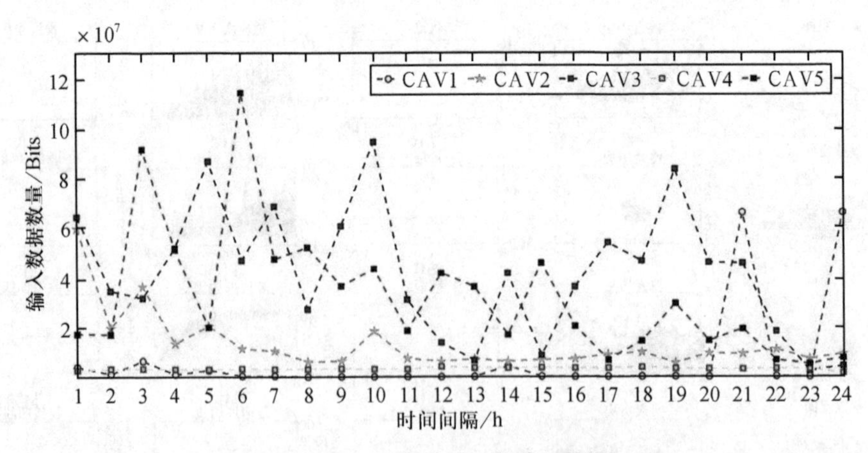

图9-31　五辆CAVs的输入数据

本节考虑一条长度为1 000 m的双向两车道的道路。每条车道的宽度为4 m。路边中间部署1个RSU，覆盖半径500 m。两条不同车道上的CAVs一直沿着它们的车道来

① https://github.com/google/cluster-data

回移动。对于 CAVs 的行为，本节工作采用了 GAIA 开放数据集的一部分，其中包含中国北京滴滴快车的移动轨迹 [①]。在模拟中随机选择 1 ~ 20 条轨迹。在表 9-12 中给出了仿真参数设置。

表 9-12　参数设置表

符号	取值	符号	取值
N	1 ~ 20	$\sigma^l(\sigma^m)$	-100 dBm
γ_n	0.05 ~ 0.2	d_n	1 ~ 240 m
ρ_n	{10，100，1 000}	ϱ	4
$W_2(W_2)$	10 MHz（10 MHz）	$\hat{E}_1^n$	18 J
$L(M)$	$10 \times N$	ϖ	2.44×10^{-4}
k_1	10^{-27}	$\mu(v)$	1.15×10^{-10}（0.5×10^{-10}）
k_2	10^{-29}	$\phi(\varphi)$	3×10^{-10}（5×10^{-10}）
k_3	10^{-31}	$\hat{E}_e$	20 J
$\hat{f}_1^n$	1.4×10^9	$\hat{A}$	8×10^9
$\hat{f}_2^n$	3×10^9	$\hat{G}$	2 048 GB
$\hat{f}_3^n$	6×10^{11}	$\varsigma_n(\iota_n)$	40（0.06）
$p_n^l(p_n^m)$	1 W（2 W）	W	50 Mbps
p_n^c	2 W	$\hat{t}_n$	4 s
$h_n^l(h_n^m)$	1		

2. 实验结果分析

图 9-32 给出了 5 辆 CAV 在每个时间间隔中所有 CAVs、RSU 和 CDC 执行任务的总成本，以及所有约束的总惩罚值。总成本与输入数据的总大小呈正相关，每个时间间隔的惩罚值接近于 0，说明 SGGSO 解决所提出的优化问题严格满足所有约束条件。

图 9-33 展示出了 RSU 中 CPU 周期的最大数目 $\hat{A}$ 对具有不同数量 N 辆 CAVs 和使用不同数量 L 个上行链路通信资源 RBs 的所有 CAVs 的成本影响。这个实验中，第 n 辆 CAV（$1 \leqslant n \leqslant N$）的输入数据为 5 MB，即 D_n =5 MB。仿真实验结果表明，在 N 和 L 相同的情况下，成本消耗先随 $\hat{A}$ 的增大而减小，然后趋于稳定。其原因是当 $\hat{A}$ 不足时，首先是 RSU 资源有限，需要在 CAVs 中执行更多的本地任务，因此成本更大。当 $\hat{A}$ 增加到一定的水平且足够时，成本消耗主要由通信资源 RBs 的数量控制。另外，给定相同的 $\hat{A}$ 和 L，当 N 较小时，即 $N = 15$，成本消耗较低。原因是当有更多的 CAVs 时，花

① Didi. Urban Traffic Time Index and Trajectory Data （new）. Available：https：//gaia.didichuxing.com

费更多的成本。此外，给定相同的 $\hat{A}$ 和 N，当 L 较大时，成本较低，例如 $L = 24$。其原因是当 RB 较多时，通信资源就足够了，在 RSU 和 CDC 上执行的任务也较多，成本也相应会降低。

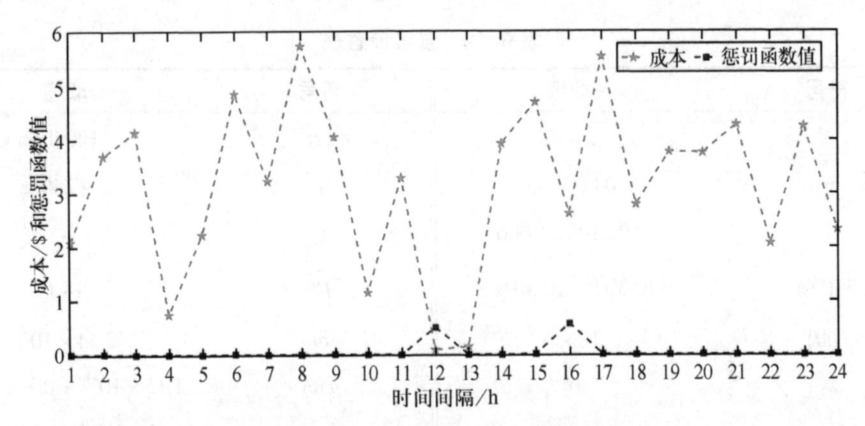

图 9-32　每个时间间隔的成本消耗和惩罚值

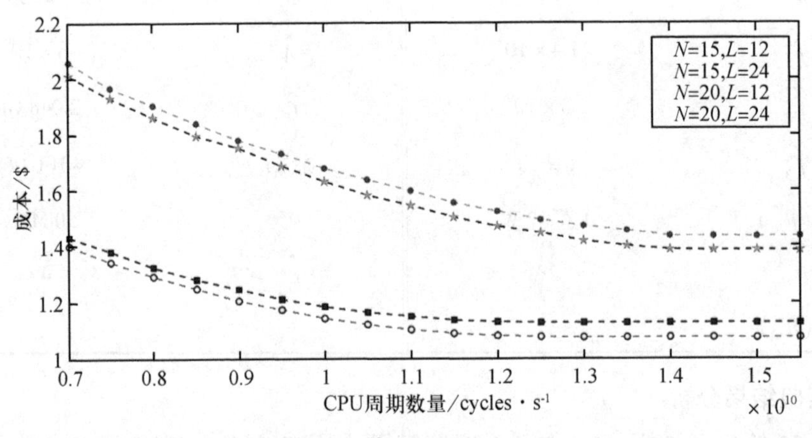

图 9-33　不同 $\hat{A}$、N 和 L 变化的成本

图 9-34 给出了关于不同数量 CAVs 在不同数量上行链路通信资源 RBs，即不同 N 和 L 的成本花费。这个实验中，RSU 中的最大 CPU 周期数为 8×10^9 cycles/s，即 $\hat{A}=8 \times 10^9$ cycles/s。仿真实验结果表明，成本花费随着 N 的增加而增加。另外，对于图 9-34 中的每条曲线有一个可以观察出的拐点，拐点之后，每条曲线显示出与 CAVs 的数量几乎线性增加的增长趋势。究其原因，为了最大限度地降低成本，一些缺少上行通信资源 RBs 的 CAVs 不能进行迁移任务，必须自己执行更多的任务，而另一些拥有上行通信资源 RBs 的 CAVs 则可以将更多的任务迁移到 RSU 和 CDC。因此，在每一曲线上，当 CAVs 的数量达到拐点时，随着 N 的增加，所有 CAVs 的成本开始近似线性增加。因为在拐点之后，所有可用通信资源 RBs 都成为瓶颈，更多 CAVs 的任务必须在本地执行。

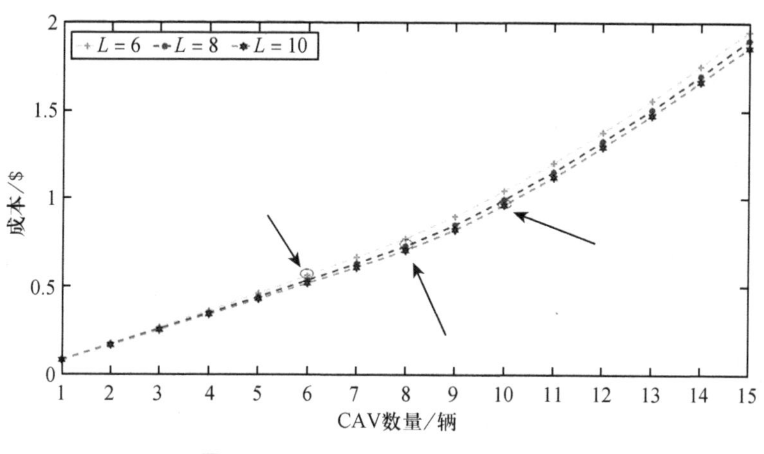

图 9-34　不同 N 和 L 变化下的成本

图 9-35 给出了关于系统中不同数量 L 个上行链路通信资源 RBs 和 CAVs 与 RSU 不同距离 d_n 设置下 15 辆 CAVs 的总成本。据观察，总成本随着 d_n 的增加而增加。此外，还观察到总成本随着 L 的增加而减少。原因是分配给每个 CAV 的上行链路通信资源 RBs 随着 L 的增加可以将更多的任务迁移到 RSU 和 CDC，因此，根据式（9-72）至式（9-74），每个 CAV 和 RSU 之间的数据传输速率随之增加。根据式（9-108）和式（9-111），从每个 CAV 向 RSU 发送任务所花费的成本降低，从而导致总成本降低。

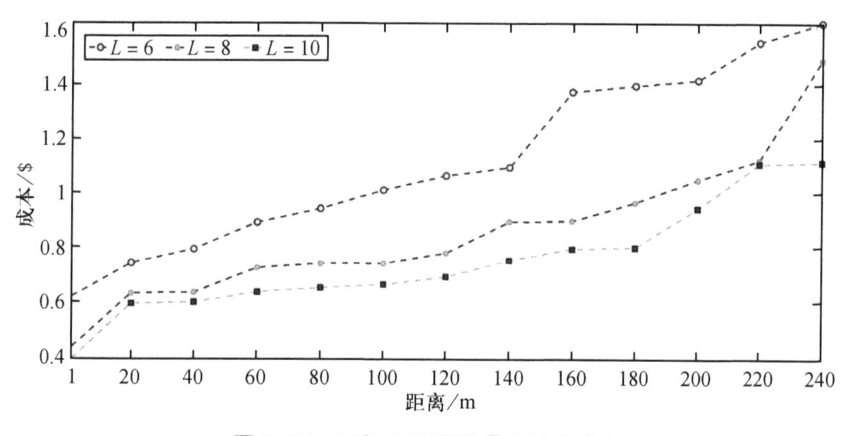

图 9-35　L 和 d_n 不同设置下的总成本

图 9-36 至图 9-38 分别显示了随着 CAVs 与 RSU 不同距离 d_n 的不同任务在 CAVs、RSU 和 CDC 中执行的数据的数量。这个实验中，考虑有 5 辆 CAVs，即 $1 \leqslant n \leqslant 5$。此外，输入数据 $D_n = 2$ MB、$D_n = 4$ MB、$D_n = 6$ MB、$D_n = 8$ MB 和 $D_n = 10$ MB。仿真实验结果表明，随着 d_n 的增加，边缘 RSU 和云端 CDC 处理的数据都会减少，而本地处理的数据会增加。原因是当 d_n 增加时，根据式（9-72）、式（9-74）、式（9-83）和式（9-

85)，如果 CAVs、RSU 和 CDC 中执行的数据的比率保持相同，则第 n 辆 CAV 的上行链路和下行链路传输速率将变得更低，并且上传和下载数据的传输所消耗的时间和成本变得更高。因此，为了降低 CAVs 的总成本和保证应用延迟限制，最初需要在 RSU 和 CDC 上处理更多的数据。

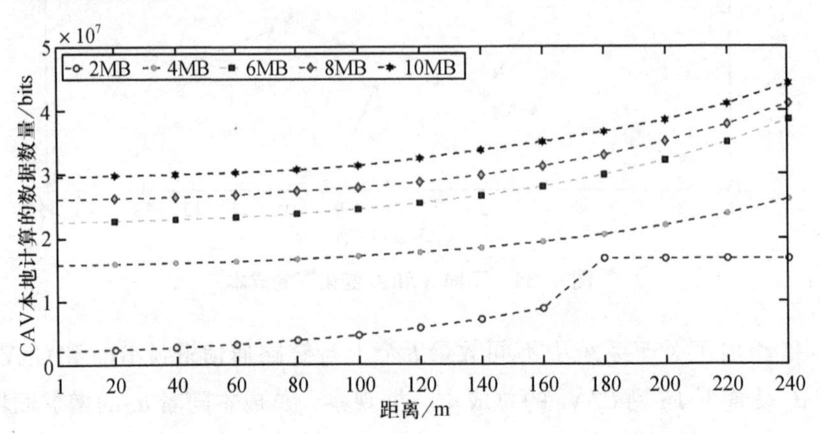

图 9-36　根据 d_n 的不同在 CAVs 上执行的数据数量

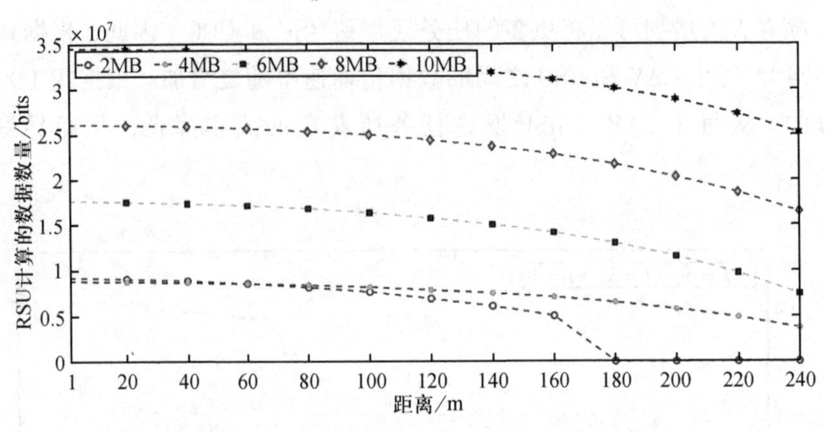

图 9-37　根据 d_n 的不同在 RSU 上执行的数据数量

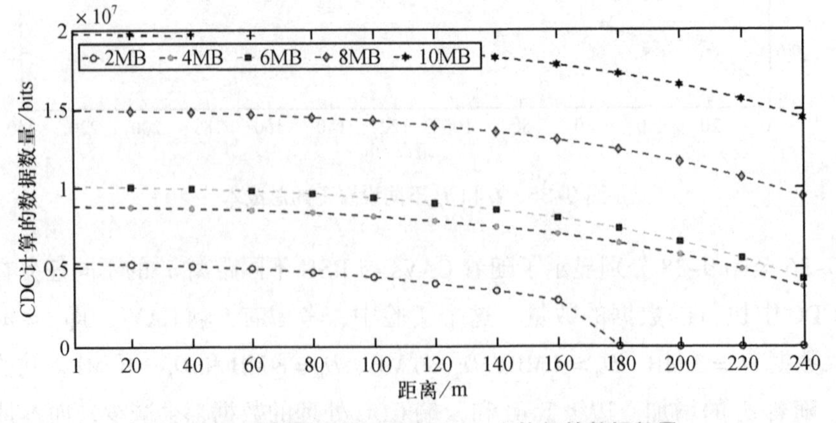

图 9-38　根据 d_n 的不同在 CDC 上执行的数据数量

图 9-39 显示了 15 辆 CAVs 相对于不同的应用延迟限制 $\hat{t}_n$ 和 RSU 的最大 CPU 周期数 $\hat{A}$ 的总成本花费。这个实验中，第 n 辆 CAV（$1 \leqslant n \leqslant N$）的输入数据为 5 MB，即 $D_n = 5$ MB。仿真实验结果表明，总成本花费随着 $\hat{A}$ 的增加和 $\hat{t}_n$ 的增大而减小。原因是当 $\hat{A}$ 和 $\hat{t}_n$ 增加时，RSU 处理的数据更多，因此 15 辆 CAVs 的总成本降低。特别是当 $\hat{t}_n$ 非常小时，在 CAVs 中会处理更多的数据，如果在 RSU 中处理更多数据则会导致较长的传输时间进而违反延迟的限制。而当 $\hat{t}_n$ 增加时，使得 CAVs 能够接受较长的传输时间，因此延迟限制可以得到满足。

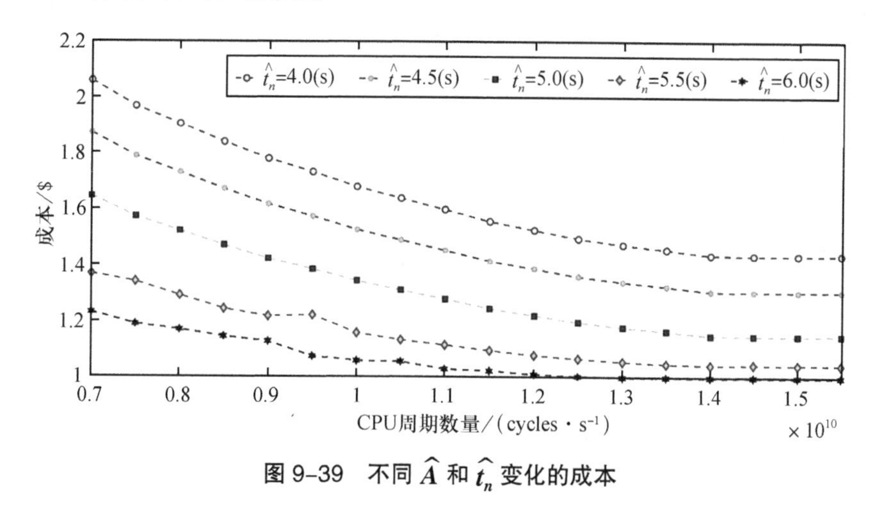

图 9-39　不同 $\hat{A}$ 和 $\hat{t}_n$ 变化的成本

图 9-40 给出了关于不同数量 CAVs 在不同的应用延迟限制，即不同 N 和 $\hat{t}_n$ 设置下系统的总成本。仿真实验结果表明，当 $\hat{t}_n$=4.0 s 时，系统的总开销比 $\hat{t}_n$ = 4.5 s、5.0 s、5.5 s、6.0 s 时要大得多，原因是 $\hat{t}_n$ 越严格，在 CAVs 中会处理更多的数据，如果在 RSU 和 CDC 中处理更多数据则会导致较长的传输时间进而违反延迟的限制，从而增加了系统的总开销。

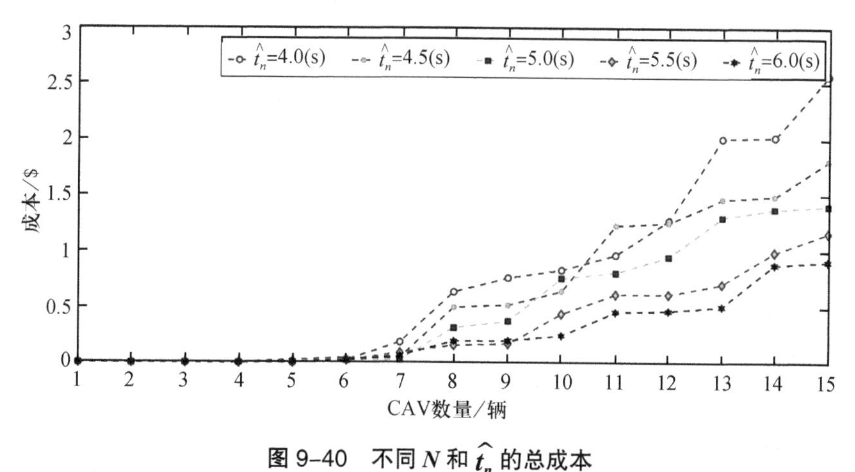

图 9-40　不同 N 和 $\hat{t}_n$ 的总成本

图 9-41 至图 9-44 分别说明了在不同传输距离 d_n 下的系统总成本、CAVs 成本、

边缘端 RSU 成本以及云端 CDC 成本。仿真实验结果表明，随着 d_n 的增加，边缘端 RSU 和云端 CDC 成本降低，而 CAVs 成本增加。原因是，如图 9-36 至图 9-38 所示，随着 d_n 的增加在边缘端 RSU 和云端 CDC 中执行的数据会减少，因此，在边缘端 RSU 和云端 CDC 中执行任务成本花费较少。此外，更多的数据在 CAVs 中完成，因此，对 CAVs 造成的成本花费更多。特别是对于 2 MB 输入数据的任务，因为数据量小，当 d_n=180 m 之后的任务完全由 CAVs 本身处理。因此，边缘端 RSU 和云端 CDC 成本都为 0 $。

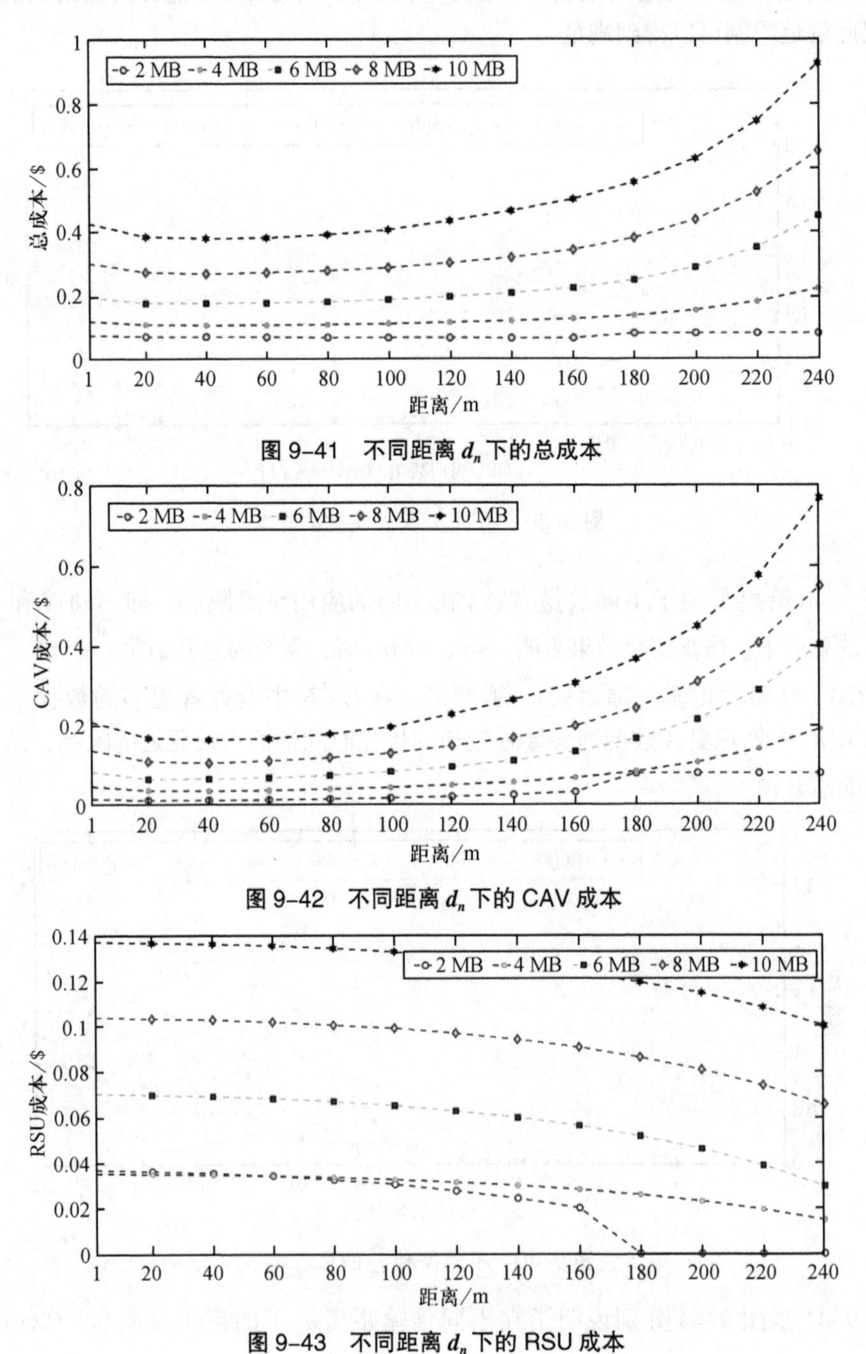

图 9-41　不同距离 d_n 下的总成本

图 9-42　不同距离 d_n 下的 CAV 成本

图 9-43　不同距离 d_n 下的 RSU 成本

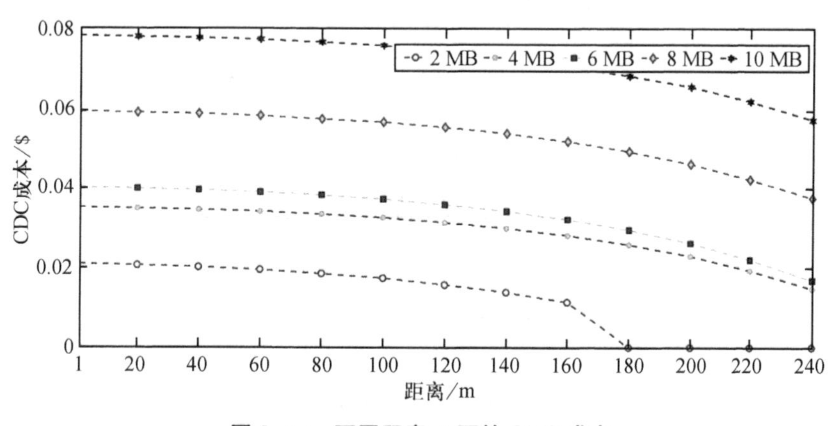

图 9-44　不同距离 d_n 下的 CDC 成本

图 9-45 显示了 SGGSO、GLBA、SAPSO、GWO 和 GA 在不同 CAVs 数量下的成本比较。仿真实验结果表明，在 CAVs 的数量为 1 ~ 15 时，SGGSO 算法的成本花费最小。此外，研究还表明，SGGSO 的成本曲线几乎呈线性增长，随着 CAVs 数量的增加，SGGSO 的成本增长相比 GLBA、SAPSO、GWO 和 GA 更加趋于稳定，展示了 SGGSO 的优化能力更强。

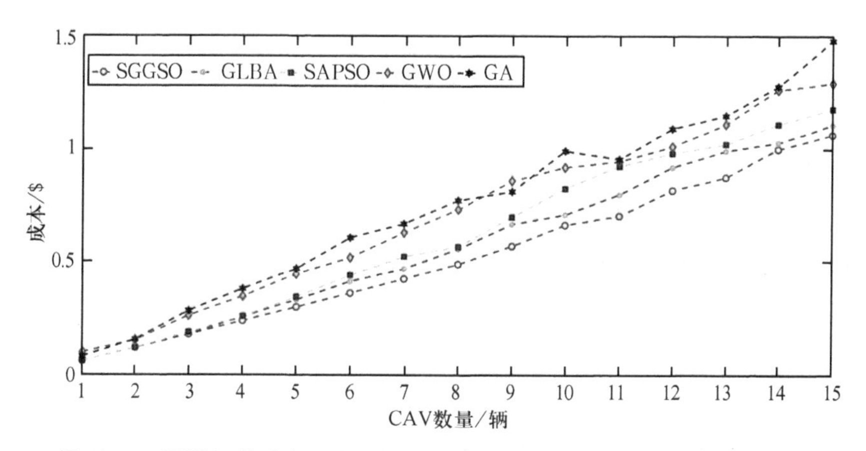

图 9-45　不同 N 的 SGGSO、GLBA、SAPSO、GWO 和 GA 的成本比较

图 9-46 和图 9-47 分别给出了 5 种算法在 15 辆 CAVs 下的成本花费和惩罚收敛曲线。其中，图 9-46 中与其他 4 种算法相比，GA 以最少的迭代次数（37 次）收敛到最终解。然而，结合图 9-46 和图 9-47 看出，它的最终解决方案是最不好的，因为它的成本和惩罚是最大的。GWO 是迭代最慢的，需要 929 次迭代才能收敛到最终结果，其成本却比 GA 低 20.50%，但仍高于 SGGSO、GLBA 和 SAPSO。SAPSO 和 GLBA 分别需要 721 次和 633 次迭代才能收敛到最终解，其成本分别比 SGGSO 高 62.51% 和 30.0%。最后，SGGSO 只需要 233 次迭代就可以以最小的成本收敛到最终解，因此，SGGSO 在比 GLBA、SAPSO、GWO 少得多的迭代中实现了最小的成本花费。

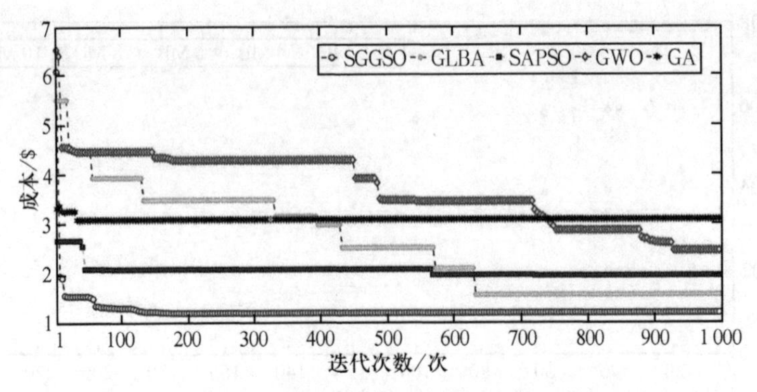

图 9-46　5 种算法的成本演化曲线

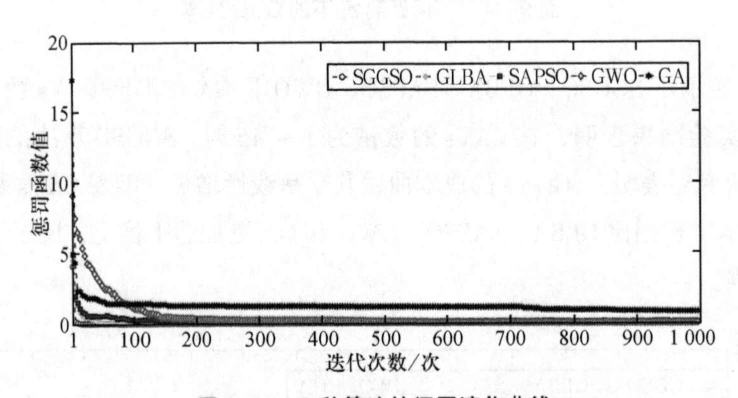

图 9-47　5 种算法的惩罚演化曲线

图 9-48 显示了 5 种算法在 5 辆 CAVs 不同时间间隔下的成本比较。仿真实验结果表明，GA 和 GWO 在每个时间间隔的成本基本都大于其他 3 种算法，因此性能最差。这是因为 GA 算法的种群规模、变异率等关键参数，需要仔细设置。另外，GA 算法在求解复杂问题时，往往需要更长的时间，不能在预先设定的迭代次数内收敛到高质量的结果。与 GA 算法类似，GWO 算法也不能收敛到高质量的解。此外，在大多数时间间隔中，SAPSO 和 GLBA 的成本小于 GA 和 GWO，而大于 SGGSO。其原因是 SAPSO 和 GLBA 与 SGGSO 相比只能找到局部最优解。最后，在所有测试算法中，SGGSO 算法

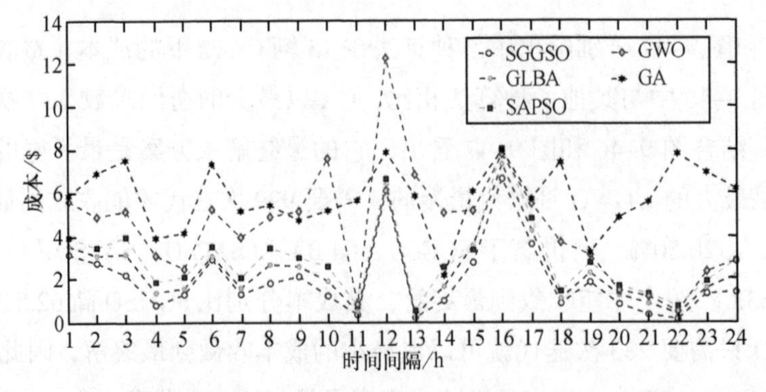

图 9-48　不同时间间隔的 SGGSO、GLBA、SAPSO、GWO 和 GA 的成本

在每个时间间隔的成本最小。与 GA、GWO、SAPSO、GLBA 相比，SGGSO 的平均成本分别降低了 67.14%、56.79%、33.0% 和 19.82%。

为了证明所提出的 SGGSO 任务迁移策略的有效性，本节工作将进一步与三种基准迁移策略进行比较，具体如下：

（1）CAVs + CDC（CC）策略。CAVs 的所有任务智能地在 CAVs 和云端 CDC 之间迁移，没有利用边缘端 RSU 中的附近计算资源。

（2）CAVs + RSU（CR）策略。CAVs 的所有任务巧妙地在 CAVs 和边缘端 RSU 之间迁移，不利用云端 CDC 计算能力。

（3）RSU + CDC（RC）策略。CAVs 的所有任务只在边缘端 RSU 和云端 CDC 之间执行迁移，结合了边缘端 RSU 的快速处理响应能力和云端 CDC 的庞大计算资源。

图 9-49 展示了 SGGSO、CC、CR 和 RC 不同迁移策略相对于不同数量的 CAVs 的总成本比较。如图 9-49 所示，每种策略的总成本随着 N 的增加而增加。此外，在 CAVs 数量相同的情况下，SGGSO 的总成本是 4 种策略中最小的。原因是 SGGSO 协同优化了 CAVs、RSU 和 CDC 之间的任务迁移、通信资源传输分配以及 CAVs、RSU 和 CDC 的 CPU 计算速度。另一方面，CC 由于没有利用边缘端的计算资源，并且远距离传输计算任务且导致无法满足时间延迟约束使得在相同数量的 CAVs 下，其总成本远大于 SGGSO。具体而言，与其他 3 种策略相比，SGGSO 的总成本分别降低了 15.62%、35.84% 和 42.32%。此外，在 CR 和 RC 中，所有任务全部都分别迁移到 RSU 和 CDC 中。因此，这大大增加了 CAV 与 RSU/CDC 之间数据传输的成本，以及 RSU/CDC 中任务执行的成本，从而增加了总成本。

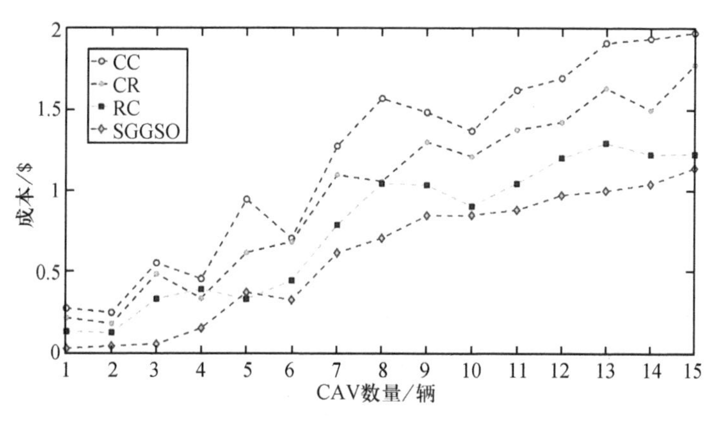

图 9-49　不同 N 的 SGGSO、RC、CR 和 CC 的成本

图 9-50 说明了 SGGSO 在不同任务处理密度 ρ_n 下不同任务迁移策略的总成本比较。这个实验中，N=15。可以观察到，随着 ρ_n 从 10 增加到 1 000，每种策略的总成本急剧增加。此外，SGGSO 的总成本是 4 种策略中最少的。具体来说，与 RC、CR、CC 相比，SGGSO 的总成本分别平均降低 30.95%、52.96% 和 62.75%。

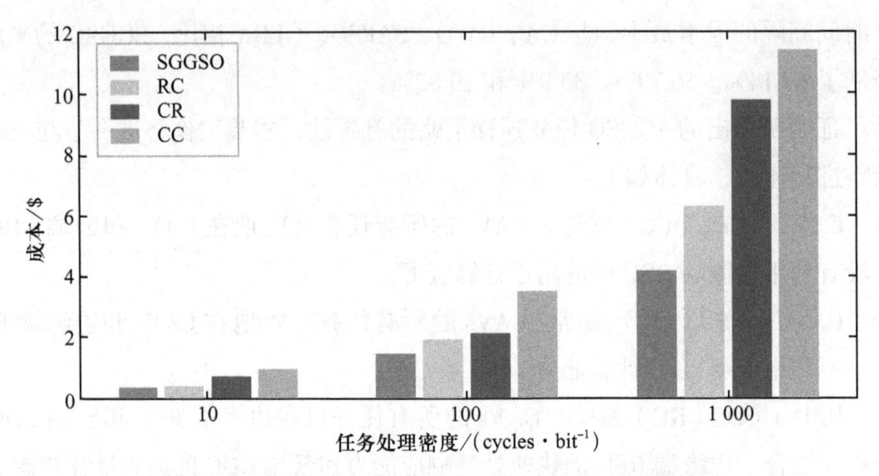

图 9-50　不同 ρ_n 的 SGGSO、RC、CR 和 CC 的成本

9.5　本章小结

本章节的主要目标是深入探讨复杂分布式系统优化领域的研究现状。对各种优化技术的原理、研究思路和进展进行详细分析，以加深对它们的理解。具体而言，本章从边缘端和云端两个不同的角度对每种优化技术进行全面审视，阐明其在系统融合过程中的作用以及所采用的方法。

通过对底层原理的深入阐述，揭示这些优化技术的内在机制，并讨论它们如何实现系统的高效运行。此外，为了更好地说明这些技术的应用场景，结合两个具体的复杂分布式系统场景进行建模。这将使我们能够更加具体地考虑系统需求，并针对性地提出相应的优化算法。

在解决系统成本方面，提出多种创新的优化算法，并对其进行详细讨论。这些算法将被设计为能够最大程度地降低资源消耗、提高系统效率，并且能够满足用户对服务响应延迟的要求。同时，与其他已有的算法进行比较，以验证新算法的性能和可行性。

通过本章节的研究和实践，期望为复杂分布式系统优化领域的进一步发展做出贡献，并为实际应用提供有力的支持和指导。

第 10 章　云边融合的创新实践——新型基础设施

云边融合技术是将云计算和边缘计算结合起来的一种新型计算模式，可以为各种场景下的计算任务提供高效和可靠的处理能力。在近年来的实践中，云边融合技术已经在各个领域得到广泛的应用。

云边融合技术的创新实践应用正在不断推进和拓展，本章介绍其作为新型基础设施的实践内容，并为各个行业带来了新的技术变革和发展机遇。未来随着技术的不断进步和创新，云边融合技术还将扩展至更多其他领域。

10.1　云边融合在 CDN 场景中的应用

内容分发网络（Content Delivery Network，CDN）是一种分布式网络基础设施，用于加速互联网内容传输，提升用户访问速度和服务质量。通过全球部署分布式服务器节点和智能路由技术，CDN 将用户请求数据缓存到最近的服务器上，为用户提供更快更好的响应和服务体验。

CDN 技术适用于各种网络内容，如静态网页、动态网页、图片、音频、视频等。它选择最近节点响应用户请求，并通过缓存、负载均衡和内容优化技术提高网络服务质量和可靠性。CDN 已成为许多互联网公司、网站和应用的重要基础设施，广泛应用于内容分发和加速，提供优质网络服务。云边融合技术在 CDN 场景中起到加速网络内容传输，改善用户体验的作用。它结合云计算和边缘计算，在 CDN 节点部署边缘服务器，协同内容分发和计算资源，优化 CDN 性能和稳定性，提供高效可靠的内容分发服务。通过在 CDN 节点部署边缘服务器，可以在离用户更近的位置提供更快的响应速度和更好的服务体验。同时，云端服务也可以对整个 CDN 进行实时监控和资源调度，以保证网络的稳定性和可靠性。此外，云边融合技术还可以实现 CDN 节点和智能缓存的融合，提高缓存效率和命中率。通过将 CDN 节点和智能缓存进行融合，可以实现缓存内容的智能预热和更新，从而减少用户请求的等待时间，提高访问速度和体验。

10.1.1 价格和网络成为 CDN 发展痛点

CDN 服务在互联网内容传输中扮演着重要的角色，但由于价格高昂和网络问题等因素，CDN 行业仍面临着诸多痛点。CDN 服务的价格问题涉及服务提供商的成本以及市场供求关系和竞争格局。服务商在承担设备购置、人员配置以及维护成本的同时，其业务重心在于核心业务的精耕细作，致力于扩大运营规模，并构建起一套成熟的运营机制与服务能力。然而，受限于 CDN 运营固有的不灵活性，带宽资费设置缺乏弹性，无法做到按需分配资源，这直接导致了价格水平长期居高不下。

网络质量和覆盖范围对 CDN 的发展和应用至关重要。视频业务的快速增长给移动运营商的网络承载能力带来挑战。目前，移动网络内部的 CDN 系统一般部署在省级互联网数据中心（Internet Data Center，IDC）机房，离移动用户较远，使用过程中仍需占用大量移动回传带宽，无法满足对时延和带宽更敏感的移动业务场景。此外，虽然互联网公司越过运营商已部署许多 CDN 节点，但因为主要部署在固网内部，移动用户访问视频业务仍需通过核心网后端，对运营商的网络资源传输带宽依旧是巨大挑战。

10.1.2 CDN 与边缘云融合向下一代内容分发平台升级

随着 5G 的部署以及与 AI 技术、大数据、云计算和物联网等的结合，互联网进入了一个全新阶段，即万物互联的信息时代。然而，当前阶段的 CDN 架构已无法满足 5G 时代的应用需求。因此，CDN 将迎来边缘云和 AI 的新发展，以更快地响应需求，并实现服务能力、服务状态和服务质量的更高透明度。

一种新的发展方式是将 CDN 部署到移动网络内部，通过边缘云平台将虚拟内容分发网络（Virtual Content Delivery Network，vCDN）下沉到运营商的边缘数据中心中，如图 10–1 所示。这将大大缓解传统网络的压力，并提升移动用户视频业务的体验。基于云边融合构建 CDN，不仅可以扩大 CDN 资源池，还可以有效利用边缘云来进一步提升 CDN 节点的资源弹性伸缩能力。

CDN 云边融合适用于本地化和频繁请求热点内容的场景，比如商超、住宅、办公楼宇和校园等。对于近期热门视频和内容，可能会出现频繁的本地化请求。通过一次远程内容回源并在本地建立 vCDN 节点后，本地区域内多次请求热门内容都可以从本地节点进行分发，提高命中率并降低响应时延，从而提升服务质量指标。类似地，这种过程也可以应用于 4 K、8 K、AR/VR、3D 全息等场景，通过本地化快速建立场景和环境，提高用户体验，减少晕眩感和延迟。

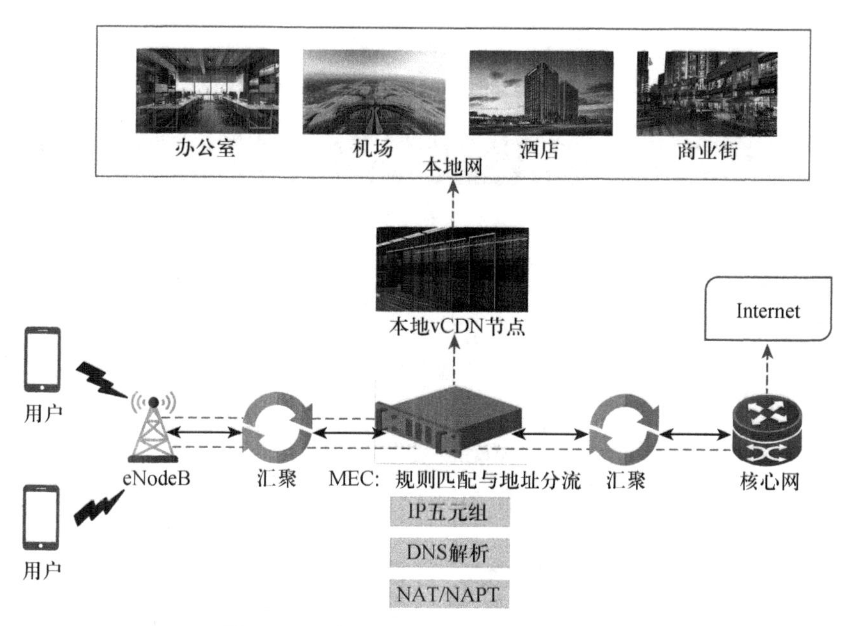

图 10-1　基于边缘云的 vCDN 实现场景

对于大型活动，如演唱会、体育比赛等，由于参与者数量众多，通常需要在现场设置专门的网络基础设施来满足参与者对于实时视频和其他内容的需求。在这种场景下，通过 CDN 与边缘云的融合，可以在现场设置边缘云节点，实现现场网络和 CDN 网络的协同，提高实时视频和其他内容的传输速度和质量。同时，在物流仓储领域，通常需要对仓库内的货物进行实时监控和追踪，以确保物流运输过程的安全和高效。通过 CDN 与边缘云的融合，可以在物流仓库内部设置边缘云节点，实现仓库内部的实时监控和数据传输，提高物流运输的效率和安全性。

10.1.3　典型案例

某云服务提供商 CDN+ 边缘计算服务（Elastic Compute Service，ECS）是基于其自有的边缘计算技术和全球分布式 CDN 网络所提供的一项服务，如图 10–2 所示。通过在全球范围内部署节点，ECS 能够提供低延迟、高吞吐量的数据传输服务，同时支持对计算资源的智能调度和管理。该服务不仅可以支持传统的 CDN 应用场景，还可以支持实时音视频直播、IoT、智慧城市等多种应用场景。ECS 将计算资源部署在 CDN 的边缘节点上，可以将数据处理和计算推到离终端用户最近的地方，提高数据传输效率和速度。

某云服务提供商采用 CDN+FaaS，FaaS 是一种轻量级的边缘计算框架，支持运行在 CDN 边缘节点上的无服务器函数计算，能够对超文本传输协议请求和响应进行拦截和处理，实现内容分发、数据加速、安全防护等功能。FaaS 通过在 CDN 边缘节点上部署函数计算资源，可以实现更加灵活、高效的边缘计算服务，提高了应用的响应速度和用户体验。

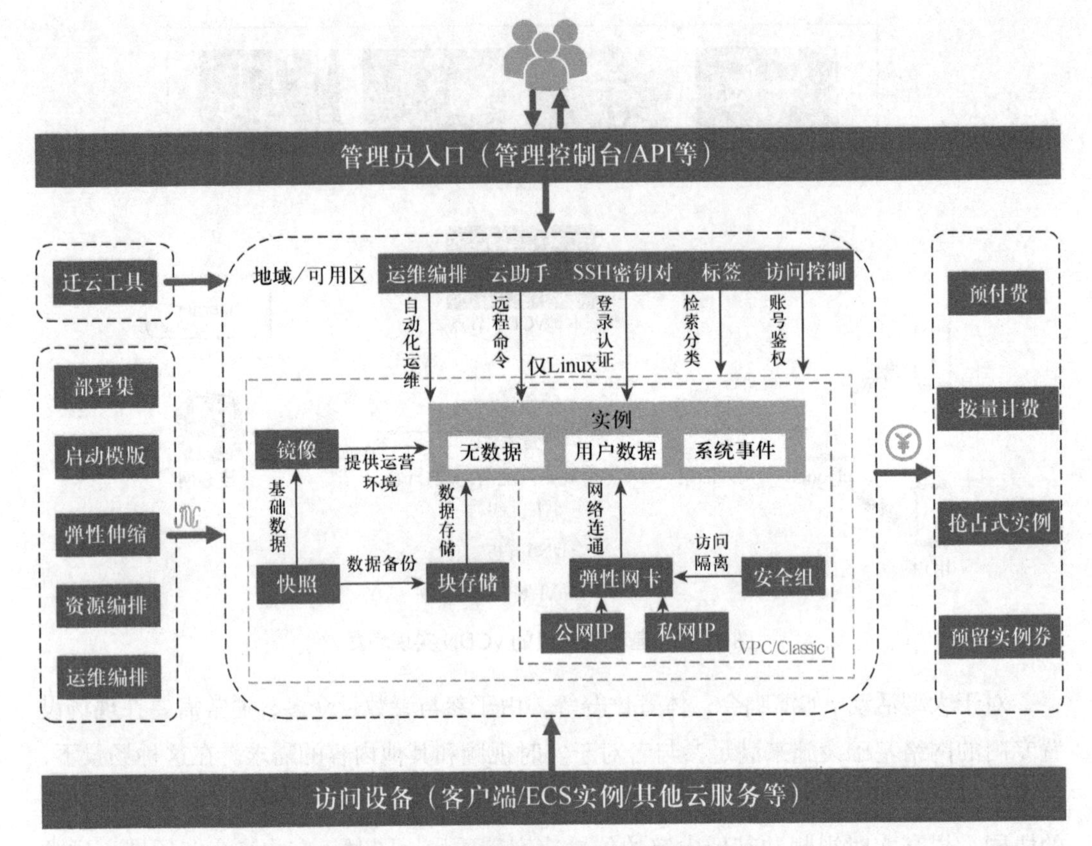

图 10-2　云服务器 ECS 的产品组件架构

10.2　云边融合在工业互联网场景中的应用

云边融合在工业互联网场景中的应用非常广泛。工业互联网是以物联网技术为基础，通过网络、计算、存储和应用等信息技术手段，实现制造企业内部及企业之间的连接和协同，构建灵活、高效、智能、安全的智能制造系统。在这个系统中，云边融合可以为工业制造业提供一系列创新性解决方案和服务，例如离线训练与在线预测、边缘智能监控、工厂仿真和优化、远程操作和服务等，为生产过程中的自动化和质量控制提供支持，提高了生产效率以及设备可靠性，能够使制造业采用更加智能、高效、安全和可靠的生产模式。

10.2.1　工业互联网助力工业企业智能化转型

近年来，工业领域在国家供给侧改革政策的推动下，需求持续复苏。然而，随着人们对物质品质的要求不断提高，人力成本和上游材料成本不断上涨，工业企业被迫向智能化转型。作为新一代信息技术与工业系统深度融合的关键综合信息基础设施，工业互联网发挥着重要作用。

工业互联网借助信息化和智能化技术的发展，在工业企业中扮演着越来越重要的角色。它能够帮助企业实现全面数字化和智能化，提升生产效率和管理水平，推动企业的可持续发展。通过工业互联网，企业能够实现设备间的互联互通，构建智能化生产线。通过采集设备的运行数据，进行实时监控和预测维护，有效提高设备的使用效率和运行稳定性。同时，通过连接各生产线和生产环节，实现全面信息化和智能化的生产管理，优化生产计划和资源调配，降低生产成本，提高产能和品质。

工业互联网还能为企业提供大数据分析和人工智能等技术支持，实现更高级别的智能化应用。通过采集、存储和分析生产数据，企业能够了解生产线的实时状态和潜在风险，确定更合理的生产计划和调度策略。同时，借助人工智能技术，企业可以实现自动化生产、自适应生产和个性化定制等创新应用，为企业的竞争力提供强有力的支持。工业互联网的发展对于工业企业的智能化转型起到了重要的促进作用。随着技术的不断升级和创新，工业互联网将为企业带来更多的发展机遇和竞争优势。

10.2.2　云边融合是工业互联网的重要支柱

近年来，随着政府部门陆续出台相关政策支持以及生态建设的不断发展，中国工业互联网产业迅猛发展。据数据中心（Internet Data Center，IDC）预测，到 2025 年全球将有超过 75% 的物联网数据在边缘处理，而工业互联网作为物联网在工业制造领域的延伸，也继承了物联网数据海量异构的特点。在工业互联网场景中，边缘设备只能处理局部数据，无法形成全局认知，在实际应用中仍然需要借助云计算平台来实现信息的融合。因此，云边融合正逐渐成为支撑工业互联网发展的重要支柱。

工业互联网通过边缘计算与云计算的协同工作，实现了在边缘计算环境中安装和连接的智能设备处理关键任务数据并实时响应的能力，而不是将所有数据发送到云端并等待云端响应，如图 10–3 所示。这些智能设备本身就像迷你数据中心，能够在设备上进行基本的数据分析，几乎没有延迟。通过这种边缘计算的方式，数据处理变得分散，网络流量大大减少。云端可以在以后收集这些数据进行第二轮评估、处理和深入分析。

在工业制造领域，单点故障在工业级应用场景中是绝对不能被接受的。因此，除了云端的统一控制外，工业现场的边缘计算节点必须具备一定的计算能力，能够自主判断并解决问题，及时检测异常情况，实现预测性监控，提升工厂运行效率的同时预防设备故障。处理后的数据可以上传到云端进行存储、管理和态势感知等进一步的处理。这种边缘计算和云计算的协同工作使得工业互联网能够更好地应对工业制造中的要求和挑战。

云边融合作为工业互联网的重要支柱，正引领着工业生产方式的转型升级。在过去的几十年中，传统的制造业一直在追求效率的提升和成本的降低，然而随着智能化

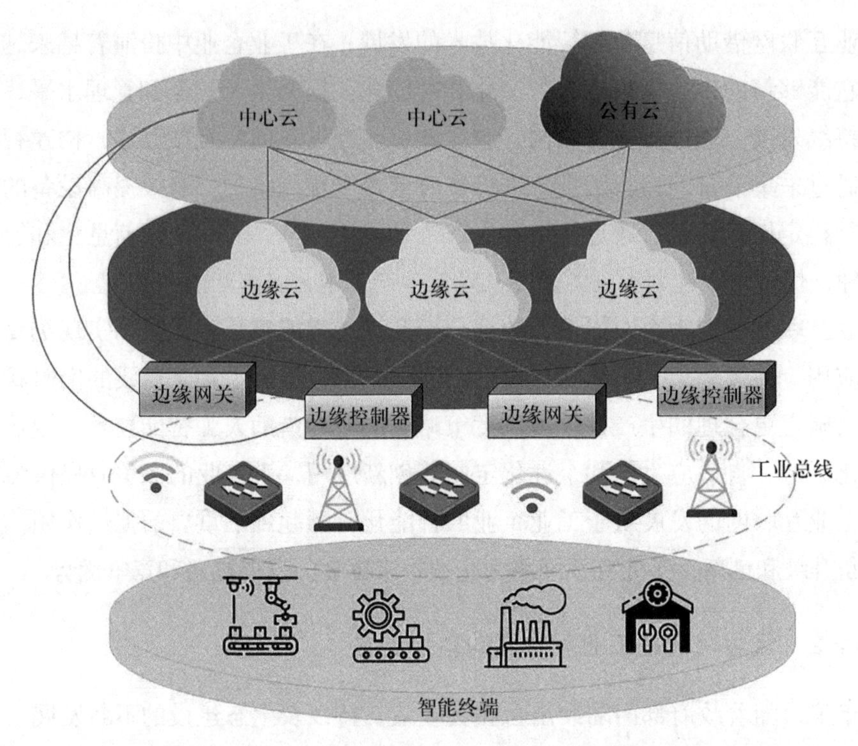

图 10-3　工业互联网利用边缘云实现云边融合示意图

技术的快速发展，工业互联网的应用正在打破传统的生产模式，赋能制造业实现高效、灵活、智能的转型。云边融合技术通过将云计算与边缘计算相结合，可以为工业企业提供更加完善的解决方案。相较于传统的云计算模式，云边融合技术可以让计算、存储、网络等资源更加靠近用户端，有效地降低网络时延和传输成本，提高数据处理速度和用户体验。而在工业生产过程中，对数据的处理速度和实时性要求尤为重要，也使得云边融合技术成为工业互联网应用首选。

在工业互联网中，云边融合技术可被应用于多个方面。例如，在工业控制领域，云边融合技术可以将云计算和边缘计算相结合，实现对工厂设备的实时监控、预测性维护和质量控制等。同时，在工业物联网应用中，云边融合技术可以通过将边缘设备与云计算相连接，实现大规模设备的智能化管理和控制。此外，还可以将云边融合技术应用于工业数据分析和人工智能方向，实现数据的深度挖掘和模型的快速优化。云边融合技术也可以为工业企业提供更加灵活、高效的生产模式，通过实时采集、分析和处理数据，云边融合技术可以为工业企业提供智能化的生产调度和优化制造流程。同时，云边融合技术还可以通过数字化的手段实现生产环节的可视化、协同和透明化，提高生产效率和质量，降低成本和风险。

10.2.3　典型案例

以某集团海上钻井平台生产过程与安全生产监控为切入点，建设基于水下生产系统的云边融合制造工业互联网平台，在工厂的网络边缘侧利用工业互联网平台操作技术（Operational Technology，OT）层技术，对钻井平台大型天然气采掘设备各类流量数据、开关数据、振动数据及环境瓦斯监测数据等主要数据源进行采集，并将其存储于实时数据库中，从而可在边缘侧依据采集数据对设备运行状态监控和安全生产过程管控，保证生产过程的设备运行全程可视化与设备故障的快速报警。边缘端将采集数据同步传送到云端工业大模型训练环境，通过多维运行过程监测自学习模型、故障预测自学习模型，结合相关故障诊断与维修经验，完成基于知识图谱的自学习模型构建，为大机组设备自主运行维护提供综合应用服务。通过对边缘侧收集的各类数据进行统一的分析、存储，结合 AI 模型训练数据，建构三维可视化平台，平台提供三维管线生成与管理、二维与三维一体化融合、气田系统集成与可视化、语音控制与视频联动、设备操作培训考核系统、气田气藏可视化、立管可视化以及海管流动性可视化等内容，实现全生命周期的统一调度、模拟优化、闭环调控。产供销数据可视化，最终能够帮助集团完成生产域的数字化转型，如图 10-4 所示。

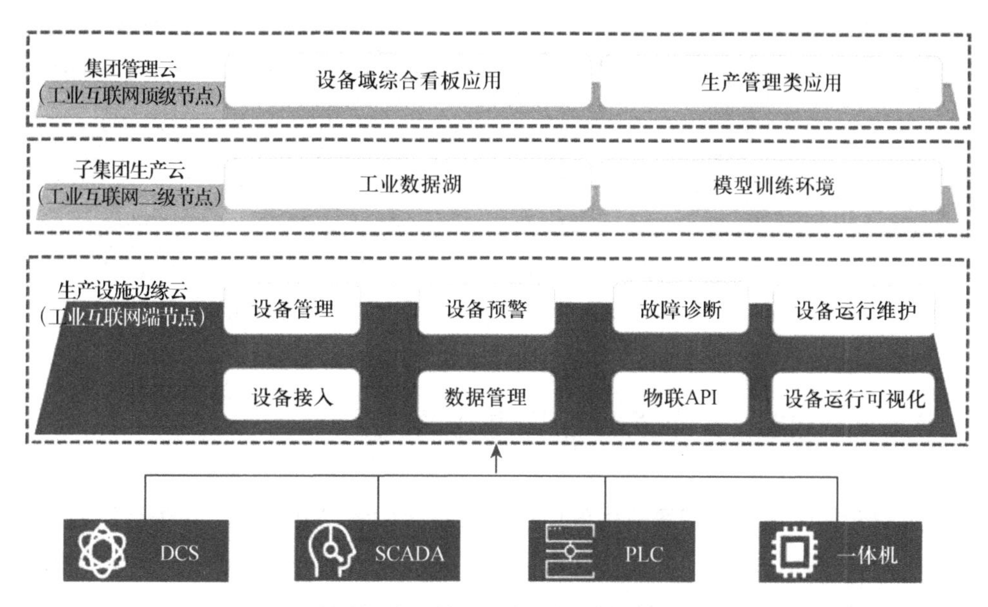

图 10-4　某集团海上钻井平台设备域数字化转型示意图

注：分散式控制系统（Distributed Control System，DCS）
　　监控与数据采集系统（Supervisory Control And Data Acquisition，SCADA）

某钢铁集团公司以转炉炼钢生产为对象，综合运用大数据、云计算、人工智能、数字孪生、边缘智能等多种先进技术手段，着力突破转炉智能感知－高效处理－精准控制技术，边缘侧对数据进行高实时处理和精准控制，将大量的、异地分布的数据接入，既可以向生产管理人员提供车间作业和设备的实际状况，也可以向业务部门提供客户订单的生产情况，还能根据实际生产情况计算出直接物料的成本、产量、设备故障、消耗等，构建云端－边缘协同化的生产管理体系。这样，大幅降低不合格炉次比例，提升转炉吹炼一次拉成率，提高钢水品质。实现数据驱动的物料配方优化、工艺参数优化、生产过程优化控制以及冶炼成本优化，改善造渣剂加入量和加入批次，降低铁耗，降低转炉总和冶炼成本；实现关键工艺参数和生产指标的预测与追溯。依靠边缘端的数据支撑，通过工业数字孪生的深度应用，有效解决长期制约转炉炼钢现场工艺优化的瓶颈问题，如图 10–5 所示。

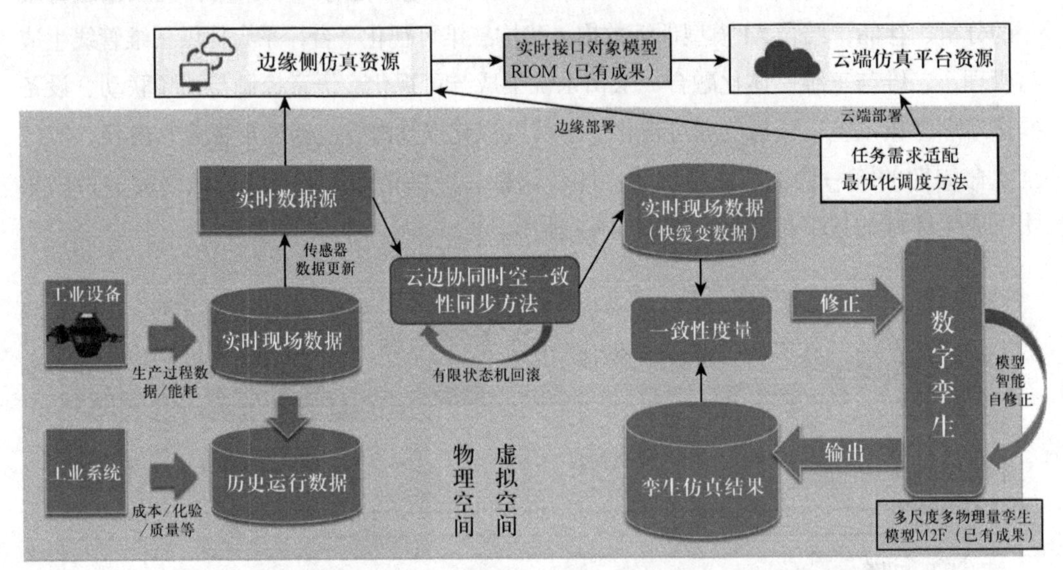

图 10–5　某钢铁集团公司工艺数据云边融合及数字孪生应用示意图

10.3　云边融合在能源互联网场景中的应用

云边融合在能源互联网场景中的应用具有重要的意义和价值。在传统能源产业向能源互联网升级的过程中，利用云边融合的优势，可以加速升级过程，提高能源的智能化管理和优化配置，实现能源的高效利用和可持续发展。

10.3.1　传统能源行业信息化转型痛点

传统能源行业包括电力、石油石化等领域，是国家经济发展的重要支柱行业。这些行业在信息化方面面临着一些特殊挑战，如接入设备多、服务对象广泛、信息量大、业务周期峰值明显等特点。云计算技术通过虚拟化、资源共享和弹性伸缩等特点，能够有效解决服务对象广泛和业务周期峰值等问题。然而，面对海量接入设备产生的大量数据，将所有数据都上传至云端进行处理，既给云端带来过大的计算压力，又给网络带宽资源造成巨大负担。此外，由于电力、石油企业的终端设备和传感器通常位于环境极端、地理位置偏远的地区，大部分缺乏良好的网络传输条件，无法满足大规模原始数据传输的需求。

传统能源行业的信息化转型还面临着数据共享困难、数据安全性不足和信息孤岛等问题。这些行业的信息化建设起步较晚，缺乏有效的集成和共享机制，导致数据孤岛现象比较严重。同时，这些行业所涉及的信息内容具有较高的机密性和安全性要求，需要进行加密处理。此外，这些行业涉及的信息来源众多，覆盖面广，保障信息安全也面临一定的困难。

针对传统能源行业信息化转型面临的挑战和痛点，云边融合技术的应用可以提供大规模数据存储和高效的数据处理能力，同时实现不同信息系统之间的集成和共享，从而提升业务效率和服务质量。通过将部分数据处理任务下沉到边缘设备或边缘节点进行处理，可以减轻云端的计算压力和网络带宽负担。云边融合技术的应用还可以构建统一的数据平台，实现不同信息系统之间的数据交互和共享，解决信息孤岛问题。此外，云边融合技术可以提供数据的安全传输和存储机制，加强信息的保密性和安全性，从而更好地满足传统能源行业的要求。

10.3.2　云边融合助力传统能源产业向能源互联网升级

云边融合技术作为新兴的信息技术，对传统能源产业向能源互联网升级具有重要推动作用。能源互联网是一种基于信息通信技术的能源系统升级模式，旨在通过数字化、智能化和互联化的手段，实现能源生产、传输、储存和使用的高效、安全、可持续发展。云边融合技术通过将云计算和边缘计算相结合，为能源互联网提供了强大的支撑和创新能力。在传统能源产业中，常见的能源包括电力、石油、天然气等，这些能源的生产、传输、储存和使用都面临着诸多挑战和问题。而云边融合技术可以助力传统能源产业实现高效、智能、可持续的转型升级。下面将从多个方面详细描述云边融合技术在能源互联网中的应用和价值。

云边融合技术可以实现能源生产和消费的智能化管理。通过在能源生产环节部署传感器、监测设备和智能控制系统，实时监测和控制能源生产设施的运行状态，优化能源生产过程，提高能源利用效率。利用云边融合技术将生产环节的数据传输到云端进行大数据分析和建模，可以实现对能源生产过程的预测和优化，提高能源供给的稳定性和可靠性。

云边融合技术在能源传输和配送中具有重要作用。能源传输和配送涉及复杂的能源管网和输电线路，云边融合技术可以通过部署智能感知设备和边缘计算节点，实现对能源传输和配送过程的实时监测和控制。通过监测设备的数据采集和边缘计算的实时处理，可以及时发现管网和输电线路的故障和异常，提高能源传输的安全性和可靠性。同时，借助云计算的强大计算能力，可以对能源传输和配送过程中的大数据进行分析和优化，提高能源传输的效率和经济性。

能源储存和调度是能源互联网中的关键环节，云边融合技术可以通过部署智能化的能源储存设备和边缘计算节点，实现对能源储存和调度过程的实时监测和控制，如图 10–6 所示。通过对能源储存设备的状态和能量进行监测和管理，可以实现能源的高效储存和调度，提高能源利用的灵活性和可持续性。同时，云边融合技术可以通过云计算和边缘计算的协同，实现对能源储存和调度过程的智能化决策和优化，提高能源调度的准确性和效率。

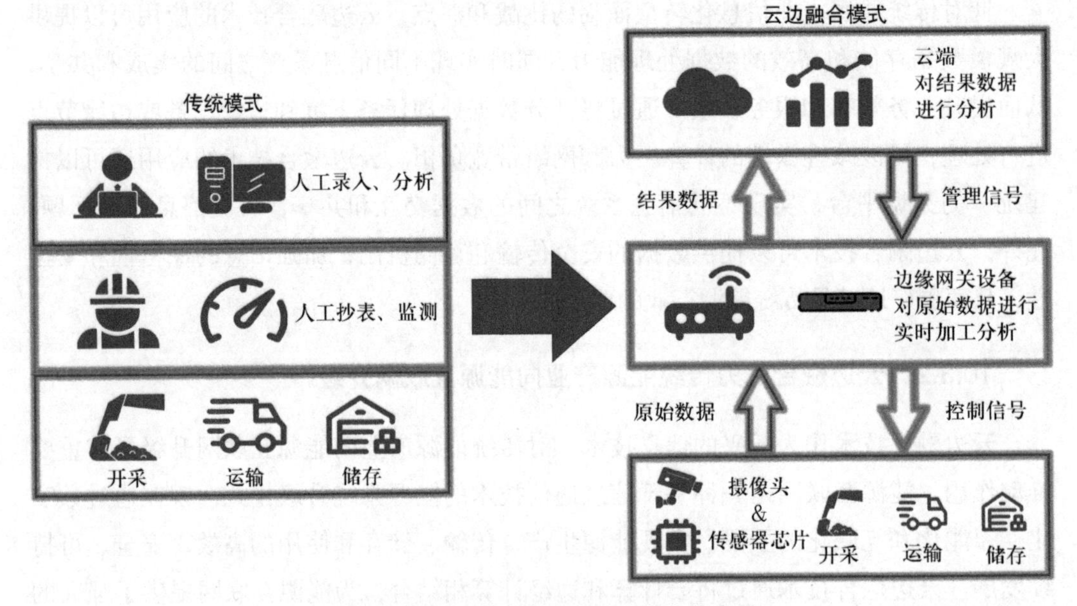

图 10–6　云边融合技术在石油行业的应用

云边融合技术可以支持能源消费端的智能化控制和管理。通过在能源消费设备和建筑物中部署传感器、智能控制器和边缘计算节点，可以实现对能源消费过程的实时监测和控制。借助云边融合技术，能够将消费设备的数据传输到云端进行大数据分析和建模，实现对能源消费行为的预测和优化。同时，通过云计算的强大计算能力和边缘计算的实时处理，可以实现对能源消费的智能化控制和管理，提高能源消费的效率和节约程度。

云边融合技术可以支持能源市场的开放和交易。能源互联网的发展离不开能源市场的开放和交易，云边融合技术可以提供强大的信息技术支持，实现能源市场的数字化和智能化。通过云计算和边缘计算的结合，可以实现对能源市场中各种数据的采集、处理和分析，为能源市场参与者提供全面的信息和决策支持。同时，借助云边融合技术，能够实现能源市场的实时交易和结算，提高能源市场的透明度和效率。

云边融合技术对于传统能源产业向能源互联网升级具有重要的意义。通过在能源生产、传输、储存和消费各个环节的应用，可以实现能源的智能化管理、高效传输、可持续储存、智能消费和开放交易，推动能源产业的转型升级和可持续发展。因此，传统能源产业应积极采用云边融合技术，加大技术投入和创新，推动能源互联网的建设和发展，实现能源供给的高效、安全和可持续化发展。

10.3.3　典型案例

电力行业正在积极探索和发展边缘计算技术，以应对电力系统的高效、安全和稳定运行的需求。如图 10–7 所示，电力行业和边缘计算的融合创新点主要包括以下几个方面。

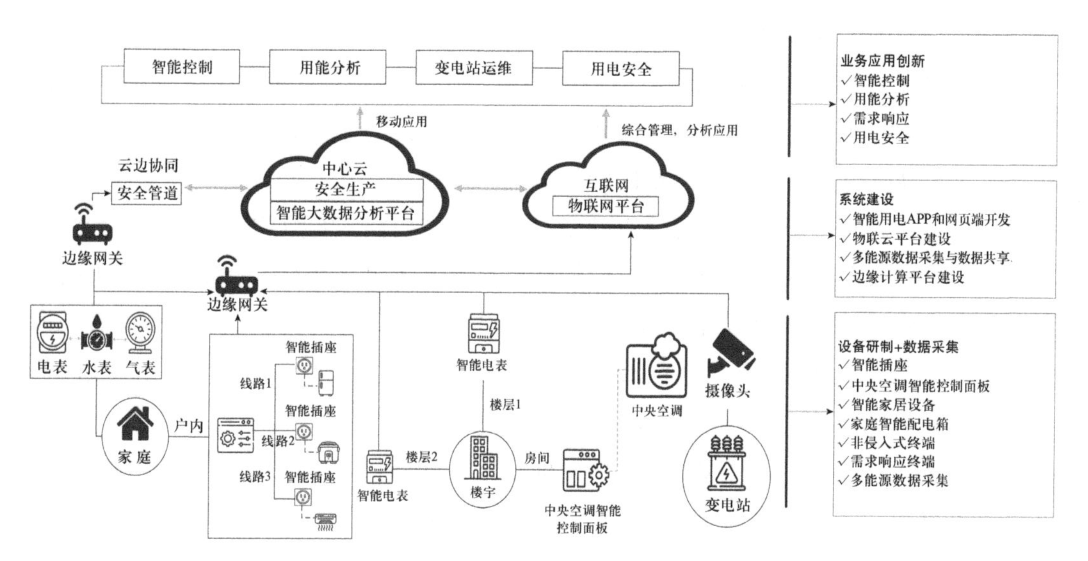

图 10–7　电力行业和边缘计算的融合创新点

（1）智能电网的建设。边缘计算可将数据处理和决策推向电力设备的边缘，实现智能电网的实时监测和控制。通过在边缘设备上部署边缘计算技术，可以实时监测电力设备的运行状态，提高电力系统的响应速度和稳定性。

（2）数据分析与优化。边缘计算可以将数据分析和优化算法部署在边缘设备上，实时分析电力系统的数据，提供实时的预测和优化建议。通过边缘计算，可以减少数据传输的成本和延迟，并及时响应电力系统的需求变化，提高电力系统的能源利用效率。

（3）安全监测与防护。边缘计算可以将安全监测和防护功能部署在边缘设备上，实时监测电力系统的安全状态，及时发现和应对潜在的安全威胁。通过边缘计算，可以减少对中心服务器的依赖，提高电力系统的安全性和稳定性。

（4）能源管理与调度。边缘计算可以将能源管理和调度功能部署在边缘设备上，实时监测和调度电力系统的能源供应和需求。通过边缘计算，可以实现更加精细化的能源管理和调度，提高电力系统的能源利用效率。

（5）新能源接入和管理。边缘计算可以帮助电力行业更好地管理和控制新能源的接入和使用。通过在边缘设备上部署边缘计算技术，可以实时监测新能源的产生和消耗情况，并根据需求进行调度和优化。

综上所述，电力行业和边缘计算的融合创新点主要体现在智能电网建设、数据分析与优化、安全监测与防护、能源管理与调度以及新能源接入和管理等方面。这些创新点将为电力行业带来更高效、可靠和可持续的发展。

10.4　云边融合在智慧建筑场景中的应用

云边融合技术在智慧建筑场景中的应用正发挥着越来越重要的作用。随着城市化进程的加快和人们对生活质量的不断追求，智慧建筑作为一种新型的建筑模式和理念，正在成为城市发展的重要方向。云边融合技术以其强大的计算能力和灵活的资源调度能力，为智慧建筑提供了全面的技术支持和解决方案。

云边融合技术可以实现智慧建筑的集中化管理和控制。智慧建筑中涉及大量的设备和系统，如安防监控、照明控制、空调调节等，这些设备和系统需要进行集中的监控，以提高建筑的能效和运行效率。通过云边融合技术，可以将智慧建筑中的各类设备和系统连接到云端，实现远程监控。同时，通过边缘计算节点的部署，可以实现对关键设备和系统的实时处理和响应，提高监控的效率和可靠性。

云边融合技术可以支持智慧建筑的智能化分析和优化。智慧建筑中涉及大量的数据采集和处理，如能耗数据、环境数据、人流数据等，需要对这些数据进行分析和优化，以实现建筑的能源管理和环境优化。通过云边融合技术，可以将智慧建筑中的数据传输到云端进行大数据分析和建模，提取有价值的信息，为建筑的能效改进和运营优化提供科学依据。同时，通过边缘计算节点的部署，可以实现对关键数据的实时处理和响应，提高数据分析和优化的实时性和效果。云边融合技术可以支持智慧建筑的安全和可靠性。智慧建筑中涉及大量的数据和信息，如设备数据、用户数据、业务数据等，这些数据和信息需要进行安全存储和传输，以保护建筑的安全和用户的隐私。通过云边融合技术，可以提供安全的数据传输通道和存储机制，保护建筑中的数据和信息不被恶意攻击和泄露。同时，通过边缘计算节点的部署，可以实现对关键数据和信息的本地处理和加密，提高数据的安全性和可靠性。

总之，云边融合技术在智慧建筑场景中的应用具有广阔的前景和巨大的潜力。它可以实现智慧建筑的集中化管理和控制，支持智能化分析和优化，实现智慧建筑的协同互联，同时保障建筑的安全和可靠性。随着智慧建筑的不断发展和普及，云边融合技术将为其提供强大的技术支持，推动智慧建筑行业的进一步创新和发展。

10.4.1　智慧建筑助力住建行业数字化转型与智能化升级

智慧建筑作为住建行业的数字化转型和智能化升级的重要支撑，正发挥着越来越重要的作用。通过集成先进的信息技术和建筑工程技术，智慧建筑在住建行业中提供了集成化、智能化的解决方案，以满足人们对生活品质不断提升的需求。

传统的建筑行业以人工为主，工作流程烦琐且效率低下，同时存在信息孤岛现象。智慧建筑利用互联网、物联网和大数据等先进技术，实现了建筑物的全面信息化、数字化管理和运营，提高了住建行业的工作效率和管理水平。通过数字化的建筑信息管理系统，可以实现建筑项目从设计、施工到运营和维护各个阶段的数据集成和共享，提高了工作的协同性和信息的准确性。此外，智慧建筑还能够监测和控制建筑物的各个方面，包括能源管理、安全监控和环境控制，从而提高了建筑的能源利用效率和运行的安全性。

随着人们对居住环境要求的提高，传统的建筑模式已经不能满足人们对舒适、安全和便捷的需求。智慧建筑通过先进的技术和设备实现了对建筑物的智能化控制和管理。通过智能化的环境控制系统，可以根据人员的实时需求调节室内温度、湿度、光照等，提供舒适的居住环境。同时，智慧建筑还可以实现对建筑设备的智能监控和管理，及时发现设备故障并进行预警和维修，提高了建筑的可靠性和安全性。此外，智慧建筑还可以通过智能化的配套服务，如智能停车、智能门禁、智能家居等，为居民提供便捷的生活体验，提升生活质量。

智慧建筑助力住建行业的可持续发展。在传统建筑中，能源的消耗和浪费是一个重要的问题。而智慧建筑通过引入节能技术和可再生能源，实现了对能源的高效利用和可持续发展。通过智能化的能源管理系统，可以对建筑物的能源消耗进行实时监测和控制，合理调度能源供需，减少能源的浪费。同时，智慧建筑还可以利用太阳能、风能等可再生能源，降低对传统能源的依赖，实现对环境的保护和可持续发展。

智慧建筑不仅仅是一种建筑形态，更是一种全新的商业模式和服务方式。通过智慧建筑，可以提供丰富的增值服务，如智慧停车、智能安防、智能家居等，为业主和居民提供更多的选择和便利。同时，智慧建筑也催生了一批新兴产业，包括智能设备制造商、软件开发商、数据分析服务商等，为住建行业带来了新的发展机遇和经济增长点。

智慧建筑作为住建行业数字化转型与智能化升级的重要支柱，正为行业带来革命性的变化。通过云边融合技术、物联网、大数据等先进技术的应用，智慧建筑实现了建筑物的全面信息化管理和智能化控制，提高了工作效率和管理水平，满足了人们对居住环境的高要求。随着智慧建筑的不断发展和推广，将为住建行业带来更多的机遇和挑战，助力行业向数字化转型和智能化升级迈进。

10.4.2 云边融合赋予智慧建筑新内涵

云边融合作为新一代信息技术的重要应用之一，为智慧建筑的发展带来了新的内涵和价值。智慧建筑通过将先进的信息技术与建筑工程相结合，实现对建筑物的全面信息化、数字化管理和智能化控制。而云边融合技术进一步提升了智慧建筑的功能，为其带来了更多的机遇和挑战。

在智慧建筑中，涉及大量的传感器和设备，这些设备产生的数据需要进行实时的监测、分析和存储。传统的数据中心架构可能无法满足对数据处理和存储的高要求，而云边融合技术通过将数据处理功能下沉到边缘设备或接近用户的云边节点，实现了数据的实时处理和本地存储。这样可以减少数据的传输延迟和网络拥塞，提高数据的处理效率和响应速度。智慧建筑中的各类设备和系统往往具有异构性，传统的集中式架构可能无法满足不同设备的连接和协同工作的需求。云边融合技术通过将计算、存储和网络功能下沉到边缘设备或接近用户的云边节点，实现了分布式的计算和存储资源。这使得智慧建筑的架构可扩展和更加灵活，可以根据实际需求灵活调配计算和存储资源，提高系统的可靠性。

智慧建筑中涉及大量的敏感数据，如安全监控数据、用户隐私数据等。传统的数据传输和存储方式可能存在数据泄露和安全风险。云边融合技术通过将数据处理和存储下沉到边缘设备或接近用户的云边节点，实现了本地化的数据处理和存储，降低了数据传输的风险，提高了数据的安全性。

通过云边融合技术，智慧建筑可以根据用户的需求和偏好，提供个性化的服务和体验。例如，通过智能家居系统和云边融合技术，用户可以利用手机或语音助手控制家中的电器设备、调节室内温度、监控安全状况等。同时，智慧建筑还可以通过数据分析和智能算法，实现能源的优化调度、设备的预测性维护等，提供更加智能和高效的服务。

云边融合赋予智慧建筑新的内涵和功能，提升了建筑物的信息化管理和智能化控制能力。通过云边融合技术，智慧建筑可以实现数据的实时处理和本地存储、灵活可扩展的架构、安全可靠的数据传输和存储方式，以及丰富个性化的服务。随着云边融合技术的不断发展和应用，智慧建筑将进一步推动住建行业的数字化转型和智能化升级，为人们创造更加智慧、便捷和可持续的生活环境。

10.4.3 典型案例

在智慧建筑中，云边融合技术被广泛应用于能源管理系统。通过将能源监测设备与云边节点相连，实现能源数据的实时采集、传输和分析。这样一来，建筑物的能源消耗情况可以被准确监测和评估，进而优化能源的使用和分配。例如，智慧建筑可以通过云边融合技术实时监控室内温度、照明和空调系统的能耗情况，根据实际需求智能调整设备的运行模式，以提高能源利用效率和降低能源成本。

云边融合技术也被应用于智能楼宇管理系统，如图 10–8 所示，实现对建筑物内部设备和系统的集中监控和管理。通过云边融合，建筑物内的传感器和设备可以与云端平台相连，实现对空调、照明、电梯、门禁等系统的远程监控。这样一来，楼宇管

图 10–8　云边融合技术在智能楼宇管理系统的应用

理人员可以通过云端平台实时了解建筑物各项设备的运行状态，调整设备的运行模式，提高建筑物的能源效率和运行效果。

云边融合技术在智慧建筑的安防监控系统中发挥着重要作用。传感器、摄像头和监控设备通过边缘计算节点与云端平台相连，实现对建筑物内外环境的实时监控和安全管理。通过云边融合，监控数据可以在边缘节点进行预处理和分析，将重要的事件和异常情况实时反馈给安防人员。同时，云边融合还支持视频图像的智能识别和分析，例如人脸识别、行为分析等，提高了安防监控的效率和准确性。

云边融合技术也在智慧建筑的停车管理系统中发挥重要作用。通过云边融合，停车场内的传感器和摄像头可以实时监测车辆的停放情况，并将数据传输到云端平台进行处理和分析。这样一来，用户可以通过智能手机或终端设备获取实时的停车位信息和导航指引，减少寻找停车位的时间和成本。同时，停车管理人员可以通过云端平台进行车辆的统计分析和收费管理，提高停车场的利用率和管理效率。

10.5 云边融合在智慧交通场景中的应用

云边融合在智慧交通场景中扮演着重要的角色，为交通系统的智能化和高效运行提供了技术支持。随着城市交通压力的不断增加和智能化技术的发展，云边融合成为实现智慧交通的关键。智慧交通是利用现代信息技术，通过对交通系统中各个环节进行感知、传输、分析和决策，实现交通管理、服务和运输的智能化和高效化。而云边融合作为智慧交通的支撑技术，通过将云计算和边缘计算相结合，实现数据的实时处理、分析和存储，以及边缘设备与云端之间的协同工作，为智慧交通带来了许多优势和机会。

在智慧交通系统中，大量的交通数据需要被实时采集、处理和分析，例如交通流量、车辆定位、交通信号等。通过云边融合，可以在边缘设备上进行实时的数据处理和分析，减少了数据传输的延迟和带宽消耗，同时可以将重要的数据发送至云端进行进一步的深度学习和模型训练，提高交通系统的智能化水平。交通事件的发生需要及时得到响应和处理，例如交通拥堵、事故发生等。通过将边缘设备与云端相结合，可以实现实时的交通事件监测和分析，并在边缘设备上进行快速决策和响应，减少了传输延迟和云端的负载压力，提高了系统的响应速度和可靠性。

云边融合在智慧交通场景中具有广泛的应用前景。它不仅提供了高效的数据处理和分析能力，实现了智能化的交通管理和服务，还提供了可靠的实时决策和响应能力，保障了交通系统的安全性和隐私保护功能。随着技术的不断发展和智慧交通的推广，云边融合将继续发挥重要的作用，为智慧交通的发展带来更多的创新和机遇。

10.5.1　智慧交通发展中的痛点

智慧交通作为现代交通领域的重要发展方向，旨在利用信息和通信技术实现交通系统的智能化、高效化和可持续发展。然而，在智慧交通的发展过程中，也存在着一些痛点和挑战，限制了其全面推广和应用。以下是智慧交通发展中的几个主要痛点。

（1）基础设施建设和更新的难题。智慧交通系统的建设需要先进的交通感知设备、智能信号灯、交通监控摄像头等基础设施。然而，对现有交通基础设施进行升级和更新面临着巨大的挑战。这牵扯到大量的资金投入、技术改造和政府的支持，以及与传统基础设施的兼容性和替换问题。

（2）数据孤岛和信息壁垒。智慧交通系统产生大量的交通数据，包括交通流量、车辆位置、交通信号等，这些数据通常分散在不同的机构和系统中，形成了数据孤岛。此外，由于不同系统和厂商的数据格式和接口不统一，形成了信息壁垒，限制了数据的共享和集成。这导致了数据利用率低下和决策效率不高的问题。

（3）安全和隐私问题。智慧交通系统涉及大量的交通数据和个人隐私信息。这些数据需要在系统内外进行安全传输和存储，以保护数据的完整性和隐私性。因此，智慧交通系统的安全性和隐私保护面临着挑战，网络攻击、数据泄露和滥用等问题可能导致交通系统存在安全风险和隐私泄露的问题。

（4）系统集成和协同问题。智慧交通系统涉及多个子系统和参与方，包括交通管理部门、运输公司、车辆制造商等。这些子系统通常是独立开发和运营的，缺乏有效的集成和协同。这导致了信息孤立和决策效率低下，无法实现整体交通系统的智能化和高效化。

（5）技术标准和规范的缺失。智慧交通涉及多个技术领域，包括物联网、云计算、大数据等。然而，目前缺乏统一的技术标准和规范，不同厂商和系统之间存在兼容性问题，导致了技术集成和应用推广的困难。

（6）用户参与和接受度。智慧交通系统的成功依赖于用户的参与和接受度。然而，普通用户对智慧交通技术和服务的理解和接受程度有限。另外，缺乏有效的用户教育和培训，以及对智慧交通的实际效益的宣传，也限制了智慧交通的推广和应用。

10.5.2　智慧交通借助云边融合向车路融合发展

智慧交通是当今社会发展的重要领域，借助云边融合技术，智慧交通向着更加融合和智能化的方向迈进，使车路融合成为可能。云边融合作为一种关键技术，可以充分发挥云计算和边缘计算的优势，为智慧交通系统提供全面的数据处理、分析和决策支持，进一步提升交通系统的效率、安全性和可持续性。在智慧交通中，车路融合是指通过车辆和道路之间的信息交互和协同，实现更高效、智能的交通管理和出行服务。

云边融合技术在车路融合中扮演着关键角色，为智慧交通带来了更多发展。云边融合技术提供了强大的数据处理和分析能力。智慧交通系统需要处理大量的交通数据，包括车辆位置、速度、路况信息等。云边融合将云计算和边缘计算相结合，可以将部分数据处理任务下放到边缘设备，实现实时的数据处理和分析。通过边缘设备的智能感知和协同工作，可以实时监测和预测交通状况，为交通管理者提供准确的数据支持和决策依据。

如图 10–9 所示，通过边缘设备的实时感知和通信能力，车辆可以获取道路基础设施的信息，例如交通信号灯状态、道路状况等。同时，车辆的实时位置和行驶状态也可以传输到边缘设备，为交通管理部门提供车流监测和交通调度的数据支持。这种车辆与道路基础设施的协同工作，可以实现交通系统优化调度，减轻交通拥堵，提升道路通行效率和安全性。

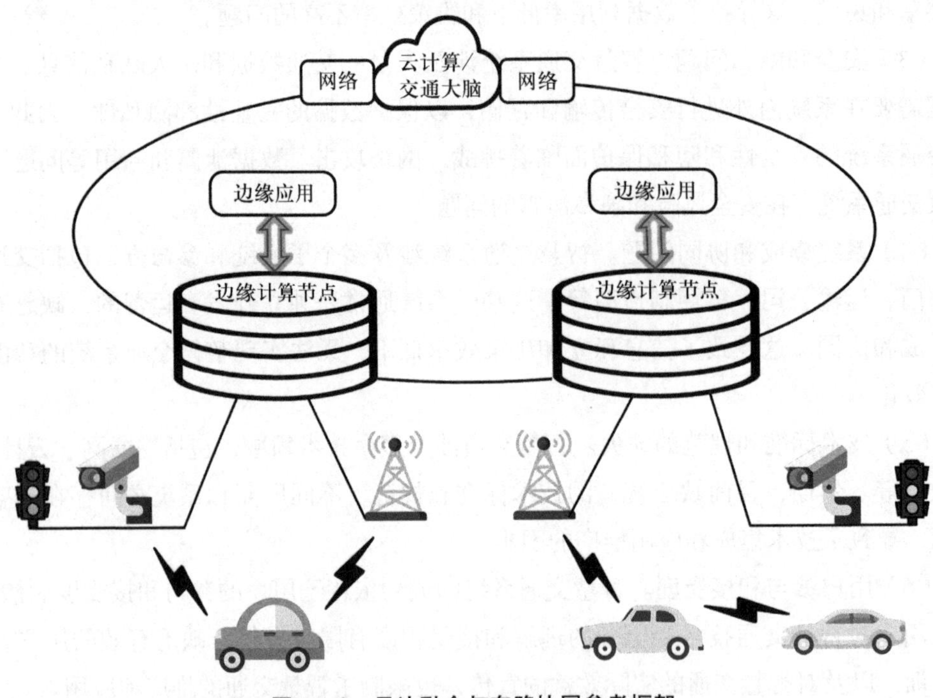

图 10–9　云边融合与车路协同参考框架

云边融合技术还促进了智能交通管理和服务的发展。通过云边融合，交通管理部门可以实现对大规模交通数据的高效处理和分析。利用云计算的强大计算能力和存储资源，可以深度分析和挖掘交通数据，发现交通模式、优化交通规划和预测交通拥堵情况等。同时，边缘计算提供了实时响应和低延迟的能力，可以支持智能交通系统的实时监控和紧急事件处理，提高交通安全和应急响应能力。

云边融合技术对于智慧交通的可持续发展和智能出行也具有重要意义。通过边缘设备的智能感知和数据处理能力，可以实现对交通资源的优化利用和节能减排。例如，智能信号灯的协同控制和优化可以减少车辆的停车等待时间，减少交通拥堵和尾气排放。此外，云边融合还可以支持智能出行服务，包括实时导航、共享交通和出行规划等，为用户提供便捷、高效的出行体验。

云边融合技术在智慧交通领域的车路融合中具有重要作用。它通过数据处理和分析、车辆与道路基础设施的协同工作、智能交通管理和可持续发展等方面的支持，推动智慧交通向着更加智能化、高效和可持续的方向发展。然而，要实现云边融合的充分发挥，还需要克服一些挑战，包括数据安全和隐私保护、边缘设备的资源限制等。只有通过技术创新、标准制定和合作共享，才能进一步推动智慧交通借助云边融合向车路融合的发展方向迈进。

10.5.3 典型案例

在实际部署时，智慧城市交通数据智能平台采用端－边－云的车联网生态体系，如图 10–10 所示。包括边缘端数据采集服务、数据分析计算服务、数据协同服务等几部分。通过车路云一体化的实施形成车端－边缘云－中心云 3 级支撑体系，逐步建立智能网联汽车、智慧交通管理边缘计算生态体系，打造行业协同发展生态圈，推进现有产业的转型升级。该平台推动智能网联驾驶、智慧交通管理基础设施建设，为自动驾驶运营、智慧交通状态感知、智慧交通控制等运营管理业务提供服务支撑。

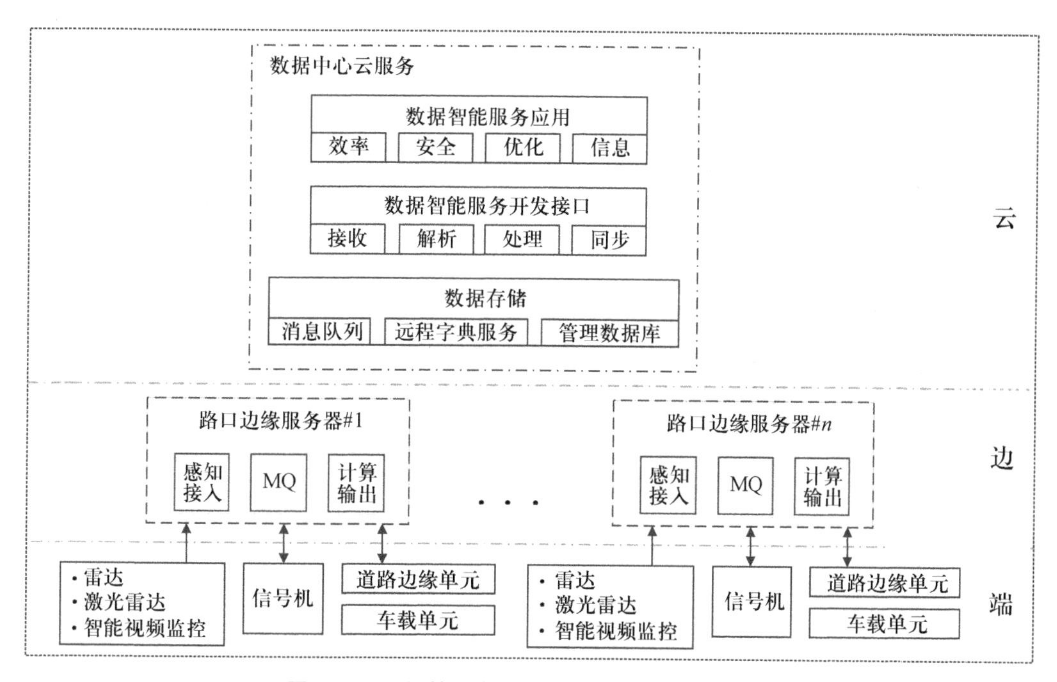

图 10–10 智慧城市交通数据智能平台整体架构

在软件逻辑架构上，智慧城市交通数据智能平台采用微服务+DOCKER部署的形式，降低各个服务间的耦合度。同时，可根据服务职能以及业务处理能力对资源的要求，进行按需部署，避免程序运行的瓶颈，增加程序运行性能，提高数据处理能力和效率，降低数据处理整体时延。服务支持多路口交通信息共享，对交通运行整体的效率提供优化策略，并可对相应的路口进行实时的统一调度。本案例中微服务模块主要包括感知接入服务，边缘云服务，数据接收、解析服务，数据智能服务，数据存储服务等。

（1）感知接入服务。负责接收Radar、Lidar、IPC设备的实时数据，并进行结构化数据转换，将数据传递到边缘端的消息总线上。

（2）边缘云服务。获取V2X消息以及从消息总线中获取感知设备实时数据，基于以上数据计算当前路口的优化控制策略和交通指标，同时上传实时数据、路口实时交通指标、路口控制策略到上层。

（3）数据接收、解析服务。接收服务中边缘云上行的实时数据、路口实时交通指标、路口控制策略数据。接收解析后存储到数据库或推送到消息总线队列。

（4）数据智能服务。从MQ消息总线获取实时消息，从数据库获取各类历史数据，根据交通指标统计分析策略，使用V2X历史数据进行计算，将计算的结果推送给MQ。

（5）智能数据处理服务。从消息总线获取实时的交通参数、优化策略并进行持久化。

（6）数据存储服务。持久化各类数据，为智慧交通业务、智慧交通策略计算和分析、处理提供数据支撑。

10.6 本章小结

本章深入探讨了云边融合技术在不同场景中的应用，重点关注了CDN、工业互联网、能源互联网、智慧建筑和智慧交通等领域。通过对这些典型场景的分析和案例介绍，我们可以看到云边融合在不同行业中的广泛应用和创新实践，云边融合为构建新型基础设施和推动数字化转型发挥了重要作用。

第 11 章　云边融合的创新实践——典型行业应用

本章将介绍云边融合技术在典型行业中的应用实践。随着云计算和物联网技术的发展，越来越多的企业开始将其应用于生产、制造、物流等领域。本章将以安防监控、农业生产、生态环境、医疗保健以及智慧教育等行业为例，详细介绍云边融合技术在这些领域中的创新应用实践，并探讨其优势和带来的效益。通过本章的学习，读者将了解到云边融合技术在行业应用中的重要地位和发展趋势，也可为未来的产业升级和转型做好技术储备。

11.1　云边融合在安防监控场景中的应用

当谈到现代社会的安全问题时，安防监控技术无疑成为人们关注的焦点。在安防监控领域，云边融合技术为监控数据的实时分析和处理提供了新的方式。通过将监控设备和云端资源融合，可以实现快速的数据处理和传输。同时，云边融合技术结合 AI 等技术，还能实现对监控数据的智能识别和预警，提高了安防监控的效率和准确性。

云边融合技术在各种安防监控场景中都有广泛的应用。例如，在公共场所，通过安装智能监控设备并将数据传输到云端进行分析处理，可以有效预防和打击违法犯罪行为。在企业园区，云边融合技术能够全面监控企业内部的生产和物流环节，提高了企业的安全性和管理效率。在交通枢纽，通过智能监控设备和云边融合技术，可以实时监控和管理交通流量、车辆状态等信息，提高交通安全和运行效率。总之，云边融合技术为社会安全保障提供了新的方法和思路。

11.1.1　安防监控传统部署方式痛点

（1）传统安防监控系统不能将安防监控系统与云计算相结合，降低了成本并提高了效率。通过集成和共享资源，云边融合技术实现了实时数据处理和分析。存在效率低，准确性待提高等问题。

（2）传统安防监控系统对网络和成本的要求较高。传统的安防监控系统需要独立部署设备和软件，每个监控点都需要单独配置各种设备，增加了系统成本。此外，传输和存储监控数据需要大量带宽和存储资源，进一步提高了成本。

（3）传统安防监控系统存在系统风险，避免不了数据泄露和黑客攻击等问题。

11.1.2 云边融合引领安防智能化技术潮流

云边融合技术应用于安防监控场景，可以提高效率和准确性，如图 11–1 所示。

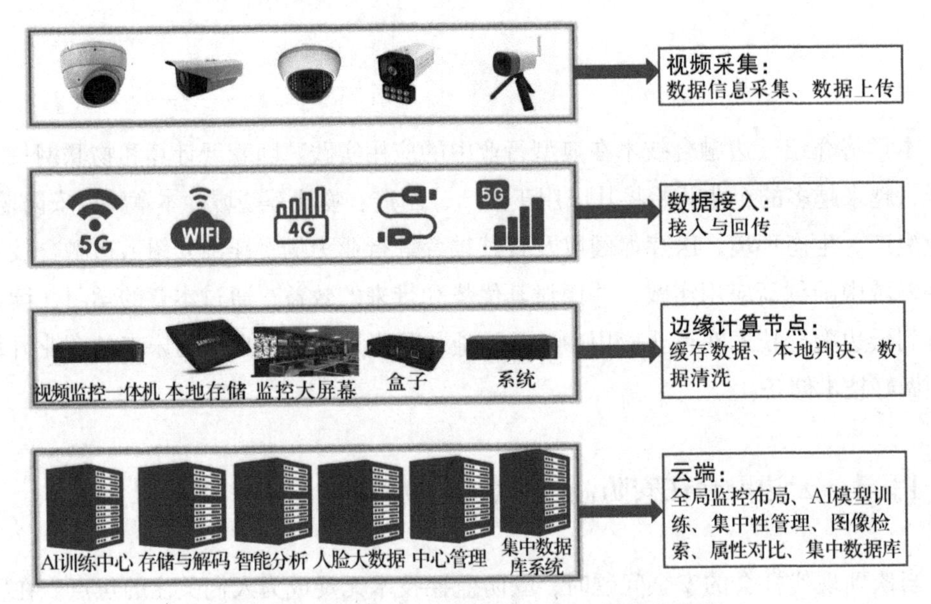

图 11–1　云边融合技术在智能安防系统中的应用

云边融合技术的应用还有助于降低安防监控的成本。

视频监控与 AI 的结合是一种趋势。通过在边缘计算节点上搭载 AI 视频分析模块，可以实现低时延、大带宽和快速响应的特性。这种本地分析和实时处理的方式能够弥补基于 AI 的视频分析中存在的时延和用户体验差的问题。云端执行 AI 的训练任务，边缘计算节点执行 AI 的推论，二者协同工作可以实现本地决策和实时响应，如表情识别、行为检测、轨迹跟踪、热点管理和体态属性识别等多种本地 AI 应用。

总之，云边融合技术的应用，可以有效提高安防监控的效率和准确性，降低系统的成本，提高系统的安全性，为企业的安防监控提供了新的思路和手段。随着云边融合技术的不断发展和完善，相信将会在未来的安防监控领域中发挥更加重要的作用。

11.1.3 典型案例

某云服务提供商基于信息工程设施（Information Engineering Facility，IEF）平台的安防监控系统，通过在边缘侧视频预分析，实现了在园区、住宅、商超等视频监控场景中实时感知异常事件，实现事前布防、预判，事中现场可视、集中指挥调度，事后可回溯、取证等业务优势。边缘侧视频预分析，通过结合云端的智能视频分析服务，可以精准定位可疑场景、事件，不需要人工查询大量监控数据，效率高；可通过云端对边缘应用全生命周期进行管理，降低运维成本，如图 11-2 所示。

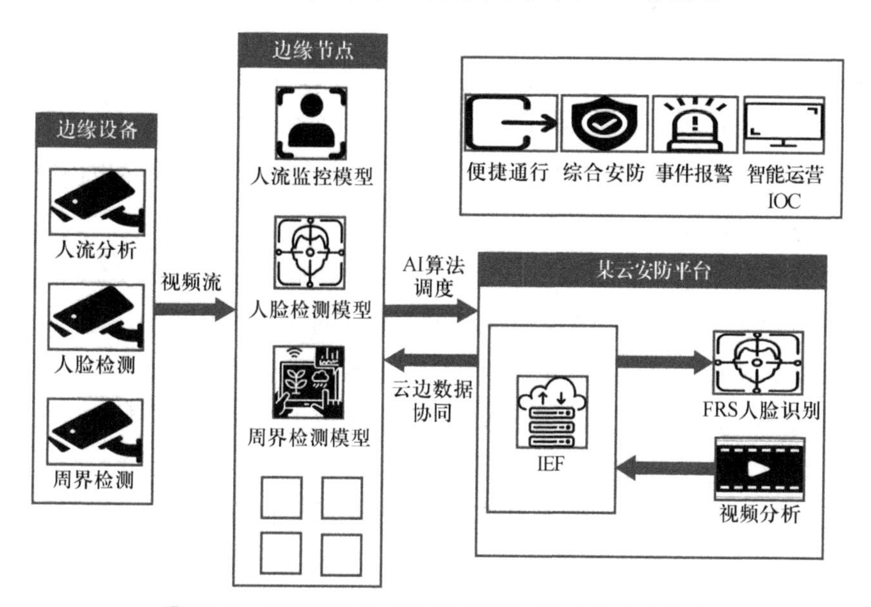

图 11-2　云边融合技术在某云安防平台中的实现方式

11.2　云边融合在农业生产场景中的应用

云边融合技术在农业生产场景中的应用主要包括以下几个方面。

（1）农业生产数据的采集和处理。通过安装各种传感器和监测设备，可以实现对农田土壤、气象、水源等信息的实时采集和监测。通过云边融合技术，这些数据可以实时传输到云端进行处理和分析，实现对农业生产数据的全面监控和管理。

（2）农业生产过程的智能化管理。通过云边融合技术，可以实现对农业生产过程的智能化管理。例如，在种植过程中，可以通过智能化管理系统，实现对土壤、气象等数据的分析和预测，提高种植的效率和质量。在养殖过程中，可以通过智能化管理系统，实现对饲料、水源等数据的监测和管理，提高养殖的效率和质量。

（3）农业生产过程的远程监控和控制。通过云边融合技术，可以实现对农业生产过程的远程监控和控制。例如，在灌溉过程中，可以通过远程控制系统，实现对灌溉设备的控制和调节，提高灌溉的效率和准确性。在养殖过程中，可以通过远程监控系统，实现对养殖环境的实时监控和调节，提高养殖的效率和质量。

（4）农业生产过程的数据分析和决策支持。通过云边融合技术，可以实现对农业生产数据的分析和处理，提供决策支持。例如，在种植过程中，可以通过数据分析和预测，提供种植方案和决策支持。在养殖过程中，可以通过数据分析和预测，提供养殖方案和决策支持。

11.2.1 传统农业信息化发展痛点

随着信息技术的快速发展，农业生产也在逐渐实现数字化、智能化和信息化。然而，在传统农业信息化的发展过程中，也存在着一些痛点，这些痛点制约了农业生产信息化的进一步发展。下面将分别从数据孤岛、数据质量、技术更新换代缓慢以及人才短缺四个方面进行分析。

（1）数据孤岛问题。在传统农业生产中，各个环节的数据往往由不同的部门或企业负责收集和维护。这种数据孤岛现象导致了数据的分散和不完整，使得农业生产的信息化水平难以提高。例如，农民种植作物时需要记录土地的肥力、水分等信息，但由于数据来源不同，很难得到准确的数据。这就导致了农民不易根据实际情况调整种植方案，进而影响了农产品的质量和产量。

（2）数据质量问题。由于传统农业生产过程中的数据来源多样、格式不统一等问题，数据的准确性和完整性受到了一定的影响。例如，传统的手工记录方式容易出现漏填、错填等情况，而且由于不同部门之间数据格式不同，很难实现数据的共享和利用。这就给农业生产的决策支持和智能分析带来了一定的困难。

（3）技术更新换代缓慢。传统农业生产过程中，很多企业和农民使用的设备和技术相对落后，无法满足现代化农业生产的需求。例如，传统的人工收割机效率低下，而且很容易出现故障，这就限制了农业生产信息化水平的提升。此外，由于传统农业生产过程中对新技术的接受度较低，很多新技术在推广应用时受到了很大的阻力。

（4）人才短缺。农业生产信息化需要涉及多个领域的知识，如信息技术、农业技术、管理技术等。然而，当前市场上具备这些能力的人才相对较少，这也成为农业生产信息化发展的一大瓶颈。特别是对于一些小农户来说，由于缺乏资金和技术支持，他们往往无法享受到现代化农业带来的好处，也无法参与到农业信息化的过程中来。

11.2.2 传统农业信息化发展趋势

随着信息技术的发展，传统农业的信息化发展趋势主要体现在以下几个方面。

（1）数据化趋势。数据是信息化的基础，在农业生产中，数据的重要性更加凸显。因此，未来农业生产将更加注重数据的采集、存储、分析和利用。例如，通过物联网技术实现对土壤、气象等环境参数的实时监测，从而为农民提供更加精准的决策支持。通过大数据分析技术，可以对农产品的生产过程进行全程监控，提高农产品的质量和产量。

（2）智能化趋势。智能化是未来农业生产的重要方向之一。通过 AI、机器学习等技术的应用，可以实现对农业生产过程的自动化控制和优化。例如，通过智能控制系统对农田灌溉、施肥等过程进行优化，可以提高农作物的产量和质量。此外，还可以利用无人机等智能设备对农田进行巡视和监测，减少人力成本和工作风险。

（3）网络化趋势。网络化是未来农业生产发展的必然趋势。通过互联网技术和移动通信技术的应用，可以实现农业生产的远程监控和管理。例如，通过手机软件等方式，可以让农民随时随地了解农田的情况，及时掌握天气变化等信息，从而更好地安排生产计划。同时，还可以通过电子商务等方式实现农产品的销售和流通，提高农产品的市场竞争力。

（4）绿色化趋势。绿色化是未来农业生产的重要发展方向之一。通过环保技术和生态农业的推广应用，可以实现农业生产的可持续发展。例如，通过生物农药和有机肥料的应用，可以减少化学农药和化肥的使用量，降低农业生产对环境的影响。同时，还可以通过农业生态系统的构建和管理，保护生态环境和生物多样性，实现农业的可持续发展。

11.2.3　云边融合加速传统农业向智慧农业转型

智慧农业是农业生产的高级阶段，集互联网、移动互联网、云计算和物联网技术为一体，依托部署在农业生产现场的各种传感节点和无线通信网络实现农业生产环境的智能感知、智能预警、智能决策、智能分析，以及专家在线指导，为农业生产实现精准化种植、可视化管理、智能化决策提供支撑。以智慧大棚为例，安装有电动卷帘、排风机、电动灌溉系统等机电设备的条件较好的大棚，通过云端可实现远程控制功能，如图 11–3 所示。农户可通过手机或电脑登录云端系统，控制温室内的卷帘机、排风机、水阀的开关；也可在云端设定好控制逻辑，云端将控制逻辑下放到边缘控制设备，边缘控制设备通过传感设备实时采集大棚环境的空气温度、空气湿度、二氧化碳、光照、土壤水分、土壤温度、棚外温度与风速等数据，自动开启或关闭卷帘机、风机、水阀等大棚机电设备。

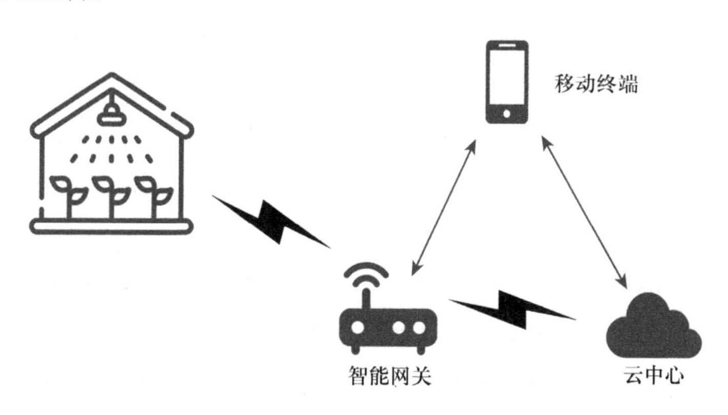

图 11–3　云边融合技术在智慧农业系统中的应用

11.2.4 典型案例

某云服务提供商的智能大田作物种植解决方案，通过运用物联网和云计算技术，实时远程获取大田的相关信息，通过网络传输到云端，作物生长模型分析适宜作物生长的各种条件，云端将分析后的模型下放到智能网关，智能网关根据模型和传感器采集到的信息，对大田中的各种设备实时进行控制，保证大田的温湿度、土壤水分、土壤温度、二氧化碳浓度、光照强度。同时云边融合还可以根据作物长势或病虫草害情况，采取精准施肥和精准施药的管理措施，有效降低劳动强度和生产成本，减少病害发生，提升农产品品质和经济效益。

11.3 云边融合在生态环境场景中的应用

随着数字化和智能化技术的不断发展，云边融合技术在生态环境场景中的应用也越来越受到关注。在生态环境监测方面，云边融合技术可以实现对环境数据的实时监测和分析，从而及时发现和处理环境问题。例如，通过在生态环境监测设备上安装边缘计算节点，可以实现对环境数据的实时采集和分析，同时将数据传输到云端进行存储和处理，从而实现对环境数据的全面监测和分析。在生态环境管理方面，云边融合技术可以实现生态环境管理系统的智能化管理。例如，通过在生态环境管理系统中引入云计算技术，可以实现对大量生态环境数据的存储和处理，同时通过边缘计算节点实现对生态环境数据的实时分析和处理，提高生态环境管理的效率和精度。

11.3.1 生态环境监测和管理中的痛点

随着人们对生态环境保护意识的提高，生态环境监测和管理工作也越来越受到关注。然而，在生态环境监测和管理中仍然存在一些痛点，这些痛点制约了生态环境监测和管理的效率和精度，常见的生态环境监测和管理中的痛点如下。

（1）信息化水平不高。当前，生态环境监测和管理中的信息化水平相对较低，信息化技术的应用范围和深度有限。生态环境数据的采集、处理和分析仍然依赖于传统的手工操作和人工判断，存在数据不准确、处理效率低下等问题。此外，生态环境数据的共享和交流也存在障碍，不同地区、不同部门之间的数据共享和交流不畅，影响了生态环境监测和管理的效率和精度。

（2）监测手段不足。当前，生态环境监测手段还比较单一，监测手段的覆盖面和监测精度有限。例如，在水环境监测方面，传统的监测手段主要是基于采样分析的方法，监测数据的时效性和准确性有限，无法满足实时监测的需求。在大气环境监测方面，传统的监测手段主要是基于固定监测站的方法，监测范围有限，无法满足移动监测的需求。因此，监测手段的不足制约了生态环境监测的精度和时效性。

（3）管理机制不完善。生态环境保护是一个复杂的系统工程，需要各个方面的配合和协调。然而，当前生态环境管理机制不完善，管理部门之间的协作和协调不够紧密，导致生态环境保护工作的效率和精度不高。此外，生态环境管理中的法律法规和标准体系也需要进一步完善，以保障生态环境保护工作的顺利开展。

（4）人才缺乏。生态环境监测和管理需要大量的专业人才，但目前生态环境监测和管理人才缺乏，人才培养体系不健全，制约了生态环境监测和管理的发展。此外，生态环境监测和管理人才的素质和能力也需要不断提高，以适应生态环境保护工作的需要。

综上所述，生态环境监测和管理中的痛点主要包括信息化水平不高、监测手段不足、管理机制不完善和人才缺乏等方面。为了解决这些痛点，需要加强信息化建设，拓展监测手段，完善管理机制，加强人才培养和提高人才素质，以提高生态环境监测和管理的效率和精度，为生态环境保护和可持续发展做出贡献。

11.3.2　云边融合助力生态环境监测和管理的智能化技术发展

随着云计算和边缘计算技术的快速发展，云边融合技术在生态环境监测和管理中的应用越来越广泛，提高了生态环境监测和管理的智能化水平。

云边融合技术能够实现数据的高效处理和传输，通过云边融合可以将数据的处理和传输分散在云端和边缘节点上，实现数据的高效处理和传输。边缘节点可以实现对数据的实时采集和处理，同时将数据传输到云端进行存储和处理，从而实现对数据的全面监测和分析。云边融合技术可以实现对数据的安全管理和隐私保护。云端可以实现对数据的备份和加密存储，同时通过访问控制和身份认证等技术实现对数据的安全管理。边缘节点可以实现对数据的本地存储和处理，从而保护用户的隐私数据不被泄露。

云边融合技术亦可以实现生态环境监测和管理的智能化。通过云端的大数据分析和AI技术，可以实现对大量生态环境数据的分析和处理，从而提高生态环境监测和管理的智能化水平。

11.3.3　典型案例

以下列举出一些云边融合技术在生态环境监测和管理中的应用案例。

（1）空气质量监测。通过在城市各个位置布置传感器和监测设备，收集空气质量相关数据，如颗粒物浓度、气体排放等，如图 11-4 所示。这些数据可以通过边缘计算设备实时处理，然后上传至云端进行集中管理和分析。基于云边融合的解决方案能够提供实时的空气质量指数，帮助政府和相关机构进行环境监测和决策制定，以改善城市空气质量。

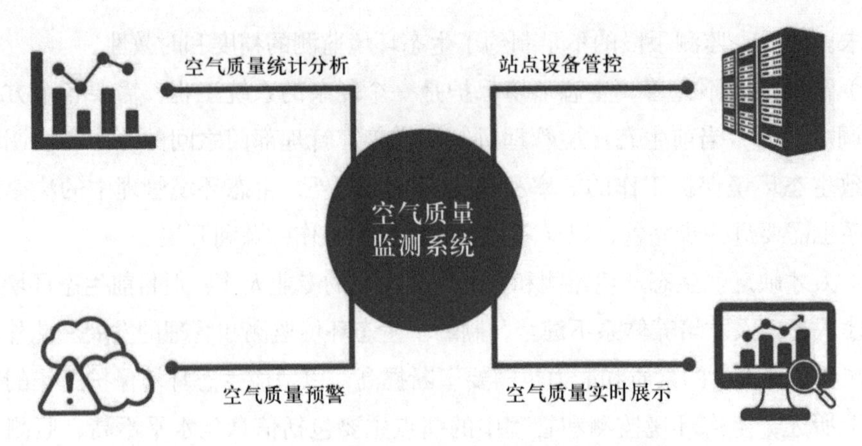

图 11-4　云边融合技术在空气质量监测方面的应用

（2）水资源管理。通过在水域和水资源设施部署传感器和物联网设备，实时监测水质、水位、流量等数据。边缘计算设备可以处理这些数据并进行本地分析，如监测水污染情况、预测洪水等。同时，云边融合技术可以将数据上传至云端进行长期存储和分析，为水资源管理部门提供全面的水资源监测、预警和决策支持。

（3）森林火灾预警。通过在森林区域部署传感器和摄像头，实时监测温度、湿度、风速等环境参数，同时利用视频监控系统进行火灾监测。边缘计算设备可以进行火灾预警和实时图像分析，及时识别火灾迹象，并将相关信息传输至云端进行处理和响应。云边融合的解决方案可以提供火灾预警服务，加强对森林火灾的监测、预防和应急响应。

（4）生物多样性保护。通过在自然保护区等地部署传感器网络，实时监测野生动植物的数量、分布、迁徙等信息。边缘计算设备可以处理这些数据，并进行物种识别和行为分析，以支持生物多样性保护工作。云边融合的解决方案能够提供全局的生物多样性监测和分析，为保护区管理者和生态学研究人员提供宝贵的数据。

11.4　云边融合在医疗保健场景中的应用

云边融合在医疗保健场景中的应用正逐渐改变着医疗行业的运作方式和服务质量。结合云计算和边缘计算技术，如图 11-5 所示，云边融合为医疗机构和患者提供了更高效、更便捷、更个性化的医疗保健服务。

医疗机构积累了大量的患者数据、医疗记录和诊断结果等信息。通过将这些数据存储于云端，医疗机构可以实现数据的集中管理和安全存储。而边缘计算设备可以在医疗机构内部进行数据的实时处理和分析，提供即时的诊断和决策支持。云边融合技术使得医疗数据的获取、存储和处理更加高效和可靠。通过边缘计算设备，医疗机构

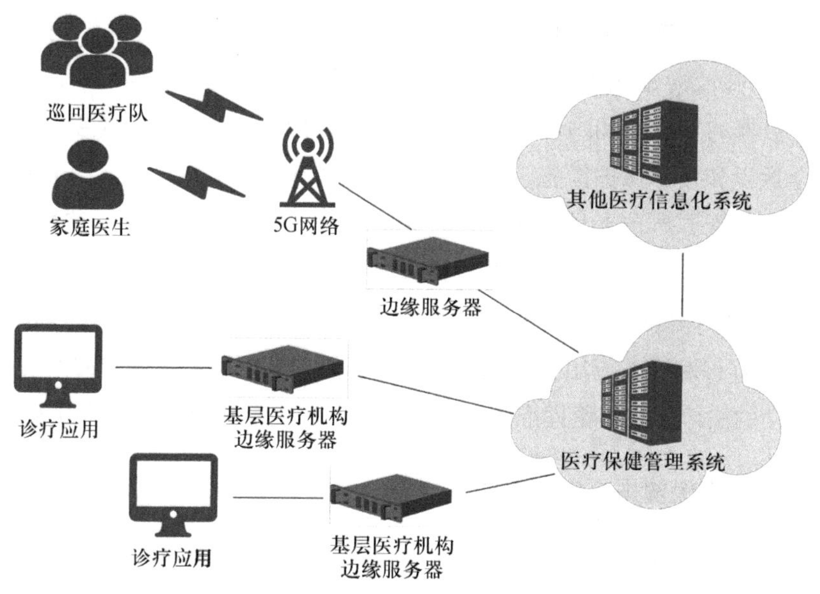

图 11-5　云边融合技术在医疗保健场景中的应用

可以实现对患者的实时监测和远程诊断。患者可以通过便携式设备将生理参数、医学影像等数据传输至云端，医生可以远程查看患者的健康状况并进行诊断。云边融合的解决方案实现了医疗资源的跨地域共享和优化配置，改善了医疗服务的覆盖范围和效果。此外，云边融合还在医疗决策支持方面发挥着重要作用。通过云端的大数据分析和边缘计算设备的实时监测，医疗机构可以更准确地识别疾病风险和进行个性化治疗。云边融合技术可以结合患者的基因组数据、病历信息和实时生理参数，提供定制化的医疗方案和预防措施。这种个性化医疗的模式有助于疾病的早期诊断，改善治疗效果，实现精准医疗的目标。

云边融合在医疗保健场景中的应用极大地推动了医疗行业的数字化转型和智能化升级。通过整合云计算和边缘计算的优势，云边融合技术为医疗数据管理、远程医疗、个性化治疗和医疗教育等领域提供了创新的解决方案。这些应用不仅提高了医疗服务的质量和效率，也有助于保障人们的健康，提高生活质量。

11.4.1　医疗保健行业发展痛点

医疗保健行业是一个关系到人们生命健康的重要领域，近年来得到了快速发展和广泛关注。随着医疗技术的进步、人口老龄化趋势的加剧以及人们对健康的更高要求，医疗保健行业迎来了巨大的机遇和挑战。伴随着行业的快速发展，引发了一系列的问题。

随着医疗技术的进步和生活水平的提高，人们的平均寿命不断延长，老年人口数量不断增加。老年人因慢性疾病和需长期护理的情况，对医疗保健资源的需求量较大。

医疗资源的分配不均衡、医生和护士的短缺等问题使得老年人的医疗需求难以全部得到满足。新药的研发、医疗设备的更新、高端治疗技术的应用等都产生了巨大的成本、压力。医疗数据的安全性和隐私保护成为医疗保健行业必须面对的重要挑战，必须加强信息安全意识和技术保护措施，保护患者的隐私和医疗数据的安全。在一些地区和偏远地区，医疗资源严重不足，导致人们无法获得及时的医疗服务。这种不平衡的发展使得贫困地区的人们面临着更高的健康风险和医疗困境。医疗保健行业的创新和技术应用可以为医疗保健行业带来更多的机会和突破，但也伴随着一些伦理和法律问题。例如，AI 在医疗诊断中的应用，可能面临着隐私保护、责任追溯等方面的挑战。因此，必须建立健全的法律法规和伦理准则，确保医疗保健创新的合理和可持续发展。

11.4.2 医疗保健未来发展方向

随着科技的不断进步和社会的变革，医疗保健行业也在不断发展和变化。未来，医疗保健将朝着多个方向发展，以满足人们对健康和医疗的需求。

（1）数字化转型。随着信息技术的飞速发展，数字化转型已经成为医疗保健领域的重要趋势。数字化转型涵盖了电子病历、远程诊断、电子健康档案、医疗设备的智能化等各方面。通过数字化技术，医疗保健机构可以更好地管理和共享医疗数据，提高医疗质量和效率。同时，患者也可以通过电子病历和移动应用程序方便地获取健康信息和预约医疗服务。

（2）AI 与大数据应用。AI 和大数据技术的应用将对医疗保健产生深远影响。AI 可以通过对大规模医疗数据的分析，帮助医生进行疾病诊断、预测和治疗决策。例如，基于机器学习的算法可以通过分析大量病例数据，帮助医生识别疾病的风险因素和预测治疗效果。大数据还可以帮助医疗保健机构进行资源规划和流程优化，提高医疗服务的质量和效率。

（3）个性化医疗。个性化医疗是医疗保健的重要发展方向之一。随着基因测序技术的快速发展，个性化医疗将成为常态化的医疗模式。通过分析个体的基因组信息和其他生物标志物，医生可以更好地了解患者的疾病风险、药物反应和治疗方案。个性化医疗还包括定制化的药物、基因治疗和再生医学等，可以为患者提供更精准、针对性强的治疗方案。

（4）远程医疗与健康监护。随着互联网和通信技术的进步，远程医疗和健康监护将成为未来医疗保健的重要组成部分。远程医疗可以通过视频会诊、远程手术和远程监测等方式，为患者提供及时和便捷的医疗服务。健康监护技术可以通过穿戴设备、传感器和移动应用程序，实时监测和管理个人的健康状况，帮助人们预防疾病和管理慢性病。

（5）生物技术和基因工程。生物技术和基因工程的发展将为医疗保健带来巨大的变革。生物技术可以用于疾病的早期诊断和治疗，包括生物标记物的检测和生物药物的研发。基因工程技术可以用于基因治疗、基因编辑和再生医学等领域，为一些难治疾病的治疗提供新的方法和工具。

（6）远程医疗与诊断支持。云边融合技术为远程医疗和诊断提供了强大的支持。医生可以通过云端平台连接到边缘设备，远程监测和诊断患者的病情。这种方式可以减少患者前往医院的次数，提高医疗资源的利用效率。同时，边缘设备的高性能计算能力可以帮助医生进行疾病诊断和治疗决策，提供即时的诊断支持。

11.4.3　典型案例

（1）医疗图像处理与分析。医疗图像处理和分析对于疾病诊断和治疗至关重要。云边融合技术可以将医疗图像数据传输到云端进行处理和存储，同时边缘设备可以进行初步的图像分析和快速筛查。这种分布式的图像处理和分析方式可以加快诊断速度，降低网络传输延迟，提高医疗图像数据的安全性。

（2）健康监测与管理。云边融合技术在健康监测与管理方面具有广泛的应用。通过传感器和可穿戴设备收集个人健康数据，并将其传输到云端进行分析和存储。同时，边缘设备可以实时监测个体的生理参数和活动情况，提供个性化的健康管理建议。这种方式可以帮助人们更好地管理自己的健康状况，预防疾病的发生。

（3）医疗资源调度与管理。云边融合技术可以优化医疗资源的调度和管理，如图 11-6 所示。通过云端平台的数据分析和算法优化，医疗机构可以更好地规划和分配医疗资源，提高资源利用效率和医疗服务的质量。边缘设备可以提供实时的数据采集和处理，帮助医疗机构更快地响应紧急情况和调整资源分配。

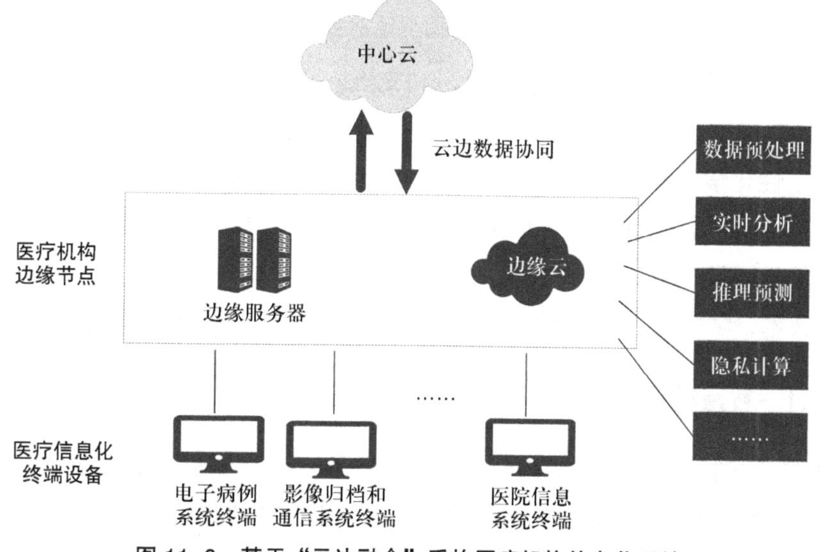

图 11-6　基于“云边融合”重构医疗机构信息化系统

（4）个性化医疗与药物研发。云边融合技术为个性化医疗和药物研发提供了支持。通过云端的大数据分析和边缘设备的个体数据采集，医疗机构和制药公司可以更全面地掌握患者的病情和用药反应情况，从而提供更加个性化和精准的治疗方案。同时，边缘设备可以加速药物研发过程中的数据分析和模拟实验，提高研发效率和药物的安全性。

11.5 云边融合在智慧教育场景中的应用

云边融合在智慧教育场景中的应用正逐渐改变着传统的教育方式和学习环境。随着信息技术的不断发展，智慧教育正在成为教育领域的新趋势，而云边融合作为支撑智慧教育的关键技术之一，为教育带来了更多创新和改进。

智慧教育是将信息技术与教育相结合，借助云边融合技术的支持，实现教育资源的共享、个性化学习、智能辅导等功能，从而提升教育教学的效果和质量。云边融合技术将云计算和边缘计算相结合，充分利用云端和边缘设备的优势，为智慧教育提供了全新的解决方案。在云边融合的智慧教育场景中，教育资源可以被集中存储于云端，通过边缘设备传输给学生和教师，实现高效共享和利用。这样一来，教师和学生可以通过在线平台访问各种教育资源，包括课件、教学视频、电子图书、在线测验等。同时，云边融合技术还可以根据学生的学习情况和特点，提供个性化的学习计划和智能辅导。

在传统的教育模式下，学生的学习进度和兴趣差异较大，教师很难针对每个学生的需求进行个性化教学。而云边融合技术可以通过分析学生的学习数据和行为模式，为学生定制学习路径，并提供有针对性的教学内容和反馈。这种个性化学习的方式可以更好地满足学生的学习需求，提高学习效果和学习动力。此外，云边融合技术还可以支持远程教学和在线课堂。通过云端平台提供课件、教学资源和作业，学生可以通过边缘设备参与课堂互动，进行在线学习和交流。这种方式打破了时间和地域的限制，学生可以随时随地接受优质的教育资源，同时也提供了更多的学习机会和灵活性。

除了个性化学习和远程教学，云边融合技术还可以支持智慧教育中的其他应用，如智能评估、学习数据分析、虚拟实验等。通过云边融合的技术支持，教育机构和教师可以更好地了解学生的学习情况和进展，进行精确的学习评估和反馈。同时，利用虚拟实验技术，学生可以在虚拟环境中进行实验和模拟，提升实践能力和科学素养。

11.5.1 智慧教育促进教育行业智能化变革

云边融合在智慧教育场景中的应用为教育带来了许多创新和改进的机会。如图11-7所示，通过借助云边融合技术，教育资源可以更好地被共享和利用，学生可以接触到更广泛的教育内容，教师可以为学生提供更精准的个性化指导。随着云边融合技

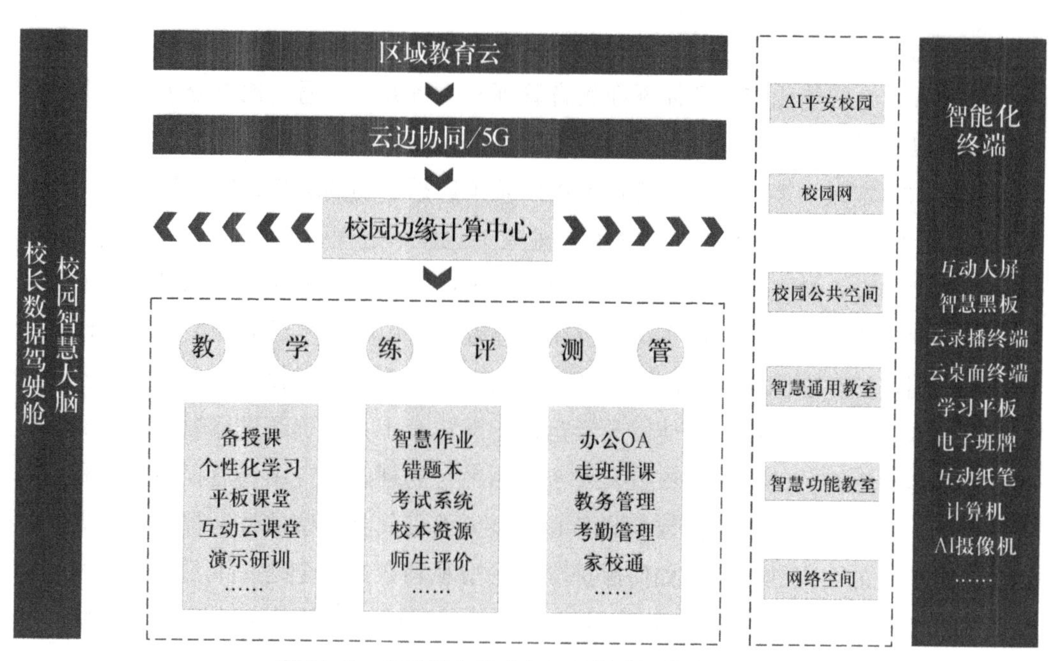

图 11-7　云边融合技术在智慧教育场景中的应用

术的不断发展和普及，智慧教育将进一步推动教育行业的创新和进步，为学生提供更好的学习体验和发展机会。

智慧教育作为信息技术与教育相结合的重要领域，正逐渐促进教育行业的智能化变革。随着云计算、大数据、AI 等技术的不断发展，智慧教育正在成为教育领域的新趋势。智慧教育以技术为支撑，通过云计算和边缘计算等技术手段，实现教育资源的共享、个性化学习、智能辅导等功能。它打破了传统教育模式的限制，为学生、教师和教育机构带来了更多的机会和便利。智慧教育的发展旨在提供更高效、更灵活、更个性化的教育体验，推动教育行业向智能化方向迈进。

智慧教育在促进教育行业智能化变革方面发挥着重要作用。首先，智慧教育通过数字化和云端化的手段，实现了教育资源的共享和存储。传统教育资源往往受时间和空间的限制，而智慧教育将教学内容、课件、习题等资源数字化，并存储在云端，学生和教师可以随时随地访问和利用这些资源，实现了教育资源的高效共享。其次，智慧教育注重个性化学习，通过大数据和 AI 等技术手段，分析学生的学习数据和行为模式，为学生提供个性化的学习路径和教学内容。传统教育往往采用“一刀切”的教学方式，忽视了学生个体的差异，而智慧教育可以根据学生的学习需求和特点，提供量身定制的学习计划和教学资源，帮助学生更好地掌握知识，提高学习效果。最后，智慧教育借助 AI 和智能化设备的支持，实现了智能辅导和评估。通过智能化的学习平台和辅助工具，学生可以获得实时的学习指导和反馈，教师可以更准确地评估学生的学习情况和进展。智慧教育还可以利用虚拟实验、模拟仿真等技术手段，提供实践性教学和体验式学习，增强学生的实际操作能力和创新思维。

智慧教育的智能化变革还体现在教育管理和决策方面。通过数据分析和挖掘，智慧教育可以提供决策支持和预测分析，帮助教育机构更好地了解教育市场需求，优化资源配置和制定教学策略。教育管理者可以基于数据驱动的决策，推动教育机构的发展和提升。然而，智慧教育在促进教育行业智能化变革过程中也面临一些挑战和问题。首先，技术和设备的支持。智慧教育需要依托先进的信息技术和智能化设备，如云计算、大数据分析、AI、虚拟现实等，但在一些教育资源相对匮乏的地区，技术设备的普及和应用仍然存在困难。其次，教师相应的专业能力。智慧教育要求教师具备相应的信息技术和教学设计能力，能够灵活运用智慧教育工具和资源进行教学。然而，一些教师可能缺乏相关的培训和支持，对于智慧教育的理念和应用仍然存在陌生和不熟悉的情况。最后，智慧教育在数据隐私和安全方面也面临一些挑战。智慧教育需要收集和处理学生的个人数据，而如何保护学生的隐私和数据安全是一个重要的问题。教育机构和相关方需要建立严格的数据管理和安全机制，确保学生数据的合法使用和保护。

综上所述，智慧教育作为教育行业智能化变革的重要推动力量，通过云边融合技术的应用，能够实现教育资源的共享、个性化学习、智能辅导和数据驱动决策等功能。同时，智慧教育在普及推广过程中还面临一些挑战，需要克服技术、培训和数据安全等问题。随着技术的不断发展和应用的深入，智慧教育有望进一步推动教育行业的智能化变革，提升教育质量和效果，为学生的成长和发展提供更多机会和可能性。

11.5.2 云边融合赋予智能化教学管理和安全监控新突破

云边融合技术的发展为智能化教学管理和安全监控提供了新的突破。随着信息技术的快速发展和云计算、边缘计算等技术的成熟应用，教育行业也正积极探索如何利用云边融合技术来实现教学管理和安全监控的智能化。

在智能化教学管理方面，云边融合技术可以提供全面的教学管理平台和工具，实现教学过程的数字化、在线化和个性化。教师可以通过云平台管理学生的学习进度、作业完成情况、在线互动等信息，及时了解学生的学习情况，有针对性地进行教学设计和指导。云边融合技术还可以提供智能化的学习资源推荐和评估系统，帮助学生选择适合自己的学习内容和方法，提高学习效果。此外，云边融合技术还支持教学过程的实时监控和数据分析。通过在教室内部和教学设备上部署边缘计算节点，实时采集和处理学生的学习行为数据、教学设备的使用情况等信息。这些数据可以被送往云端进行进一步分析和挖掘，为教师提供教学评估、个性化指导和教学改进的依据。同时，云边融合技术还支持教学过程的视频监控和分析，确保教学的安全性和规范性。

在安全监控方面，云边融合技术可以通过视频监控、人脸识别、物联网等技术手段，实现对校园内的安全监控和管理。例如，在校园内部部署边缘计算节点和摄像头，可以实现对校园的实时监控和安全事件的预警。同时，通过人脸识别技术，可以对进出校园的人员进行身份认证和监控，确保校园的安全性。云边融合技术还可以结合物联网技术，实现对校园设备的监控和管理，及时发现设备故障或异常情况，保证校园安全和运行效率。

云边融合技术在智能化教学管理和安全监控方面的应用不仅提升了教育行业的效率和质量，也为学生和教师带来了更多便利和安全保障。通过数字化、在线化和个性化的教学管理，学生可以根据自身的需求和兴趣选择适合的学习资源和学习方式，提升学习效果和兴趣。教师可以更好地了解学生的学习情况，进行个性化指导和反馈，提高教学效果。同时，安全监控的智能化也为学校管理人员和学生家长提供了更多的安全保障，确保校园的安全和秩序。随着云边融合技术的不断发展和成熟，智能化教学管理和安全监控在教育行业中将得到更广泛的应用。同时，云边融合技术的进一步演进和创新也将带来更多的可能性和机遇，推动教育行业向智能化、个性化和协同化的方向发展。教育机构和相关企业应积极探索和应用云边融合技术，不断创新教学管理和安全监控的方式和方法，推动教育行业实现更好的发展和进步。

11.5.3 典型案例

（1）智能教室。云边融合技术可被用于构建智能教室，功能包括云端教学资源管理、边缘设备的实时监控和学生行为分析，如图 11-8 所示。通过将边缘计算节点部署在教室内，可以实时监测学生在课堂上的学习状态、使用的设备以及与教师和同学的互动情况。这些数据可以与云端教学资源和教学管理平台相结合，为教师提供实时反馈和个性化指导，从而获得更好的教学效果和学习成果。

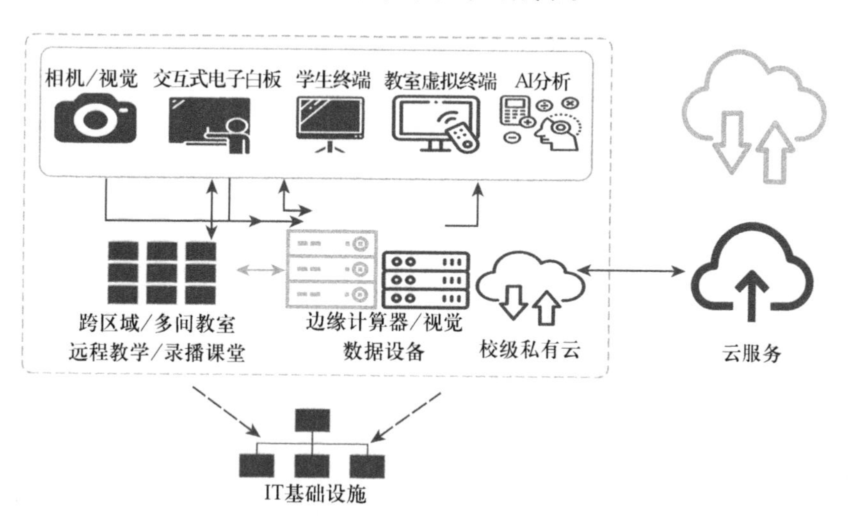

图 11-8 智能教室方案框架

（2）跨地域教学。云边融合技术使得跨地域教学变得更加便利。通过云计算和边缘计算的结合，可以实现实时教学、教师和学生之间的远程交互。教师可以通过云平台提供教学资源、在线授课，学生可以在边缘设备上接收教学内容并与教师进行实时互动。这种跨地域教学模式可以打破时空限制，让优质教育资源更广泛地被分享和利用。

（3）个性化学习。云边融合技术为学生提供了个性化学习的机会。通过在边缘设备上进行学习行为的数据收集和分析，可以了解学生的学习风格、偏好和进度。基于这些信息，可以为学生提供个性化的学习建议，推荐适合其水平和兴趣的学习资源，以及制订个性化的学习计划。这样的个性化学习方式可以更好地满足学生的学习需求，提高学习效果和学习动力。

（4）教育资源共享。云边融合技术促进了教育资源的共享和互联。通过云端存储和管理教学资源，可以将优质的教育资源共享给不同地区和学校的教师和学生。教师可以通过云平台获取全球范围内的教学资源，充实自己的教学内容。学生也可以通过云边设备获得更多的学习资源，拓宽知识面和学习机会。这种资源共享的模式可以促进教育均衡发展，让更多人受益于优质的教育资源。

11.6 本章小结

本章的主题是云边融合在典型行业中的应用，涵盖了安防监控、农业生产、生态环境、医疗保健和智慧教育等领域。这些案例展示了云边融合技术在不同行业中的创新和应用潜力。随着技术的不断进步和行业的发展，可以预见云边融合将在更多行业中发挥重要作用，推动行业的数字化转型和智能化升级。云边融合的未来发展将为我们创造更智慧、高效、可持续的社会和生活环境。

第 12 章　云边融合的未来发展

为了提高计算效率、数据处理能力和智能决策水平，更为了推动科技和产业的发展，"云边融合 + 大数据 + 人工智能"三位一体发展战略被提出。随着该战略的提出，云边融合得到进一步发展。与此同时，互联网技术、信息通信技术以及人工智能技术在新时代的发展，也给云边融合带来了更多的可能性。云边融合被应用在生活中的具体场景，成为产业经济的新动力，具有广阔的前景。同时，将一些新型计算模式应用到云边融合中，能更好地解决某些问题。在这一章，将对云边融合的未来发展进行介绍。

本章着重阐述"云边融合 + 大数据 + 人工智能"三位一体发展战略以及云边融合的一些实际应用。介绍云边融合与新一代互联网技术、新一代信息通信技术以及新一代人工智能技术的融合；介绍云边融合产业生态以及云边融合在产业生态中的地位；介绍一些新型的计算模式，以及结合这些新型计算模式的云边融合将具备哪些优势。

12.1　"云边融合 + 大数据 + 人工智能"三位一体发展战略

随着云计算、边缘计算等技术的不断发展，"云边融合 + 大数据 + 人工智能"三位一体发展战略被提出来，该战略将云计算、边缘计算、大数据和人工智能有机结合起来。这种结合充分利用了云计算、边缘计算的计算和存储能力，使得海量的数据能被处理分析，实现了应用和服务的智能化。在下面的内容中，将介绍一些云边融合、大数据和人工智能在生活中的具体应用，并阐述云边融合、大数据和人工智能这三者之间的联系。

12.1.1　新型云边融合引擎

2008 年，随着行业巨头厂商的介入，中国移动大云的启动和基于云计算大数据挖掘平台的问世，云计算作为一种新的信息通信技术应用模式，在中国市场得到了广泛认可。中国的云计算产业最初主要面向大数据挖掘发展，随后云计算和大数据的融合逐渐加深，云计算产业需求迅速增长。自 2009 年以来，中国的云计算市场增长速度明显加快。“公共云”和“私有云”的典型案例不断增多。各地纷纷开始建设大型云计算中心，为不同行业提供基于软件即服务和虚拟化等模式的应用服务，并在小范围内得到实施。在政府的大力支持下，运营商、厂商和服务提供商的共同推动下，中国的云计算应用得以广泛发展，市场规模超过数百亿元产业链中的标杆企业已经率先开始加速云计算落地的步伐。

近年来，“物联网”“云计算”等技术得到广泛应用，但是随着万物互联以及5G高带宽、低时延时代的到来，各类业务如车联网、工业控制、4 K/8 K、虚拟现实 / 增强现实等所产生的数据量爆炸式增长，给计算设施带来了实时性、网络依赖性和安全性等方面的挑战，为了解决这些问题，国内外学者提出了边缘计算的概念。目前，边缘计算技术与应用仍处于发展初期阶段，云计算巨头是该领域的领跑者。

如图 12-1 所示，“新型云边融合引擎”是指一种创新的技术引擎或平台，用于实现云计算和边缘计算的融合，以提供更强大的计算能力和智能决策能力。传统的云计算将计算和数据处理集中在云端服务器上，而边缘计算将计算和数据处理推向接近数据源的边缘设备。新型云边融合引擎的目标是将云计算和边缘计算结合起来，充分发挥它们各自的优势，实现更高效、更智能的计算和服务。该引擎通常具备以下特点。

（1）强大的计算能力。新型云边融合引擎具备高性能的计算能力，可以处理大规模的数据和复杂的计算任务。它可以充分利用云计算的弹性和扩展性，同时利用边缘设备的计算资源，实现任务的快速执行和响应。

（2）实时数据处理能力。引擎能够实时处理边缘设备生成的数据，进行实时的数据分析和决策。它利用边缘计算的特点，在数据产生的地方进行计算和处理，减少了数据传输的延迟和网络带宽的消耗。

（3）智能决策能力。新型云边融合引擎通常集成了人工智能技术，如机器学习、深度学习等。它能够从大数据中学习和挖掘模式，进行智能分析和决策。引擎可以根据边缘设备的数据和环境，自主进行智能决策，提供个性化和智能化的服务。

（4）数据安全和隐私保护能力。引擎注重数据的安全性和隐私保护。它采取数据加密、权限管理、隐私脱敏等技术手段，确保数据的机密性和完整性，保护用户的隐私。

新型云边融合引擎在各种场景中具有广泛的应用，如智能交通、智能制造、物联网等。它能够提供更高效、更智能的计算和服务，推动数字化转型和创新的发展。

12.1.2 多模态大数据燃料

大数据在企业发展和人们生活等方面发挥着重要作用，以下是一些详细的实际例子。

（1）企业决策支持。大数据分析可以帮助企业进行更准确的市场预测和趋势分析，

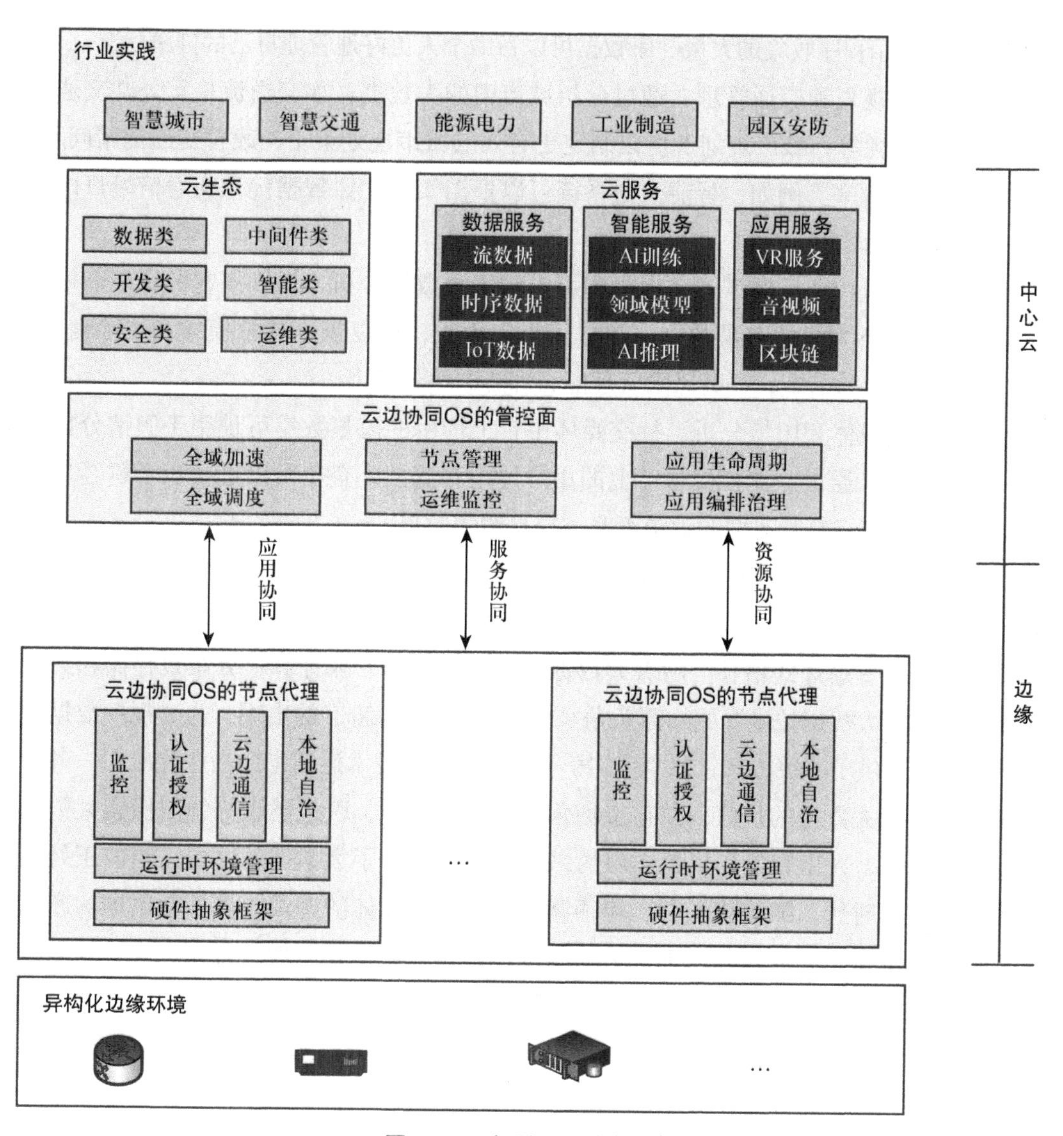

图 12-1　新型云边融合引擎

从而优化产品定位和市场营销策略。企业可以根据大数据分析结果做出战略决策，改进产品设计、优化供应链管理、提高客户满意度等。例如，零售业可以利用大数据分析来了解消费者的购买习惯和偏好，进而调整产品组合和促销策略。

（2）个性化推荐和服务。基于大数据分析的个性化推荐系统可以根据用户的偏好和行为，向其推荐相关的产品、内容或服务。这种个性化推荐可以提高用户体验，并促进销售和客户保持。例如，在线购物平台通过分析用户的购买历史和浏览行为，为其推荐符合其兴趣的商品。

（3）健康医疗领域。大数据在医疗诊断和治疗方面发挥着重要作用。医疗机构可以利用大数据分析来改进疾病预测和诊断的准确性，提高治疗效果。同时，个人健康监测设备和移动应用程序收集的大量健康数据可以帮助个人更好地管理自己的健康状况。

（4）城市规划和交通管理。通过分析城市中的大数据，如交通流量、公共交通利用率、能源消耗等，城市规划者可以制定更有效的城市规划策略，改善交通拥堵问题，提高能源利用效率。例如，智能交通系统可以根据实时交通数据优化交通信号灯的配时，减少交通堵塞。

（5）金融风控和反欺诈。金融机构可以利用大数据分析来识别潜在的风险和欺诈行为。通过分析大量的交易数据、用户行为和模式，可以识别异常模式和风险信号，并及时采取相应的措施，提高风险管理能力和客户信任度。

（6）社交媒体和舆情分析。社交媒体平台上产生的海量数据可被用于舆情分析和品牌声誉管理。通过监测社交媒体上的用户评论和反馈，企业可以进一步了解客户的需求和偏好，制定有针对性的营销策略，提高销售效果。

在2000年之前，互联网普及的初期，数据量相对较小，主要以结构化数据为主，如企业的交易数据和客户数据。2000年以后，大数据概念被提出，随着互联网的快速发展，数据量呈爆炸式增长。随着大数据技术逐渐崛起，云计算、分布式存储和处理技术的发展，大数据技术开始崭露头角。开源项目如Hadoop的出现，为大规模数据的存储和处理提供了解决方案。21世纪20年代，大数据技术逐渐走向商业化应用。各行业开始意识到大数据的价值，并在市场营销、金融风控、医疗健康等领域探索大数据的应用。同时，人工智能和机器学习的兴起进一步推动了大数据的发展。当前正处于多模态大数据时代，随着物联网、传感器技术和社交媒体的普及，多模态数据的产生和应用日益增多。大数据分析不仅关注结构化数据，还涉及图像、音频、视频等多种模态的非结构化数据，为更深入的数据分析和决策提供了更多可能性。

如图12–2所示，云计算和大数据是相辅相成、不可分割的两个概念，它们的关系是相互关联、相互促进的。云计算的历史要比大数据更为悠久，它是自1980年大型计算机向客户端服务器转变之后的一场巨大变革。无论是在资源需求方面还是根据业务

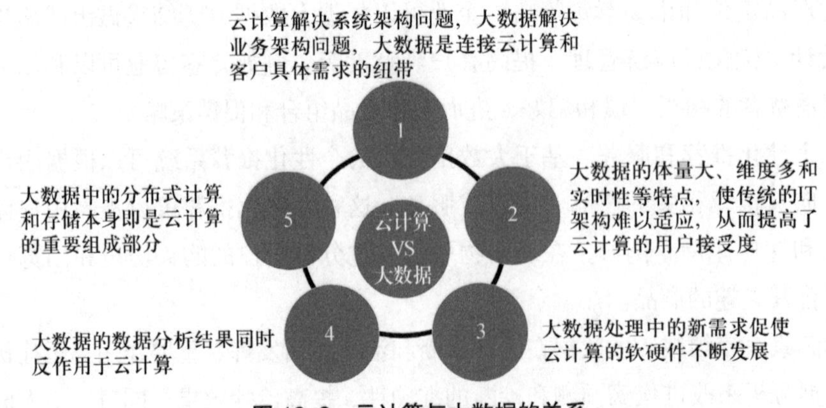

图12–2　云计算与大数据的关系

需求对大数据资源的再处理方面，云计算和大数据都需要共同作用。云计算为大数据提供了一个强大的平台，通过云计算，可以对大数据进行存储、处理和分析，从而得出有价值的结论。同时，大数据成为云计算的重要驱动力，为云计算提供了丰富的数据源和应用场景。

多模态大数据则被认为是新技术革命的"能源"和"燃料"。随着围棋人工智能程序 AlphaGo 的出现，大数据技术进入了与人工智能相结合的新阶段。多模态大数据集结了多种形式和来源的数据，如文本、图像、音频等，为人工智能算法提供了更全面的训练和分析材料，推动了人工智能的发展。因此，云计算和大数据在共同推动着信息技术的进步和创新，为各行各业带来了巨大的机遇和挑战。它们相互依赖、相互支持，共同构建了当今数字化时代的基石。

12.1.3　魔幻人工智能火箭

2014 年，研发人员开始研究构建一个能够击败人类围棋高手的计算机程序。他们采用了深度强化学习算法，基于神经网络和大规模数据训练。2015 年，AlphaGo 完成了对欧洲围棋冠军樊麾的五局三胜比赛，并以 5 比 0 的总比分获胜，这一事件引起了围棋界和科技界的广泛关注。2016 年，AlphaGo 挑战了当时世界围棋冠军李世石。在五局三胜的比赛中，AlphaGo 以 4：1 的总比分战胜了李世石，这次胜利震惊了整个围棋界和人工智能领域。2017 年，AlphaGo 与世界排名第一的围棋选手柯洁进行了对弈。AlphaGo 以 3 比 0 的总比分战胜了柯洁，证明了其在围棋领域的强大能力。

AlphaGo 的胜利引发了全球范围对人工智能的广泛讨论和关注。围棋作为一项复杂的智力游戏，长期以来被认为是人类智慧的象征。AlphaGo 的成功突破了人类认为只有人类才能胜任的领域，引发了人们对人工智能潜力的深思。AlphaGo 的胜利促进了人工智能研究的发展。它展示了深度学习和强化学习在复杂问题上的潜力，并促使研究者在其他领域探索类似的方法。AlphaGo 的成功也推动了人工智能技术在其他领域的应用拓展。人们开始探索将深度学习和强化学习应用于医疗诊断、金融风险管理、自动驾驶等领域，并取得了显著进展。AlphaGo 的发展历程以及其在围棋领域的巨大成功引起了全球范围内的广泛关注。它不仅推动了人工智能研究和应用的发展，也促使人们重新思考和探索人与机器之间的关系。AlphaGo 的胜利成为人工智能进步的里程碑，标志着人工智能进入了一个新的阶段。

人工智能的新兴关键技术是深度学习，深度学习在云边融合和大数据日趋成熟的背景下取得了实质性进展。大数据为云边融合和人工智能提供了数据基础和挖掘潜力，云边融合为大数据和人工智能提供了计算和存储能力，人工智能通过分析大数据和利用云边融合平台来实现智能决策和应用创新。这种相互关系推动了数据驱动的智能化时代的到来。

2017 年 7 月，国务院印发《新一代人工智能发展规划》，人工智能正式上升为国家战略，抢占人工智能全球制高点的战斗正式打响。人工智能新时代正以前所未有的速度和影响走来，在越来越多的领域，人工智能正在快速超越人类。

深度学习、机器学习、自然语言处理等人工智能相关的技术不断取得突破和进步，为人工智能的应用提供了强大的支持。大数据的产生和存储能力的提升为人工智能的训练和学习提供了更多的数据资源，促进了人工智能的发展。人工智能与其他领域的交叉融合，如物联网、云计算、生物医学等，也推动了人工智能技术的创新和应用。随着技术的进步和应用的广泛推广，人工智能正逐渐渗透到各个行业和领域。

人工智能在医学影像分析、疾病诊断、药物研发等方面发挥着重要作用，可以辅助医生进行疾病诊断和治疗决策，提高医疗效率和精确度。人工智能在风险管理、反欺诈、投资分析等方面应用广泛，可以提高金融机构的决策能力和客户服务质量。人工智能在个性化推荐、精准营销、供应链优化等方面发挥着重要作用，可以提升用户体验、提高销售效率。人工智能在生产流程优化、质量控制、预测性维护等方面应用广泛，可以提高生产效率和产品质量。人工智能在智能交通管理、路径规划、无人驾驶等方面发挥着重要作用，可以提升交通运输的安全性和效率。人工智能在智能教育、个性化学习、智能辅导等方面应用广泛，可以提供个性化的教学和学习支持。人工智能在农业生产、农作物识别、精准农业等方面发挥着重要作用，可以提高农业生产效率和农产品质量。

无人超市、无人物流、无人工厂、无人餐厅从传说变成身边的事实，而这些夺人眼球的事件背后都有云边融合和云服务的支撑。魔幻的人工智能技术在各领域正如火箭般快速推进，人工智能的火箭以云边融合为发动机、以大数据为燃料已经腾飞。

12.1.4 三位一体交互发展

如图 12-3 所示，“云边融合 + 大数据 + 人工智能”三位一体交互发展是指将云边融合、大数据和人工智能技术有机结合，形成一种综合的发展战略和技术架构。

云计算是一种基于互联网的计算模式，通过网络提供可按需获取的计算资源和服务。云计算提供了弹性和灵活性，使用户能够根据需求快速扩展或缩减计算资源。在三位一体发展战略中，云计算提供了基础设施和平台，为大数据和人工智能应用提供了强大的计算和存储能力。

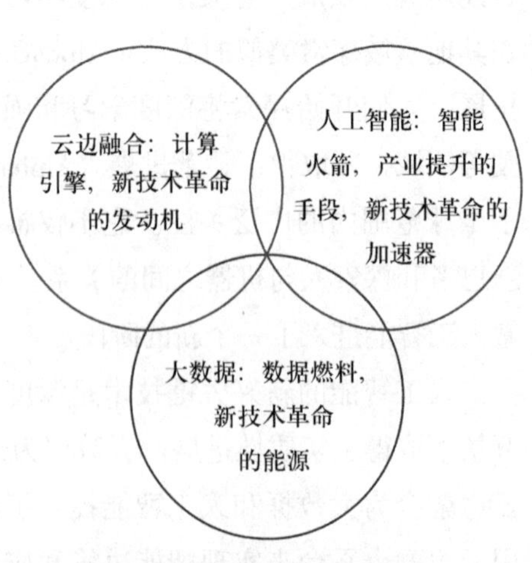

图 12-3 “云边融合 + 大数据 + 人工智能”三位一体

边缘计算是一种将计算和数据处理推向接近数据源的边缘设备的计算模式。边缘设备可以是传感器、物联网设备、智能手机等。边缘计算能够实现实时数据处理、减少网络延迟和带宽消耗，同时提高数据的安全性。在三位一体发展战略中，云边融合可以在边缘设备上进行部分数据处理和智能决策，提高响应速度和效率。

大数据是指规模巨大、多样化和高速生成的数据集合。大数据具有海量、高速、多样和复杂的特点，传统的数据处理方法往往无法胜任。大数据技术包括数据获取、存储、处理、分析和可视化等方面，通过对大数据的挖掘和分析，可以获取有价值的信息，以支持决策和创新。在三位一体发展战略中，大数据作为基础，提供了源源不断的数据输入，为人工智能应用提供了数据基础。

人工智能是一种模拟人类智能的技术和方法，包括机器学习、深度学习、自然语言处理等。人工智能技术可以对大数据进行智能分析和处理，发现数据中的模式和规律，实现智能决策和自主学习。人工智能应用广泛，包括图像识别、语音识别、智能推荐系统等。在三位一体发展战略中，人工智能通过对大数据的分析和挖掘，实现智能化的应用和服务。

综上所述，“云边融合 + 大数据 + 人工智能”三位一体发展战略将云边融合、大数据和人工智能有机结合，通过充分利用云计算和边缘计算的计算和存储能力，处理和分析海量的大数据，实现智能化的应用和服务。这一战略的目标是提高计算效率、数据处理能力和智能决策水平，推动科技和产业的发展。

12.2　云边融合与新技术的融合

互联网技术、信息通信技术和人工智能技术的发展，也为云边融合提供了更多的可能性。通过云边融合与新一代互联网技术、新一代信息通信技术、新一代人工智能技术进一步结合，将大大提高云计算和边缘计算的能力，甚至产生了一些颠覆性的改变，并且可以给人们的生活带来巨大的改变。接下来，将对云边融合和新技术的融合进行一些介绍。

12.2.1　新一代互联网技术

新一代互联网技术涵盖了许多方面，其中包括 5G、6G、软件定义网络（Software Defined Networking，SDN）、网络功能虚拟化（Network Function Virtualization，NFV）、边缘计算、人工智能、物联网和区块链。新网络技术为云边融合提供了更高效、更灵活的基础设施和通信能力。传统的云边融合依赖于稳定的网络连接来实现资源的集中管理和分发。新网络技术，如 5G、SDN 和 NFV 等，提供了更快的速度、更低的延迟和更高的带宽，使云边融合能够更好地满足不断增长的需求。新网络技术还提供了更大的容量和更高的可靠性，支持更多的连接和数据传输，从而为云边融合提供更强大的基础。新网络技术提供了更强大的通信能力和连接性，使边缘计算能够在分布式的边缘节点上部署和管理计算资源。例如，5G 技术的高速和低延迟使得边缘节点能够处理更多的数据和实时应用，而 SDN 和 NFV 技术使得边缘节点的网络功能虚拟化和可编程化成为可能，增强了边缘计算的灵活性和可扩展性。

20 世纪 60 年代至 80 年代末，互联网起源于美国的研究机构和大学之间的联网需求，此时互联网正处于起源和早期阶段。这一阶段主要是基于分组交换网络的实验和研究，其中包括美国高级研究计划局网络等网络的建立。这些早期网络主要面向科研和军事领域，并采用了分组交换和分布式网络架构的概念。在 20 世纪 90 年代，随着商业化的推进，互联网开始向大众市场开放，商用互联网开始崛起。万维网的发明和普及成为互联网的重要里程碑。Web 浏览器的出现使互联网资源的访问和交流变得简单易用。这一时期，商业公司开始在互联网上建立自己的网站，推动了电子商务的发展和在线服务的出现。进入 21 世纪，宽带互联网的普及成为新的里程碑。宽带连接提供了更高的速度和稳定性，使用户能够更快地访问和传输大量数据。这推动了在线媒体（如音乐、视频和游戏）的发展，促进了在线社交网络和内容共享平台的兴起。21 世纪 10 年代，随着智能手机和移动设备的普及，移动互联网成为互联网转型的关键驱动力。移动应用程序的出现使用户能够随时随地访问互联网和在线服务。移动互联网促进了社交媒体、移动支付、位置服务等新兴应用的快速发展，并推动了移动互联网经济的崛起。当前，物联网的兴起将互联网扩展到了物体和设备之间的互联。物联网使得传感器和设备能够收集和交换数据，实现智能化和自动化的应用场景。同时，边缘计算的发展将计算和存储能力推向网络边缘，加强了实时性和低延迟的需求。

根据吉尔德定律，互联网的转型历程可以被视为一系列关于带宽扩展和提高的努力，以满足不断增长的带宽需求。随着时间的推移，互联网的发展主要集中在扩展带宽和提高网络速度的方向上，以满足用户对于更快速、更高质量的数据传输的需求。这一过程推动了互联网技术和基础设施的不断创新和进步，从低速的拨号连接到宽带、光纤网络、5G 等。吉尔德定律的观点对于理解互联网的演变和转型过程具有重要意义，强调了带宽的关键作用，并将其视为互联网发展的核心驱动力之一。

中国教育和科研计算机网（China Education and Research Network，CERNET）是中国高等教育和科研机构建立的计算机网络，旨在满足教育科研机构对高速、稳定和安全网络的需求。CERNET 在推动 IPv6 技术的研究和应用方面发挥了重要作用。CERNET 在早期就开始支持 IPv6 技术，并在中国国内推动 IPv6 的发展。第二代中国教育和科研计算机网（China Education and Research Network 2，CERNET2）是中国新一代互联网示范工程最大的核心网和唯一的全国性学术网。CERNET2 采用了先进的光纤传输技术和高速路由器，提供了更快的网络传输速度，支持高带宽应用和大规模数据传输。CERNET2 具备冗余备份和故障恢复机制，保证了网络的高可靠性和稳定性。CERNET2 重视网络安全，采取了多种安全措施保护网络和用户的数据安全。

CERNET2 在中国国内的发展取得了重要成果。它已经在全国范围内的许多城市建立了节点，提供了高速、稳定的网络连接和优质的服务，一些重要城市（如北京、上海、广州、成都等）都有 CERNET2 的应用和成果。在国际上，CERNET2 也积极与其他国家和地区的教育科研网络进行合作。例如，CERNET2 与美国的 Internet2、欧洲的 GEANT 等高等教育和科研网络进行互联互通，促进了国际学术交流和合作。

总体而言，CERNET 及其第二代网络 CERNET2 在 IPv6 技术的推广和应用方面发挥了重要作用。它为中国高等教育和科研机构提供了先进的网络基础设施，促进了教育科研的发展，并积极参与国际合作，推动了全球网络的发展进步。我国互联网的这些成就无疑为高等教育、科技创新和发展云边融合计算与服务提供了基础设施。

12.2.2　新一代信息通信技术

与云边融合相关的新信息通信技术包括大数据、区块链技术、虚拟现实、量子通信、5G 等技术。云边融合与大数据的关系前面已详细论述，这里不再赘述。

区块链技术是一种去中心化的分布式账本技术，通过加密和共识机制确保数据的安全性和可靠性。它最早由中本聪（Satoshi Nakamoto）在 2008 年提出，并在 2009 年随比特币的诞生而实现了首次应用。区块链的主要作用是实现去中心化的可信交易和信息存储。它将数据分散存储在多个节点上，并使用密码学技术确保数据的不可篡改性，使得交易和信息可追溯、透明和安全。区块链技术在各个领域都有广泛的应用，包括但不限于加密货币、智能合约、供应链管理、身份验证与管理和物联网。随着技术的发展和创新，将会有更多新的应用场景出现。

VR 是一种通过计算机生成的仿真环境，使用户能够身临其境地感受和参与其中。VR 由拉尼尔（Jaron Lanier）在 20 世纪 80 年代初提出。如图 12-4 所示，VR 的主要作用是创造一种沉浸式的感官体验，将用户带入一个虚拟的世界。通过头戴式显示器、

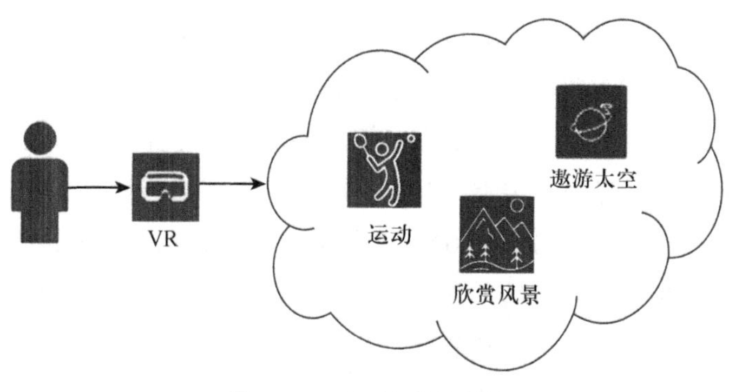

图 12-4　VR 技术的应用

手柄、传感器等设备，用户可以与虚拟环境进行交互，感受到视觉、听觉、触觉等多种感官的模拟，达到身临其境的效果。VR 技术已经在多个领域得到应用，包括但不限于游戏和娱乐、教育和培训、医疗和康复、虚拟旅游、艺术和设计等。

量子通信是利用量子力学原理进行信息传输的一种通信方式。量子通信的基本原理是利用量子叠加态和量子纠缠态来实现信息的安全传输和隐私保护。它的研究起源于 20 世纪 80 年代，量子通信的作用是提供更高的安全性和保密性。传统的通信方式，如经典密码学，可以被破解和窃听。而量子通信利用量子力学的特性，使得通信过程中的信息传输和测量变得不可逆，从而保证了通信的安全性。量子通信技术具有广泛的应用前景，包括但不限于量子密钥分发、量子远程通信、量子卫星通信、量子互联网和量子传感器网络。

云边融合将在新一代信息通信技术发展中起到计算支撑作用，反过来这些新信息技术会改进云边融合模式，甚至产生颠覆性的云边融合模式，如量子通信等将给云边融合带来革命性的变化。

12.2.3 新一代人工智能技术

新一代人工智能技术包括深度学习、自然语言处理、计算机视觉、强化学习、生成对抗网络、自动驾驶技术、区块链与智能合约等。发展人工智能已经提升到国家战略高度。推动人工智能发展对于促进经济繁荣，保障国家安全、人口健康、生态环境和生活质量，比以往任何时候都重要。2016 年 5 月，国家发改委、科技部、工信部、中央网信办印发的《“互联网 +” 人工智能三年行动实施方案》描绘了“十三五”期间中国 AI 技术的发展蓝图，明确了未来三年智能产业的发展重点。2017 年是中国 AI 技术发展的“元年”，国务院印发了《新一代人工智能发展规划》（以下简称《规划》）。《规划》中我国人工智能战略目标三步走的第一步是到 2020 年人工智能总体技术和应用与世界先进水平同步，人工智能产业成为新的重要经济增长点，人工智能技术应用成为改善民生的新途径，有力支撑进入创新型国家行列和实现全面建成小康社会的奋斗目标。第二步是到 2025 年人工智能基础理论实现重大突破，部分技术与应用达到世界领先水平，人工智能成为带动我国产业升级和经济转型的主要动力，智能社会建设取得积极进展。第三步是到 2030 年人工智能理论、技术与应用总体达到世界领先水平，成为世界主要人工智能创新中心，智能经济、智能社会取得明显成效，为跻身创新型国家前列和经济强国奠定重要基础。同年，工信部印发的《促进新一代人工智能产业发展三年行动计划（2018—2020 年）》对《规划》相关任务进行了细化和落实。2023 年以来，国内生成式人工智能热度高涨，大模型“浪潮”此起彼伏。在产业竞速未来赛道的同时，也亟须系上“安全带”。2023 年 8 月 15 日，国家网信办等七部门发布的《生成式人工智能服务管理暂行办法》（以下简称《办法》）正式施行，这也是我国首个针对生成式人工智能产业的规范性政策。“制度的出台不仅仅是规范其发展，更是良性引导和鼓励创新。”业内专家认为，“《办法》坚持发展和安全并重，一方面画出法律红线，另一方面也为创新留足空间，生成式人工智能大规模商用有望加速落地，迎来发展新起点。”

深度学习是机器学习的一种方法，它通过建立多层次的神经网络模型，从大量数据中自动学习特征表示和决策规则，以解决复杂的模式识别和决策问题。深度学习的核心思想是通过层次化的表示学习，将输入数据转化为更抽象和高级的表示，以获取更丰富的信息和更准确的预测结果。深度学习模型的基本单元是人工神经元，它模拟生物神经元的工作原理，对输入数据进行加权求和并经过激活函数的非线性变换，输出一个值。这些神经元被组织成多个层次的网络结构，其中输入层接收原始数据，输出层产生最终的预测结果，而中间的隐藏层则通过逐层的计算和参数调整来提取和学习数据的特征表示。深度学习模型的训练过程通过反向传播算法来实现。它根据预测结果与真实标签之间的差异（损失函数），将误差逐层反向传播到网络中的每个神经元，并通过梯度下降优化算法来更新神经元的权重和偏置，以最小化损失函数，使得模型能够更准确地预测未知数据。深度学习在各个领域都取得了显著的成果和广泛的应用，包括计算机视觉、自然语言处理、语音识别、推荐系统和医疗诊断等。它的主要作用包括特征学习和表示学习、模式识别和分类、生成和创造、强化学习等。ChatGPT 是基于深度学习技术的语言模型，具备理解和生成自然语言的能力。它通过在大量对话数据上进行预训练和微调，能够模拟人类的对话风格，并回答用户提出的问题。ChatGPT 的应用潜力广泛，包括虚拟助手和智能客服、语言翻译和文本生成、个性化推荐和信息检索、教育和培训、创意和娱乐等。

强化学习是机器学习的一个分支，旨在通过智能体与环境的交互学习，做出最优的决策。它不像监督学习那样依赖于标记好的训练数据，也不像无监督学习那样仅仅关注数据的结构和模式。相反，强化学习是一种通过试错和反馈机制来优化决策策略的学习方法。在强化学习中，智能体通过与环境进行交互来获取经验。它观察当前的环境状态，基于当前状态选择一个行动，并执行该行动，然后接收来自环境的奖励或反馈。这个过程是连续的，智能体根据奖励信号调整策略，以最大化长期累积的奖励。强化学习的核心原理是基于马尔可夫决策过程（Markov Decision Process，MDP）。MDP 是一种数学框架，用于描述强化学习问题的形式化过程。它包括状态、行动、奖励、状态转移概率等要素，通过建模环境和智能体之间的相互作用来求解最优的决策。强化学习的作用是解决在动态环境中的决策问题。相较于其他机器学习方法，强化学习可以应对复杂和未知的环境，不需要预先标记的训练数据，通过与环境的交互来学习和改进决策。强化学习通过不断试错和接收环境反馈来学习；通过奖励信号指导优化决策，逐步改善智能体的性能。强化学习的决策可以适应不同的环境和任务，并具备一定的泛化能力。它能够根据环境的变化自动调整策略。强化学习在各个领域都有广泛的应用，包括但不限于游戏与娱乐、机器人控制、交通与物流、金融与投资、自动驾驶和自然语言处理。

物联网的云边融合重点是需要一个标准化的管理规则，让设备能够统一地接入，统一地调度，统一地检测等。这一切又都依托于人工智能技术。未来是大数据的时代、用户多种请求的时代、物联网设备的时代，传统的托管云边融合将无法胜任，而云边融合也将全面支撑人工智能，未来没有云边融合将无法支持新型人工智能。

12.2.4 跨界服务云边计算与新技术的融合

互联网技术、信息通信技术和人工智能技术等在最近十几年迅速发展，这些技术正在引发国民经济、国计民生和国家安全等领域的重大变革，图 12–5 说明了云边计算、大数据、物联网和人工智能的不断发展和融合。

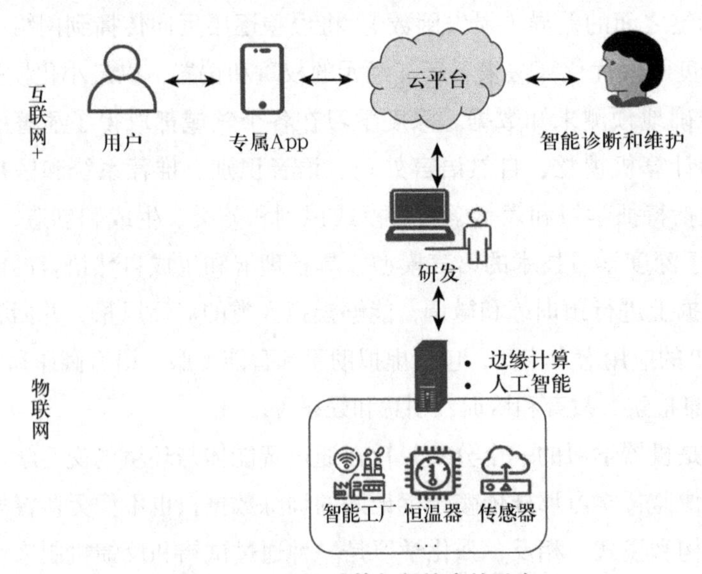

图 12–5 云边计算与新技术的融合

在民生领域，智慧城市是云边融合、大数据、物联网和人工智能技术不断发展和融合的必然产物。智慧城市是指利用信息技术和互联网的手段，将城市的各种设施、服务和管理进行数字化、网络化和智能化的城市发展模式。它通过整合和应用大数据、物联网、人工智能等技术，实现城市基础设施的智能化管理和优化，提升城市的可持续性、生活质量和效率。在智慧城市中，各种城市系统和设施通过感知、通信、计算和控制等技术相互连接，形成一个智能化的生态系统。这些系统包括城市交通、能源供应、环境监测、安全监控、公共服务、社交互动等方面，通过数据采集、分析和实时决策，实现城市资源的高效利用和管理，提供更便捷、安全和可持续的城市生活环境。比如，一个具体的智慧城市场景是交通管理系统。在这个场景中，通过传感器、摄像头和数据网络等技术，实时监测城市的交通状况，包括车流量、道路拥堵情况和停车位使用情况等。基于这些数据，利用智能算法和实时决策模型，可以实现实时交通监测与调度、智能导航与路径规划、停车管理与导引、交通事件监测与应急响应等。上述场景展示了智慧城市在交通管理领域的应用，通过整合数据和智能决策，实现了交通的实时监测、优化调度和提供个性化服务，从而提升了交通效率、减少了拥堵现象，提高了居民的出行体验和城市的可持续发展。

12.3　云边融合产业生态及其地位

在数字经济和实体经济深度融合的过程中，云计算和边缘计算在数字经济新产业生态中的地位也在不断演变和加强。而云边融合作为云计算和边缘计算的进一步发展，也成为产业经济发展的新动力。随着数字经济对网络化的合作和协同的强调，出现了共享平台、众包和共同创造等方式，开放的云边融合平台也应运而生。国内外各大厂商都积极提供各种共享的云边融合服务，推动了数字经济和产业转型发展，也为中小企业带来了更为广阔的发展空间。

12.3.1　数字经济新产业生态

二十大报告中提出，要加快发展物联网，建设高效顺畅的流通体系，降低物流成本。加快发展数字经济，促进数字经济和实体经济深度融合，打造具有国际竞争力的数字产业集群。

数字经济是指以数字技术为基础，利用互联网、移动互联网、大数据、人工智能等信息技术手段，在经济活动中产生、传播和利用数字化信息的经济形态。它涵盖了数字化产业、数字化商务和数字化金融等方面，对经济的发展和社会的变革具有重要的影响。如图 12-6 所示，数字经济以数字化信息为核心，数字技术使得信息的获取、传播和处理变得更加便捷和高效。数字经济倚重互联网和移动互联网技术，促进了全球范围内的信息共享和交流，推动了跨地域、跨国界的经济活动。数字经济鼓励创新和创造力，通过技术创新和商业模式创新，不断推动经济的发展和转型。数字经济强调网络化的合作和协同，通过共享平台、众包和共同创造等方式，实现资源的高效配置和优化利用。数字经济依赖于大数据和人工智能等技术，通过对大量数据的收集、分析和应用，发现商机、优化决策，并提供个性化的产品和服务。

实体经济是指以实际物质生产和实际经济活动为基础的经济形态。它包括了生产实体、制造业、农业、服务业、零售业等直接参与物质生产和经济交换的实体部门。实体经济强调实物的生产、流通和消费，是经济发展的重要组成部分。实体经济以物质生产为核心，通过生产活动创造实际的产品和物品，满足人们的需求和消费。实体

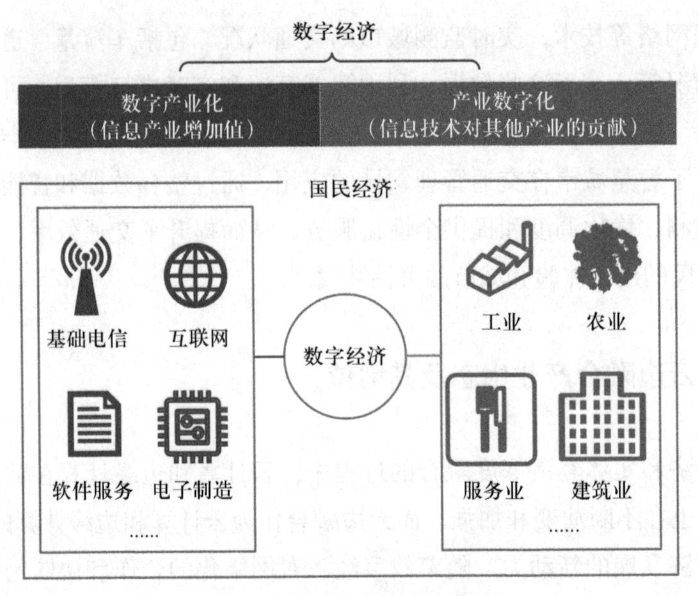

图 12-6　数字经济构成

经济提供了大量的就业机会，吸纳和安置了大量的劳动力，促进了就业和经济增长。实体经济涉及基础设施建设和实际物质生产的领域，包括交通、能源、建筑等，对经济社会发展起到基础支撑作用。实体经济中的经济主体通过物质的交换和贸易进行经济活动，涉及产品的生产、流通和销售。实体经济需要进行长期的投资和资本积累，例如在设备、设施、研发等方面进行投资，以支持实际物质生产的发展。实体经济对国家经济的发展至关重要。它是国家经济增长的基础，直接影响着就业、收入分配和社会稳定。实体经济的发展需要政府支持和鼓励，包括提供良好的营商环境、加强基础设施建设、促进创新和技术进步等措施。同时，实体经济也需要适应数字经济的发展趋势，结合信息技术和数字化手段，提升生产效率和竞争力，实现可持续发展。

国务院所印发的《“十四五”数字经济发展规划》指出，要“以数字技术与实体经济深度融合为主线，加强数字基础设施建设，完善数字经济治理体系，协同推进数字产业化和产业数字化，赋能传统产业转型升级，培育新产业、新业态、新模式，不断做强做优做大我国数字经济，为构建数字中国提供有力支撑”“到 2025 年，数字经济迈向全面扩展期，数字经济核心产业增加值占 GDP 比重达到 10%，数字化创新引领发展能力大幅提升，智能化水平明显增强，数字技术与实体经济融合取得显著成效，数字经济治理体系更加完善，我国数字经济竞争力和影响力稳步提升”“展望 2035 年，数字经济将迈向繁荣成熟期，力争形成统一公平、竞争有序、成熟完备的数字经济现代市场体系，数字经济发展基础、产业体系发展水平位居世界前列”。

云边融合在产业生态链中的地位正在不断演变和加强。随着云边融合技术的成熟和普及，许多企业和组织已经或正在将其基础设施从传统的本地服务器转移到云平台上。这种转型使它们能够更加灵活地扩展和管理自己的业务，降低硬件成本，并实现更高的可靠性和可用性。云边融合为企业和组织提供了强大的计算和存储能力，使其能够进行更深入的数据分析、人工智能和机器学习等工作。这使得云边融合成为数字化转型的重要推动者，帮助企业提高效率、创新力和竞争力。云边融合不仅提供基础设施和存储，还为企业提供各种服务和解决方案。云服务提供商构建了丰富的服务生态系统，使企业能够选择并集成适合其业务需求的各种服务，例如数据分析、人工智能、区块链等。这种服务平台化的趋势加强了云边融合在产业生态链中的地位。云边融合促进了企业之间的协同创新和合作。通过共享数据和资源，并利用云平台提供的协作工具和开发环境，不同的企业可以更容易地合作开展项目、共同解决问题，加快创新速度，并实现更大的商业价值。云边融合的普及也带来了一些挑战，由于数据存储在云平台上，企业需要更加关注数据的安全性和隐私保护，采取适当的安全措施来防止数据泄露和未经授权访问。

12.3.2　云边融合是推动产业经济的新动力

云计算和边缘计算作为推动产业经济的新动力，正逐渐引起广泛关注。随着数字化、物联网和人工智能等技术的迅猛发展，传统的云计算和边缘计算模式已经不再能够满足快速变化和实时需求的要求。云边融合作为一种新的计算架构，将云计算与边缘计算相结合，以更好地满足数据处理、存储和分发的需求，传统行业（如制造业、物流业、医疗行业等）都可以通过云边融合实现生产效率的提升、成本的降低和创新的推动。同时，云边融合也为数字化转型提供了更加灵活、可扩展的解决方案，帮助企业更好地适应市场变化，实现业务的升级和转型。未来，随着技术的不断发展和应用场景的拓展，云边融合将在产业经济中发挥更加重要的作用，推动产业的创新、转型和提升。

云边融合作为推动产业经济的新动力，对各行各业产生了积极而深远的影响。云边融合对产业经济的重要影响如下：首先，云边融合提高了生产效率。通过将计算和数据处理能力推向边缘，云边融合使得实时数据的收集、分析和决策能够更加迅速和高效地进行。在制造业中，智能工厂通过边缘设备和云平台的结合，实现了生产线的自动化、设备的实时监控和协同生产，从而大幅提升了生产效率和产品质量。类似地，在物流行业，云边融合可通过实时数据传输和分析，优化物流路径规划、货物跟踪和库存管理，实现更高效的物流运作。其次，云边融合降低了成本。传统的云计算模式需要将大量数据传输到云端进行处理和分析，这不仅会产生较高的网络带宽费用，还可能因网络延迟而导致不满足实时性要求。而云边融合将部分计算和数据处理能力转移到边缘设备上，减少了数据传输和网络带宽的负担，从而降低了成本。边缘设备的智能化和自主决策能力，也减少了对云平台的依赖，降低了运维成本。再次，云边融合推动了创新和应用。通过云边融合，企业能够更好地利用大数据、人工智能和物联网等技术，进行更精准的数据分析和挖掘，发现新的商业模式、产品和服务。例如，在零售行业，通过边缘计算和云平台的结合，实现了智能购物、个性化推荐和智能支付等创新应用，提升了用户体验和购物便利性。最后，云边融合还推动了跨行业的合作，不同行业的企业可以共享数据和资源，实现更多的协同效应。

云边融合具有广阔的前景和潜力。随着技术的不断进步和应用场景的不断拓展，云边融合将在产业经济中发挥更加重要的作用。首先，随着物联网技术的普及和边缘设备的不断增多，云边融合将进一步提升其应用的规模和影响力。更多的设备将具备边缘计算和数据处理能力，加速了云边融合的实施和应用。边缘计算的能力不断增强，将支持更复杂、更智能的数据处理和分析，进一步提升产业经济的效率和创新能力。其次，云边融合将与其他关键技术相结合，实现更强大的功能和应用。例如，人工智能、大数据分析、区块链等技术与云边融合的结合，将推动产业经济的智能化、数字化和安全性的提升。人工智能算法在边缘设备上的部署将加速智能决策的实现，大数据分析和挖掘将提供更准确的业务洞察，区块链技术将增强数据的可信度和安全性。再次，云边融合也将促进跨行业的协作和创新。不同行业之间的数据共享和合作将带来更多的商业机会和价值创造。例如，制造业和物流业的合作可以实现供应链的可视化和优化；医疗行业和人工智能技术的结合可以实现精准医疗和疾病预防等。最后，云边融合将打破行业之间的壁垒，促进资源共享和创新合作，推动产业经济的整体发展。

未来，随着技术的不断进步和创新，云边融合将在产业经济中发挥更加重要的作用，推动产业的转型升级、效率提升和创新驱动。企业和组织应积极探索和应用云边融合技术，以适应快速变化的市场环境，并在数字化时代中保持竞争优势。

12.3.3 开放的云边融合平台与共享云边融合服务

云边融合平台是一个集成了边缘计算、云计算和网络技术的开放性基础设施，它提供了资源协同、数据共享和应用集成的能力。而共享云边融合服务则是基于云边融合平台的服务模式，允许不同用户和组织共享和利用云边融合资源和功能。开放的云边融合平台具有多方面的重要性。首先，开放性使得不同厂商和组织可以参与到云边融合生态系统中，共同推动技术发展和创新应用。它打破了传统封闭的垄断模式，促进了合作和共享，提高了整体生态系统的灵活性和可扩展性。其次，开放的平台为开发者提供了更多的自由度和灵活性，可以利用平台的开放接口和工具进行应用开发和集成，加快了创新的速度和效果。共享云边融合服务的优势也不可忽视。共享服务模式可以提供更多的选择和灵活性，满足不同用户和应用的需求。通过共享服务，用户可以避免重复投资和资源浪费，快速获取所需的云边融合功能和资源。同时，服务提供者也可以将闲置的资源和技术能力共享出去，获得更多的利益和价值。共享服务模式促进了资源的最优配置和利用，为用户和服务提供者带来了双赢的局面。

许多国内外的大企业已经意识到共享模式的潜力，并积极提供各种共享的云边融合服务，推动了数字经济和产业转型的发展。最重要的是，共享服务模式促进了合作和合作伙伴关系的建立，推动了技术和知识的共享和创新。

尽管共享云边融合服务在国内外取得了显著的进展，但仍然面临着一些挑战。首先，安全性和隐私保护是共享云边融合服务发展的重要考虑因素。由于共享服务涉及多方数据交互和共享，安全风险和数据隐私问题需要得到充分关注和解决。企业和服务提供商需要加强数据保护和隐私安全措施，确保用户数据的机密性和完整性，以建立用户对共享服务的信任。其次，互操作性和标准化仍然是共享云边融合服务发展的挑战之一。不同的边缘计算和云计算平台之间存在着技术差异和互操作性问题，这给跨平台共享和集成带来了一定的复杂性。标准化的制定和应用能够促进不同系统和服务的互通和兼容，为共享服务的实现提供更加便利和高效的方式。此外，共享云边融合服务还需要克服资源分配和利益分配的问题。在共享服务中，如何合理分配和管理资源，确保服务质量和用户体验，同时实现各方的利益平衡是一个挑战。企业和服务提供商需要建立公平、透明的资源分配机制，并与合作伙伴共同制定合理的商业模式，以实现共赢的局面。

共享云边融合服务的发展为数字经济和产业经济注入了新的活力。通过整合边缘计算和云计算的优势，共享服务促进了产业链的协同发展和创新合作，推动了企业的数字化转型和智能化发展。然而，面临的挑战需要持续的努力和合作来解决。展望未来，共享云边融合服务将继续发挥重要作用，并不断迈向更加开放、智能化和可持续的发展阶段。

12.3.4　中小企业共享云边融合服务

共享云边融合服务对中小企业具有重要的意义。首先，共享云边融合服务可以帮助中小企业解决资源和成本压力。中小企业通常面临有限的资金和技术资源，无法自己承担建设和维护完整的云计算和边缘计算基础设施。通过共享服务，中小企业可以共享云计算和边缘计算的资源，获得强大的计算能力、存储容量和数据处理能力，以更低的成本实现数字化转型。其次，共享云边融合服务具有灵活性和可扩展性，能够满足中小企业的需求。中小企业在业务发展中面临着市场波动、需求变化和季节性变化等挑战。共享服务可以根据中小企业的需求进行灵活调整，提供弹性的计算资源和服务，使企业能够根据业务需求快速扩展或收缩，避免过度投入或资源浪费。此外，共享云边融合服务为中小企业提供了先进的技术支持。中小企业通常缺乏技术专家和资源，难以独立开发和应用前沿的技术。共享服务提供了一揽子解决方案，包括数据分析、人工智能、物联网等技术的集成和应用。中小企业可以借助这些技术支持，实现业务流程的自动化、产品创新的加速和市场竞争力的提升。

中小企业在共享云边融合服务的应用中，将迎来更广阔的未来展望。首先，随着云计算、边缘计算和物联网等技术的不断发展和成熟，共享云边融合服务将变得更加普及和成熟。这将进一步降低中小企业使用共享服务的门槛，使更多企业能够享受到数字化转型的好处。其次，共享云边融合服务将更加个性化。不同行业和企业有不同的需求和挑战，共享服务提供商将根据企业的特定要求提供定制化的解决方案。这将帮助中小企业更好地应对自身的业务需求，提高效率和创新能力。此外，共享云边融合服务将进一步融合其他新兴技术，如人工智能、大数据分析和区块链等。通过与这些技术的结合，共享服务将能够提供更加智能化、高效率和安全的解决方案，帮助中小企业实现更大的业务价值。中小企业可以通过共享服务平台共享资源、经验和知识，形成良性互动和合作关系。这将促进企业间的协同创新，推动整个产业生态系统的发展。最后，政府和相关机构的支持将成为共享云边融合服务发展的重要推动力。政府可以提供政策支持、资金扶持和培训等方面的支持，鼓励中小企业采用共享服务并提升数字化能力。同时，相关机构可以加强监管和标准化，保障共享服务的质量和安全。

共享云边融合服务对中小企业的影响和潜力不可忽视。通过这种服务，中小企业可以借助云计算和边缘计算等技术，获得灵活、高效和创新的解决方案，推动数字化转型和业务发展。在中小企业共享云边融合服务的探索中，我们了解到它的关键优势和重要应用领域。首先，共享服务提供了成本效益、灵活性和可扩展性，使中小企业能够充分利用先进的技术资源，提高运营效率。其次，共享服务可以提供定制化的解决方案，满足中小企业不同行业和业务需求的个性化要求。此外，共享云边融合服务还促进了企业间的合作与创新，通过资源共享和合作伙伴关系，加强了企业的竞争力和创新能力。中小企业在采用共享服务时需要关注业务需求，选择合适的供应商，建立良好的合作关系，注重培训和技术支持，以及保障数据的安全性。未来，共享云边融合服务将进一步推动中小企业的数字化转型和创新发展，促进中小企业之间的合作与联盟，拓展到更多行业和领域，并注重用户体验和个性化服务。综上所述，中小企业共享云边融合服务是推动企业发展的新动力，将为中小企业带来更多的机遇和益处，助力其实现持续创新和可持续发展。

12.4　面向新型计算模式的云边融合

新型的计算架构和模式，也为云边融合带来了新的发展。例如，面向云边端一体化的计算模式，实现了资源共享、数据处理和应用部署的一体化解决方案。而与传统的经典计算模式相比，面向量子的计算模式则具有更强大的计算能力和解决特定问题的优势。接下来，将对面向云边端一体化的计算模式和面向量子的计算模式进行介绍。

12.4.1　面向云边端一体化计算模式

1. 面向云边端一体化计算模式的架构

面向云边端一体化的计算模式，如图 12–7 所示，旨在将云计算、边缘计算和终端设备计算相结合，实现资源共享、数据处理和应用部署的一体化解决方案。它以满足大规模数据处理和实时应用需求为目标，通过将计算能力从传统的集中式云数据中心扩展到边缘设备和终端，提供更快速、灵活和可靠的计算服务。面向云边端一体化的计算模式的架构包括三个层级。

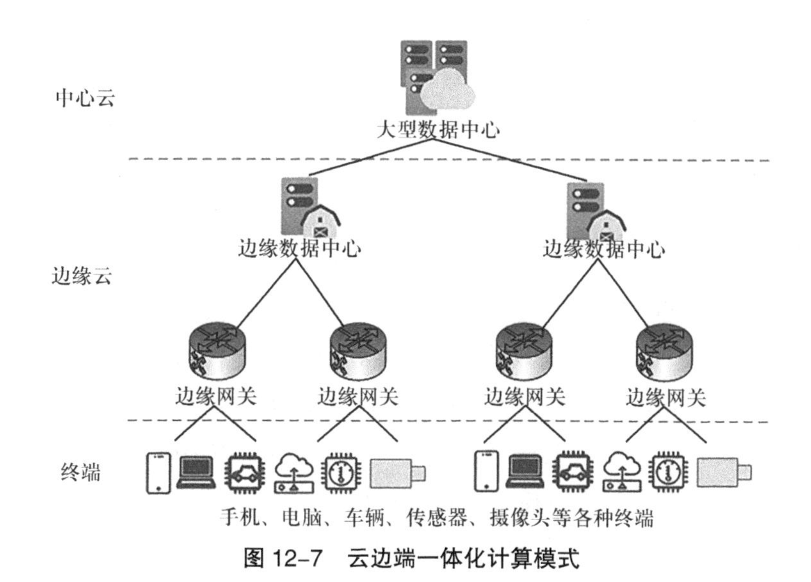

图 12–7　云边端一体化计算模式

（1）云层。云层是传统的云计算基础设施，包括大规模的数据中心和云服务提供商。在这一层级中，存储、计算和网络资源被集中管理和分配，为边缘设备提供支持和服务。

（2）边缘层。边缘层是介于云层和终端设备之间的中间层，位于物理世界与云计算之间。它包括边缘节点、边缘服务器和边缘网关等设备，可以提供更近距离的计算和存储能力。边缘层主要用于处理边缘设备产生的实时数据，减少数据传输延迟和网络带宽消耗。

（3）终端层。终端层是最接近用户的一层，包括各种终端设备，如智能手机、传感器、物联网设备、特定行业设备等。这些设备具有一定的计算和存储能力，能够进行简单的数据处理和应用执行。

2. 面向云边一体化计算模式的作用

面向云边端一体化的计算模式的作用主要体现在以下几个方面。

（1）降低网络延迟。将计算资源和数据处理能力推向边缘，使得数据可以在离用户更近的位置进行处理，减少数据传输的延迟，提升应用的实时性和用户体验。

（2）分布式数据处理。面向云边端一体化的计算模式可以将数据处理任务分布到云、边缘和终端设备上，实现数据的分级处理和分布式计算，减轻云数据中心的负担，提高整体系统的性能和扩展性。

（3）数据隐私与安全。通过在边缘层和终端设备上进行数据处理，可以降低数据在网络传输过程中的风险，保护数据的隐私和安全。

（4）应用场景拓展。面向云边端一体化的计算模式为各种实时应用场景提供了更好的支持，如智能交通、智慧城市、工业自动化、医疗健康等领域，可以实现更快速、智能化的数据处理和应用部署。

目前，面向云边端一体化的计算模式在智慧城市、工业物联网、智能交通、边缘人工智能等领域得到了广泛的应用和发展。随着新一代技术的不断进步，该模式的发展前景仍然非常广阔。

12.4.2 面向量子计算模式

面向量子的计算模式是一种基于量子力学原理的计算模式，旨在利用量子位的并行性和量子纠缠等特性来进行高效的计算。1982 年，费曼提出了使用量子系统进行计算的想法。1994 年，彼得 · 谢尔提出了量子计算的理论模型，称为“量子图灵机”。1996 年，拉姆斯和谢尔提出了量子搜索算法，即著名的“格洛弗算法”。与传统的经典计算模式相比，面向量子的计算模式具有更强大的计算能力和解决特定问题的优势。

量子计算是一种基于量子力学原理的计算模型，旨在利用量子位的特殊性质来进行计算。与经典计算中的位只能表示 0 或 1 不同，量子位可以同时处于多个状态的叠加态，这是量子计算的基础。量子位的两个主要特性是叠加和纠缠。叠加允许量子位同时处于 0 和 1 的状态，并以一定的概率分布存在于这两个状态之间。纠缠是指当多个量子位之间发生相互作用后，它们之间将产生一种特殊的关联关系，这种关系无论是在空间上还是在时间上都是瞬时的。

量子计算中的基本运算是量子门操作，它类似于经典计算中的逻辑门操作，但作用于量子位的状态上。常见的量子门包括 Hadamard 门（H 门），控制非门（CNOT 门）和相位门（T 门）等。这些量子门操作可以对量子位进行旋转、翻转和相位调整，从而实现量子计算中的算法和操作。量子计算的另一个重要原理是量子并行性和量子干涉。量子并行性允许量子计算机同时处理多个计算路径，这使得在某些情况下量子计算机的速度显著优于经典计算机。量子干涉是指当量子位之间存在叠加态和纠缠态时，它们之间的干涉现象将导致某些状态的加强或抵消，这可以用来增强正确结果的概率并减弱错误结果的概率。

1. 面向量子计算模式的关键组件

面向量子的计算模式的架构通常包括以下几个关键组件。

（1）量子比特。量子比特是量子计算的基本单元，类似于经典计算中的比特。量子比特可以同时处于多个状态（叠加态），并通过量子纠缠实现信息的传递和计算操作。

（2）量子门操作。量子门是用于在量子比特之间进行操作和相互作用的基本逻辑单元。通过量子门操作，可以改变量子比特的状态，执行特定的计算任务。

（3）量子算法。面向量子的计算模式需要设计和开发适用于量子计算的算法。与经典计算模式不同，量子算法利用量子比特的特性来解决一些传统计算难题，例如因子分解、优化问题和模拟量子系统等。

2. 面向量子计算模式的作用

面向量子的计算模式的作用主要体现在以下几个方面。

（1）高效计算。面向量子的计算模式能够在某些情况下执行比经典计算更快速的计算，特别是在处理大规模数据和复杂问题时具有优势。

（2）量子模拟。通过模拟量子系统，面向量子的计算模式可以帮助研究人员深入了解和探索量子力学的各个方面，进而在材料科学、量子化学等领域提供更精确的模拟和预测能力。

（3）密码学和安全通信。量子计算在密码学和安全通信方面具有重要意义。例如，量子密钥分发协议可以提供无条件安全的通信。

目前，面向量子的计算模式的发展仍处于早期阶段。多个国家和研究机构在量子计算领域投入了大量的研发和探索。例如，美国、加拿大、欧洲、中国等国家和地区都在积极推进量子计算的发展，涉及硬件技术、量子算法、量子通信等多个方面。尽管目前还面临着许多技术挑战，但量子计算在未来有望在多个领域发挥重要作用，如药物研发、材料科学等。

12.4.3　面向大小模型协同计算模式

在传统的云服务的架构中，用户的原始数据被上传至云服务器，云服务器负责维护机器学习模型，处理用户数据并返回推理结果。用户终端主要负责数据采集和结果展示。然而，这种传统的云智能服务存在系列问题。首先，用户数据上传可能导致隐私泄露风险；其次，数据传输和结果返回导致通信延迟，进而影响服务的实时性；最后，云端需要同时处理大量不同的机器学习任务，造成云服务器的负载高峰。

为了克服这些问题，端云协同智能的新范式应运而生。端云协同智能旨在通过将部分的智能推理任务或其部分阶段迁移到端侧进行处理，利用端侧本地即时处理的优势，减少响应延迟，降低云服务器负载。同时，用户的原始数据不会离开本地，进而保障数据安全与隐私。端云协同智能不仅仅是一种智能推理的模式，更是一种模型演进的革新范式。超大规模的预训练模型代表了从弱人工智能向通用人工智能迈出的重要一步，但其性能与能耗提升之间的差异限制了参数规模的持续扩张。因此，在未来研究从追求大模型参数的竞争转向大小模型的协同演进。首先，大模型可以向边缘端的小模型输出模型能力；其次，小模型负责实际的推理和执行任务，并向大模型反馈模型的执行效果和端侧的新知识，进而实现大模型能力的持续演进，形成一个有机的智能体系。

如图 12–8 所示，在联合学习框架下，用户数据在本地设备上自然切分并驻留，并借用数据并行的思想进行分布式训练，这种方法适用于小规模模型的应用场景。但是随着模型特征规模的不断扩大，传统的联合学习框架在处理大型模型时显得力不从心。面对云端庞大的模型，要在终端实现高效推理，就必须采取策略减小模型规模。尽管现有的模型压缩技术，如模型剪枝、量化和知识蒸馏等，已经在一定程度上实现了模型的压缩，但压缩后的模型精度往往难以满足要求。为了解决这一问题，深入分析端侧的个性化数据特征，并在此基础上探索一种大小模型端云协同的联合学习框架。如图 12–9 所示，其中每个终端的数据通常只覆盖了整个特征空间的一个子集。这意味着终端只需要获取与其本地数据特征相对应的部分模型参数，即所谓的“子模型”，就能满足其推理需求。换言之，终端在利用本地数据进行训练后，只有与子模型相关的参数会被更新。

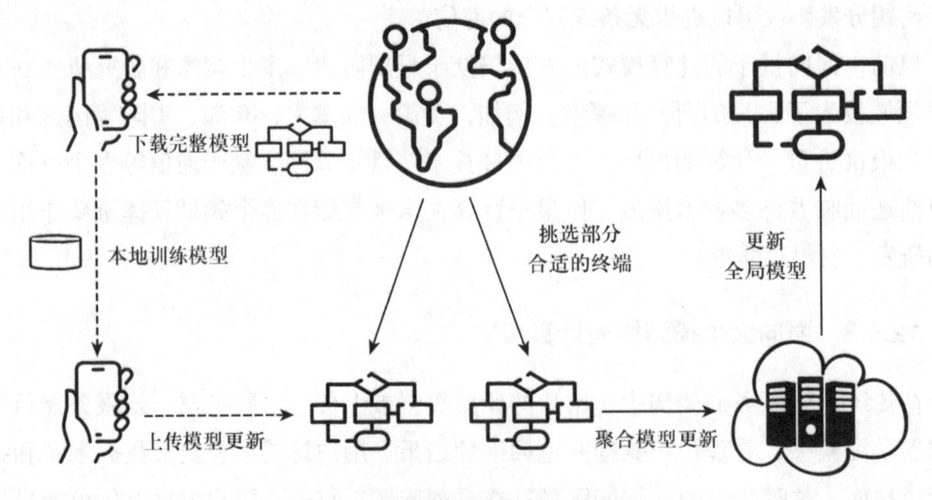

图 12–8　数据并行联合学习框架

从模型切分的角度来看，子模型是基于特征的模型切分。终端根据其本地数据特征，从参数服务器获取对应的子模型参数。每个终端只需使用本地数据训练其拉取的子模型，并提交子模型参数的更新，就能参与到端云协同模型的联合学习过程中。这种框架使终端摆脱了对完整模型的依赖。这种子模型拆分联合学习框架，采用自然的数据集切分和基于特征的模型切分，实现数据并行和模型并行，使得子模型可以在移

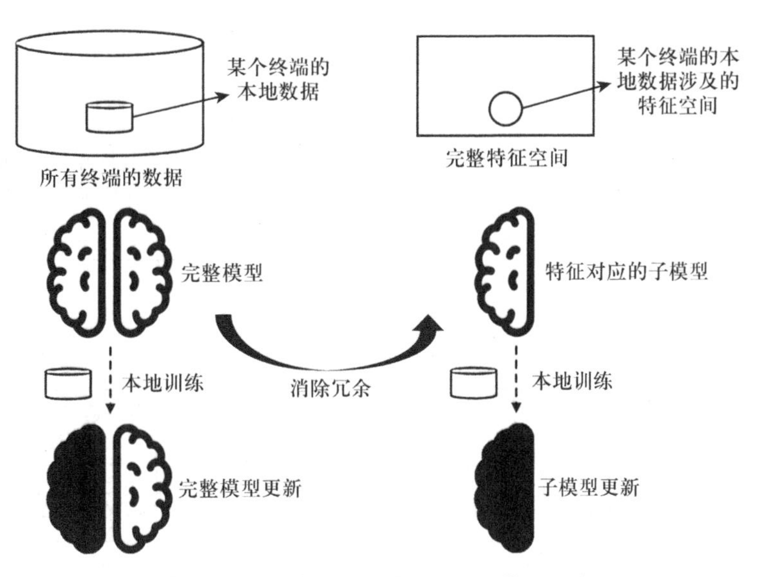

图 12-9　子模型——基于特征的模型切分

动端设备上高效地训练和执行推理任务，保证了模型的精度和效率。

大小模型端云协同智能计算以教育垂直领域的智慧校园为例。近年来，智慧校园成为应用热点，教育模式朝着数字化、智能化方向转变，有望革新校园活动模式。如图 12-10 所示，端云协同技术为教育领域数字化、智能化发展创造了机遇，丰富了典型的教育应用，如测验生成、导学问答、非事实内容检测等。学生和教师可以随时随地获取教材、课件、学习工具，知识追踪、多样性控制等技术可用于个性化教学，自动评分、反馈迭代算法可支持错误自纠正和学习效果的精细化管理。端侧个性化小模型、高性能推理训练加速也是关键技术，软硬件协同加速及量化、低精度推理相结合可实现高效计算。

智慧校园发展，重在以大模型基础建设（含分布式计算、并行训练）为依托。通过人类反馈强化学习，模型将更好适应教育场景。迁移学习、领域适应、跨学科知识整合与交叉应用等是云侧大模型的侧重点，轻量化微调、多源数据集成、教育数据挖掘等保障了相应模型的适用性。相应的挑战主要涉及数据隐私、模型的解释性及可靠性、高效率教育垂直大模型微调与学科大图谱构建。确保端云协同智能计算在教育中的深化应用，切实提升教育质量并保障平等取向（而非加剧教育不平等现象），是有待深入研究的关键问题。

大小模型端云协同智能计算通过整合边缘计算和云计算的优势，优化资源的利用和提升计算能力，在多个应用领域中发挥重要的作用。其主要作用如下。

（1）提高计算效率。通过将初步处理任务分配到边缘设备上，减少了传输到云端的数据量和延迟。边缘设备处理实时性要求高的任务，而复杂的计算任务则由云端处理。这种分工提高整体系统的计算效率和响应速度，对于自动驾驶、实时视频分析等

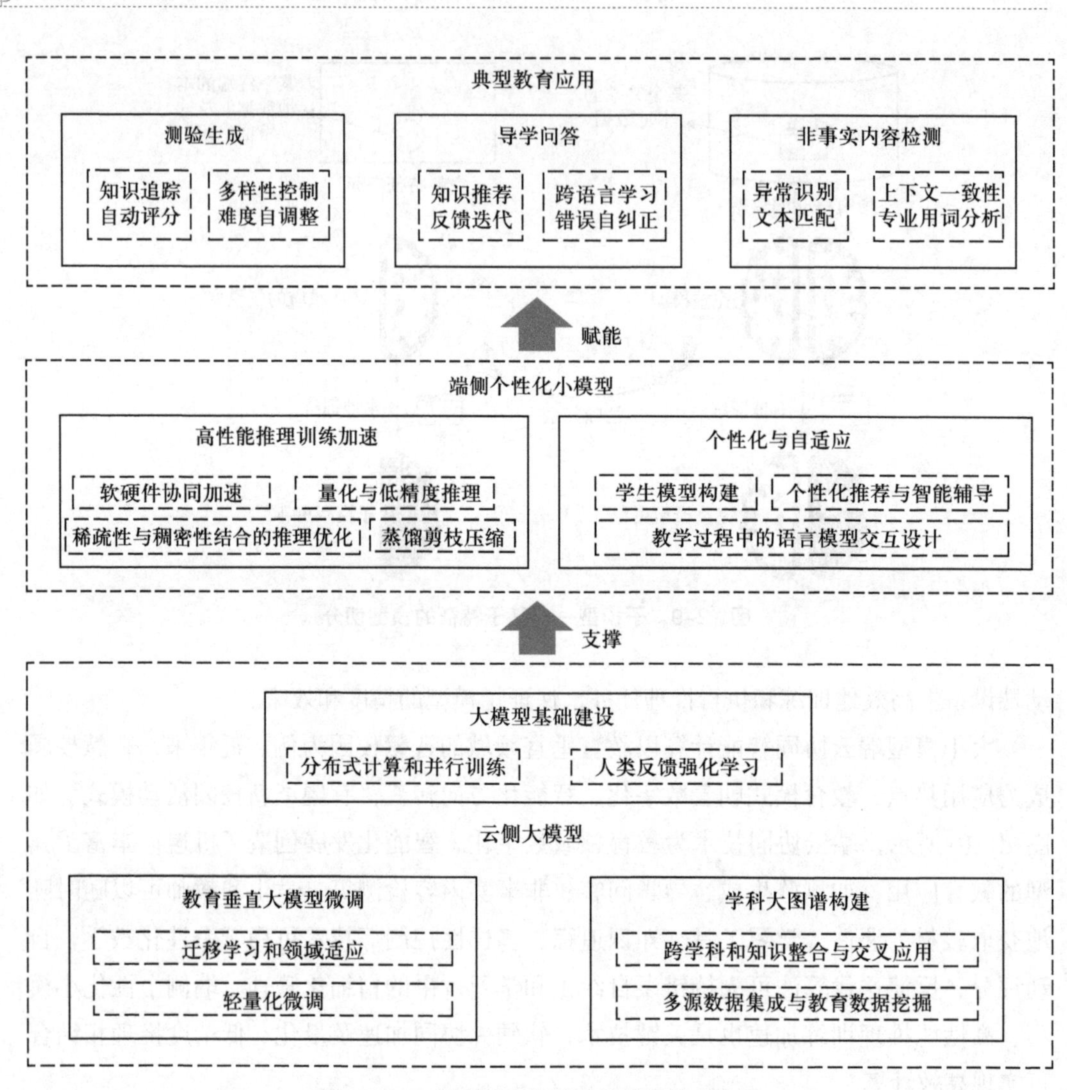

图 12-10　教育垂直领域端云协同技术应用

需要即时反馈的应用尤为关键。

（2）优化资源利用。边缘计算和云计算协同工作，优化资源使用，避免资源浪费。在资源有限的边缘设备上进行初步处理，复杂任务则由云端处理，充分利用云端的计算和存储能力。这种资源分配模式提高系统的整体效率和效能。

（3）增强数据安全性。在边缘设备上进行初步数据处理，可以减少敏感数据的传输，降低数据泄露的风险。通过结合数据加密和隐私保护技术，进而保障用户隐私和数据安全。

（4）提升系统灵活性。协同计算架构允许根据实时任务需求和网络状况动态调整计算任务在边缘和云端之间的分配，这种灵活性使得系统能够适应多变的应用场景和不同的工作负载情况，提高系统的稳定性和适应性。

（5）支持大规模应用。大小模型端云协同智能计算能够支持工业互联网、智慧医疗、智能交通、能源互联网等大规模智能应用，通过有效的分工和资源利用，处理大量数据和复杂计算需求，提供强大的分析和决策支持能力，进而为实现智能化社会提供了技术保障。

大小模型端云协同智能计算架构通过边缘设备实时处理数据和云端进行复杂计算，实现了高效、低延迟的智能计算。这种架构优化了资源利用，增强了数据安全性和系统灵活性，支持智能城市、工业互联网、智慧医疗等大规模应用。通过这一架构，能够显著地提升计算效率和用户体验，推动技术创新和社会进步。

12.5　本章小结

本章详细介绍了云边融合未来的发展，重点关注了“云边融合 + 大数据 + 人工智能”三位一体发展战略、云边融合与新技术的融合、云边融合产业生态及其地位、面向新型计算模式的云边融合等方面。总的来说，云边融合将是未来计算和服务交付的重要趋势。它将实现更高效的计算资源利用、更快速的服务响应和更安全的数据处理，为用户带来更好的体验和价值。同时，云边融合也将推动技术创新和产业发展，为社会带来更多的机遇和发展空间。

第 13 章 总结与展望

作为一种综合性的计算架构，云边融合系统将计算资源从传统的集中式云服务器扩展到边缘设备，实现了更快速的数据处理、更低的网络延迟和更好的用户体验，使得各种应用，包括物联网、智能城市、工业自动化等，能够更好地适应不同的需求。未来，云边融合系统与应用领域将继续呈现出令人期待的发展趋势。

13.1 总结

云边融合系统的发展经历了从初期探索、快速发展到深度融合的过程，逐步解决了云计算在实时性、带宽和效率方面的不足。通过结合云计算的强大处理能力和边缘计算的低延迟、高效率特点，云边融合在多个行业取得了显著成就。21 世纪初期，云计算的兴起为大规模数据处理和存储提供了强大支持。通过集中化的数据中心，云计算实现了计算资源的弹性分配和按需使用，大大降低了企业的 IT 成本。然而，随着物联网的快速发展，海量数据从边缘设备涌入云端，导致网络带宽和延迟问题日益突出。为了解决云计算面临的带宽和延迟问题，边缘计算概念应运而生。边缘计算将计算资源下沉到靠近数据源的边缘节点，从而实现本地数据处理和实时响应。随着 5G 网络和物联网设备的普及，边缘计算得到了广泛关注和应用。后来，随着云计算和边缘计算技术的不断成熟，云边融合系统成为新的研究热点。云边融合不仅关注云端和边缘的单独优势，更强调两者的协同作用。通过在云端进行大数据分析和集中管理，在边缘实现实时计算和本地响应，云边融合逐渐成为一种高效的数据处理和服务提供模式。云边融合系统边缘设备能够在本地进行初步数据处理和过滤，仅将重要数据上传至云端进行深度分析，减少了网络带宽的压力和数据传输的延迟。通过在边缘进行本地数据处理和存储，减少了对云端的依赖，增强了系统的可靠性和安全性。在网络中断或云端故障时，边缘设备仍能继续正常工作，保证了系统的连续性和稳定性。云边融合为智能化应用的发展提供了强大支持。在工业、农业、交通、医疗等领域，云边融合技术推动了智能化应用的普及和深入。例如，在农业领域，通过云边融合技术可以实时监测作物生长情况和病虫害状况，采取精准的农田管理措施，提高农作物产量和质量。云边融合技术的广泛应用，不仅提升了各行业的生产效率和服务质量，还带来了显著的经济效益和社会效益。通过降低生产成本、提高资源利用率和优化管理决策，为企业带来了更高的利润和竞争力，同时也为社会创造了更多的价值和便利。未来，随着 5G 网络、人工智能和物联网技术的进一步发展，云边融合系统将继续发挥其重要作用，为各行业的智能化和数字化转型提供更强大的支持和保障。

13.2 展望

未来，云边融合系统与应用领域仍将持续发展和演进。随着 5G 技术的普及和应用，边缘计算将变得更加重要，云与边缘之间的协同将更加紧密，预计将会出现更多面向不同垂直领域的定制化云边融合系统，满足特定需求。同时，随着人工智能和机器学习等技术的不断进步，云边融合系统在数据分析、模型训练等方面也将发挥更大的作用。云边融合系统与应用作为一个多学科交叉的前沿领域，将在未来持续引领信息技术的发展方向，为各个领域的创新和进步提供坚实的基础和支持，并在解决计算需求多样性、性能提升以及数据处理效率等方面发挥重要作用。

目前，围绕云边融合系统与应用展开研究的文献有很多，它们也给出了相应的算法、技术和架构，展示了不同的效果与性能提升。然而，在云边融合系统中，仍然存在着一些急需解决的问题，如设备异构、计算框架与安全性。下面通过对已有研究的分析与总结，指出了一些需要进一步改进的地方和未来的研究方向。

1. 设备异构

针对移动设备的研究大多没有考虑设备异构的特性，而通常异构设备之间的计算能力和通信资源存在巨大的差异，云边融合系统与应用将充分利用设备异构性，不同类型、性能和能力的设备将高度协同工作，以实现更低的延迟、更高的性能和更智能的应用。设备异构性也将塑造数字化时代的未来，为各种领域的应用提供更智能、更高效和更可持续的解决方案，从而推动智能感知、自动化决策和资源优化。此外，考虑到移动设备自身能力的不断增强，在大量的异构设备之间建立灵活的协调机制的同时，以保证异构设备之间的相互通信和协作也是值得我们探索的一条路径，统一的 API 接口也是研究协同机制需要考虑的问题。同时，管理设备异构性也面临挑战，需要持续的技术创新、标准化和安全性措施，以确保这一未来愿景的实现。

2. 计算框架

针对现如今的架构大多部分忽略了计算复杂度高和通信成本高的问题，未来需要研究计算架构中的多目标优化模型与算法来提高应用的整体性能。此外，结合本地、边缘和云计算三者构建一个新的云边端一体化的计算架构以进一步提升应用的效率和性能仍是一个开放问题，值得进一步探讨和研究。

云边端一体化驱动数据处理向边端扩散，推动算力泛在化发展。目前海量分散的数据处理场景，集中式数据中心进行算力处理在计算时延、带宽成本等方面无法满足超高清视频、车联网、工业互联网等场景需求，距离用户不同地理位置、资源规模的算力，呈现云边端三级架构，推动算力泛在化部署发展。云端负责统一管理和大规模集中式计算，边缘进行数据敏捷接入和实时计算，终端实现泛在感知和本地智能，通过云边端一体化的算力资源管理、智能调度，实现低时延、成本可控的算力服务，满足更多行业场景对算力的需求。

云边端一体化构建新型数字基础设施操作系统，赋能企业数字化转型。云计算、边缘计算、物联网等技术快速发展，操作系统定义不再局限于面向计算机硬件资源协调和管理，内涵不断拓展，基于云边端的新型分布式操作系统对企业数字基础设施进行高效管理、统一调度，成为有力地支撑各行业数字化转型的重要力量。基于云边端一体化的新型分布式操作系统通过整合泛在接入、网络管理、云边端协同、统一调度、人工智能、数据平台、组件开发、生态开放等能力，屏蔽底层异构资源差异，对接企业内部业务系统，为业务场景提供统一应用和运营管理，将成为各行业数字化转型的基础性平台，实现对各行各业数字化转型与智能化升级的深度赋能。

3. 安全性

安全性一直以来都是云计算与边缘计算的重点探索方向。目前对云边融合计算安全性的研究远未令人满意，未来的研究需要填补现有的漏洞并排除隐患。一方面，需要更强大的安全防御解决方案，尤其是预防机制，以减少个人攻击；另一方面，结合安全机制以更统一的方式保护整个安全防御系统值得探索。除此之外，云边融合也需要加强边缘节点、终端设备的安全能力，例如设备物理安全、边缘节点安全（基础设施、数据、通信等）。在云边端一体化架构下，如何动态实现安全风险最小化尤为重要，探索云端如何实现统一安全管理、快速识别边端侧入侵攻击行为、实现快速防御、及时阻断恶意流量等，成为解决安全风险有效之道。虽然云边融合安全性的研究和开发仍处于起步阶段，但在新兴应用程序以及现代加密技术的推动下，确保云边融合安全创新设计和实现将在可预见的未来蓬勃发展。

云边融合系统与应用的未来展望充满了机遇和挑战。随着技术的不断演进，我们可以期待更多创新的应用和解决方案，从而提高生活质量、提升工作效率并推动科学研究的进展。然而，也需要解决安全性、隐私保护、标准化和可持续性相关问题，以确保这些系统在未来能够持续发展。

参考文献

[1] REN J, YU G, HE Y, et al. Collaborative cloud and edge computing for latency minimization [J]. IEEE Transactions on Vehicular Technology, 2019, 68 (5): 5031-5044.

[2] CHEN L, XU J, REN S, et al. Spatio-temporal edge service placement: A bandit learning approach [J]. IEEE Transactions on Wireless Communications, 2018, 17 (12): 8388-8401.

[3] 王晨华，侯守璐，刘秀磊. 边云协同计算中成本感知的物联网数据处理方法 [J]. 计算机科学，2022，49 (S2): 820-826.

[4] DONG P, NING Z, MA R, et al. NOMA-based energy-efficient task scheduling in vehicular edge computing networks: A self-imitation learning-based approach [J]. China Communications, 2020, 17 (11): 1-11.

[5] 王庆波，陈滢，金涬，等. 虚拟化与云计算 [M]. 北京：电子工业出版社，2009.

[6] 陈玉平，刘波，林伟伟，等. 云边协同综述 [J]. 计算机科学，2021，48 (3): 259-268.

[7] WU H, ZHANG Z, GUAN C, et al. Collaborate Edge and Cloud Computing With Distributed Deep Learning for Smart City Internet of Things [J]. IEEE Internet of Things Journal, 2020, 7 (9): 8099-8110.

[8] 李辉，李秀华，熊庆宇，等. 边缘计算助力工业互联网：架构、应用与挑战 [J]. 计算机科学，2021，48 (1): 1-10.

[9] MA X, WANG S, ZHANG S, et al. Cost-efficient Resource Provisioning for Dynamic Requests in Cloud Assisted Mobile Edge Computing [J]. IEEE Transactions on Cloud Computing, 2021, 9 (3): 968-980.

[10] LI Q, MA X, ZHOU A, et al. User-Oriented Edge Node Grouping in Mobile Edge Computing [J]. IEEE Transactions on Mobile Computing, 2023, 22 (6): 3691-3705.

[11] 李伯虎. 云计算导论[M]. 北京：机械工业出版社，2013.

[12] GOUDARZI M, WU H, PALANISWAMI M, et al. An application placement technique for concurrent IoT applications in edge and fog computing environments [J]. IEEE Transactions on Mobile Computing, 2021, 20 (4): 1298-1311.

[13] 李光辉，周辉，胡世红. 面向移动边缘计算中多应用服务的虚拟机部署算法[J]. 电子与信息学报，2022 (44): 1-9.

[14] 常沙，吴亚辉，邓苏，等. 基于李雅普诺夫优化的移动群智感知在线任务分配策略[J]. 计算机科学，2023，50 (2): 50-56.

[15] GAO H, MA W, HE S, et al. Time-segmented multi-level reconfiguration in distribution network: a novel cloud-edge collaboration framework [J]. IEEE Transactions on Smart Grid, 2022, 13 (4): 3319-3322.

[16] CHEN L, WU J, ZHANG J, et al. Dependency-aware computation offloading for mobile edge computing with edge-cloud cooperation [J]. IEEE Transactions on Cloud Computing, 2020, 10 (4): 2451-2468.

[17] 熊金波，毕仁万，田有亮，等. 移动群智感知安全与隐私：模型、进展与趋势[J]. 计算机学报，2021，44 (9): 1949-1966.

[18] 葛志诚，徐恪，陈靓，等. 一种移动内容分发网络的分层协同缓存机制[J]. 计算机学报，2018，41 (12): 2769-2786.

[19] XIAO W, MIAO Y, FORTINO G, et al. Collaborative cloud-edge service cognition framework for DNN configuration toward smart IIoT [J]. IEEE Transactions on Industrial Informatics, 2021, 18 (10): 7038-7047.

[20] 张峻伟，吕帅，张正昊，等. 基于样本效率优化的深度强化学习方法综述[J]. 软件学报，2022，33 (11): 4217-4238.